2026학년도 수능 연계교재

수능완성

수학영역 | 수학 I· 수학 II· 확률과 통계

이 책의 **구성과 특징** STRUCTURE

이 책의 구성

❶ 유형편
출제경향에 따른 문항들로 유형별 학습을 할 수 있도록 하였다.

❷ 실전편
실전 모의고사 5회 구성으로 수능에 대비할 수 있도록 하였다.

2026학년도 대학수학능력시험 수학영역

❶ 출제원칙
수학 교과의 특성을 고려하여 개념과 원리를 바탕으로 한 사고력 중심의 문항을 출제한다.

❷ 출제방향
- 단순 암기에 의해 해결할 수 있는 문항이나 지나치게 복잡한 계산 위주의 문항 출제를 지양하고 계산, 이해, 추론, 문제해결 능력을 평가할 수 있는 문항을 출제한다.
- 2015 개정 수학과 교육과정에 따라 이수한 수학 과목의 개념과 원리 등은 출제범위에 속하는 내용과 통합하여 출제할 수 있다.
- 수학영역은 교육과정에 제시된 수학 교과의 수학 Ⅰ, 수학 Ⅱ, 확률과 통계, 미적분, 기하 과목을 바탕으로 출제한다.

❸ 출제범위
- '공통과목＋선택과목' 구조에 따라 공통과목(수학 Ⅰ, 수학 Ⅱ)은 공통 응시하고 선택과목(확률과 통계, 미적분, 기하) 중 1개 과목을 선택한다.

구분 / 영역	문항수	문항유형	배점 문항	배점 전체	시험 시간	출제범위(선택과목)
수학	30	5지 선다형, 단답형	2점 3점 4점	100점	100분	• 공통과목: 수학 Ⅰ, 수학 Ⅱ • 선택과목(택1): 확률과 통계, 미적분, 기하 • 공통 75%, 선택 25% 내외 • 단답형 30% 포함

이 책의 차례 CONTENTS

유형편

01 지수함수와 로그함수

① 거듭제곱근

(1) 실수 a와 2 이상의 자연수 n에 대하여 a의 n제곱근 중 실수인 것은 다음과 같다.

	$a>0$	$a=0$	$a<0$
n이 짝수	$\sqrt[n]{a}$, $-\sqrt[n]{a}$	0	없다.
n이 홀수	$\sqrt[n]{a}$	0	$\sqrt[n]{a}$

(2) 거듭제곱근의 성질 : $a>0$, $b>0$이고 m, n이 2 이상의 자연수일 때

① $(\sqrt[n]{a})^n=a$

② $\sqrt[n]{a}\sqrt[n]{b}=\sqrt[n]{ab}$

③ $\dfrac{\sqrt[n]{a}}{\sqrt[n]{b}}=\sqrt[n]{\dfrac{a}{b}}$

④ $(\sqrt[n]{a})^m=\sqrt[n]{a^m}$

⑤ $\sqrt[m]{\sqrt[n]{a}}=\sqrt[mn]{a}=\sqrt[n]{\sqrt[m]{a}}$

⑥ $\sqrt[np]{a^{mp}}=\sqrt[n]{a^m}$ (단, p는 자연수)

② 지수의 확장(1) − 정수 지수

(1) $a\neq0$이고 n이 양의 정수일 때

① $a^0=1$

② $a^{-n}=\dfrac{1}{a^n}$

(2) $a\neq0$, $b\neq0$이고 m, n이 정수일 때

① $a^m a^n=a^{m+n}$ ② $a^m\div a^n=a^{m-n}$ ③ $(a^m)^n=a^{mn}$ ④ $(ab)^n=a^n b^n$

③ 지수의 확장(2) − 유리수 지수와 실수 지수

(1) $a>0$이고 m이 정수, n이 2 이상의 자연수일 때, $a^{\frac{m}{n}}=\sqrt[n]{a^m}$

(2) $a>0$, $b>0$이고 r, s가 유리수일 때

① $a^r a^s=a^{r+s}$ ② $a^r\div a^s=a^{r-s}$ ③ $(a^r)^s=a^{rs}$ ④ $(ab)^r=a^r b^r$

(3) $a>0$, $b>0$이고 x, y가 실수일 때

① $a^x a^y=a^{x+y}$ ② $a^x\div a^y=a^{x-y}$ ③ $(a^x)^y=a^{xy}$ ④ $(ab)^x=a^x b^x$

④ 로그의 뜻

(1) $a>0$, $a\neq1$, $N>0$일 때, $a^x=N \Longleftrightarrow x=\log_a N$

(2) $\log_a N$이 정의되려면 밑 a는 $a>0$, $a\neq1$이고 진수 N은 $N>0$이어야 한다.

⑤ 로그의 성질

$a>0$, $a\neq1$이고 $M>0$, $N>0$일 때

(1) $\log_a 1=0$, $\log_a a=1$

(2) $\log_a MN=\log_a M+\log_a N$

(3) $\log_a \dfrac{M}{N}=\log_a M-\log_a N$

(4) $\log_a M^k=k\log_a M$ (단, k는 실수)

⑥ 로그의 밑의 변환

(1) $a>0$, $a\neq1$, $b>0$, $c>0$, $c\neq1$일 때, $\log_a b=\dfrac{\log_c b}{\log_c a}$

(2) 로그의 밑의 변환의 활용 : $a>0$, $a\neq1$, $b>0$, $c>0$일 때

① $\log_a b=\dfrac{1}{\log_b a}$ (단, $b\neq1$)

② $\log_a b\times\log_b c=\log_a c$ (단, $b\neq1$)

③ $\log_{a^m} b^n=\dfrac{n}{m}\log_a b$ (단, m, n은 실수이고 $m\neq0$)

④ $a^{\log_b c}=c^{\log_b a}$ (단, $b\neq1$)

⑦ 지수함수의 뜻과 그래프

(1) $y=a^x$ $(a>0,\ a\neq 1)$을 a를 밑으로 하는 지수함수라고 한다.

(2) 지수함수 $y=a^x$ $(a>0,\ a\neq 1)$의 그래프는 다음 그림과 같다.

① $a>1$일 때

② $0<a<1$일 때

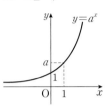 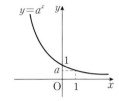

⑧ 지수함수 $y=a^x$ $(a>0,\ a\neq 1)$의 성질

(1) $a>1$일 때, x의 값이 증가하면 y의 값도 증가한다.

  $0<a<1$일 때, x의 값이 증가하면 y의 값은 감소한다.

(2) a의 값에 관계없이 그래프는 점 $(0,\ 1)$을 지나고, 점근선은 x축(직선 $y=0$)이다.

(3) 함수 $y=a^x$의 그래프와 함수 $y=\left(\dfrac{1}{a}\right)^x$의 그래프는 서로 y축에 대하여 대칭이다.

(4) 함수 $y=a^{x-m}+n$의 그래프는 함수 $y=a^x$의 그래프를 x축의 방향으로 m만큼, y축의 방향으로 n만큼 평행이동한 것이다.

⑨ 지수함수의 활용

(1) $a>0,\ a\neq 1$일 때, $a^{f(x)}=a^{g(x)} \Longleftrightarrow f(x)=g(x)$

(2) $a>1$일 때, $a^{f(x)}<a^{g(x)} \Longleftrightarrow f(x)<g(x)$

  $0<a<1$일 때, $a^{f(x)}<a^{g(x)} \Longleftrightarrow f(x)>g(x)$

⑩ 로그함수의 뜻과 그래프

(1) $y=\log_a x$ $(a>0,\ a\neq 1)$을 a를 밑으로 하는 로그함수라고 한다.

(2) 로그함수 $y=\log_a x$ $(a>0,\ a\neq 1)$의 그래프는 다음 그림과 같다.

① $a>1$일 때

② $0<a<1$일 때

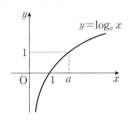

⑪ 로그함수 $y=\log_a x$ $(a>0,\ a\neq 1)$의 성질

(1) $a>1$일 때, x의 값이 증가하면 y의 값도 증가한다.

  $0<a<1$일 때, x의 값이 증가하면 y의 값은 감소한다.

(2) a의 값에 관계없이 그래프는 점 $(1,\ 0)$을 지나고, 점근선은 y축(직선 $x=0$)이다.

(3) 함수 $y=\log_a x$의 그래프와 함수 $y=\log_{\frac{1}{a}} x$의 그래프는 서로 x축에 대하여 대칭이다.

(4) 함수 $y=\log_a (x-m)+n$의 그래프는 함수 $y=\log_a x$의 그래프를 x축의 방향으로 m만큼, y축의 방향으로 n만큼 평행이동한 것이다.

(5) 지수함수 $y=a^x$ $(a>0,\ a\neq 1)$의 역함수는 로그함수 $y=\log_a x$ $(a>0,\ a\neq 1)$이다.

⑫ 로그함수의 활용

(1) $a>0,\ a\neq 1,\ f(x)>0,\ g(x)>0$일 때, $\log_a f(x)=\log_a g(x) \Longleftrightarrow f(x)=g(x)$

(2) $f(x)>0,\ g(x)>0$인 두 함수 $f(x),\ g(x)$에 대하여

  $a>1$일 때, $\log_a f(x)<\log_a g(x) \Longleftrightarrow f(x)<g(x)$

  $0<a<1$일 때, $\log_a f(x)<\log_a g(x) \Longleftrightarrow f(x)>g(x)$

출제경향 | 거듭제곱근의 뜻과 성질을 이용하는 문제가 출제된다.

출제유형잡기 | 거듭제곱근의 뜻과 성질을 이용하여 문제를 해결한다.

(1) 실수 a와 2 이상의 자연수 n에 대하여 a의 n제곱근 중 실수인 것은 다음과 같다.

	$a>0$	$a=0$	$a<0$
n이 짝수	$\sqrt[n]{a},\ -\sqrt[n]{a}$	0	없다.
n이 홀수	$\sqrt[n]{a}$	0	$\sqrt[n]{a}$

(2) $a>0$, $b>0$이고 m, n이 2 이상의 자연수일 때

① $(\sqrt[n]{a})^n=a$

② $\sqrt[n]{a}\sqrt[n]{b}=\sqrt[n]{ab}$

③ $\dfrac{\sqrt[n]{a}}{\sqrt[n]{b}}=\sqrt[n]{\dfrac{a}{b}}$

④ $(\sqrt[n]{a})^m=\sqrt[n]{a^m}$

⑤ $\sqrt[m]{\sqrt[n]{a}}=\sqrt[mn]{a}=\sqrt[n]{\sqrt[m]{a}}$

⑥ $\sqrt[np]{a^{mp}}=\sqrt[n]{a^m}$ (단, p는 자연수)

01

▶ 25054-0001

$\sqrt[3]{9}\times\sqrt{3\sqrt[3]{3}}\div\sqrt[3]{9^2}$의 값은?

① $\dfrac{1}{9}$ ② $\dfrac{1}{3}$ ③ 1

④ 3 ⑤ 9

02

▶ 25054-0002

양수 m에 대하여 m의 세제곱근 중 실수인 것이 2^n이고, 4^n의 네제곱근 중 양수인 것을 k라 하자. $k=\sqrt{2m}$일 때, m의 값은? (단, n은 실수이다.)

① $\dfrac{\sqrt{2}}{8}$ ② $\dfrac{\sqrt{2}}{4}$ ③ $\dfrac{\sqrt{2}}{2}$

④ $\sqrt{2}$ ⑤ $2\sqrt{2}$

03

▶ 25054-0003

두 실수 a, b에 대하여 이차방정식 $x^2-ax+b=0$의 한 근이 $\sqrt[4n]{8^n}+\sqrt[4n+2]{2\times4^n}\,i$일 때, a^2-b^2의 값은? (단, $i=\sqrt{-1}$이고, n은 자연수이다.)

① -4 ② -6 ③ -8

④ -10 ⑤ -12

04

▶ 25054-0004

$n\geq k$인 두 자연수 n, k에 대하여 부등식

$\quad|x+3|\leq n-k$

를 만족시키는 정수 x의 최댓값을 m이라 하자. $k\geq2$이고 $n\leq6$일 때, m의 n제곱근 중 음수인 것이 존재하도록 하는 n, k의 모든 순서쌍 $(n,\ k)$의 개수는?

① 6 ② 7 ③ 8

④ 9 ⑤ 10

유형 **2** 지수의 확장과 지수법칙

출제경향 | 거듭제곱근을 지수가 유리수인 꼴로 나타내는 문제, 지수법칙을 이용하여 식의 값을 구하는 문제가 출제된다.

출제유형잡기 | 지수법칙을 이용하여 문제를 해결한다.

(1) 0 또는 음의 정수인 지수

$a \neq 0$이고 n이 양의 정수일 때

① $a^0 = 1$ ② $a^{-n} = \dfrac{1}{a^n}$

(2) 유리수인 지수

$a > 0$이고 m이 정수, n이 2 이상의 자연수일 때

$$a^{\frac{m}{n}} = \sqrt[n]{a^m}$$

(3) 지수법칙

$a > 0$, $b > 0$이고 x, y가 실수일 때

① $a^x a^y = a^{x+y}$ ② $a^x \div a^y = a^{x-y}$

③ $(a^x)^y = a^{xy}$ ④ $(ab)^x = a^x b^x$

05

▶ 25054-0005

$3^{\sqrt{2}-1} \times \left(\dfrac{1}{27}\right)^{\frac{\sqrt{2}+1}{3}}$ 의 값은?

① $\dfrac{1}{9}$ ② $\dfrac{1}{3}$ ③ 1

④ 3 ⑤ 9

06

▶ 25054-0006

등식 $5^x \div 5^{\frac{4}{x}} = 1$을 만족시키는 0이 아닌 모든 실수 x의 값의 곱은?

① -10 ② -8 ③ -6

④ -4 ⑤ -2

07

▶ 25054-0007

$\sqrt[6]{10^{n^2}} \times (64^6)^{\frac{1}{n}}$의 값이 자연수가 되도록 하는 자연수 n의 개수는?

① 3 ② 4 ③ 5

④ 6 ⑤ 7

08

▶ 25054-0008

등식

$$a \times (\sqrt[4]{18})^b \times 256^{\frac{1}{c}} = 72$$

를 만족시키는 세 자연수 a, b, c의 순서쌍 (a, b, c)에 대하여 $a+b+c$의 최댓값을 구하시오.

유형 3 로그의 뜻과 기본 성질

출제경향 | 로그의 뜻과 로그의 성질을 이용하여 주어진 식의 값을 구하는 문제가 출제된다.

출제유형잡기 | 로그의 뜻과 로그의 성질을 이용하여 문제를 해결한다.

(1) $a>0$, $a \neq 1$, $N>0$일 때, $a^x = N \Longleftrightarrow x = \log_a N$

(2) $\log_a N$이 정의되려면 밑 a는 $a>0$, $a \neq 1$이고 진수 N은 $N>0$이어야 한다.

(3) 로그의 성질

$a>0$, $a \neq 1$이고 $M>0$, $N>0$일 때

① $\log_a 1 = 0$, $\log_a a = 1$

② $\log_a MN = \log_a M + \log_a N$

③ $\log_a \dfrac{M}{N} = \log_a M - \log_a N$

④ $\log_a M^k = k \log_a M$ (단, k는 실수)

09

▶ 25054-0009

$\log_3 36 - \log_3 \dfrac{4}{9}$의 값은?

① 1   ② 2   ③ 3

④ 4   ⑤ 5

10

▶ 25054-0010

좌표평면 위의 점 $\left(\log_3 \dfrac{36}{5} + \log_3 \dfrac{15}{4}, \ \log_2 a \right)$가

원 $x^2 + y^2 = 25$ 위에 있도록 하는 모든 양수 a의 값의 합은?

① $\dfrac{253}{16}$ ② $\dfrac{127}{8}$ ③ $\dfrac{255}{16}$

④ 16   ⑤ $\dfrac{257}{16}$

11

▶ 25054-0011

자연수 n에 대하여 두 수 $\log_2 \dfrac{36}{n+6}$, $\log_2 \dfrac{n}{3}$이 모두 자연수가 되도록 하는 n의 값을 구하시오.

12

▶ 25054-0012

x에 대한 이차방정식

$$3x^2 - (\log_6 \sqrt{n^m})x - \log_6 n + 12 = 0$$

의 한 실근이 2가 되도록 하는 두 자연수 m, n의 순서쌍 (m, n)의 개수는?

① 4   ② 5   ③ 6

④ 7   ⑤ 8

유형 4 로그의 여러 가지 성질

출제경향 | 로그의 여러 가지 성질을 이용하여 주어진 식의 값을 구하는 문제가 출제된다.

출제유형잡기 | 로그의 여러 가지 성질을 이용하여 문제를 해결한다.

(1) 로그의 밑의 변환

$a>0$, $a\neq1$, $b>0$, $c>0$, $c\neq1$일 때

$$\log_a b=\frac{\log_c b}{\log_c a}$$

(2) 로그의 밑의 변환의 활용

$a>0$, $a\neq1$, $b>0$, $c>0$일 때

① $\log_a b=\dfrac{1}{\log_b a}$ (단, $b\neq1$)

② $\log_a b\times\log_b c=\log_a c$ (단, $b\neq1$)

③ $\log_{a^m} b^n=\dfrac{n}{m}\log_a b$ (단, m, n은 실수이고 $m\neq0$)

④ $a^{\log_b c}=c^{\log_b a}$ (단, $b\neq1$)

13

▶ 25054-0013

$\log_2 60+\log_{\frac{1}{4}} 36-\dfrac{1}{\log_{25} 4}$의 값은?

① 1   ② 2   ③ 3

④ 4   ⑤ 5

14

▶ 25054-0014

$a=\log_7 16$, $b=4^7$일 때, $a\log_b 49$의 값은?

① $\dfrac{2}{7}$ ② $\dfrac{4}{7}$ ③ $\dfrac{6}{7}$

④ $\dfrac{8}{7}$ ⑤ $\dfrac{10}{7}$

15

▶ 25054-0015

등식

$$6^{\log_3 4}\div n^{\log_3 2}=2^k$$

이 성립하도록 하는 두 자연수 n, k의 순서쌍 (n, k)에 대하여 $n+k$의 최솟값은?

① 6   ② 7   ③ 8

④ 9   ⑤ 10

16

▶ 25054-0016

두 실수 a, b에 대하여 $2a-b$가 자연수일 때,

$$8a^3-b^3=\log_{16} n^3-\frac{1}{2},$$

$$6ab^2-12a^2b=\log_{16}\frac{1}{9}\times\log_3 3\sqrt{n}$$

이 성립하도록 하는 자연수 n의 최솟값은?

① 20   ② 22   ③ 24

④ 26   ⑤ 28

출제경향 | 지수함수와 로그함수의 성질과 그 그래프의 특징을 이해하고 있는지를 묻는 문제가 출제된다.

출제유형잡기 | 지수함수와 로그함수의 밑의 범위에 따른 증가와 감소, 그래프의 점근선, 평행이동과 대칭이동을 이해하여 문제를 해결한다.

17

▶ 25054-0017

곡선 $y=2^{x-3}+a$와 직선 $y=3$이 만나는 점의 x좌표가 5일 때, 곡선 $y=2^{x-3}+a$가 y축과 만나는 점의 y좌표는?

(단, a는 상수이다.)

① $-\dfrac{1}{2}$ ② $-\dfrac{5}{8}$ ③ $-\dfrac{3}{4}$

④ $-\dfrac{7}{8}$ ⑤ -1

18

▶ 25054-0018

1보다 큰 두 상수 a, b에 대하여 함수 $f(x)=\log_3(ax+b)$의 그래프가 x축, y축과 만나는 점을 각각 A, B라 하고, 점 A에서 함수 $y=f(x)$의 그래프의 점근선에 내린 수선의 발을 H라 하자. 점 A는 선분 OH의 중점이고 $\overline{OA}=\overline{OB}$일 때, b^a의 값은?

(단, O는 원점이다.)

① $\sqrt{3}$ ② 3 ③ $3\sqrt{3}$

④ 9 ⑤ $9\sqrt{3}$

19

▶ 25054-0019

두 상수 a, b에 대하여 두 함수 $f(x)=\log_2(x+2)+a$, $g(x)=\log_2(-x+6)+b$의 그래프의 점근선을 각각 l, m이라 하고, 곡선 $y=f(x)$와 직선 m이 만나는 점을 A, 곡선 $y=g(x)$와 직선 l이 만나는 점을 B라 하자. $\overline{AB}=10$일 때, $|a-b|$의 값을 구하시오.

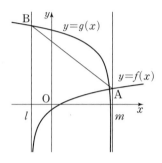

20

▶ 25054-0020

1보다 큰 두 자연수 a, b와 두 함수 $f(x)=a^{x+1}$, $g(x)=-\left(\dfrac{1}{4}\right)^x+b$에 대하여 두 곡선 $y=f(x)$, $y=g(-x)$가 만나는 점의 x좌표를 p라 하고, 실수 전체의 집합에서 정의된 함수 $h(x)$를

$$h(x)=\begin{cases} g(x) & (x<0) \\ g(-x) & (0 \le x < p) \\ f(x) & (x \ge p) \end{cases}$$

라 하자. p가 자연수이고 곡선 $y=h(x)$와 직선 $y=k$가 만나는 점의 개수가 2가 되도록 하는 모든 실수 k의 값의 합이 11이다. $a+b$의 값은?

① 9 ② 10 ③ 11

④ 12 ⑤ 13

유형 6 지수함수와 로그함수의 활용

출제경향 | 지수 또는 진수에 미지수가 포함된 방정식과 부등식의 해를 구하는 문제가 출제된다.

출제유형잡기 | 지수 또는 진수에 미지수가 포함된 방정식과 부등식의 해를 구할 때는 다음 성질을 이용한다.

(1) $a>0$, $a\neq1$일 때, $a^{f(x)}=a^{g(x)} \Longleftrightarrow f(x)=g(x)$

(2) $a>1$일 때, $a^{f(x)}<a^{g(x)} \Longleftrightarrow f(x)<g(x)$

  $0<a<1$일 때, $a^{f(x)}<a^{g(x)} \Longleftrightarrow f(x)>g(x)$

(3) $a>0$, $a\neq1$, $f(x)>0$, $g(x)>0$일 때,

  $\log_a f(x)=\log_a g(x) \Longleftrightarrow f(x)=g(x)$

(4) $f(x)>0$, $g(x)>0$인 두 함수 $f(x)$, $g(x)$에 대하여

  $a>1$일 때, $\log_a f(x)<\log_a g(x) \Longleftrightarrow f(x)<g(x)$

  $0<a<1$일 때, $\log_a f(x)<\log_a g(x) \Longleftrightarrow f(x)>g(x)$

21
▶ 25054-0021

부등식 $3^{1-3x}\geq\left(\dfrac{1}{9}\right)^{x+7}$을 만족시키는 실수 x의 최댓값을 구하시오.

22
▶ 25054-0022

방정식 $\log_2(x^2-9)-\log_2(x+3)=\log_{\sqrt{2}}(x-5)$를 만족시키는 실수 x의 값을 구하시오.

23
▶ 25054-0023

$x=2$가 부등식 $2^{-x}(32-2^{x+a})+2^x\leq0$의 해가 되도록 하는 실수 a의 최솟값을 k라 하자. 방정식 $2^{-x}(32-2^{x+k})+2^x=0$을 만족시키는 실수 x의 최댓값은?

① 3　　　　　② 4　　　　　③ 5

④ 6　　　　　⑤ 7

24
▶ 25054-0024

두 상수 a, b에 대하여 두 곡선 $y=\dfrac{3}{2}\log_3 x$,

$y=\log_9(x+a)+b$가 x축과 만나는 점을 각각 P, Q라 하고 두 곡선 $y=\dfrac{3}{2}\log_3 x$, $y=\log_9(x+a)+b$가 만나는 점을 R이라 하자. 곡선 $y=\log_9(x+a)+b$가 y축과 만나는 점의 y좌표가 $\log_9 18$이고, $\overline{\text{PQ}}=\dfrac{20}{3}$일 때, 삼각형 QPR의 넓이를 구하시오. (단, 점 Q의 x좌표는 음수이다.)

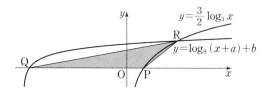

유형 **7** 지수함수와 로그함수의 관계

출제경향 | 지수함수의 그래프와 로그함수의 그래프를 활용하는 문제가 출제된다.

출제유형잡기 | 지수함수의 그래프와 로그함수의 그래프, 지수의 성질과 로그의 성질을 이용하여 문제를 해결한다.

25

▶ 25054-0025

함수 $f(x)=3^{x-1}+2$의 역함수가 $g(x)=\log_3(x-2)+a$이고 함수 $y=g(x)$의 그래프의 점근선은 직선 $x=b$일 때, $a+b$의 값은? (단, a, b는 상수이다.)

① 1   ② 2   ③ 3

④ 4   ⑤ 5

26

▶ 25054-0026

그림과 같이 두 함수 $f(x)=\left(\dfrac{1}{2}\right)^x+a$, $g(x)=-\log_2(x-b)$에 대하여 직선 $x=1$과 함수 $y=f(x)$의 그래프는 한 점 P에서 만나고, 직선 $x=k$와 함수 $y=g(x)$의 그래프가 만나도록 하는 모든 실수 k의 값의 범위는 $k>1$이다. 함수 $y=g(x)$의 그래프 위의 점 Q와 점 A(1, 1)에 대하여 삼각형 PAQ가 $\angle \mathrm{PAQ}=\dfrac{\pi}{2}$인 직각이등변삼각형일 때, $a+b$의 값은?

$$\left(\text{단, } a, b\text{는 상수이고, } a>\frac{1}{2}\text{이다.}\right)$$

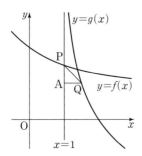

① $\dfrac{7}{4}$ ② 2   ③ $\dfrac{9}{4}$

④ $\dfrac{5}{2}$ ⑤ $\dfrac{11}{4}$

27

▶ 25054-0027

함수 $f(x)=\log_2(x-a)+2a^2$의 역함수 $g(x)$에 대하여 함수 $y=g(x)$의 그래프와 직선 $y=x$가 두 점에서 만나고 그 두 점의 x좌표를 각각 x_1, x_2 $(x_1<x_2)$라 하자. $x_2-x_1=1$일 때, 실수 a의 최솟값은?

① -1 ② $-\dfrac{1}{2}$ ③ 0

④ $\dfrac{1}{2}$ ⑤ 1

28

▶ 25054-0028

두 함수 $f(x)=\log_2(-x+a)+b$, $g(x)=\log_2(x-a)+b$에 대하여 곡선 $y=f(x)$ 위의 점 $(-3, f(-3))$은 직선 $y=-x$ 위에 있고, 곡선 $y=g(x)$ 위의 점 $(2+2a, g(2+2a))$는 직선 $y=x-2a$ 위에 있다. 함수 $g(x)$의 역함수를 $h(x)$라 할 때, 곡선 $y=h(x)$와 직선 $y=x-2$가 만나는 서로 다른 두 점의 y좌표의 합을 구하시오. (단, a, b는 상수이다.)

유형 8   지수함수와 로그함수의 최댓값과 최솟값

출제경향 | 주어진 범위에서 지수함수와 로그함수의 증가와 감소를 이용하여 최댓값과 최솟값을 구하는 문제가 출제된다.

출제유형잡기 | 밑의 범위에 따른 지수함수와 로그함수의 증가와 감소를 이해하여 주어진 구간에서 지수함수 또는 로그함수의 최댓값과 최솟값을 구하는 문제를 해결한다.

29
▶ 25054-0029

닫힌구간 $[1, 3]$에서 함수 $f(x)=\left(\dfrac{1}{2}\right)^{x-2}+a$의 최댓값이 5, 최솟값이 m일 때, m의 값은? (단, a는 상수이다.)

① $\dfrac{3}{2}$ ② 2   ③ $\dfrac{5}{2}$

④ 3   ⑤ $\dfrac{7}{2}$

30
▶ 25054-0030

닫힌구간 $[1, 27]$에서 함수 $f(x)=(\log_3 x)^2-a\log_3 x$의 최솟값이 -1일 때, 양수 a의 값은?

① 1   ② 2   ③ 3

④ 4   ⑤ 5

31
▶ 25054-0031

양수 k에 대하여 닫힌구간 $[k, k+2]$에서 함수 $f(x)=\log_a x+1$은 $x=k$에서 최댓값 M을 갖고 $x=k+2$에서 최솟값 m을 갖는다. $M-m=-\log_a 2$, $Mm=0$일 때, 모든 실수 a의 값의 합은? (단, $a>0$, $a\neq 1$)

① $\dfrac{1}{4}$ ② $\dfrac{1}{2}$ ③ $\dfrac{3}{4}$

④ 1   ⑤ $\dfrac{5}{4}$

32
▶ 25054-0032

두 상수 $a\,(a>3)$, b에 대하여 닫힌구간 $[1, 5]$에서 함수

$$f(x)=\begin{cases}\log_{\frac{1}{3}}(-x+a)+2 & (x<3)\\ \left(\dfrac{1}{9}\right)^{x+b}+1 & (x\geq 3)\end{cases}$$

의 최댓값이 2, 최솟값이 1일 때, $a-b$의 값은?

① 4   ② 5   ③ 6

④ 7   ⑤ 8

02 삼각함수

① 일반각과 호도법

(1) 일반각 : 시초선 OX와 동경 OP가 나타내는 ∠XOP의 크기 중에서 하나를 $a°$라 할 때, 동경 OP가 나타내는 각의 크기를 $360°×n+a°$ (n은 정수)로 나타내고, 이것을 동경 OP가 나타내는 일반각이라고 한다.

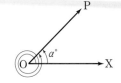

(2) 육십분법과 호도법의 관계

① 1라디안$=\dfrac{180°}{\pi}$

② $1°=\dfrac{\pi}{180}$ 라디안

(3) 부채꼴의 호의 길이와 넓이

반지름의 길이가 r, 중심각의 크기가 θ(라디안)인 부채꼴에서 호의 길이를 l, 넓이를 S라 하면

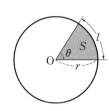

① $l=r\theta$

② $S=\dfrac{1}{2}r^2\theta=\dfrac{1}{2}rl$

② 삼각함수의 정의와 삼각함수 사이의 관계

(1) 삼각함수의 정의

좌표평면에서 중심이 원점 O이고 반지름의 길이가 r인 원 위의 한 점을 P(x, y)라 하고, x축의 양의 방향을 시초선으로 하는 동경 OP가 나타내는 각의 크기를 θ라 할 때, θ에 대한 삼각함수를 다음과 같이 정의한다.

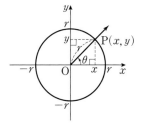

$$\sin\theta=\frac{y}{r}, \cos\theta=\frac{x}{r}, \tan\theta=\frac{y}{x} \ (x\neq0)$$

(2) 삼각함수 사이의 관계

① $\tan\theta=\dfrac{\sin\theta}{\cos\theta}$

② $\sin^2\theta+\cos^2\theta=1$

③ 삼각함수의 그래프

(1) 함수 $y=\sin x$의 그래프와 그 성질

① 정의역은 실수 전체의 집합이고, 치역은 $\{y|-1\leq y\leq1\}$ 이다.

② 그래프는 원점에 대하여 대칭이다.

③ 주기가 2π인 주기함수이다. 즉, 모든 실수 x에 대하여 $\sin(2n\pi+x)=\sin x$ (n은 정수)이다.

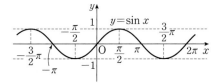

(2) 함수 $y=\cos x$의 그래프와 그 성질

① 정의역은 실수 전체의 집합이고, 치역은 $\{y|-1\leq y\leq1\}$ 이다.

② 그래프는 y축에 대하여 대칭이다.

③ 주기가 2π인 주기함수이다. 즉, 모든 실수 x에 대하여 $\cos(2n\pi+x)=\cos x$ (n은 정수)이다.

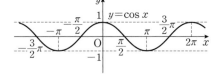

(3) 함수 $y=\tan x$의 그래프와 그 성질

① 정의역은 $x\neq n\pi+\dfrac{\pi}{2}$ (n은 정수)인 실수 전체의 집합 이고, 치역은 실수 전체의 집합이다.

② 그래프는 원점에 대하여 대칭이다.

③ 주기가 π인 주기함수이다. 즉, 모든 실수 x에 대하여 $\tan(n\pi+x)=\tan x$ (n은 정수)이다.

④ 그래프의 점근선은 직선 $x=n\pi+\dfrac{\pi}{2}$ (n은 정수)이다.

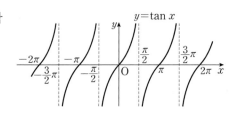

Note

④ 삼각함수의 성질

(1) $2n\pi + x$의 삼각함수 (단, n은 정수)

 ① $\sin(2n\pi + x) = \sin x$ ② $\cos(2n\pi + x) = \cos x$ ③ $\tan(2n\pi + x) = \tan x$

(2) $-x$의 삼각함수

 ① $\sin(-x) = -\sin x$ ② $\cos(-x) = \cos x$ ③ $\tan(-x) = -\tan x$

(3) $\pi + x$, $\pi - x$의 삼각함수

 ① $\sin(\pi + x) = -\sin x$ ② $\cos(\pi + x) = -\cos x$ ③ $\tan(\pi + x) = \tan x$

 ④ $\sin(\pi - x) = \sin x$ ⑤ $\cos(\pi - x) = -\cos x$ ⑥ $\tan(\pi - x) = -\tan x$

(4) $\dfrac{\pi}{2} + x$, $\dfrac{\pi}{2} - x$의 삼각함수

 ① $\sin\left(\dfrac{\pi}{2} + x\right) = \cos x$ ② $\cos\left(\dfrac{\pi}{2} + x\right) = -\sin x$ ③ $\tan\left(\dfrac{\pi}{2} + x\right) = -\dfrac{1}{\tan x}$

 ④ $\sin\left(\dfrac{\pi}{2} - x\right) = \cos x$ ⑤ $\cos\left(\dfrac{\pi}{2} - x\right) = \sin x$ ⑥ $\tan\left(\dfrac{\pi}{2} - x\right) = \dfrac{1}{\tan x}$

⑤ 삼각함수의 활용

(1) **방정식에의 활용** : 방정식 $2\sin x - 1 = 0$, $2\cos x + \sqrt{3} = 0$, $\tan x - 1 = 0$과 같이 각의 크기가 미지수인 삼각함수를 포함한 방정식은 삼각함수의 그래프를 이용하여 다음과 같이 풀 수 있다.

 ① 주어진 방정식을 $\sin x = k$ ($\cos x = k$, $\tan x = k$)의 꼴로 변형한다.

 ② 주어진 범위에서 함수 $y = \sin x$ ($y = \cos x$, $y = \tan x$)의 그래프와 직선 $y = k$를 그린 후 두 그래프의 교점의 x좌표를 찾아서 해를 구한다.

(2) **부등식에의 활용** : 부등식 $2\sin x + 1 > 0$, $2\cos x + \sqrt{3} < 0$, $\tan x - 1 < 0$과 같이 각의 크기가 미지수인 삼각함수를 포함한 부등식은 삼각함수의 그래프를 이용하여 다음과 같이 풀 수 있다.

 ① 주어진 부등식을 $\sin x > k$ ($\cos x < k$, $\tan x < k$)의 꼴로 변형한다.

 ② 주어진 범위에서 함수 $y = \sin x$ ($y = \cos x$, $y = \tan x$)의 그래프와 직선 $y = k$를 그린 후 두 그래프의 교점의 x좌표를 찾는다.

 ③ 함수 $y = \sin x$ ($y = \cos x$, $y = \tan x$)의 그래프가 직선 $y = k$보다 위쪽(또는 아래쪽)에 있는 x의 값의 범위를 찾아서 해를 구한다.

⑥ 사인법칙

삼각형 ABC의 외접원의 반지름의 길이를 R이라 하면

$$\frac{a}{\sin A} = \frac{b}{\sin B} = \frac{c}{\sin C} = 2R$$

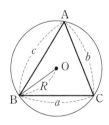

⑦ 코사인법칙

삼각형 ABC에서

(1) $a^2 = b^2 + c^2 - 2bc\cos A$ (2) $b^2 = c^2 + a^2 - 2ca\cos B$

(3) $c^2 = a^2 + b^2 - 2ab\cos C$

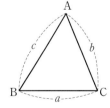

⑧ 삼각형의 넓이

삼각형 ABC의 넓이를 S라 하면

$$S = \frac{1}{2}ab\sin C = \frac{1}{2}bc\sin A = \frac{1}{2}ca\sin B$$

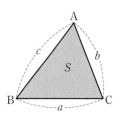

Note

유형 1 부채꼴의 호의 길이와 넓이

출제경향 | 호도법을 이용하여 부채꼴의 호의 길이와 넓이를 구하는 문제가 출제된다.

출제유형잡기 | 부채꼴의 반지름의 길이 r과 중심각의 크기 θ가 주어질 때, 부채꼴의 호의 길이 l과 넓이 S는 다음과 같이 구한다.

(1) $l = r\theta$

(2) $S = \dfrac{1}{2} r^2 \theta = \dfrac{1}{2} rl$

01

▶ 25054-0033

반지름의 길이가 2이고 중심각의 크기가 $\dfrac{\pi}{3}$인 부채꼴의 넓이는?

① $\dfrac{\pi}{6}$ ② $\dfrac{\pi}{3}$ ③ $\dfrac{\pi}{2}$

④ $\dfrac{2}{3}\pi$ ⑤ $\dfrac{5}{6}\pi$

02

▶ 25054-0034

반지름의 길이가 $4\sqrt{3}$이고 중심각의 크기가 θ인 부채꼴의 넓이를 S_1이라 하고, 반지름의 길이가 r이고 중심각의 크기가 3θ인 부채꼴의 넓이를 S_2라 하자. $S_1 = 4S_2$일 때, r의 값은?

$\left(\text{단, } 0 < \theta < \dfrac{2}{3}\pi\right)$

① 1   ② 2   ③ 3

④ 4   ⑤ 5

03

▶ 25054-0035

그림과 같이 반지름의 길이가 2이고 중심각의 크기가 $\dfrac{\pi}{2}$인 부채꼴 OAB의 호 AB 위에 $\angle \mathrm{AOP} = \theta$, $\angle \mathrm{AOQ} = 4\theta$가 되도록 두 점 P, Q를 잡는다. 부채꼴 OAQ의 넓이와 부채꼴 OAP의 넓이의 차가 $\dfrac{2}{3}\pi$일 때, 부채꼴 OQB의 넓이는? $\left(\text{단, } 0 < \theta < \dfrac{\pi}{8}\right)$

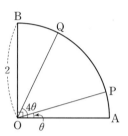

① $\dfrac{\pi}{9}$ ② $\dfrac{2}{9}\pi$ ③ $\dfrac{\pi}{3}$

④ $\dfrac{4}{9}\pi$ ⑤ $\dfrac{5}{9}\pi$

04

▶ 25054-0036

그림과 같이 중심각의 크기가 $\dfrac{6}{7}\pi$이고 반지름의 길이가 $\overline{\mathrm{OA}}$인 부채꼴 OAB가 있다. 선분 OA 위에 두 점 C, E를 $\overline{\mathrm{OC}} < \overline{\mathrm{OE}} < \overline{\mathrm{OA}}$가 되도록 잡고 선분 OB 위에 두 점 D, F를 $\overline{\mathrm{OC}} = \overline{\mathrm{OD}}$, $\overline{\mathrm{OE}} = \overline{\mathrm{OF}}$가 되도록 잡는다. 중심각의 크기가 $\dfrac{6}{7}\pi$이고 반지름의 길이가 각각 $\overline{\mathrm{OC}}$, $\overline{\mathrm{OE}}$인 부채꼴 OCD, OEF에 대하여 부채꼴 OAB의 내부와 부채꼴 OEF의 외부의 공통부분의 넓이가 부채꼴 OAB의 넓이의 $\dfrac{2}{3}$이고, 부채꼴 OEF의 내부와 부채꼴 OCD의 외부의 공통부분의 넓이가 3π, $\overline{\mathrm{CE}} = 1$일 때, 부채꼴 OAB의 넓이가 $\dfrac{q}{p}\pi$이다. $p + q$의 값을 구하시오.

(단, p와 q는 서로소인 자연수이다.)

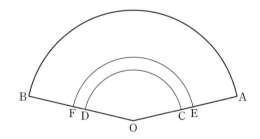

유형 2 삼각함수의 정의와 삼각함수 사이의 관계

출제경향 | 삼각함수의 정의와 삼각함수 사이의 관계를 이용하여 식의 값을 구하는 문제가 출제된다.

출제유형잡기 | 삼각함수의 정의와 삼각함수 사이의 관계를 이용하여 문제를 해결한다.

(1) 각 θ를 나타내는 동경과 중심이 원점이고 반지름의 길이가 r인 원이 만나는 점의 좌표를 (x, y)라 하면

$$\sin\theta = \frac{y}{r},\ \cos\theta = \frac{x}{r},\ \tan\theta = \frac{y}{x}\ (x \neq 0)$$

(2) 삼각함수 사이의 관계

① $\tan\theta = \dfrac{\sin\theta}{\cos\theta}$

② $\sin^2\theta + \cos^2\theta = 1$

05

▶ 25054-0037

$\sin\theta = \dfrac{1}{3}$일 때, $\cos^2\theta$의 값은?

① $\dfrac{4}{9}$　　② $\dfrac{5}{9}$　　③ $\dfrac{2}{3}$

④ $\dfrac{7}{9}$　　⑤ $\dfrac{8}{9}$

06

▶ 25054-0038

$\dfrac{\pi}{2} < \theta < \pi$인 θ에 대하여 $\tan\theta = -\dfrac{1}{2}$일 때, $\sin\theta + \cos\theta$의 값은?

① $-\dfrac{\sqrt{5}}{2}$　　② $-\dfrac{2\sqrt{5}}{5}$　　③ $-\dfrac{3\sqrt{5}}{10}$

④ $-\dfrac{\sqrt{5}}{5}$　　⑤ $-\dfrac{\sqrt{5}}{10}$

07

▶ 25054-0039

좌표평면에서 각 θ를 나타내는 동경이 원 $x^2 + y^2 = 1$과 만나는 점을 P라 하자. 점 P의 x좌표가 $\dfrac{1}{2}$이고 $\sin\theta < 0$일 때, $\tan\theta$의 값은? (단, $0 < \theta < 2\pi$)

① $-\sqrt{3}$　　② $-\dfrac{\sqrt{3}}{3}$　　③ $\dfrac{\sqrt{3}}{3}$

④ 1　　⑤ $\sqrt{3}$

08

▶ 25054-0040

$\dfrac{3}{2}\pi < \theta < 2\pi$인 θ에 대하여

$$\sqrt{(\sin\theta - \cos\theta)^2} - |\sin\theta| = \sqrt[3]{(\sin\theta - \cos\theta)^3} + |2\sin\theta|$$

가 성립할 때, $\sin\theta$의 값은?

① $-\dfrac{2\sqrt{5}}{5}$　　② $-\dfrac{\sqrt{5}}{3}$　　③ $-\dfrac{4\sqrt{5}}{15}$

④ $-\dfrac{\sqrt{5}}{5}$　　⑤ $-\dfrac{2\sqrt{5}}{15}$

유형 **3** 삼각함수의 그래프

출제경향 | 삼각함수의 그래프의 성질을 이용하여 주기를 구하거나 미지수의 값을 구하는 문제가 출제된다.

출제유형잡기 | 삼각함수의 그래프에서 주기, 대칭성 등을 이용하여 조건을 만족시키는 미지수의 값을 구하는 문제를 해결한다.

(1) 삼각함수의 주기

a, b가 0이 아닌 상수일 때, 세 함수

$y=a \sin bx$, $y=a \cos bx$, $y=a \tan bx$의 주기는 각각

$\dfrac{2\pi}{|b|}$, $\dfrac{2\pi}{|b|}$, $\dfrac{\pi}{|b|}$이다.

(2) 삼각함수의 그래프의 대칭성

a, b가 0이 아닌 상수일 때, 두 함수 $y=a \sin bx$, $y=a \tan bx$의 그래프는 각각 원점에 대하여 대칭이고, 함수 $y=a \cos bx$의 그래프는 y축에 대하여 대칭이다.

09
▶ 25054-0041

두 상수 a, b $(b>0)$에 대하여 함수 $f(x)=a \cos bx$의 그래프가 그림과 같고 $f(0)=2$, $f(3)=2$일 때, $a \times b$의 값은?

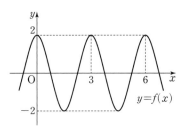

① $\dfrac{\pi}{3}$ ② $\dfrac{2}{3}\pi$ ③ π

④ $\dfrac{4}{3}\pi$ ⑤ $\dfrac{5}{3}\pi$

10
▶ 25054-0042

두 함수 $f(x)=a \sin bx+1$, $g(x)=|\cos 2x|$에 대하여 함수 $f(x)$의 최댓값과 최솟값의 차가 10이고, 함수 $f(x)$의 주기와 함수 $g(x)$의 주기가 같을 때, $a \times b$의 최솟값은?

(단, a, b는 0이 아닌 상수이다.)

① -25 ② -20 ③ -15

④ -10 ⑤ -5

11
▶ 25054-0043

그림과 같이 $\dfrac{1}{2}<x<\dfrac{3}{2}$에서 정의된 함수

$y=a \tan \pi x$ $(a>0)$의 그래프와 점 P$(1, 0)$을 지나고 기울기가 2인 직선이 서로 다른 세 점에서 만난다. 이들 세 점 중 P가 아닌 두 점을 각각 A, B라 하자. 삼각형 OAB의 넓이가 $\dfrac{2}{3}$일 때, 상수 a의 값은?

(단, O는 원점이고, 점 A의 y좌표는 음수이다.)

① $\dfrac{2\sqrt{3}}{3}$ ② $\dfrac{5\sqrt{3}}{9}$ ③ $\dfrac{4\sqrt{3}}{9}$

④ $\dfrac{\sqrt{3}}{3}$ ⑤ $\dfrac{2\sqrt{3}}{9}$

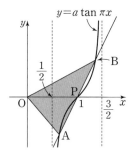

유형 4 삼각함수의 성질

출제경향 | 삼각함수의 성질을 이용하여 삼각함수의 값을 구하는 문제
가 출제된다.

출제유형잡기 | 삼각함수의 성질을 이용하여 삼각함수의 값을 구하는
문제를 해결한다.

(1) $\pi + x$, $\pi - x$의 삼각함수

  ① $\sin(\pi + x) = -\sin x$, $\sin(\pi - x) = \sin x$

  ② $\cos(\pi + x) = -\cos x$, $\cos(\pi - x) = -\cos x$

  ③ $\tan(\pi + x) = \tan x$, $\tan(\pi - x) = -\tan x$

(2) $\dfrac{\pi}{2} + x$, $\dfrac{\pi}{2} - x$의 삼각함수

  ① $\sin\left(\dfrac{\pi}{2} + x\right) = \cos x$, $\sin\left(\dfrac{\pi}{2} - x\right) = \cos x$

  ② $\cos\left(\dfrac{\pi}{2} + x\right) = -\sin x$, $\cos\left(\dfrac{\pi}{2} - x\right) = \sin x$

  ③ $\tan\left(\dfrac{\pi}{2} + x\right) = -\dfrac{1}{\tan x}$, $\tan\left(\dfrac{\pi}{2} - x\right) = \dfrac{1}{\tan x}$

12

▶ 25054-0044

$\sin\dfrac{13}{6}\pi + \tan\dfrac{5}{4}\pi$의 값은?

① $\dfrac{1}{2}$ ② 1 ③ $\dfrac{3}{2}$

④ 2 ⑤ $\dfrac{5}{2}$

13

▶ 25054-0045

그림과 같이 $\overline{AB} = \overline{AC}$인 이등변삼각형 ABC에 대하여 선분
BC 위에 $\overline{AD} = \overline{BD}$가 되도록 점 D를 잡는다. $\angle ABD = \theta$이
고 $\cos 3\theta = -\dfrac{1}{3}$일 때, $\sin(\angle DAC)$의 값은?

$$\left(\text{단, } \dfrac{\pi}{6} < \theta < \dfrac{\pi}{3}\right)$$

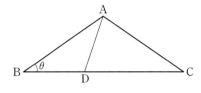

① $\dfrac{2}{3}$ ② $\dfrac{\sqrt{5}}{3}$ ③ $\dfrac{\sqrt{6}}{3}$

④ $\dfrac{\sqrt{7}}{3}$ ⑤ $\dfrac{2\sqrt{2}}{3}$

14

▶ 25054-0046

$0 < \alpha < \pi$, $0 < \beta < \pi$인 두 실수 α, β에 대하여

$$(\sin\alpha - \cos\beta)(\sin\alpha + \cos\beta) = 0, \quad \alpha - \beta = \dfrac{\pi}{8}$$

일 때, 모든 α의 값의 합은?

① π ② $\dfrac{9}{8}\pi$ ③ $\dfrac{5}{4}\pi$

④ $\dfrac{11}{8}\pi$ ⑤ $\dfrac{3}{2}\pi$

출제경향 | 삼각함수 또는 삼각함수가 포함된 함수의 최댓값 또는 최솟값을 구하는 문제가 출제된다.

출제유형잡기 | 삼각함수 사이의 관계, 삼각함수의 성질 및 삼각함수의 그래프의 성질을 이용하여 삼각함수 또는 삼각함수가 포함된 함수의 최댓값 또는 최솟값을 구하는 문제를 해결한다.

세 상수 $a\ (a \neq 0)$, $b\ (b \neq 0)$, c에 대하여

(1) 함수 $y = a \sin bx + c$의 최댓값은 $|a| + c$, 최솟값은 $-|a| + c$이다.

(2) 함수 $y = a \cos bx + c$의 최댓값은 $|a| + c$, 최솟값은 $-|a| + c$이다.

15
▶ 25054-0047

함수 $f(x) = 3 \sin \dfrac{x}{2}$의 최댓값이 a이고, 함수 $g(x) = -2 \cos 2x$의 최댓값이 b일 때, $a + b$의 값은?

① 1   ② 2   ③ 3
④ 4   ⑤ 5

16
▶ 25054-0048

함수 $f(x) = a \sin \pi x + b$의 최댓값이 3이고 $f\left(\dfrac{1}{6}\right) = 1$일 때, 함수 $f(x)$의 최솟값은? (단, a, b는 상수이고, $a > 0$이다.)

① -6 ② $-\dfrac{11}{2}$ ③ -5
④ $-\dfrac{9}{2}$ ⑤ -4

17
▶ 25054-0049

자연수 n에 대하여 $2n-2 \leq x < 2n$에서 정의된 함수

$$f(x) = \begin{cases} 2^{n-1} \sin \pi x & (2n-2 \leq x < 2n-1) \\ \left(\dfrac{1}{2}\right)^n \sin \pi x & (2n-1 \leq x < 2n) \end{cases}$$

의 최댓값과 최솟값의 합을 $g(n)$이라 할 때, $g(1) + g(2)$의 값은?

① $\dfrac{7}{4}$ ② 2   ③ $\dfrac{9}{4}$
④ $\dfrac{5}{2}$ ⑤ $\dfrac{11}{4}$

18
▶ 25054-0050

그림과 같이 최댓값이 M이고 최솟값이 m인 함수 $f(x) = a \sin bx + c \left(0 \leq x \leq \dfrac{2\pi}{b}\right)$의 그래프 위의 두 점 $A(\alpha, M)$, $B(\beta, m)$에서 x축에 내린 수선의 발을 각각 A', B'이라 할 때, 함수 $f(x)$는 다음 조건을 만족시킨다.

(가) $M = 5m$

(나) $\beta - \alpha = 2\pi$

(다) 사각형 $AA'B'B$의 넓이는 12π이다.

$a + 2b + 3c$의 값을 구하시오.

(단, a, b, c는 양수이고, $a < c$이다.)

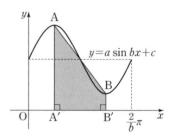

유형 6 삼각함수를 포함한 방정식과 부등식

출제경향 | 삼각함수의 그래프와 삼각함수의 성질을 이용하여 삼각함수를 포함한 방정식과 부등식을 해결하는 문제가 출제된다.

출제유형잡기 | 삼각함수의 그래프와 직선의 교점 또는 위치 관계를 이용하거나 삼각함수의 성질을 이용하여 각의 크기가 미지수인 삼각함수를 포함한 방정식 또는 부등식의 해를 구하는 문제를 해결한다.

19
▶ 25054-0051

$0 < x < \pi$일 때, 방정식 $\sin x = \dfrac{1}{3}$의 모든 해의 합은?

① $\dfrac{\pi}{4}$　　　　② $\dfrac{\pi}{2}$　　　　③ $\dfrac{3}{4}\pi$

④ π　　　　⑤ $\dfrac{5}{4}\pi$

20
▶ 25054-0052

$0 < x < 2\pi$일 때, 부등식
$$2\cos^2\left(\dfrac{\pi}{2}-x\right) - 3\sin\left(\dfrac{\pi}{2}-x\right) - 3 \geq 0$$
을 만족시키는 모든 x의 값의 범위는 $\alpha \leq x \leq \beta$이다. $\beta - \alpha$의 값은?

① $\dfrac{\pi}{6}$　　　　② $\dfrac{\pi}{3}$　　　　③ $\dfrac{\pi}{2}$

④ $\dfrac{2}{3}\pi$　　　　⑤ $\dfrac{5}{6}\pi$

21
▶ 25054-0053

$0 \leq x < 2\pi$에서 부등식 $6\cos^2 x - \cos x - 1 \leq 0$을 만족시키는 모든 x의 값의 범위는 $\alpha \leq x \leq \beta$ 또는 $\gamma \leq x \leq \delta$일 때, $\sin(-\alpha + \beta + \gamma + \delta)$의 값은? (단, $\beta < \gamma$)

① -1　　　　② $-\dfrac{\sqrt{3}}{2}$　　　　③ $-\dfrac{\sqrt{2}}{2}$

④ $-\dfrac{1}{2}$　　　　⑤ 0

22
▶ 25054-0054

$-2 < x < 4$에서 정의된 함수 $f(x)$가 다음 조건을 만족시킨다.

> (가) $f(x) = 1 - |x|$ $(-2 < x \leq 1)$
> (나) $f(1-x) = f(1+x)$ $(0 < x < 3)$

$-2 < x < 4$에서 정의된 함수 $g(x)$가 $g(x) = 2\sin \pi x + 1$일 때, 방정식 $f(g(x)) = 0$의 서로 다른 실근의 개수는?

① 9　　　　② 10　　　　③ 11

④ 12　　　　⑤ 13

▶ 25054-0057

유형 7 사인법칙과 코사인법칙의 활용 및 삼각형의 넓이

출제경향 | 삼각함수의 성질과 사인법칙, 코사인법칙을 이용하여 삼각형의 변의 길이, 각의 크기, 외접원의 반지름의 길이를 구하거나 삼각형의 넓이를 구하는 문제가 출제된다.

출제유형잡기 | 외접원의 반지름의 길이가 R인 삼각형 ABC에서 $\overline{AB}=c$, $\overline{BC}=a$, $\overline{CA}=b$일 때, 다음이 성립한다.

(1) 사인법칙

$$\frac{a}{\sin A}=\frac{b}{\sin B}=\frac{c}{\sin C}=2R$$

(2) 코사인법칙

① $a^2=b^2+c^2-2bc\cos A$
② $b^2=c^2+a^2-2ca\cos B$
③ $c^2=a^2+b^2-2ab\cos C$

(3) 삼각형 ABC의 넓이를 S라 하면

$$S=\frac{1}{2}ab\sin C=\frac{1}{2}bc\sin A=\frac{1}{2}ca\sin B$$

23

▶ 25054-0055

삼각형 ABC에서 $\overline{AB}=\sqrt{7}$, $\overline{BC}=3$, $\overline{CA}=2$일 때, $\cos C$의 값은?

① $\dfrac{5}{12}$ ② $\dfrac{1}{2}$ ③ $\dfrac{7}{12}$

④ $\dfrac{2}{3}$ ⑤ $\dfrac{3}{4}$

24

▶ 25054-0056

삼각형 ABC가 다음 조건을 만족시킨다.

(가) $\sin^2 A=\sin^2 B+\sin^2 C$
(나) $\sin B=2\sin C$

$\overline{BC}=2\sqrt{5}$일 때, 선분 CA의 길이를 구하시오.

25

둘레의 길이가 30인 삼각형 ABC에서

$$\sin A : \sin B : \sin C=4 : 5 : 6$$

일 때, 삼각형 ABC의 넓이는?

① $12\sqrt{7}$ ② $13\sqrt{7}$ ③ $14\sqrt{7}$

④ $15\sqrt{7}$ ⑤ $16\sqrt{7}$

26

▶ 25054-0058

그림과 같이 길이가 6인 선분 AB를 지름으로 하는 원에 내접하는 두 삼각형 ABC, DBC가 다음 조건을 만족시킨다.

(가) $\cos(\angle ABC)=\dfrac{\sqrt{6}}{3}$
(나) $\overline{DB}=3\sqrt{3}$

$\overline{CD}=p+q\sqrt{6}$일 때, $p+q$의 값을 구하시오.
(단, $\overline{CD}>\overline{BC}$이고, p, q는 자연수이다.)

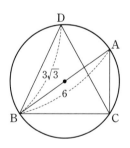

03 수열

①등차수열

(1) 첫째항이 a, 공차가 d인 등차수열 $\{a_n\}$의 일반항 a_n은
$$a_n = a + (n-1)d \ (n=1, 2, 3, \cdots)$$

(2) 세 수 a, b, c가 이 순서대로 등차수열을 이룰 때, b를 a와 c의 등차중항이라고 한다.

이때 $b-a=c-b$이므로 $b=\dfrac{a+c}{2}$이다. 역으로 $b=\dfrac{a+c}{2}$이면 b는 a와 c의 등차중항이다.

참고 일반항 a_n이 n에 대한 일차식 $a_n=pn+q$ (p, q는 상수, $n=1, 2, 3, \cdots$)인 수열 $\{a_n\}$은 첫째항이 $p+q$, 공차가 p인 등차수열이다.

②등차수열의 합

등차수열의 첫째항부터 제n항까지의 합을 S_n이라 할 때, S_n은 다음과 같다.

(1) 첫째항이 a, 제n항이 l일 때, $S_n=\dfrac{n(a+l)}{2}$

(2) 첫째항이 a, 공차가 d일 때, $S_n=\dfrac{n\{2a+(n-1)d\}}{2}$

참고 첫째항부터 제n항까지의 합 S_n이 n에 대한 이차식 $S_n=pn^2+qn$ (p, q는 상수, $n=1, 2, 3, \cdots$)인 수열 $\{a_n\}$은 첫째항이 $p+q$이고 공차가 $2p$인 등차수열이다.

③등비수열

(1) 첫째항이 a, 공비가 r ($r \neq 0$)인 등비수열 $\{a_n\}$의 일반항 a_n은
$$a_n = ar^{n-1} \ (n=1, 2, 3, \cdots)$$

(2) 0이 아닌 세 수 a, b, c가 이 순서대로 등비수열을 이룰 때, b를 a와 c의 등비중항이라고 한다.

이때 $\dfrac{b}{a}=\dfrac{c}{b}$이므로 $b^2=ac$이다. 역으로 $b^2=ac$이면 b는 a와 c의 등비중항이다.

④등비수열의 합

첫째항이 a, 공비가 r ($r \neq 0$)인 등비수열의 첫째항부터 제n항까지의 합을 S_n이라 할 때, S_n은 다음과 같다.

(1) $r=1$일 때, $S_n=na$

(2) $r \neq 1$일 때, $S_n=\dfrac{a(1-r^n)}{1-r}=\dfrac{a(r^n-1)}{r-1}$

⑤수열의 합과 일반항 사이의 관계

수열 $\{a_n\}$의 첫째항부터 제n항까지의 합을 S_n이라 하면
$$a_1=S_1, \ a_n=S_n-S_{n-1} \ (n=2, 3, 4, \cdots)$$

⑥합의 기호 $\sum$의 뜻

수열 $\{a_n\}$의 첫째항부터 제n항까지의 합 $a_1+a_2+a_3+\cdots+a_n$을 기호 $\sum$를 사용하여 다음과 같이 나타낸다.

$$a_1+a_2+a_3+\cdots+a_n = \sum_{k=1}^{n} a_k$$

제n항까지 ─ 일반항 ─ 첫째항부터

⑦ 합의 기호 $\sum$의 성질

두 수열 $\{a_n\}$, $\{b_n\}$에 대하여

(1) $\displaystyle\sum_{k=1}^{n}(a_k+b_k)=\sum_{k=1}^{n}a_k+\sum_{k=1}^{n}b_k$

(2) $\displaystyle\sum_{k=1}^{n}(a_k-b_k)=\sum_{k=1}^{n}a_k-\sum_{k=1}^{n}b_k$

(3) $\displaystyle\sum_{k=1}^{n}ca_k=c\sum_{k=1}^{n}a_k$ (c는 상수)

(4) $\displaystyle\sum_{k=1}^{n}c=cn$ (c는 상수)

⑧ 자연수의 거듭제곱의 합

(1) $\displaystyle\sum_{k=1}^{n}k=1+2+3+\cdots+n=\dfrac{n(n+1)}{2}$

(2) $\displaystyle\sum_{k=1}^{n}k^2=1^2+2^2+3^2+\cdots+n^2=\dfrac{n(n+1)(2n+1)}{6}$

(3) $\displaystyle\sum_{k=1}^{n}k^3=1^3+2^3+3^3+\cdots+n^3=\left\{\dfrac{n(n+1)}{2}\right\}^2=\left(\sum_{k=1}^{n}k\right)^2$

⑨ 여러 가지 수열의 합

(1) 일반항이 분수 꼴이고 분모가 서로 다른 두 일차식의 곱으로 나타내어져 있을 때, 두 개의 분수로 분해하는 방법, 즉

$$\dfrac{1}{AB}=\dfrac{1}{B-A}\left(\dfrac{1}{A}-\dfrac{1}{B}\right)\ (A\neq B)$$

를 이용하여 계산한다.

① $\displaystyle\sum_{k=1}^{n}\dfrac{1}{k(k+a)}=\dfrac{1}{a}\sum_{k=1}^{n}\left(\dfrac{1}{k}-\dfrac{1}{k+a}\right)\ (a\neq0)$

② $\displaystyle\sum_{k=1}^{n}\dfrac{1}{(k+a)(k+b)}=\dfrac{1}{b-a}\sum_{k=1}^{n}\left(\dfrac{1}{k+a}-\dfrac{1}{k+b}\right)\ (a\neq b)$

(2) 일반항의 분모가 근호가 있는 두 식의 합이면 다음과 같이 변형한다.

① $\displaystyle\sum_{k=1}^{n}\dfrac{1}{\sqrt{k+a}+\sqrt{k}}=\dfrac{1}{a}\sum_{k=1}^{n}(\sqrt{k+a}-\sqrt{k})\ (a\neq0)$

② $\displaystyle\sum_{k=1}^{n}\dfrac{1}{\sqrt{k+a}+\sqrt{k+b}}=\dfrac{1}{a-b}\sum_{k=1}^{n}(\sqrt{k+a}-\sqrt{k+b})\ (a\neq b)$

⑩ 수열의 귀납적 정의

처음 몇 개의 항의 값과 이웃하는 여러 항 사이의 관계식으로 수열 $\{a_n\}$을 정의하는 것을 수열의 귀납적 정의라고 한다. 귀납적으로 정의된 수열 $\{a_n\}$의 항의 값을 구할 때에는 n에 1, 2, 3, $\cdots$을 차례로 대입한다.

예를 들면 $a_1=1$, $a_{n+1}=a_n+2$ ($n=1, 2, 3, \cdots$)과 같이 귀납적으로 정의된 수열 $\{a_n\}$에서

$a_2=a_1+2=1+2=3,\ a_3=a_2+2=3+2=5,\ a_4=a_3+2=5+2=7,\ \cdots$

이므로 수열 $\{a_n\}$의 각 항은 1, 3, 5, 7, $\cdots$이다.

⑪ 수학적 귀납법

자연수 n에 대한 명제 $p(n)$이 모든 자연수 n에 대하여 성립함을 증명하려면 다음 두 가지를 보이면 된다.

(i) $n=1$일 때, 명제 $p(n)$이 성립한다. 즉, $p(1)$이 성립한다.

(ii) $n=k$일 때 명제 $p(n)$이 성립한다고 가정하면 $n=k+1$일 때도 명제 $p(n)$이 성립한다.

이와 같은 방법으로 모든 자연수 n에 대하여 명제 $p(n)$이 성립함을 증명하는 것을 수학적 귀납법이라고 한다.

유형 1 등차수열의 뜻과 일반항

출제경향 | 등차수열의 일반항을 이용하여 공차 또는 특정한 항의 값을 구하는 문제가 출제된다.

출제유형잡기 | 주어진 조건을 만족시키는 등차수열 $\{a_n\}$의 첫째항 a와 공차 d를 구한 후 등차수열의 일반항

$$a_n=a+(n-1)d \ (n=1, 2, 3, \cdots)$$

을 이용하여 문제를 해결한다.

특히 서로 다른 두 항 a_m과 a_n 사이에

$$a_m-a_n=(m-n)d$$

가 성립함을 이용하면 편리하다.

01
▶ 25054-0059

등차수열 $\{a_n\}$의 첫째항이 1이고 공차가 3일 때, a_5의 값은?

① 9   ② 10   ③ 11

④ 12   ⑤ 13

02
▶ 25054-0060

이차방정식 $2x^2+3x-15=0$의 서로 다른 두 실근을 각각 p, q라 하자. 공차가 d인 등차수열 $\{a_n\}$에 대하여 $a_2=p+q$, $a_4=pq$일 때, d의 값은?

① -5 ② -3 ③ -1

④ 1   ⑤ 3

03
▶ 25054-0061

첫째항이 a이고 공차가 자연수인 등차수열 $\{a_n\}$이 다음 조건을 만족시키도록 하는 모든 자연수 a의 값의 합은?

(가) $a_1+a_4=a_8$
(나) 어떤 자연수 m에 대하여 $a_m=12$이다.

① 20   ② 22   ③ 24

④ 26   ⑤ 28

04
▶ 25054-0062

자연수 전체의 집합의 두 부분집합

$$A=\{x\,|\,x는 2의 배수\}, \ B=\{x\,|\,x는 3의 배수\}$$

에 대하여 집합 $A-B$의 모든 원소를 작은 수부터 크기순으로 나열할 때 n번째 수를 a_n이라 하자. 모든 자연수 n에 대하여 $b_n=a_{2n}$이라 할 때, 수열 $\{b_n\}$은 등차수열이다. $b_n>50$을 만족시키는 n의 최솟값을 구하시오.

출제경향 | 주어진 조건으로부터 등차수열의 합을 구하거나 등차수열의 합을 이용하여 첫째항, 공차, 특정한 항의 값을 구하는 문제가 출제된다.

출제유형잡기 | 주어진 조건에서 첫째항과 공차를 구하고 등차수열의 합의 공식을 이용하여 문제를 해결한다.
등차수열의 첫째항부터 제n항까지의 합을 S_n이라 할 때, 다음을 이용하여 S_n을 구한다.
(1) 첫째항이 a, 제n항(끝항)이 l일 때,
$$S_n = \frac{n(a+l)}{2}$$
(2) 첫째항이 a, 공차가 d일 때,
$$S_n = \frac{n\{2a+(n-1)d\}}{2}$$

05

▶ 25054-0063

등차수열 $\{a_n\}$에 대하여 $a_1 = -1$, $a_2 = 3$일 때, 수열 $\{a_n\}$의 첫째항부터 제6항까지의 합을 구하시오.

06

▶ 25054-0064

첫째항이 1인 등차수열 $\{a_n\}$의 첫째항부터 제n항까지의 합을 S_n이라 하자. $S_6 - S_3 = 15$일 때, S_9의 값은?

① 18   ② 27   ③ 36
④ 45   ⑤ 54

07

▶ 25054-0065

첫째항이 1인 등차수열 $\{a_n\}$이 있다. 모든 자연수 n에 대하여 $b_n = a_{2n-1} + a_{2n}$이고 수열 $\{b_n\}$의 첫째항부터 제n항까지의 합을 S_n이라 할 때, $S_5 = 25$이다. a_4의 값은?

① 1   ② 2   ③ 3
④ 4   ⑤ 5

08

▶ 25054-0066

등차수열 $\{a_n\}$의 첫째항부터 제n항까지의 합을 S_n이라 할 때, a_n과 S_n이 다음 조건을 만족시킨다.

> (가) $a_1 + a_{12} = 18$
> (나) $S_{10} = 120$

$S_n < 0$을 만족시키는 자연수 n의 최솟값은?

① 17   ② 18   ③ 19
④ 20   ⑤ 21

유형 3 등비수열의 뜻과 일반항

출제경향 | 등비수열의 일반항을 이용하여 공비 또는 특정한 항의 값을 구하는 문제가 출제된다.

출제유형잡기 | 주어진 조건을 만족시키는 등비수열 $\{a_n\}$의 첫째항 a와 공비 r을 구한 후 등비수열의 일반항

$$a_n = ar^{n-1} \ (n=1, 2, 3, \cdots)$$

을 이용하여 문제를 해결한다.

특히 서로 다른 두 항 a_m과 a_n 사이에

$$\frac{a_m}{a_n} = r^{m-n} \ (a \neq 0, \ r \neq 0)$$

이 성립함을 이용하면 편리하다.

09

▶ 25054-0067

첫째항이 a이고 공비가 2인 등비수열 $\{a_n\}$에 대하여 $a_4 = 24$일 때, a의 값은?

① 1   ② 2   ③ 3

④ 4   ⑤ 5

10

▶ 25054-0068

모든 항이 양수인 등비수열 $\{a_n\}$에 대하여

$$a_2 = \frac{1}{4}, \ a_3 + a_4 = 5$$

일 때, a_6의 값을 구하시오.

11

▶ 25054-0069

모든 항이 0이 아닌 등비수열 $\{a_n\}$에 대하여

$$a_9 = 1, \ \frac{a_6 a_{12}}{a_7} - \frac{a_2 a_{10}}{a_3} = -\frac{2}{3}$$

일 때, a_3의 값은?

① 3   ② 9   ③ 27

④ 81   ⑤ 243

12

▶ 25054-0070

등차수열 $\{a_n\}$과 등비수열 $\{b_n\}$이 다음 조건을 만족시킨다.

(가) $a_1 = b_2 = 4$
(나) $b_4 + b_5 = a_2 \times a_3$

두 수열 $\{a_n\}$, $\{b_n\}$의 모든 항이 자연수일 때, $a_4 + b_3$의 값을 구하시오.

출제경향 | 주어진 조건으로부터 등비수열의 합을 구하거나 등비수열의 합을 이용하여 공비 또는 특정한 항의 값을 구하는 문제가 출제된다.

출제유형잡기 | 주어진 조건에서 첫째항과 공비를 구하고 등비수열의 합의 공식을 이용하여 문제를 해결한다.

첫째항이 a, 공비가 r $(r \neq 0)$인 등비수열의 첫째항부터 제n항까지의 합을 S_n이라 할 때, 다음을 이용하여 S_n을 구한다.

(1) $r=1$일 때, $S_n = na$

(2) $r \neq 1$일 때, $S_n = \dfrac{a(1-r^n)}{1-r} = \dfrac{a(r^n-1)}{r-1}$

13

▶ 25054-0071

첫째항이 a이고 공비가 $\dfrac{1}{2}$인 등비수열의 첫째항부터 제n항까지의 합을 S_n이라 할 때, $S_4 = 1$이다. a의 값은?

① $\dfrac{4}{15}$ ② $\dfrac{2}{5}$ ③ $\dfrac{8}{15}$

④ $\dfrac{2}{3}$ ⑤ $\dfrac{4}{5}$

14

▶ 25054-0072

모든 항이 서로 다른 양수인 등비수열 $\{a_n\}$에 대하여 수열 $\{b_n\}$을 $b_n = a_{2n}$이라 하자. 수열 $\{a_n\}$의 첫째항부터 제n항까지의 합을 S_n이라 하고, 수열 $\{b_n\}$의 첫째항부터 제n항까지의 합을 T_n이라 할 때, $2S_8 = 3T_4$를 만족시킨다. $\dfrac{a_2}{b_2}$의 값은?

① $\dfrac{1}{4}$ ② $\dfrac{3}{8}$ ③ $\dfrac{1}{2}$

④ $\dfrac{5}{8}$ ⑤ $\dfrac{3}{4}$

15

▶ 25054-0073

두 함수 $y = \left(\dfrac{1}{2}\right)^x$, $y = -\left(\dfrac{1}{4}\right)^x + 2$의 그래프가 점 $R_1(0, 1)$에서 만난다. 직선 $x=1$이 두 함수 $y = \left(\dfrac{1}{2}\right)^x$, $y = -\left(\dfrac{1}{4}\right)^x + 2$의 그래프와 만나는 점을 각각 P_1, Q_1이라 할 때, 삼각형 $P_1Q_1R_1$의 넓이를 a_1이라 하자. 선분 P_1Q_1 위의 점 중 y좌표가 1인 점을 R_2라 하고, 직선 $x=2$가 두 함수 $y = \left(\dfrac{1}{2}\right)^x$, $y = -\left(\dfrac{1}{4}\right)^x + 2$의 그래프와 만나는 점을 각각 P_2, Q_2라 할 때, 삼각형 $P_2Q_2R_2$의 넓이를 a_2라 하자. 이와 같은 과정을 계속하여 n번째 얻은 삼각형 $P_nQ_nR_n$의 넓이를 a_n이라 하자.

모든 자연수 n에 대하여 $a_n + b_n = 1 - \left(\dfrac{1}{2}\right)^{n+1}$을 만족시키는 수열 $\{b_n\}$의 첫째항부터 제n항까지의 합을 S_n이라 할 때, $512S_4$의 값을 구하시오.

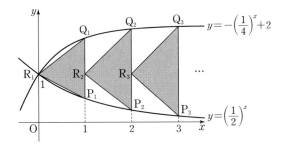

유형 5 등차중항과 등비중항

출제경향 | 3개 이상의 수가 등차수열 또는 등비수열을 이루는 조건이 주어지는 문제가 출제된다.

출제유형잡기 | 3개 이상의 수가 등차수열 또는 등비수열을 이루는 조건이 주어진 문제에서는 다음과 같은 등차중항 또는 등비중항의 성질을 이용하여 문제를 해결한다.

(1) 세 수 a, b, c가 이 순서대로 등차수열을 이루면 $2b = a + c$가 성립한다.

(2) 0이 아닌 세 수 a, b, c가 이 순서대로 등비수열을 이루면 $b^2 = ac$가 성립한다.

16
▶ 25054-0074

세 실수 2, a, 18이 이 순서대로 공비가 양수인 등비수열을 이룰 때, 실수 a의 값은?

① 6   ② 7   ③ 8

④ 9   ⑤ 10

17
▶ 25054-0075

등차수열 $\{a_n\}$에 대하여

$$a_3 + a_5 = -6, \quad a_7 + a_8 + a_9 = a_{10}$$

일 때, a_1의 값은?

① -7 ② -6 ③ -5

④ -4 ⑤ -3

18
▶ 25054-0076

세 실수 a^2, $4a$, 15가 이 순서대로 등차수열을 이루고, 세 실수 a^2, 15, b가 이 순서대로 등비수열을 이룰 때, 모든 b의 값의 합을 구하시오.

19
▶ 25054-0077

첫째항과 공차가 모두 $\dfrac{2}{3}$인 등차수열 $\{a_n\}$에 대하여 m이 2 이상의 자연수일 때, 세 수 a_3, $a_4 + a_8$, $a_{2m-2} + a_{2m} + a_{2m+2}$가 이 순서대로 등비수열을 이룬다. $3a_m$의 값을 구하시오.

▶ 25054-0080

22

수열 $\{a_n\}$의 첫째항부터 제n항까지의 합을 S_n이라 할 때, $S_n=2^n+1$이다. $S_{2m}-S_m=56$을 만족시키는 자연수 m에 대하여 a_1+a_m의 값은?

① 4 ② 5 ③ 6

④ 7 ⑤ 8

유형 6 수열의 합과 일반항 사이의 관계

출제경향 | 수열의 합과 일반항 사이의 관계를 이용하여 일반항을 구하거나 특정한 항의 값을 구하는 문제가 출제된다.

출제유형잡기 | 수열 $\{a_n\}$의 첫째항부터 제n항까지의 합을 S_n이라 할 때, 다음과 같은 수열의 합과 일반항 사이의 관계를 이용하여 문제를 해결한다.

$$a_1=S_1,\ a_n=S_n-S_{n-1}\ (n=2,\ 3,\ 4,\ \cdots)$$

20

▶ 25054-0078

수열 $\{a_n\}$의 첫째항부터 제n항까지의 합을 S_n이라 하자. $S_n=n^2+n$일 때, a_4의 값은?

① 6 ② 7 ③ 8

④ 9 ⑤ 10

23

▶ 25054-0081

첫째항이 1인 수열 $\{a_n\}$의 첫째항부터 제n항까지의 합을 S_n이라 하자. S_n이 다음 조건을 만족시킬 때, S_8의 값을 구하시오.

(가) $S_4=S_3$

(나) 2 이상의 모든 자연수 n에 대하여 $S_{2n}-S_{n-1}=3(n+1)^2$이다.

21

▶ 25054-0079

등차수열 $\{a_n\}$의 첫째항부터 제n항까지의 합을 S_n이라 하자. $S_3-S_2=6$, $S_5-S_4=14$일 때, a_7의 값은?

① 18 ② 19 ③ 20

④ 21 ⑤ 22

유형 7 합의 기호 $\sum$의 뜻과 성질

출제경향 | 합의 기호 $\sum$의 뜻과 성질을 이용하여 수열의 합을 구하거나 특정한 항의 값을 구하는 문제가 출제된다.

출제유형잡기 | 수열 $\{a_n\}$에서 합의 기호 $\sum$가 포함된 문제는 다음을 이용하여 해결한다.

(1) $\sum$의 뜻

　① $a_1+a_2+a_3+\cdots+a_n=\displaystyle\sum_{k=1}^{n}a_k$

　② $\displaystyle\sum_{k=m}^{n}a_k=\sum_{k=1}^{n}a_k-\sum_{k=1}^{m-1}a_k \ (2\le m\le n)$

(2) $\sum$의 성질

　두 수열 $\{a_n\}$, $\{b_n\}$에 대하여

　① $\displaystyle\sum_{k=1}^{n}(a_k+b_k)=\sum_{k=1}^{n}a_k+\sum_{k=1}^{n}b_k$

　② $\displaystyle\sum_{k=1}^{n}(a_k-b_k)=\sum_{k=1}^{n}a_k-\sum_{k=1}^{n}b_k$

　③ $\displaystyle\sum_{k=1}^{n}ca_k=c\sum_{k=1}^{n}a_k$ (c는 상수)

　④ $\displaystyle\sum_{k=1}^{n}c=cn$ (c는 상수)

24
▶ 25054-0082

두 수열 $\{a_n\}$, $\{b_n\}$에 대하여

$$\sum_{k=1}^{10}3a_k=15,\quad \sum_{k=1}^{10}(a_k+2b_k)=23$$

일 때, $\displaystyle\sum_{k=1}^{10}(b_k+1)$의 값은?

① 15　　　　　② 16　　　　　③ 17

④ 18　　　　　⑤ 19

25
▶ 25054-0083

첫째항이 2인 수열 $\{a_n\}$에 대하여

$$\sum_{k=1}^{10}a_{2k}=15,\quad \sum_{k=1}^{20}(a_k+a_{k+1})=a_{21}$$

일 때, $\displaystyle\sum_{k=1}^{10}a_{2k-1}$의 값은?

① -14　　　　② -12　　　　③ -10

④ -8　　　　　⑤ -6

26
▶ 25054-0084

두 수열 $\{a_n\}$, $\{b_n\}$이 모든 자연수 n에 대하여 다음 조건을 만족시킨다.

(가) $b_n=a_n+a_{n+1}+a_{n+2}$

(나) $\displaystyle\sum_{k=1}^{n}(b_{3k}-a_{3k})=\sum_{k=3}^{3n+3}a_k$

$a_3=3$일 때, $\displaystyle\sum_{k=1}^{5}|a_{3k}|$의 값은?

① 3　　　　　② 6　　　　　③ 9

④ 12　　　　　⑤ 15

유형 8 자연수의 거듭제곱의 합

출제경향 | 자연수의 거듭제곱의 합을 나타내는 $\sum$의 공식을 이용하여 식의 값을 구하는 문제가 출제된다.

출제유형잡기 | 자연수의 거듭제곱의 합을 나타내는 $\sum$의 공식을 이용하여 문제를 해결한다.

(1) $\displaystyle\sum_{k=1}^{n} k = \frac{n(n+1)}{2}$

(2) $\displaystyle\sum_{k=1}^{n} k^2 = \frac{n(n+1)(2n+1)}{6}$

(3) $\displaystyle\sum_{k=1}^{n} k^3 = \left\{\frac{n(n+1)}{2}\right\}^2$

27
▶ 25054-0085

$\displaystyle\sum_{k=1}^{10} (k-1)(k+2) + \sum_{k=1}^{10} (k+1)(k-2)$의 값은?

① 700   ② 710   ③ 720

④ 730   ⑤ 740

28
▶ 25054-0086

수열 $\{a_n\}$에 대하여

$$\sum_{k=1}^{10} \{2a_k - k(k-3)\} = 0$$

일 때, $\displaystyle\sum_{k=1}^{10} a_k$의 값을 구하시오.

29
▶ 25054-0087

$\displaystyle\sum_{k=1}^{m} \frac{k^3+1}{(k-1)k+1} = 44$를 만족시키는 자연수 m의 값은?

① 8   ② 9   ③ 10

④ 11   ⑤ 12

30
▶ 25054-0088

자연수 n에 대하여 x에 대한 이차부등식

$$x^2 - (n^2+3n+4)x + 3n^3 + 4n^2 \leq 0$$

을 만족시키는 모든 자연수 x의 개수를 a_n이라 할 때, $\displaystyle\sum_{k=1}^{8} a_k$의 값은?

① 102   ② 104   ③ 106

④ 108   ⑤ 110

유형 **9** 여러 가지 수열의 합

출제경향 | 수열의 일반항을 소거되는 꼴로 변형하여 수열의 합을 구하는 문제가 출제된다.

출제유형잡기 | 수열의 일반항을 소거되는 꼴로 변형할 때에는 다음을 이용하여 해결한다.

(1) 일반항이 분수 꼴이고 분모가 서로 다른 두 일차식의 곱이면 다음과 같이 변형하여 문제를 해결한다.

① $\displaystyle\sum_{k=1}^{n}\frac{1}{k(k+a)}=\frac{1}{a}\sum_{k=1}^{n}\left(\frac{1}{k}-\frac{1}{k+a}\right)\ (a\neq0)$

② $\displaystyle\sum_{k=1}^{n}\frac{1}{(k+a)(k+b)}=\frac{1}{b-a}\sum_{k=1}^{n}\left(\frac{1}{k+a}-\frac{1}{k+b}\right)\ (a\neq b)$

(2) 일반항의 분모가 근호가 있는 두 식의 합이면 다음과 같이 변형하여 문제를 해결한다.

① $\displaystyle\sum_{k=1}^{n}\frac{1}{\sqrt{k+a}+\sqrt{k}}=\frac{1}{a}\sum_{k=1}^{n}(\sqrt{k+a}-\sqrt{k})\ (a\neq0)$

② $\displaystyle\sum_{k=1}^{n}\frac{1}{\sqrt{k+a}+\sqrt{k+b}}=\frac{1}{a-b}\sum_{k=1}^{n}(\sqrt{k+a}-\sqrt{k+b})\ (a\neq b)$

31

▶ 25054-0089

$\displaystyle\sum_{k=3}^{10}\frac{1}{2k^2-6k+4}$ 의 값은?

① $\dfrac{5}{18}$ ② $\dfrac{1}{3}$ ③ $\dfrac{7}{18}$

④ $\dfrac{4}{9}$ ⑤ $\dfrac{1}{2}$

32

▶ 25054-0090

첫째항이 2인 등차수열 $\{a_n\}$에 대하여 $\displaystyle\sum_{k=1}^{4}a_k=14$일 때, $\displaystyle\sum_{k=1}^{6}\frac{1}{a_k a_{k+1}}$의 값은?

① $\dfrac{1}{8}$ ② $\dfrac{1}{4}$ ③ $\dfrac{3}{8}$

④ $\dfrac{1}{2}$ ⑤ $\dfrac{5}{8}$

33

▶ 25054-0091

함수 $f(x)=\sqrt{x+4}$의 그래프가 x축, y축과 만나는 점을 각각 A, B라 하자. 자연수 n에 대하여 곡선 $y=f(x)$ 위의 x좌표가 n인 점을 P라 하고 두 삼각형 PBO, PBA의 넓이의 차를 S_n이라 할 때, $\displaystyle\sum_{n=1}^{11}\frac{1}{S_{n+1}+S_n+8}$의 값은? (단, O는 원점이다.)

① $4-\dfrac{\sqrt{5}}{4}$ ② $4-\dfrac{\sqrt{5}}{2}$ ③ $4-\sqrt{5}$

④ $2-\dfrac{\sqrt{5}}{4}$ ⑤ $2-\dfrac{\sqrt{5}}{2}$

출제경향 | 처음 몇 개의 항의 값과 여러 항 사이의 관계식으로 정의된 수열 $\{a_n\}$에서 특정한 항의 값을 구하는 문제. 귀납적으로 정의된 등차수열 또는 등비수열에 대한 문제가 출제된다.

출제유형잡기 | 첫째항 a_1의 값과 이웃하는 항들 사이의 관계식에서 n에 1, 2, 3, …을 차례로 대입하거나 귀납적으로 정의된 등차수열 또는 등비수열에 대한 문제를 해결한다.

(1) 등차수열과 수열의 귀납적 정의

　모든 자연수 n에 대하여

　① $a_{n+1}-a_n=d$ (d는 상수)를 만족시키는 수열 $\{a_n\}$은 공차가 d인 등차수열이다.

　② $2a_{n+1}=a_n+a_{n+2}$를 만족시키는 수열 $\{a_n\}$은 등차수열이다.

(2) 등비수열과 수열의 귀납적 정의

　모든 자연수 n에 대하여

　① $a_{n+1}=ra_n$ (r은 상수)를 만족시키는 수열 $\{a_n\}$은 공비가 r인 등비수열이다. (단, $a_n \neq 0$)

　② $a_{n+1}{}^2=a_n a_{n+2}$를 만족시키는 수열 $\{a_n\}$은 등비수열이다.

　　　　　　　　　　　　　　　　　　(단, $a_n \neq 0$)

34

▶ 25054-0092

수열 $\{a_n\}$이 모든 자연수 n에 대하여

$$2a_{n+1}=a_n+a_{n+2}$$

를 만족시킨다. $a_7-a_4=15$일 때, a_3-a_1의 값은?

① 4　　　　　② 6　　　　　③ 8

④ 10　　　　⑤ 12

35

▶ 25054-0093

수열 $\{a_n\}$이 모든 자연수 n에 대하여

$$a_{n+2}=\begin{cases} a_n-a_{n+1} & (a_{n+1}>a_n) \\ n-a_n & (a_{n+1}\leq a_n) \end{cases}$$

을 만족시킨다. $a_5=2$이고 $\sum_{k=1}^{5} a_k=-2$일 때, a_4의 값은?

① -3　　　　② -2　　　　③ -1

④ 0　　　　　⑤ 1

36

▶ 25054-0094

첫째항이 -20 이상의 음의 정수인 수열 $\{a_n\}$이 다음 조건을 만족시킬 때, 모든 a_1의 값의 합은?

(가) 모든 자연수 n에 대하여

$$a_{n+1}=\begin{cases} a_n{}^2 & (a_n\leq 0) \\ \dfrac{1}{2}a_n-2 & (a_n>0) \end{cases}$$

　　　이다.

(나) a_k의 값이 정수가 아닌 유리수인 k의 최솟값은 5이다.

① -64　　　　② -60　　　　③ -56

④ -52　　　　⑤ -48

유형 11 다양한 수열의 규칙 찾기

출제경향 | 주어진 조건을 만족시키는 몇 개의 항을 나열하여 수열의 규칙을 찾는 문제가 출제된다.

출제유형잡기 | 주어진 조건을 만족시키는 몇 개의 항을 구하여 규칙을 찾아 문제를 해결한다.

37

▶ 25054-0095

첫째항이 1인 수열 $\{a_n\}$이 모든 자연수 n에 대하여

$$a_{n+1} = a_n + (-1)^n \times n$$

을 만족시킬 때, a_4의 값은?

① -5 ② -4 ③ -3

④ -2 ⑤ -1

38

▶ 25054-0096

수열 $\{a_n\}$이 모든 자연수 n에 대하여

$$\begin{cases} a_{2n+2} = a_{2n} + 3 \\ a_{2n} = a_{2n-1} + 1 \end{cases}$$

을 만족시킨다. $a_8 + a_{11} = 31$일 때, a_1의 값은?

① 3 ② 4 ③ 5

④ 6 ⑤ 7

39

▶ 25054-0097

수열 $\{a_n\}$이 모든 자연수 n에 대하여

$$a_{n+1} = \begin{cases} a_n + 2 & (a_n < 0) \\ a_n - 1 & (a_n \geq 0) \end{cases}$$

을 만족시킨다. $a_5 = 1$일 때, 모든 a_1의 값의 합은?

① -4 ② -5 ③ -6

④ -7 ⑤ -8

40

▶ 25054-0098

첫째항이 자연수이고 다음 조건을 만족시키는 모든 수열 $\{a_n\}$에 대하여 a_1의 값의 합을 구하시오.

(가) 모든 자연수 n에 대하여

$$a_{n+1} = \begin{cases} a_n - 3 & (a_n > 0) \\ |a_n| & (a_n \leq 0) \end{cases}$$

이다.

(나) 2 이상의 모든 자연수 n에 대하여 $a_{n+k} = a_n$을 만족시키는 자연수 k의 최솟값은 4이다.

▶ 25054-0099

유형 12 수학적 귀납법

출제경향 | 수학적 귀납법을 이용하여 명제를 증명하는 과정에서 빈칸에 알맞은 식이나 수를 구하는 문제가 출제된다.

출제유형잡기 | 주어진 명제를 수학적 귀납법으로 증명하는 과정의 앞뒤 관계를 파악하여 빈칸에 알맞은 식이나 수를 구한다.

41

다음은 모든 자연수 n에 대하여

$$\sum_{k=1}^{n}(2^k+n)(2k+2)=n(n^2+3n+2^{n+2}) \quad \cdots\cdots (*)$$

이 성립함을 수학적 귀납법을 이용하여 증명한 것이다.

(i) $n=1$일 때,

(좌변)$=12$, (우변)$=12$이므로 ($*$)이 성립한다.

(ii) $n=m$일 때 ($*$)이 성립한다고 가정하면

$$\sum_{k=1}^{m}(2^k+m)(2k+2)=m(m^2+3m+2^{m+2})$$

이다. $n=m+1$일 때,

$$\sum_{k=1}^{m+1}(2^k+m+1)(2k+2)$$

$$=\sum_{k=1}^{m}(2^k+m+1)(2k+2)+\boxed{(가)}$$

$$=\sum_{k=1}^{m}(2^k+m)(2k+2)+\boxed{(나)}$$

$$=m(m^2+3m+2^{m+2})+\boxed{(나)}$$

$$=(m+1)\{(m+1)^2+3(m+1)+2^{m+3}\}$$

이다. 따라서 $n=m+1$일 때도 ($*$)이 성립한다.

(i), (ii)에 의하여 모든 자연수 n에 대하여

$$\sum_{k=1}^{n}(2^k+n)(2k+2)=n(n^2+3n+2^{n+2})$$

이 성립한다.

위의 (가), (나)에 알맞은 식을 각각 $f(m)$, $g(m)$이라 할 때, $f(3)+g(2)$의 값은?

① 286 ② 290 ③ 294
④ 298 ⑤ 302

42

▶ 25054-0100

수열 $\{a_n\}$의 일반항은

$$a_n=\frac{2n^2+n+1}{n!}$$

이다. 다음은 모든 자연수 n에 대하여

$$\sum_{k=1}^{n}(-1)^k a_k=\frac{(-1)^n(2n^2+3n+1)}{(n+1)!}-1 \quad \cdots\cdots (*)$$

이 성립함을 수학적 귀납법을 이용하여 증명한 것이다.

(i) $n=1$일 때,

(좌변)$=-4$, (우변)$=-4$이므로 ($*$)이 성립한다.

(ii) $n=m$일 때 ($*$)이 성립한다고 가정하면

$$\sum_{k=1}^{m}(-1)^k a_k=\frac{(-1)^m(2m^2+3m+1)}{(m+1)!}-1$$

이다. $n=m+1$일 때,

$$\sum_{k=1}^{m+1}(-1)^k a_k$$

$$=\sum_{k=1}^{m}(-1)^k a_k+(-1)^{m+1}a_{m+1}$$

$$=\frac{(-1)^m(2m^2+3m+1)}{(m+1)!}-1+\boxed{(가)}$$

$$=\frac{(-1)^m\times(\boxed{(나)})}{(m+1)!}-1$$

$$=\frac{(-1)^{m+1}\times(\boxed{(나)})\times(\boxed{(다)})}{(m+2)!}-1$$

$$=\frac{(-1)^{m+1}\{2(m+1)^2+3(m+1)+1\}}{(m+2)!}-1$$

이다. 따라서 $n=m+1$일 때도 ($*$)이 성립한다.

(i), (ii)에 의하여 모든 자연수 n에 대하여

$$\sum_{k=1}^{n}(-1)^k a_k=\frac{(-1)^n(2n^2+3n+1)}{(n+1)!}-1$$

이 성립한다.

위의 (가), (나), (다)에 알맞은 식을 각각 $f(m)$, $g(m)$, $h(m)$이라 할 때, $\dfrac{g(4)\times h(1)}{f(2)}$의 값은?

① -13 ② -12 ③ -11
④ -10 ⑤ -9

04 함수의 극한과 연속

① 함수의 수렴과 발산

(1) 함수의 수렴

① 함수 $f(x)$에서 x의 값이 a가 아니면서 a에 한없이 가까워질 때, $f(x)$의 값이 일정한 값 L에 한없이 가까워지면 함수 $f(x)$는 L에 수렴한다고 한다. 이때 L을 함수 $f(x)$의 $x=a$에서의 극한값 또는 극한이라 하고, 이것을 기호로 다음과 같이 나타낸다.

$$\lim_{x \to a} f(x) = L \text{ 또는 } x \to a \text{일 때 } f(x) \to L$$

② 함수 $f(x)$에서 x의 값이 한없이 커질 때, $f(x)$의 값이 일정한 값 L에 한없이 가까워지면 함수 $f(x)$는 L에 수렴한다고 하고, 이것을 기호로 다음과 같이 나타낸다.

$$\lim_{x \to \infty} f(x) = L \text{ 또는 } x \to \infty \text{일 때 } f(x) \to L$$

③ 함수 $f(x)$에서 x의 값이 음수이면서 그 절댓값이 한없이 커질 때, $f(x)$의 값이 일정한 값 L에 한없이 가까워지면 함수 $f(x)$는 L에 수렴한다고 하고, 이것을 기호로 다음과 같이 나타낸다.

$$\lim_{x \to -\infty} f(x) = L \text{ 또는 } x \to -\infty \text{일 때 } f(x) \to L$$

(2) 함수의 발산

① 함수 $f(x)$에서 x의 값이 a가 아니면서 a에 한없이 가까워질 때, $f(x)$의 값이 한없이 커지면 함수 $f(x)$는 양의 무한대로 발산한다고 하고, 이것을 기호로 다음과 같이 나타낸다.

$$\lim_{x \to a} f(x) = \infty \text{ 또는 } x \to a \text{일 때 } f(x) \to \infty$$

② 함수 $f(x)$에서 x의 값이 a가 아니면서 a에 한없이 가까워질 때, $f(x)$의 값이 음수이면서 그 절댓값이 한없이 커지면 함수 $f(x)$는 음의 무한대로 발산한다고 하고, 이것을 기호로 다음과 같이 나타낸다.

$$\lim_{x \to a} f(x) = -\infty \text{ 또는 } x \to a \text{일 때 } f(x) \to -\infty$$

③ 함수 $f(x)$에서 x의 값이 한없이 커지거나 x의 값이 음수이면서 그 절댓값이 한없이 커질 때, 함수 $f(x)$가 양의 무한대 또는 음의 무한대로 발산하면 이것을 각각 기호로 다음과 같이 나타낸다.

$$\lim_{x \to \infty} f(x) = \infty, \ \lim_{x \to \infty} f(x) = -\infty, \ \lim_{x \to -\infty} f(x) = \infty, \ \lim_{x \to -\infty} f(x) = -\infty$$

② 함수의 우극한과 좌극한

(1) 함수 $f(x)$에서 x의 값이 a보다 크면서 a에 한없이 가까워질 때, $f(x)$의 값이 일정한 값 L에 한없이 가까워지면 L을 함수 $f(x)$의 $x=a$에서의 우극한이라고 하며, 이것을 기호로 다음과 같이 나타낸다.

$$\lim_{x \to a+} f(x) = L \text{ 또는 } x \to a+ \text{일 때 } f(x) \to L$$

또한 함수 $f(x)$에서 x의 값이 a보다 작으면서 a에 한없이 가까워질 때, $f(x)$의 값이 일정한 값 L에 한없이 가까워지면 L을 함수 $f(x)$의 $x=a$에서의 좌극한이라고 하며, 이것을 기호로 다음과 같이 나타낸다.

$$\lim_{x \to a-} f(x) = L \text{ 또는 } x \to a- \text{일 때 } f(x) \to L$$

(2) 함수 $f(x)$가 $x=a$에서의 우극한 $\lim\limits_{x \to a+} f(x)$와 좌극한 $\lim\limits_{x \to a-} f(x)$가 모두 존재하고 그 값이 서로 같으면 극한값 $\lim\limits_{x \to a} f(x)$가 존재한다. 또한 그 역도 성립한다.

즉, $\lim\limits_{x \to a+} f(x) = \lim\limits_{x \to a-} f(x) = L \Longleftrightarrow \lim\limits_{x \to a} f(x) = L$ (단, L은 실수)

③ 함수의 극한에 대한 성질

두 함수 $f(x)$, $g(x)$에 대하여 $\lim\limits_{x \to a} f(x) = \alpha$, $\lim\limits_{x \to a} g(x) = \beta$ (α, β는 실수)일 때

(1) $\lim\limits_{x \to a} \{cf(x)\} = c\lim\limits_{x \to a} f(x) = c\alpha$ (단, c는 상수)

(2) $\lim\limits_{x \to a} \{f(x) + g(x)\} = \lim\limits_{x \to a} f(x) + \lim\limits_{x \to a} g(x) = \alpha + \beta$

(3) $\lim\limits_{x \to a} \{f(x) - g(x)\} = \lim\limits_{x \to a} f(x) - \lim\limits_{x \to a} g(x) = \alpha - \beta$

(4) $\displaystyle\lim_{x \to a}\{f(x)g(x)\}=\lim_{x \to a}f(x)\times\lim_{x \to a}g(x)=\alpha\beta$

(5) $\displaystyle\lim_{x \to a}\frac{f(x)}{g(x)}=\frac{\displaystyle\lim_{x \to a}f(x)}{\displaystyle\lim_{x \to a}g(x)}=\frac{\alpha}{\beta}$ (단, $\beta\neq0$)

④ 미정계수의 결정

두 함수 $f(x)$, $g(x)$에 대하여 다음 성질을 이용하여 미정계수를 결정할 수 있다.

(1) $\displaystyle\lim_{x \to a}\frac{f(x)}{g(x)}=\alpha$ (α는 실수)이고 $\displaystyle\lim_{x \to a}g(x)=0$이면 $\displaystyle\lim_{x \to a}f(x)=0$이다.

(2) $\displaystyle\lim_{x \to a}\frac{f(x)}{g(x)}=\alpha$ (α는 0이 아닌 실수)이고 $\displaystyle\lim_{x \to a}f(x)=0$이면 $\displaystyle\lim_{x \to a}g(x)=0$이다.

⑤ 함수의 극한의 대소 관계

두 함수 $f(x)$, $g(x)$에 대하여 $\displaystyle\lim_{x \to a}f(x)=\alpha$, $\displaystyle\lim_{x \to a}g(x)=\beta$ (α, β는 실수)일 때, a에 가까운 모든 실수 x에 대하여

(1) $f(x)\leq g(x)$이면 $\alpha\leq\beta$이다.

(2) 함수 $h(x)$에 대하여 $f(x)\leq h(x)\leq g(x)$이고 $\alpha=\beta$이면 $\displaystyle\lim_{x \to a}h(x)=\alpha$이다.

⑥ 함수의 연속

(1) 함수 $f(x)$가 실수 a에 대하여 다음 세 조건을 만족시킬 때, 함수 $f(x)$는 $x=a$에서 연속이라고 한다.

　(i) 함수 $f(x)$가 $x=a$에서 정의되어 있다.

　(ii) $\displaystyle\lim_{x \to a}f(x)$가 존재한다.　　　　　(iii) $\displaystyle\lim_{x \to a}f(x)=f(a)$

(2) 함수 $f(x)$가 $x=a$에서 연속이 아닐 때, 함수 $f(x)$는 $x=a$에서 불연속이라고 한다.

(3) 함수 $f(x)$가 열린구간 (a, b)에 속하는 모든 실수에서 연속일 때, 함수 $f(x)$는 열린구간 (a, b)에서 연속 또는 연속함수라고 한다. 한편, 함수 $f(x)$가 다음 두 조건을 모두 만족시킬 때, 함수 $f(x)$는 닫힌구간 $[a, b]$에서 연속이라고 한다.

　(i) 함수 $f(x)$가 열린구간 (a, b)에서 연속이다.

　(ii) $\displaystyle\lim_{x \to a+}f(x)=f(a)$, $\displaystyle\lim_{x \to b-}f(x)=f(b)$

⑦ 연속함수의 성질

두 함수 $f(x)$, $g(x)$가 $x=a$에서 연속이면 다음 함수도 $x=a$에서 연속이다.

(1) $cf(x)$ (단, c는 상수)　(2) $f(x)+g(x)$, $f(x)-g(x)$　(3) $f(x)g(x)$　(4) $\dfrac{f(x)}{g(x)}$ (단, $g(a)\neq0$)

⑧ 최대 · 최소 정리

함수 $f(x)$가 닫힌구간 $[a, b]$에서 연속이면 함수 $f(x)$는 이 구간에서 반드시 최댓값과 최솟값을 갖는다.

⑨ 사잇값의 정리

함수 $f(x)$가 닫힌구간 $[a, b]$에서 연속이고 $f(a)\neq f(b)$이면 $f(a)$와 $f(b)$ 사이에 있는 임의의 값 k에 대하여
$$f(c)=k$$
인 c가 열린구간 (a, b)에 적어도 하나 존재한다.

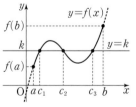

참고　사잇값의 정리에 의하여 함수 $f(x)$가 닫힌구간 $[a, b]$에서 연속이고 $f(a)$와 $f(b)$의 부호가 서로 다르면 $f(c)=0$인 c가 열린구간 (a, b)에 적어도 하나 존재한다. 즉, 방정식 $f(x)=0$은 열린구간 (a, b)에서 적어도 하나의 실근을 갖는다.

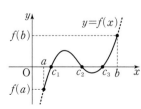

유형1 함수의 좌극한과 우극한

출제경향 | 함수의 식과 그래프에서 좌극한과 우극한, 극한값을 구하는 문제가 출제된다.

출제유형잡기 | 구간에 따라 다르게 정의된 함수 또는 그 그래프에서 좌극한과 우극한, 극한값을 구하는 과정을 이해하여 해결한다.

01

▶ 25054-0101

함수 $y=f(x)$의 그래프가 그림과 같다.

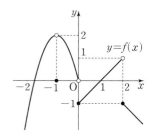

$\lim\limits_{x \to -1} f(x) + \lim\limits_{x \to 0+} f(x)$의 값은?

① -3 ② -1 ③ 0
④ 1 ⑤ 3

02

▶ 25054-0102

함수 $y=f(x)$의 그래프가 그림과 같다.

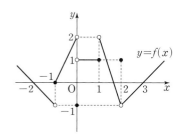

$f(2) + \lim\limits_{x \to 1+} f(x)f(-x)$의 값은?

① -2 ② -1 ③ 0
④ 1 ⑤ 2

03

▶ 25054-0103

함수 $f(x)=\begin{cases} x+a & (x<1) \\ -3x^2+x+2a & (x \geq 1) \end{cases}$ 에 대하여

$\lim\limits_{x \to 1-} f(x) \times \lim\limits_{x \to 1+} f(x) = 16$이 되도록 하는 양수 a의 값은?

① 1 ② 2 ③ 3
④ 4 ⑤ 5

04

▶ 25054-0104

실수 전체의 집합에서 정의된 함수 $f(x)$가 다음 조건을 만족시킨다.

(가) $f(x)=\begin{cases} a(x-1)^2 & (0 \leq x < 2) \\ x-3 & (2 \leq x < 3) \end{cases}$

(나) 모든 실수 x에 대하여 $f(x+3)=f(x)$이다.

$\sum\limits_{k=1}^{10} \left\{ \lim\limits_{x \to 2k-} f(x) - \lim\limits_{x \to 2k+} f(x) \right\} = 9$일 때, 상수 a의 값은?

① -3 ② -1 ③ 1
④ 3 ⑤ 5

유형 2 함수의 극한에 대한 성질

출제경향 | 함수의 극한에 대한 성질을 이용하여 함수의 극한값을 구하는 문제가 출제된다.

출제유형잡기 | 두 함수 $f(x)$, $g(x)$에 대하여
$\lim_{x \to a} f(x) = \alpha$, $\lim_{x \to a} g(x) = \beta$ (α, β는 실수)일 때

(1) $\lim_{x \to a} \{cf(x)\} = c \lim_{x \to a} f(x) = c\alpha$ (단, c는 상수)

(2) $\lim_{x \to a} \{f(x) + g(x)\} = \lim_{x \to a} f(x) + \lim_{x \to a} g(x) = \alpha + \beta$

(3) $\lim_{x \to a} \{f(x) - g(x)\} = \lim_{x \to a} f(x) - \lim_{x \to a} g(x) = \alpha - \beta$

(4) $\lim_{x \to a} \{f(x)g(x)\} = \lim_{x \to a} f(x) \times \lim_{x \to a} g(x) = \alpha\beta$

(5) $\lim_{x \to a} \dfrac{f(x)}{g(x)} = \dfrac{\lim_{x \to a} f(x)}{\lim_{x \to a} g(x)} = \dfrac{\alpha}{\beta}$ (단, $\beta \neq 0$)

05

▶ 25054-0105

함수 $f(x)$가

$$\lim_{x \to 2} xf(x) = \frac{2}{3}$$

를 만족시킬 때, $\lim_{x \to 2} (2x^2 + 1)f(x)$의 값을 구하시오.

06

▶ 25054-0106

함수 $f(x)$가

$$\lim_{x \to 0} \frac{f(x) - x}{x} = 2$$

를 만족시킬 때, $\lim_{x \to 0} \dfrac{2x + f(x)}{f(x)}$의 값은?

① $\dfrac{1}{3}$ ② $\dfrac{2}{3}$ ③ 1

④ $\dfrac{4}{3}$ ⑤ $\dfrac{5}{3}$

07

▶ 25054-0107

두 함수 $f(x)$, $g(x)$가

$$\lim_{x \to 0} \frac{f(x)}{x^2} = \lim_{x \to 0} \frac{g(x)}{x^2 + 2x} = 3$$

을 만족시킬 때, $\lim_{x \to 0} \dfrac{f(x)g(x)}{x\{f(x) + xg(x)\}}$의 값은?

① 1   ② $\dfrac{3}{2}$ ③ 2

④ $\dfrac{5}{2}$ ⑤ 3

08

▶ 25054-0108

함수 $f(x)$가

$$f(x) = \begin{cases} -\dfrac{1}{2}x - \dfrac{3}{2} & (x < -1) \\ -x + 2 & (x \geq -1) \end{cases}$$

이다. $\lim_{x \to -1} |f(x) - k|$의 값이 존재하도록 하는 상수 k에 대하여 $\lim_{x \to a} \dfrac{f(x)}{|f(x) - k|}$의 값이 존재하지 않도록 하는 모든 실수 a의 값의 합은?

① -5 ② -3 ③ -1

④ 1   ⑤ 3

유형 3 함수의 극한값의 계산

출제경향 | $\dfrac{0}{0}$ 꼴, $\dfrac{\infty}{\infty}$ 꼴, $\infty - \infty$ 꼴의 함수의 극한값을 구하는 문제가 출제된다.

출제유형잡기 | (1) $\dfrac{0}{0}$ 꼴의 유리식은 분모, 분자를 각각 인수분해하고 약분한 후, 극한값을 구한다.

(2) $\dfrac{\infty}{\infty}$ 꼴은 분모의 최고차항으로 분모, 분자를 각각 나눈 후, 극한값을 구한다.

(3) $\infty - \infty$ 꼴의 무리식은 분모 또는 분자의 무리식을 유리화한 후, 극한값을 구한다.

09
▶ 25054-0109

$\displaystyle\lim_{x \to \infty} \dfrac{3x}{\sqrt{x^2+2x}+\sqrt{x^2-x}}$ 의 값은?

① $\dfrac{1}{2}$ ② 1 ③ $\dfrac{3}{2}$

④ 2 ⑤ $\dfrac{5}{2}$

10
▶ 25054-0110

$\displaystyle\lim_{x \to 3} \dfrac{x^2-9}{x^2-5x+6}$ 의 값은?

① 2 ② 4 ③ 6

④ 8 ⑤ 10

11
▶ 25054-0111

$\displaystyle\lim_{x \to 2} \dfrac{\sqrt{x^3-2x}-\sqrt{x^3-4}}{x^2-4}$ 의 값은?

① $-\dfrac{1}{10}$ ② $-\dfrac{1}{8}$ ③ $-\dfrac{1}{6}$

④ $-\dfrac{1}{4}$ ⑤ $-\dfrac{1}{2}$

12
▶ 25054-0112

양수 a에 대하여 함수 $f(x)=|x(x-a)|$ 가

$$\lim_{x \to 0} \dfrac{f(x)f(-x)}{x^2}=\dfrac{1}{2}$$

을 만족시킬 때, $\displaystyle\lim_{x \to a+} \dfrac{f(x)f(-x)}{x-a}$ 의 값은?

① $-\sqrt{2}$ ② -1 ③ $\dfrac{\sqrt{2}}{2}$

④ 1 ⑤ $\sqrt{2}$

▶ 25054-0115

유형 4 **극한을 이용한 미정계수 또는 함수의 결정**

출제경향 | 함수의 극한에 대한 조건이 주어졌을 때, 미정계수를 구하거나 다항함수 또는 함숫값을 구하는 문제가 출제된다.

출제유형잡기 | 두 함수 $f(x)$, $g(x)$에 대하여

$\lim\limits_{x \to a} \dfrac{f(x)}{g(x)} = \alpha$ (a는 실수)일 때

(1) $\lim\limits_{x \to a} g(x) = 0$이면 $\lim\limits_{x \to a} f(x) = 0$

(2) $\alpha \neq 0$이고 $\lim\limits_{x \to a} f(x) = 0$이면 $\lim\limits_{x \to a} g(x) = 0$

13
▶ 25054-0113

두 상수 a, b에 대하여

$$\lim_{x \to -2} \frac{\sqrt{2x+a}+b}{x+2} = \frac{1}{3}$$

일 때, $a+b$의 값은?

① 6   ② 7   ③ 8

④ 9   ⑤ 10

14
▶ 25054-0114

두 함수 $f(x)$, $g(x)$가

$$\lim_{x \to 1} \frac{f(x)-1}{x-1} = 2, \ \lim_{x \to 1} \frac{g(x)+2}{\sqrt{x}-1} = -\frac{1}{3}$$

을 만족시킬 때, $\lim\limits_{x \to 1} \dfrac{\{f(x)-g(x)\}\{f(x)+g(x)+1\}}{x-1}$의 값은?

① $\dfrac{3}{2}$ ② $\dfrac{5}{2}$ ③ $\dfrac{7}{2}$

④ $\dfrac{9}{2}$ ⑤ $\dfrac{11}{2}$

15
▶ 25054-0115

양수 a와 최고차항의 계수가 1인 이차함수 $f(x)$에 대하여

$$\lim_{x \to 2} \frac{f(x)f(x-a)}{(x-2)^2} = -9$$

일 때, $f(5)$의 값을 구하시오.

16
▶ 25054-0116

삼차함수 $f(x)$가

$$\lim_{x \to 0} \left\{\left(x^2 - \frac{1}{x}\right)f(x)\right\} = 4, \ \lim_{x \to 1} \left\{\left(x^2 - \frac{1}{x}\right)\frac{1}{f(x)}\right\} = 1$$

을 만족시킬 때, $f(-1)$의 값은?

① 10   ② 12   ③ 14

④ 16   ⑤ 18

유형 5 함수의 극한의 활용

출제경향 | 주어진 조건을 활용하여 좌표평면에서 선분의 길이, 도형의 넓이, 교점의 개수 등을 함수로 나타내고 그 극한값을 구하는 문제가 출제된다.

출제유형잡기 | 함수의 그래프의 개형이나 도형의 성질 등을 활용하여 교점의 개수, 선분의 길이, 도형의 넓이 등을 한 문자에 대한 함수로 나타내고, 함수의 극한의 뜻, 좌극한과 우극한의 뜻, 함수의 극한에 대한 성질을 이용하여 극한값을 구한다.

17

▶ 25054-0117

실수 t $(0<t<1)$에 대하여 두 직선 $x=1+t$, $x=1-t$가 곡선 $y=x^2-1$과 만나는 점을 각각 A, B라 하자. 점 C$(-1, 0)$에 대하여 삼각형 ACB의 넓이를 $S(t)$라 할 때, $\lim\limits_{t\to 0+}\dfrac{S(t)}{t}$의 값은?

① 1   ② $\sqrt{2}$ ③ 2

④ $2\sqrt{2}$ ⑤ 4

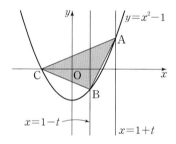

18

▶ 25054-0118

그림과 같이 양수 t에 대하여 원 $x^2+y^2=t^2$이 곡선 $y=ax^2$ $(a>0)$과 만나는 점을 각각 A, B라 하고, 원 $x^2+y^2=t^2$이 y축과 만나는 점 중 y좌표가 음수인 점을 C라 하자. $\angle\mathrm{ACB}=\theta(t)$라 할 때, $\lim\limits_{t\to\infty}\{t\times\sin^2\theta(t)\}=\dfrac{\sqrt{3}}{6}$을 만족시킨다. 상수 a의 값은? $\left(\text{단, 점 A의 } x\text{좌표는 양수이고, } 0<\theta(t)<\dfrac{\pi}{2}\text{이다.}\right)$

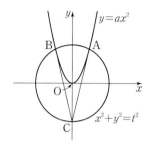

① $\sqrt{3}$ ② $\sqrt{6}$ ③ 3

④ $2\sqrt{3}$ ⑤ $\sqrt{15}$

19

▶ 25054-0119

상수 a $(a<0)$에 대하여 함수 $f(x)$가

$$f(x)=\begin{cases} ax(x+4) & (x\le 0) \\ \dfrac{1}{2}x & (x>0) \end{cases}$$

이다. 실수 t에 대하여 x에 대한 방정식 $f(x)=f(t)$의 서로 다른 실근의 개수를 $g(t)$라 하자. $\left|\lim\limits_{t\to k+}g(t)-\lim\limits_{t\to k-}g(t)\right|=2$를 만족시키는 모든 실수 k의 값의 합이 2일 때, $f(-1)\times g(-1)$의 값은?

① $\dfrac{21}{4}$ ② 6   ③ $\dfrac{27}{4}$

④ $\dfrac{15}{2}$ ⑤ $\dfrac{33}{4}$

유형 **6** 함수의 연속

출제경향 | 함수 $f(x)$가 $x=a$ (a는 실수)에서 연속이기 위한 조건을 이용하여 함수 또는 미정계수를 구하는 문제가 출제된다.

출제유형잡기 | 함수 $f(x)$가 실수 a에 대하여 다음 세 조건을 만족시킬 때, 함수 $f(x)$는 $x=a$에서 연속임을 이용하여 문제를 해결한다.

(i) 함수 $f(x)$가 $x=a$에서 정의되어 있다.

(ii) $\lim\limits_{x \to a} f(x)$가 존재한다.

(iii) $\lim\limits_{x \to a} f(x) = f(a)$

20

▶ 25054-0120

함수

$$f(x) = \begin{cases} \dfrac{x^2+ax+b}{x-2} & (x \neq 2) \\ 3 & (x=2) \end{cases}$$

가 $x=2$에서 연속일 때, $a-2b$의 값은? (단, a, b는 상수이다.)

① 1   ② 3   ③ 5

④ 7   ⑤ 9

21

▶ 25054-0121

함수

$$f(x) = \begin{cases} x^2+2x+a & (x \leq 2) \\ \dfrac{3}{2}x+2a & (x > 2) \end{cases}$$

에 대하여 함수 $\left| f(x) - \dfrac{1}{2} \right|$이 실수 전체의 집합에서 연속이 되도록 하는 모든 실수 a의 값의 합은?

① $\dfrac{1}{3}$ ② 1   ③ $\dfrac{5}{3}$

④ $\dfrac{7}{3}$ ⑤ 3

22

▶ 25054-0122

두 정수 a, b에 대하여 함수

$$f(x) = \begin{cases} \dfrac{6x+1}{2x-1} & (x < 0) \\ -\dfrac{1}{2}x^2+ax+b & (x \geq 0) \end{cases}$$

이 다음 조건을 만족시킬 때, $a+b$의 값은?

(가) 함수 $|f(x)|$는 실수 전체의 집합에서 연속이다.

(나) x에 대한 방정식 $f(x)=t$의 실근이 존재하도록 하는 실수 t의 최댓값은 3이다.

① 1   ② 2   ③ 3

④ 4   ⑤ 5

23

▶ 25054-0123

$k > -2$인 실수 k에 대하여 함수 $f(x)$가

$$f(x) = \begin{cases} -2x^2-4x+6 & (x < 1) \\ 2x+k & (x \geq 1) \end{cases}$$

이다. 실수 t에 대하여 닫힌구간 $[t, t+2]$에서 함수 $f(x)$의 최댓값을 $g(t)$라 하자. 함수 $g(t)$가 실수 전체의 집합에서 연속일 때, $g(2)$의 최댓값을 구하시오.

유형 7 연속함수의 성질과 사잇값의 정리

출제경향 | 연속 또는 불연속인 함수들의 합, 차, 곱, 몫으로 만들어진 함수의 연속성을 묻는 문제와 연속함수에서 사잇값의 정리를 이용하는 문제가 출제된다.

출제유형잡기 | (1) 두 함수 $f(x)$, $g(x)$가 $x=a$에서 연속이면 함수

$cf(x)$, $f(x)+g(x)$, $f(x)-g(x)$, $f(x)g(x)$,

$\dfrac{f(x)}{g(x)}$ $(g(a)\neq0)$도 $x=a$에서 연속임을 이용한다. (단, c는 상수)

(2) 사잇값의 정리에 의하여 함수 $f(x)$가 닫힌구간 $[a, b]$에서 연속이고 $f(a)f(b)<0$이면 방정식 $f(x)=0$은 열린구간 (a, b)에서 적어도 하나의 실근을 갖는다는 것을 이용한다.

24
▶ 25054-0124

다항함수 $f(x)$가 모든 실수 x에 대하여

$$f(x)=x^3-3x+2\lim_{t \to 1}f(t)$$

를 만족시킬 때, $f(2)$의 값은?

① 2　　　　② 4　　　　③ 6

④ 8　　　　⑤ 10

25
▶ 25054-0125

두 함수

$$f(x)=\begin{cases}-x+3 & (x<-1) \\ 3x+a & (x\geq-1)\end{cases}, g(x)=-x^2+4x+a$$

에 대하여 함수 $f(x)g(x)$가 실수 전체의 집합에서 연속이 되도록 하는 모든 실수 a의 값의 합은?

① 11　　　　② 12　　　　③ 13

④ 14　　　　⑤ 15

26
▶ 25054-0126

함수 $f(x)=x(x-a)$와 실수 t에 대하여 x에 대한 방정식 $|f(x)|=t$의 서로 다른 실근의 개수를 $g(t)$라 하자. 함수 $f(x)g(x)$가 실수 전체의 집합에서 연속일 때, $f(6)$의 값을 구하시오. (단, a는 0이 아닌 상수이다.)

27
▶ 25054-0127

최고차항의 계수가 1인 삼차함수 $f(x)$에 대하여 실수 전체의 집합에서 연속인 함수 $g(x)$가 다음 조건을 만족시킨다.

(가) $g(x)=\begin{cases}\dfrac{x}{f(x)} & (x\neq0) \\ \dfrac{1}{3} & (x=0)\end{cases}$

(나) 열린구간 $(0, 1)$에서 방정식 $g(x)=\dfrac{1}{2}$은 오직 하나의 실근을 갖는다.

$f(1)$의 값이 자연수일 때, $g(4)$의 값은?

① 1　　　　② $\dfrac{1}{3}$　　　　③ $\dfrac{1}{5}$

④ $\dfrac{1}{7}$　　　　⑤ $\dfrac{1}{9}$

① 평균변화율

(1) 함수 $y=f(x)$에서 x의 값이 a에서 b까지 변할 때, 함수 $y=f(x)$의 평균변화율은

$$\frac{\Delta y}{\Delta x}=\frac{f(b)-f(a)}{b-a}=\frac{f(a+\Delta x)-f(a)}{\Delta x} \ (\text{단}, \Delta x=b-a)$$

(2) 함수 $y=f(x)$에서 x의 값이 a에서 b까지 변할 때의 함수 $y=f(x)$의 평균변화율은 곡선 $y=f(x)$ 위의 두 점 $\mathrm{P}(a, f(a))$, $\mathrm{Q}(b, f(b))$를 지나는 직선 PQ의 기울기를 나타낸다.

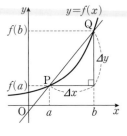

② 미분계수

(1) 함수 $y=f(x)$의 $x=a$에서의 미분계수 $f'(a)$는

$$f'(a)=\lim_{\Delta x\to 0}\frac{\Delta y}{\Delta x}=\lim_{\Delta x\to 0}\frac{f(a+\Delta x)-f(a)}{\Delta x}=\lim_{x\to a}\frac{f(x)-f(a)}{x-a}$$

(2) 함수 $y=f(x)$의 $x=a$에서의 미분계수 $f'(a)$는 곡선 $y=f(x)$ 위의 점 $\mathrm{P}(a, f(a))$에서의 접선의 기울기를 나타낸다.

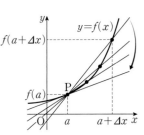

③ 미분가능과 연속

(1) 함수 $f(x)$에 대하여 $x=a$에서의 미분계수 $f'(a)$가 존재할 때, 함수 $f(x)$는 $x=a$에서 미분가능하다고 한다.

(2) 함수 $f(x)$가 어떤 열린구간에 속하는 모든 x에서 미분가능할 때, 함수 $f(x)$는 그 구간에서 미분가능하다고 한다. 또한 함수 $f(x)$를 그 구간에서 미분가능한 함수라고 한다.

(3) 함수 $f(x)$가 $x=a$에서 미분가능하면 함수 $f(x)$는 $x=a$에서 연속이다. 그러나 일반적으로 그 역은 성립하지 않는다.

④ 도함수

(1) 미분가능한 함수 $y=f(x)$의 정의역에 속하는 모든 x에 대하여 각각의 미분계수 $f'(x)$를 대응시키는 함수를 함수 $y=f(x)$의 도함수라 하고, 이것을 기호로 $f'(x)$, y', $\dfrac{dy}{dx}$, $\dfrac{d}{dx}f(x)$와 같이 나타낸다.

$$f'(x)=\lim_{\Delta x\to 0}\frac{f(x+\Delta x)-f(x)}{\Delta x}=\lim_{h\to 0}\frac{f(x+h)-f(x)}{h}$$

(2) 함수 $f(x)$의 도함수 $f'(x)$를 구하는 것을 함수 $f(x)$를 x에 대하여 미분한다고 하고, 그 계산법을 미분법이라고 한다.

⑤ 미분법의 공식

(1) 함수 $y=x^n$ (n은 양의 정수)와 상수함수의 도함수

　① $y=x^n$ (n은 양의 정수)이면 $y'=nx^{n-1}$　　② $y=c$ (c는 상수)이면 $y'=0$

(2) 두 함수 $f(x)$, $g(x)$가 미분가능할 때

　① $\{cf(x)\}'=cf'(x)$ (단, c는 상수)　　② $\{f(x)+g(x)\}'=f'(x)+g'(x)$

　③ $\{f(x)-g(x)\}'=f'(x)-g'(x)$　　④ $\{f(x)g(x)\}'=f'(x)g(x)+f(x)g'(x)$

⑥ 접선의 방정식

함수 $f(x)$가 $x=a$에서 미분가능할 때, 곡선 $y=f(x)$ 위의 점 $\mathrm{P}(a, f(a))$에서의 접선의 방정식은

$$y-f(a)=f'(a)(x-a)$$

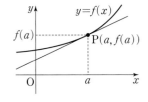

⑦ 평균값 정리

(1) 롤의 정리

함수 $f(x)$가 닫힌구간 $[a, b]$에서 연속이고 열린구간 (a, b)에서 미분가능할 때, $f(a)=f(b)$이면 $f'(c)=0$인 c가 a와 b 사이에 적어도 하나 존재한다.

(2) 평균값 정리

함수 $f(x)$가 닫힌구간 $[a, b]$에서 연속이고 열린구간 (a, b)에서 미분가능할 때, $\dfrac{f(b)-f(a)}{b-a}=f'(c)$인 c가 a와 b 사이에 적어도 하나 존재한다.

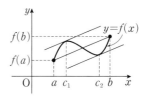

⑧ 함수의 증가와 감소

(1) 함수 $f(x)$가 어떤 구간에 속하는 임의의 두 실수 x_1, x_2에 대하여

① $x_1<x_2$일 때 $f(x_1)<f(x_2)$이면 함수 $f(x)$는 그 구간에서 증가한다고 한다.

② $x_1<x_2$일 때 $f(x_1)>f(x_2)$이면 함수 $f(x)$는 그 구간에서 감소한다고 한다.

(2) 함수 $f(x)$가 어떤 열린구간에서 미분가능할 때, 그 구간에 속하는 모든 x에 대하여

① $f'(x)>0$이면 함수 $f(x)$는 그 구간에서 증가한다.

② $f'(x)<0$이면 함수 $f(x)$는 그 구간에서 감소한다.

⑨ 함수의 극대와 극소

(1) 함수의 극대와 극소

① 함수 $f(x)$가 $x=a$를 포함하는 어떤 열린구간에 속하는 모든 x에 대하여 $f(x)\leq f(a)$를 만족시키면 함수 $f(x)$는 $x=a$에서 극대라고 하며, 함숫값 $f(a)$를 극댓값이라고 한다.

② 함수 $f(x)$가 $x=b$를 포함하는 어떤 열린구간에 속하는 모든 x에 대하여 $f(x)\geq f(b)$를 만족시키면 함수 $f(x)$는 $x=b$에서 극소라고 하며, 함숫값 $f(b)$를 극솟값이라고 한다.

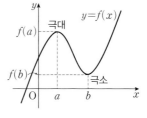

(2) 미분가능한 함수 $f(x)$에 대하여 $f'(a)=0$일 때, $x=a$의 좌우에서 $f'(x)$의 부호가

① 양에서 음으로 바뀌면 함수 $f(x)$는 $x=a$에서 극대이다.

② 음에서 양으로 바뀌면 함수 $f(x)$는 $x=a$에서 극소이다.

⑩ 함수의 최대와 최소

함수 $f(x)$가 닫힌구간 $[a, b]$에서 연속이고 이 구간에서 극값을 가지면 함수 $f(x)$의 극댓값과 극솟값, $f(a)$, $f(b)$ 중에서 가장 큰 값이 이 구간에서 함수 $f(x)$의 최댓값이고, 가장 작은 값이 이 구간에서 함수 $f(x)$의 최솟값이다.

⑪ 방정식에의 활용

방정식 $f(x)=0$의 실근은 함수 $y=f(x)$의 그래프와 x축이 만나는 점의 x좌표와 같다. 따라서 방정식 $f(x)=0$의 서로 다른 실근의 개수는 함수 $y=f(x)$의 그래프와 x축이 만나는 점의 개수와 같다.

⑫ 부등식에의 활용

어떤 구간에서 부등식 $f(x)\geq 0$이 성립함을 보이려면 함수 $y=f(x)$의 그래프를 이용하여 주어진 구간에 속하는 모든 x에 대하여 $f(x)$의 값이 0보다 크거나 같음을 보이면 된다.

⑬ 속도와 가속도

수직선 위를 움직이는 점 P의 시각 t에서의 위치가 $x=f(t)$일 때, 점 P의 시각 t에서의 속도 v와 가속도 a는

(1) $v=\lim\limits_{\Delta t \to 0}\dfrac{\Delta x}{\Delta t}=\dfrac{dx}{dt}=f'(t)$

(2) $a=\lim\limits_{\Delta t \to 0}\dfrac{\Delta v}{\Delta t}=\dfrac{dv}{dt}$

유형1 평균변화율과 미분계수

출제경향 | 평균변화율과 미분계수의 뜻을 이해하고 이를 이용하여 해결하는 문제가 출제된다.

출제유형잡기 | (1) 함수 $y=f(x)$에서 x의 값이 a에서 b까지 변할 때, 함수 $y=f(x)$의 평균변화율은

$$\frac{\Delta y}{\Delta x}=\frac{f(b)-f(a)}{b-a}=\frac{f(a+\Delta x)-f(a)}{\Delta x}$$

(단, $\Delta x=b-a$)

(2) 함수 $y=f(x)$의 $x=a$에서의 미분계수 $f'(a)$는

$$f'(a)=\lim_{h\to 0}\frac{f(a+h)-f(a)}{h}=\lim_{x\to a}\frac{f(x)-f(a)}{x-a}$$

01
▶ 25054-0128

0이 아닌 모든 실수 h에 대하여 다항함수 $y=f(x)$에서 x의 값이 $1-h$에서 $1+h$까지 변할 때의 평균변화율이 h^2-3h+4일 때, $f'(1)$의 값은?

① 2
② $\dfrac{5}{2}$
③ 3

④ $\dfrac{7}{2}$
⑤ 4

02
▶ 25054-0129

다항함수 $f(x)$에 대하여

$$\lim_{x\to 2}\frac{f(x)+3}{x^2-2x}=\{f(2)\}^2$$

일 때, $f'(2)$의 값을 구하시오.

03
▶ 25054-0130

두 다항함수 $f(x)$, $g(x)$가

$$\lim_{x\to 0}\frac{f(x)-g(x)}{x}=2,\ \lim_{x\to 0}\frac{g(2x)-x}{f(x)-2x}=4$$

를 만족시킬 때, $f'(0)+g'(0)$의 값은?

① 1
② 2
③ 3

④ 4
⑤ 5

04
▶ 25054-0131

이차함수 $f(x)=ax^2+bx$와 실수 t에 대하여 함수 $y=f(x)$의 $x=t$에서 $x=t+2$까지의 평균변화율을 $g(t)$라 할 때, 함수 $g(t)$가 다음 조건을 만족시킨다.

(가) $\lim\limits_{t\to\infty}\dfrac{g(t)}{t}=3$

(나) $g(f(t_1))=g(f(t_2))=0$이고 $t_1+t_2=4$를 만족시키는 서로 다른 두 상수 t_1, t_2가 존재한다.

$g(t_1\times t_2)$의 값은? (단, a, b는 상수이다.)

① -9
② -7
③ -5

④ -3
⑤ -1

유형 2 미분가능과 연속

출제경향 | 함수 $f(x)$의 $x=a$에서의 미분가능성과 연속의 관계를 묻는 문제가 출제된다.

출제유형잡기 | 함수 $f(x)$가 $x=a$에서 미분가능할 때,

$$\lim_{x \to a-} f(x) = \lim_{x \to a+} f(x) = f(a)$$

$$\lim_{h \to 0-} \frac{f(a+h)-f(a)}{h} = \lim_{h \to 0+} \frac{f(a+h)-f(a)}{h}$$

가 성립함을 이용한다.

05
▶ 25054-0132

함수

$$f(x) = \begin{cases} x^3 + ax + b & (x \le -1) \\ -2x + 3 & (x > -1) \end{cases}$$

이 실수 전체의 집합에서 미분가능할 때, $a+b$의 값은?

(단, a, b는 상수이다.)

① -5 ② -4 ③ -3

④ -2 ⑤ -1

06
▶ 25054-0133

최고차항의 계수가 1인 이차함수 $f(x)$에 대하여 함수

$$g(x) = \begin{cases} f(x) & (x < 0) \\ x & (0 \le x \le 3) \\ -f(x-a) + b & (x > 3) \end{cases}$$

이 실수 전체의 집합에서 미분가능하다. $a+b$의 값은?

(단, a, b는 상수이다.)

① 6   ② 7   ③ 8

④ 9   ⑤ 10

07
▶ 25054-0134

실수 전체의 집합에서 연속인 함수

$$f(x) = \begin{cases} x^2 + a & (x < 1) \\ -3x^2 + bx + c & (x \ge 1) \end{cases}$$

에 대하여 함수 $|f(x)|$가 $x=3$에서만 미분가능하지 않을 때, $a+b+c$의 값은? (단, a, b, c는 상수이고, $a>0$이다.)

① 12   ② 14   ③ 16

④ 18   ⑤ 20

08
▶ 25054-0135

함수

$$f(x) = \begin{cases} 2x - 4 & (x < 3) \\ x - 1 & (x \ge 3) \end{cases}$$

과 최고차항의 계수가 1인 이차함수 $g(x)$에 대하여 함수 $g(x) \times (f \circ f)(x)$가 실수 전체의 집합에서 미분가능할 때, $g(0)$의 값을 구하시오.

05 다항함수의 미분법

유형 3 미분법의 공식

출제경향 | 미분법을 이용하여 미분계수를 구하거나 미정계수를 구하는 문제가 출제된다.

출제유형잡기 | 두 함수 $f(x)$, $g(x)$가 미분가능할 때

(1) $y=x^n$ (n은 양의 정수)이면 $y'=nx^{n-1}$

(2) $y=c$ (c는 상수)이면 $y'=0$

(3) $\{cf(x)\}'=cf'(x)$ (단, c는 상수)

(4) $\{f(x)+g(x)\}'=f'(x)+g'(x)$

(5) $\{f(x)-g(x)\}'=f'(x)-g'(x)$

(6) $\{f(x)g(x)\}'=f'(x)g(x)+f(x)g'(x)$

09
▶ 25054-0136

함수 $f(x)=2x^3-4x^2+ax-1$이

$$\lim_{h \to 0} \frac{f(1+h)-f(1)}{h}=2$$

를 만족시킬 때, 상수 a의 값은?

① 1　　　　② 2　　　　③ 3

④ 4　　　　⑤ 5

10
▶ 25054-0137

다항함수 $f(x)$에 대하여 함수 $g(x)$가

$$g(x)=(x^2+3x)f(x)$$

일 때, 곡선 $y=g(x)$ 위의 점 $(-1, -8)$에서의 접선의 기울기가 3이다. $f'(-1)$의 값은?

① $\frac{1}{2}$　　　　② 1　　　　③ $\frac{3}{2}$

④ 2　　　　⑤ $\frac{5}{2}$

11
▶ 25054-0138

최고차항의 계수가 1인 이차함수 $f(x)$가

$$\lim_{x \to \infty} \frac{f(x)-x^2}{x}=\lim_{x \to \infty} x\left\{f\left(1+\frac{2}{x}\right)-f(1)\right\}$$

을 만족시킨다. $f(2)=-1$일 때, $f(5)$의 값은?

① 6　　　　② 8　　　　③ 10

④ 12　　　　⑤ 14

12
▶ 25054-0139

최고차항의 계수가 1인 다항함수 $f(x)$가

$$\lim_{x \to \infty} \frac{f(x)}{xf'(x)}=\lim_{x \to 0} \frac{f(x)}{xf'(x)}=\frac{1}{3}$$

을 만족시킬 때, $f(2)$의 값을 구하시오.

유형 4 접선의 방정식

출제경향 | 곡선 위의 점에서의 접선의 방정식을 구하는 문제가 출제된다.

출제유형잡기 | 함수 $f(x)$가 $x=a$에서 미분가능할 때, 곡선 $y=f(x)$ 위의 점 $\mathrm{P}(a, f(a))$에서의 접선의 방정식은
$$y-f(a)=f'(a)(x-a)$$

13
▶ 25054-0140

곡선 $y=x^3-4x^2+5$ 위의 점 $(1, 2)$에서의 접선의 y절편은?

① 1 　　　　② 3 　　　　③ 5

④ 7 　　　　⑤ 9

14
▶ 25054-0141

점 $(2, 0)$에서 곡선 $y=\dfrac{1}{3}x^3-x+2$에 그은 두 접선의 기울기의 곱은?

① -10 　　　② -8 　　　③ -6

④ -4 　　　⑤ -2

15
▶ 25054-0142

$f(0)=0$인 삼차함수 $f(x)$에 대하여 곡선 $y=f(x)$ 위의 점 $(-2, 4)$에서의 접선의 방정식을 $y=g(x)$라 하자. 두 함수 $f(x)$, $g(x)$가
$$\lim_{x \to 0}\frac{f(x)}{g(x)}=6$$
을 만족시킬 때, $f'(-1)$의 값은?

① $\dfrac{1}{2}$ 　　　② $\dfrac{3}{4}$ 　　　③ 1

④ $\dfrac{5}{4}$ 　　　⑤ $\dfrac{3}{2}$

16
▶ 25054-0143

최고차항의 계수가 양수인 삼차함수 $f(x)$에 대하여 그림과 같이 곡선 $y=f(x)$와 직선 $y=\dfrac{1}{2}x$가 서로 다른 세 점 O, A, B에서 만난다. 곡선 $y=f(x)$ 위의 점 A에서의 접선이 x축과 만나는 점을 C라 하자. $\overline{\mathrm{OA}}=\overline{\mathrm{AB}}$이고 $\overline{\mathrm{OC}}=\overline{\mathrm{BC}}=\dfrac{5}{2}$일 때, $f(6)$의 값을 구하시오.

(단, 점 A의 x좌표는 양수이고, O는 원점이다.)

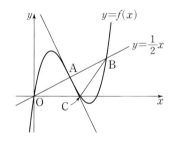

출제경향 | 함수가 증가 또는 감소하는 구간을 찾거나, 증가 또는 감소할 조건을 이용하여 미정계수를 구하는 문제가 출제된다.

출제유형잡기 | (1) 함수 $f(x)$가 어떤 구간에 속하는 임의의 두 실수 x_1, x_2에 대하여

① $x_1 < x_2$일 때 $f(x_1) < f(x_2)$이면 함수 $f(x)$는 그 구간에서 증가한다고 한다.

② $x_1 < x_2$일 때 $f(x_1) > f(x_2)$이면 함수 $f(x)$는 그 구간에서 감소한다고 한다.

(2) 함수 $f(x)$가 상수함수가 아닌 다항함수일 때

① $f(x)$가 어떤 열린구간에서 증가하기 위한 필요충분조건은 이 열린구간에 속하는 모든 x에 대하여 $f'(x) \geq 0$이다.

② $f(x)$가 어떤 열린구간에서 감소하기 위한 필요충분조건은 이 열린구간에 속하는 모든 x에 대하여 $f'(x) \leq 0$이다.

17

▶ 25054-0144

함수 $f(x) = x^3 + (a-2)x^2 - 3ax + 4$가 실수 전체의 집합에서 증가하도록 하는 실수 a의 최댓값은?

① -4 ② -3 ③ -2

④ -1 ⑤ 0

18

▶ 25054-0145

함수 $f(x) = -x^3 + ax^2 + 2ax$가 임의의 서로 다른 두 실수 x_1, x_2에 대하여

$$(x_1 - x_2)\{f(x_1) - f(x_2)\} < 0$$

을 만족시키도록 하는 모든 정수 a의 개수는?

① 5 ② 6 ③ 7

④ 8 ⑤ 9

19

▶ 25054-0146

함수

$$f(x) = \frac{1}{3}x^3 + ax^2 - 3a^2x$$

가 열린구간 $(k, k+2)$에서 감소하도록 하는 양수 a에 대하여 a의 값이 최소일 때, $f(2k)$의 값은? (단, k는 실수이다.)

① $-\dfrac{5}{2}$ ② $-\dfrac{9}{4}$ ③ -2

④ $-\dfrac{7}{4}$ ⑤ $-\dfrac{3}{2}$

20

▶ 25054-0147

최고차항의 계수가 1인 삼차함수 $f(x)$가 다음 조건을 만족시킬 때, $f(2)$의 최댓값과 최솟값의 합을 구하시오.

(가) $\displaystyle\lim_{x \to 0} \dfrac{|f(x) - 3x|}{x}$의 값이 존재한다.

(나) 함수 $f(x)$는 실수 전체의 집합에서 증가한다.

유형 6 함수의 극대와 극소

출제경향 | 함수의 극값을 구하거나 극값을 가질 조건을 구하는 것과 같이 극대, 극소와 관련된 다양한 문제들이 출제된다.

출제유형잡기 | 미분가능한 함수 $f(x)$에 대하여 $f'(a)=0$일 때, $x=a$의 좌우에서 $f'(x)$의 부호가

① 양에서 음으로 바뀌면 함수 $f(x)$는 $x=a$에서 극대이다.

② 음에서 양으로 바뀌면 함수 $f(x)$는 $x=a$에서 극소이다.

21
▶ 25054-0148

함수 $f(x)=-x^3+ax^2+6x-3$이 $x=-1$에서 극소일 때, 함수 $f(x)$의 극댓값은? (단, a는 상수이다.)

① 1   ② 3   ③ 5

④ 7   ⑤ 9

22
▶ 25054-0149

함수 $f(x)=x^4-\dfrac{8}{3}x^3-2x^2+8x+k$의 모든 극값의 합이 1일 때, 상수 k의 값은?

① $\dfrac{1}{9}$ ② $\dfrac{2}{9}$ ③ $\dfrac{1}{3}$

④ $\dfrac{4}{9}$ ⑤ $\dfrac{5}{9}$

23
▶ 25054-0150

함수 $f(x)=3x^4-4ax^3-6x^2+12ax+5$가 다음 조건을 만족시킬 때, $f(2)$의 값은? (단, a는 상수이다.)

(가) 함수 $f(x)$가 극값을 갖는 실수 x의 개수는 1이다.

(나) 함수 $f(|x|)$가 극값을 갖는 실수 x의 개수는 3이다.

① 31   ② 33   ③ 35

④ 37   ⑤ 39

24
▶ 25054-0151

양수 a에 대하여 함수 $f(x)$가 다음과 같다.

$$f(x)=x^3+\dfrac{1}{2}x^2+a|x|+2$$

함수 $f(x)$가

$$\lim_{h \to 0-}\frac{f(h)-f(0)}{h}\times\lim_{h \to 0+}\frac{f(h)-f(0)}{h}=-4$$

를 만족시킬 때, 함수 $f(x)$의 모든 극값의 합은?

① 5   ② $\dfrac{11}{2}$ ③ 6

④ $\dfrac{13}{2}$ ⑤ 7

출제경향 | 함수의 그래프를 그려서 주어진 조건을 만족시키는 상수를 구하거나 함수 $y=f'(x)$의 그래프 또는 도함수 $f'(x)$의 여러 가지 성질을 이용하여 함수 $y=f(x)$의 그래프의 개형을 추론하는 문제가 출제된다.

출제유형잡기 | 함수 $f(x)$의 도함수 $f'(x)$의 부호를 조사하여 함수 $f(x)$의 증가와 감소를 파악하고, 극대와 극소를 찾아 함수 $y=f(x)$의 그래프의 개형을 그려서 문제를 해결한다.

25

▶ 25054-0152

함수 $f(x)=3x^4-8x^3-6x^2+24x$의 그래프와 직선 $y=k$가 서로 다른 세 점에서 만나도록 하는 모든 실수 k의 값의 합을 구하시오.

26

▶ 25054-0153

최고차항의 계수가 1인 삼차함수 $f(x)$에 대하여 함수 $y=f'(x)$의 그래프가 그림과 같다.

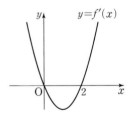

$0 \le x \le 2$인 모든 실수 x에 대하여 부등식 $f(x)f'(x) \le 0$이 성립할 때, $f(4)$의 최솟값은? (단, $f'(0)=0$, $f'(2)=0$)

① 12   ② 16   ③ 20

④ 24   ⑤ 28

27

▶ 25054-0154

함수 $f(x)=x^3-3x^2+8$과 양의 실수 a에 대하여 함수 $y=|f(x)-f(a)|$가 $x=a$에서만 미분가능하지 않다. a의 최솟값을 m이라 할 때, $m+f(m)$의 값을 구하시오.

28

▶ 25054-0155

실수 t에 대하여 닫힌구간 $[t, t+1]$에서 함수

$$f(x)=\begin{cases} -x(x+2) & (x<0) \\ x(x-2) & (x \ge 0) \end{cases}$$

의 최댓값을 $g(t)$라 하자. 함수 $g(t)$가 $t=\alpha$에서 미분가능하지 않을 때, $g(\alpha)$의 값은?

① $-\dfrac{1}{2}$ ② $-\dfrac{7}{12}$ ③ $-\dfrac{2}{3}$

④ $-\dfrac{3}{4}$ ⑤ $-\dfrac{5}{6}$

유형 8 함수의 최대와 최소

출제경향 | 주어진 구간에서 연속함수의 최댓값과 최솟값을 구하는 문제, 도형의 길이, 넓이, 부피의 최댓값과 최솟값을 구하는 문제가 출제된다.

출제유형잡기 | 함수 $f(x)$가 닫힌구간 $[a, b]$에서 연속이고 이 구간에서 극값을 가지면 함수 $f(x)$의 극댓값과 극솟값, $f(a)$, $f(b)$ 중에서 가장 큰 값이 함수 $f(x)$의 최댓값이고, 가장 작은 값이 함수 $f(x)$의 최솟값이다.

29

▶ 25054-0156

두 함수 $f(x)=x^4-2x^2$, $g(x)=-x^2+4x+k$가 있다. 임의의 두 실수 a, b에 대하여

$$f(a) \geq g(b)$$

가 성립할 때, 실수 k의 최댓값은?

① -1
② -2
③ -3
④ -4
⑤ -5

30

▶ 25054-0157

곡선 $y=-x^2+4$ 위의 점 $(t, -t^2+4)$와 원점 사이의 거리의 제곱을 $f(t)$라 하자. 닫힌구간 $[0, 2]$에서 함수 $f(t)$의 최댓값과 최솟값을 각각 M, m이라 할 때, $M \times m$의 값을 구하시오.

31

▶ 25054-0158

그림과 같이 닫힌구간 $[0, 2]$에서 정의된 함수

$$f(x)=\begin{cases} x & (0 \leq x < 1) \\ \sqrt{-x+2} & (1 \leq x \leq 2) \end{cases}$$

와 실수 t $(0 < t < 1)$에 대하여 함수 $y=f(x)$의 그래프와 직선 $y=t$가 만나는 두 점을 각각 P, Q라 하고, 점 Q에서 x축에 내린 수선의 발을 H라 하자. 사각형 POHQ의 넓이를 $S(t)$라 할 때, $S(t)$의 최댓값은?

(단, O는 원점이고, 점 P의 x좌표는 점 Q의 x좌표보다 작다.)

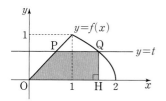

① $\dfrac{20}{27}$
② $\dfrac{22}{27}$
③ $\dfrac{8}{9}$
④ $\dfrac{26}{27}$
⑤ $\dfrac{28}{27}$

출제경향 | 함수의 그래프의 개형을 이용하여 방정식의 실근의 개수를 구하거나 실근의 개수가 주어졌을 때 미정계수의 값 또는 범위를 구하는 문제가 출제된다.

출제유형잡기 | 방정식 $f(x)=g(x)$의 서로 다른 실근의 개수는 함수 $y=f(x)$의 그래프와 함수 $y=g(x)$의 그래프의 교점의 개수와 같음을 이용하거나 함수 $y=f(x)-g(x)$의 그래프와 x축의 교점의 개수와 같음을 이용한다.

32
▶ 25054-0159

x에 대한 방정식 $x^3+3x^2-9x=k$의 서로 다른 실근의 개수가 2가 되도록 하는 모든 실수 k의 값의 합을 구하시오.

33
▶ 25054-0160

x에 대한 방정식 $-x^3+12x-11=k$가 서로 다른 양의 실근 2개와 음의 실근 1개를 갖도록 하는 모든 정수 k의 개수는?

① 11   ② 13   ③ 15

④ 17   ⑤ 19

34
▶ 25054-0161

자연수 n에 대하여 x에 대한 방정식 $x^3-3x^2+6-n=0$의 서로 다른 실근의 개수를 a_n이라 하자. $\sum_{k=1}^{10} a_k$의 값을 구하시오.

35
▶ 25054-0162

양의 실수 t에 대하여 x에 대한 방정식 $x^3+3x^2-27=tx$의 서로 다른 실근의 개수를 $f(t)$라 하자.
$$\lim_{t \to a+} f(t) \neq \lim_{t \to a-} f(t)$$
를 만족시키는 양의 실수 a의 값은?

① 6   ② 7   ③ 8

④ 9   ⑤ 10

유형 10 부등식에의 활용

출제경향 | 주어진 범위에서 부등식이 항상 성립하기 위한 조건을 구하는 문제가 출제된다.

출제유형잡기 | 어떤 구간에서 부등식 $f(x) \geq 0$이 성립함을 보이려면 주어진 구간에서 함수 $f(x)$의 최솟값을 구하여 ($f(x)$의 최솟값)≥ 0임을 보이면 된다.

36
▶ 25054-0163

모든 실수 x에 대하여 부등식 $3x^4+4x^3 \geq 6x^2+12x+a$가 성립하도록 하는 실수 a의 최댓값은?

① -11 ② -12 ③ -13
④ -14 ⑤ -15

37
▶ 25054-0164

두 함수

$$f(x)=4x^3+3x^2, \ g(x)=x^4-5x^2+a$$

가 있다. 모든 실수 x에 대하여 부등식 $f(x) \leq g(x)$가 항상 성립하도록 하는 실수 a의 최솟값을 구하시오.

38
▶ 25054-0165

함수 $f(x)=-x^4-4x^2-5$에 대하여 실수 전체의 집합에서 부등식

$$f(x) \leq 4x^3+a \leq -f(x)$$

가 성립하도록 하는 모든 정수 a의 개수는?

① 11 ② 12 ③ 13
④ 14 ⑤ 15

39
▶ 25054-0166

$x \geq 0$에서 부등식 $2x^3-3(a+1)x^2+6ax+a^3-120 \geq 0$이 항상 성립하도록 하는 자연수 a의 최솟값은?

① 4 ② 5 ③ 6
④ 7 ⑤ 8

유형 11 속도와 가속도

출제경향 | 수직선 위를 움직이는 점의 시각 t에서의 위치가 주어졌을 때, 속도나 가속도를 구하는 문제가 출제된다.

출제유형잡기 | 수직선 위를 움직이는 점 P의 시각 t에서의 위치가 $x=f(t)$일 때

(1) 점 P의 시각 t에서의 속도 v는 $v=\dfrac{dx}{dt}=f'(t)$

(2) 점 P의 시각 t에서의 가속도 a는 $a=\dfrac{dv}{dt}$

40
▶ 25054-0167

수직선 위를 움직이는 점 P의 시각 t $(t \geq 0)$에서의 위치 x가

$$x=t^3-t^2-2t$$

이다. $t>0$에서 점 P가 원점을 지나는 시각이 $t=t_1$일 때, 시각 $t=t_1$에서의 점 P의 속도는?

① 6　　　　② 7　　　　③ 8

④ 9　　　　⑤ 10

41
▶ 25054-0168

수직선 위를 움직이는 점 P의 시각 t $(t \geq 0)$에서의 위치 x가

$$x=2t^3-3t^2-12t$$

이다. 시각 $t=t_1$ $(t_1>0)$에서 점 P가 운동 방향을 바꿀 때, 시각 $t=2t_1$에서의 점 P의 가속도는?

① 40　　　　② 42　　　　③ 44

④ 46　　　　⑤ 48

42
▶ 25054-0169

수직선 위를 움직이는 두 점 P, Q의 시각 t $(t \geq 0)$에서의 위치를 각각 x_1, x_2라 할 때, x_1, x_2는 등식

$$x_2=x_1+t^3-3t^2-9t$$

를 만족시킨다. 두 점 P, Q의 속도가 같아지는 순간 두 점 P, Q 사이의 거리를 구하시오.

43
▶ 25054-0170

수직선 위를 움직이는 점 P의 시각 t $(t \geq 0)$에서의 위치 x가

$$x=-t^4+4t^3+kt^2$$

이다. 점 P의 가속도의 최댓값이 48일 때, 점 P의 속도의 최댓값은? (단, k는 상수이다.)

① 102　　　　② 104　　　　③ 106

④ 108　　　　⑤ 110

06 다항함수의 적분법

① 부정적분

(1) 함수 $f(x)$에 대하여 $F'(x)=f(x)$를 만족시키는 함수 $F(x)$를 $f(x)$의 부정적분이라 하고, $f(x)$의 부정적분을 구하는 것을 $f(x)$를 적분한다고 한다.

(2) 함수 $f(x)$의 한 부정적분을 $F(x)$라 하면

$$\int f(x)dx=F(x)+C \text{ (단, } C\text{는 상수)}$$

로 나타내며, C를 적분상수라고 한다.

설명 두 함수 $F(x)$, $G(x)$가 모두 함수 $f(x)$의 부정적분이면 $F'(x)=G'(x)=f(x)$이므로

$$\{G(x)-F(x)\}'=f(x)-f(x)=0$$

이다. 그런데 도함수가 0인 함수는 상수함수이므로 그 상수를 C라 하면

$$G(x)-F(x)=C, \text{ 즉 } G(x)=F(x)+C$$

따라서 함수 $f(x)$의 임의의 부정적분은 $F(x)+C$의 꼴로 나타낼 수 있다.

참고 미분가능한 함수 $f(x)$에 대하여

$$① \frac{d}{dx}\left\{\int f(x)\,dx\right\}=f(x) \qquad\qquad ② \int\left\{\frac{d}{dx}f(x)\right\}dx=f(x)+C \text{ (단, } C\text{는 적분상수)}$$

② 함수 $y=x^n$ (n은 양의 정수)와 함수 $y=1$의 부정적분

(1) n이 양의 정수일 때,

$$\int x^n dx=\frac{1}{n+1}x^{n+1}+C \text{ (단, } C\text{는 적분상수)}$$

(2) $\int 1\,dx=x+C$ (단, C는 적분상수)

③ 함수의 실수배, 합, 차의 부정적분

두 함수 $f(x)$, $g(x)$의 부정적분이 각각 존재할 때

(1) $\int kf(x)dx=k\int f(x)dx$ (단, k는 0이 아닌 상수)

(2) $\int \{f(x)+g(x)\}dx=\int f(x)dx+\int g(x)dx$

(3) $\int \{f(x)-g(x)\}dx=\int f(x)dx-\int g(x)dx$

④ 정적분

함수 $f(x)$가 두 실수 a, b를 포함하는 구간에서 연속일 때, $f(x)$의 한 부정적분을 $F(x)$라 하면 $f(x)$의 a에서 b까지의 정적분은

$$\int_a^b f(x)dx=\Big[F(x)\Big]_a^b=F(b)-F(a)$$

이때 정적분 $\int_a^b f(x)dx$의 값을 구하는 것을 함수 $f(x)$를 a에서 b까지 적분한다고 한다.

참고 함수 $f(x)$가 닫힌구간 $[a,b]$에서 연속일 때

$$① \int_a^a f(x)dx=0 \qquad\qquad ② \int_a^b f(x)dx=-\int_b^a f(x)dx$$

⑤ 정적분과 미분의 관계

함수 $f(t)$가 닫힌구간 $[a,b]$에서 연속일 때,

$$\frac{d}{dx}\int_a^x f(t)dt=f(x) \text{ (단, } a<x<b)$$

Note

수학 II

⑥ 정적분의 성질

(1) 두 함수 $f(x)$, $g(x)$가 닫힌구간 $[a, b]$에서 연속일 때

① $\int_a^b kf(x)dx = k\int_a^b f(x)dx$ (단, k는 상수)

② $\int_a^b \{f(x)+g(x)\}dx = \int_a^b f(x)dx + \int_a^b g(x)dx$

③ $\int_a^b \{f(x)-g(x)\}dx = \int_a^b f(x)dx - \int_a^b g(x)dx$

(2) 함수 $f(x)$가 임의의 세 실수 a, b, c를 포함하는 닫힌구간에서 연속일 때,

$$\int_a^c f(x)dx + \int_c^b f(x)dx = \int_a^b f(x)dx$$

설명 $\int_a^c f(x)dx + \int_c^b f(x)dx = \left[F(x)\right]_a^c + \left[F(x)\right]_c^b$

$$= \{F(c)-F(a)\} + \{F(b)-F(c)\} = F(b)-F(a)$$

$$= \int_a^b f(x)dx$$

참고 함수의 성질을 이용한 정적분

① 연속함수 $y=f(x)$의 그래프가 y축에 대하여 대칭일 때, 즉 모든 실수 x에 대하여

$f(-x)=f(x)$이면 $\int_{-a}^a f(x)dx = 2\int_0^a f(x)dx$

② 연속함수 $y=f(x)$의 그래프가 원점에 대하여 대칭일 때, 즉 모든 실수 x에 대하여

$f(-x)=-f(x)$이면 $\int_{-a}^a f(x)dx = 0$

⑦ 정적분으로 나타내어진 함수의 극한

함수 $f(x)$가 실수 a를 포함하는 구간에서 연속일 때

(1) $\lim_{h \to 0} \dfrac{1}{h}\int_a^{a+h} f(t)dt = f(a)$
(2) $\lim_{x \to a} \dfrac{1}{x-a}\int_a^x f(t)dt = f(a)$

⑧ 곡선과 x축 사이의 넓이

함수 $f(x)$가 닫힌구간 $[a, b]$에서 연속일 때, 곡선 $y=f(x)$와 x축 및 두 직선 $x=a$, $x=b$로 둘러싸인 부분의 넓이 S는

$$S = \int_a^b |f(x)|\, dx$$

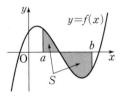

⑨ 두 곡선 사이의 넓이

두 함수 $f(x)$, $g(x)$가 닫힌구간 $[a, b]$에서 연속일 때, 두 곡선 $y=f(x)$, $y=g(x)$와 두 직선 $x=a$, $x=b$로 둘러싸인 부분의 넓이 S는

$$S = \int_a^b |f(x)-g(x)|\, dx$$

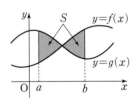

⑩ 수직선 위를 움직이는 점의 위치와 거리

수직선 위를 움직이는 점 P의 시각 t에서의 속도를 $v(t)$, 시각 t에서의 위치를 $x(t)$라 하자.

(1) 시각 t에서의 점 P의 위치는 $x(t) = x(a) + \int_a^t v(s)ds$

(2) 시각 $t=a$에서 $t=b$까지 점 P의 위치의 변화량은 $\int_a^b v(t)dt$

(3) 시각 $t=a$에서 $t=b$까지 점 P가 움직인 거리 s는 $s = \int_a^b |v(t)|\, dt$

유형 1 부정적분의 뜻과 성질

출제경향 | 부정적분의 뜻과 부정적분의 성질을 이용하여 함숫값을 구하거나 부정적분을 활용하는 문제가 출제된다.

출제유형잡기 | (1) n이 양의 정수일 때,

$$\int x^n dx = \frac{1}{n+1}x^{n+1}+C \text{ (단, } C\text{는 적분상수)}$$

(2) 두 함수 $f(x)$, $g(x)$의 부정적분이 각각 존재할 때

① $\int kf(x)dx = k\int f(x)dx$ (단, k는 0이 아닌 상수)

② $\int \{f(x)+g(x)\}dx = \int f(x)dx + \int g(x)dx$

③ $\int \{f(x)-g(x)\}dx = \int f(x)dx - \int g(x)dx$

[참고] 미분가능한 함수 $f(x)$에 대하여

(1) $\dfrac{d}{dx}\left\{\int f(x)dx\right\} = f(x)$

(2) $\int \left\{\dfrac{d}{dx}f(x)\right\}dx = f(x)+C$ (단, C는 적분상수)

01

▶ 25054-0171

함수 $f(x) = \displaystyle\int (3x^2-4x)dx$에 대하여 $f(1)=2$일 때, $f(3)$의 값을 구하시오.

02

▶ 25054-0172

함수

$$f(x) = \int (x^2+x+a)dx - \int (x^2-3x)dx$$

에 대하여 $\displaystyle\lim_{x\to 2}\frac{f(x)}{x-2}=3$일 때, $f(4)$의 값을 구하시오.

(단, a는 상수이다.)

03

▶ 25054-0173

곡선 $y=f(x)$ 위의 임의의 점 $(x, f(x))$에서의 접선의 기울기는 다음과 같다.

(가) $x<1$일 때, $3x^2-4$
(나) $x\geq 1$일 때, $-4x+3$

함수 $f(x)$가 실수 전체의 집합에서 연속이고, $f(0)=0$일 때, $f(1)+f(2)$의 값은?

① -6 ② -7 ③ -8
④ -9 ⑤ -10

04

▶ 25054-0174

다항함수 $f(x)$의 한 부정적분을 $F(x)$라 할 때, 함수 $F(x)$는 실수 전체의 집합에서

$$2F(x) = (2x+1)f(x) - 3x^4 - 2x^3 + x^2 + x + 4$$

를 만족시킨다. $f(0)=0$일 때, $F(2)$의 값은?

① 6   ② 7   ③ 8
④ 9   ⑤ 10

유형 2 정적분의 뜻과 성질

출제경향 | 정적분의 뜻과 성질을 이용하여 정적분의 값을 구하거나 정적분을 활용하는 문제가 출제된다.

출제유형잡기 | (1) 두 함수 $f(x)$, $g(x)$가 닫힌구간 $[a, b]$에서 연속일 때

① $\int_a^b kf(x)dx = k\int_a^b f(x)dx$ (단, k는 상수)

② $\int_a^b \{f(x)+g(x)\}dx = \int_a^b f(x)dx + \int_a^b g(x)dx$

③ $\int_a^b \{f(x)-g(x)\}dx = \int_a^b f(x)dx - \int_a^b g(x)dx$

(2) 함수 $f(x)$가 임의의 세 실수 a, b, c를 포함하는 닫힌구간에서 연속일 때,

$$\int_a^c f(x)dx + \int_c^b f(x)dx = \int_a^b f(x)dx$$

05

▶ 25054-0175

$\int_0^3 |6x(x-1)|dx$의 값을 구하시오.

06

▶ 25054-0176

$\int_{-1}^{\sqrt{2}} (x^3-2x)dx + \int_{-1}^{\sqrt{2}} (-x^3+3x^2)dx + \int_{\sqrt{2}}^2 (3x^2-2x)dx$ 의 값은?

① 5   ② 6   ③ 7

④ 8   ⑤ 9

07

▶ 25054-0177

최고차항의 계수가 3인 이차함수 $f(x)$에 대하여

$$\int_0^1 f(x)dx = f(1), \quad \int_0^2 f(x)dx = f(2)$$

일 때, $f(3)$의 값을 구하시오.

08

▶ 25054-0178

최고차항의 계수가 양수인 삼차함수 $f(x)$의 도함수 $y=f'(x)$의 그래프가 그림과 같고, $f'(1)=f'(2)=0$이다.

$\int_0^3 |f'(x)|dx = f(3)-f(0)+4$일 때, $f(2)-f(1)$의 값은?

① -2 ② -4 ③ -6

④ -8 ⑤ -10

수학 Ⅱ

유형 3 함수의 성질을 이용한 정적분

출제경향 | 함수의 그래프가 y축 또는 원점에 대하여 대칭임을 이용하거나 함수의 그래프를 평행이동하여 정적분의 값을 구하는 문제가 출제된다.

출제유형잡기 | (1) 연속함수 $y=f(x)$의 그래프가 y축에 대하여 대칭일 때, 즉 모든 실수 x에 대하여 $f(-x)=f(x)$이면

$$\int_{-a}^{a} f(x)dx=2\int_{0}^{a} f(x)dx$$

(2) 연속함수 $y=f(x)$의 그래프가 원점에 대하여 대칭일 때, 즉 모든 실수 x에 대하여 $f(-x)=-f(x)$이면

$$\int_{-a}^{a} f(x)dx=0$$

09
▶ 25054-0179

최고차항의 계수가 1인 이차함수 $f(x)$가 모든 실수 x에 대하여 $f(-x)=f(x)$를 만족시킨다. $\int_{-3}^{3} f(x)dx=60$일 때, $f(3)$의 값을 구하시오.

10
▶ 25054-0180

함수 $f(x)$는 실수 전체의 집합에서 연속이고, $\int_{1}^{3} f(x)dx=5$일 때, $\int_{0}^{2} \{3f(x+1)+4\}dx$의 값을 구하시오.

11
▶ 25054-0181

일차함수 $f(x)$에 대하여

$$\int_{-1}^{1} f(x)dx=12, \quad \int_{-1}^{1} xf(x)dx=8$$

일 때, $\int_{0}^{2} x^2 f(x)dx$의 값을 구하시오.

12
▶ 25054-0182

최고차항의 계수가 1인 삼차함수 $f(x)$가 다음 조건을 만족시킨다.

(가) 모든 실수 x에 대하여 $f(-x)=-f(x)$이다.
(나) $\int_{-1}^{1} (x+5)^2 f(x)dx=64$

$\int_{1}^{2} \dfrac{f(x)}{x} dx$의 값은?

① $\dfrac{34}{3}$ ② $\dfrac{23}{2}$ ③ $\dfrac{35}{3}$

④ $\dfrac{71}{6}$ ⑤ 12

▶ 25054-0185

15

다항함수 $f(x)$가 모든 실수 x에 대하여

$$\int_{-1}^{x} f(t)dt + (x+1)\int_{-1}^{2} f(t)dt = 4x^2 - 4$$

를 만족시킬 때, $f(4)$의 값을 구하시오.

유형 4 정적분으로 나타내어진 함수

출제경향 | 정적분으로 나타내어진 함수에서 미분을 통해 함수를 구하거나 함숫값을 구하는 문제가 출제된다.

출제유형잡기 | (1) 함수 $f(x)$가

$$f(x) = g(x) + \int_{a}^{b} f(t)dt \ (a, b는 \ 상수)$$

로 주어지면 다음을 이용하여 문제를 해결한다.

① $\int_{a}^{b} f(t)dt = k \ (k는 \ 상수)$라 하면 $f(x) = g(x) + k$

② $\int_{a}^{b} \{g(t) + k\} dt = k$로부터 구한 k의 값에서 $f(x)$를 구한다.

(2) 함수 $f(x)$에 대하여 함수 $g(x)$가

$$g(x) = \int_{a}^{x} f(t)dt \ (a는 \ 상수)$$

로 주어지면 다음을 이용하여 문제를 해결한다.

① 양변에 $x = a$를 대입하면 $g(a) = 0$

② 양변을 x에 대하여 미분하면 $g'(x) = f(x)$

13

▶ 25054-0183

함수 $f(x)$가 모든 실수 x에 대하여

$$f(x) = 3x^2 + x\int_{0}^{2} f(t)dt$$

를 만족시킬 때, $f(4)$의 값은?

① 12   ② 14   ③ 16

④ 18   ⑤ 20

16

▶ 25054-0186

다항함수 $f(x)$가 모든 실수 x에 대하여

$$x^2 \int_{1}^{x} f(t)dt = \int_{1}^{x} t^2 f(t)dt + x^4 + ax^3 + bx^2$$

을 만족시킨다. $f(a+b)$의 값은? (단, a, b는 상수이다.)

① -6 ② -7 ③ -8

④ -9 ⑤ -10

14

▶ 25054-0184

다항함수 $f(x)$가 모든 실수 x에 대하여

$$\int_{1}^{x} f(t)dt = x^3 + ax^2 + bx$$

를 만족시키고 $f(1) = 4$일 때, $f(a+b)$의 값은?

(단, a, b는 상수이다.)

① -1 ② -2 ③ -3

④ -4 ⑤ -5

유형 5 정적분으로 나타내어진 함수의 활용

출제경향 | 정적분으로 나타내어진 함수에 대하여 함수의 극댓값과 극솟값, 함수의 그래프의 개형, 방정식의 실근의 개수 등과 관련된 미분법을 활용하는 문제가 출제된다.

출제유형잡기 | 함수 $f(x)$에 대하여 함수 $g(x)$가

$$g(x)=\int_a^x f(t)\,dt \ (a는 \ 상수)$$

와 같이 주어지면 다음을 이용하여 문제를 해결한다.

① 양변을 x에 대하여 미분하여 방정식 $g'(x)=0$, 즉 $f(x)=0$을 만족시키는 x의 값을 구한다.

② ①에서 구한 x의 값을 이용하여 함수 $y=g(x)$의 그래프의 개형을 그려 본다.

17

▶ 25054-0187

함수 $f(x)=x^2+ax+b$에 대하여

$$\lim_{x\to 1}\frac{1}{x-1}\int_1^x f(t)\,dt=3, \quad \lim_{h\to 0}\frac{1}{h}\int_{2-h}^{2+h} tf(t)\,dt=36$$

일 때, $f(3)$의 값을 구하시오. (단, a, b는 상수이다.)

18

▶ 25054-0188

함수 $f(x)=\int_{-1}^x (t-1)(t-2)\,dt$의 극솟값은?

① $\dfrac{25}{6}$ ② $\dfrac{13}{3}$ ③ $\dfrac{9}{2}$

④ $\dfrac{14}{3}$ ⑤ $\dfrac{29}{6}$

19

▶ 25054-0189

최고차항의 계수가 1인 이차함수 $f(x)$에 대하여 함수

$$g(x)=\int_0^x f(t)\,dt$$

가 $x=2$에서 극솟값 $-\dfrac{10}{3}$을 가질 때, $g'(4)$의 값을 구하시오.

20

▶ 25054-0190

다항함수 $f(x)$에 대하여 함수

$$g(x)=x\int_1^x f(t)\,dt-\int_1^x tf(t)\,dt$$

와 그 도함수 $g'(x)$가 다음 조건을 만족시킨다.

(가) $\displaystyle\lim_{x\to\infty}\frac{g'(x)-4x^3}{x^2+x+1}=3$

(나) $\displaystyle\lim_{x\to 1}\frac{g(x)+(x-1)f(x)}{x-1}=\int_1^3 f(x)\,dx$

$\displaystyle\int_0^1 f(x)\,dx$의 값은?

① -101 ② -103 ③ -105

④ -107 ⑤ -109

유형 6 곡선과 x축 사이의 넓이

출제경향 | 곡선과 x축 사이의 넓이를 정적분을 이용하여 구하는 문제가 출제된다.

출제유형잡기 | 함수 $f(x)$가 닫힌구간 $[a, b]$에서 연속일 때, 곡선 $y=f(x)$와 x축 및 두 직선 $x=a$, $x=b$로 둘러싸인 부분의 넓이 S는

$$S=\int_a^b |f(x)|\,dx$$

21

▶ 25054-0191

곡선 $y=(x-10)(x-13)$과 x축으로 둘러싸인 부분의 넓이는?

① $\dfrac{25}{6}$ ② $\dfrac{17}{4}$ ③ $\dfrac{13}{3}$

④ $\dfrac{53}{12}$ ⑤ $\dfrac{9}{2}$

22

▶ 25054-0192

양수 a에 대하여 함수 $f(x)=x^3-ax^2$의 그래프와 x축으로 둘러싸인 부분의 넓이가 108일 때, a의 값은?

① 2   ② 4   ③ 6

④ 8   ⑤ 10

23

▶ 25054-0193

삼차함수 $f(x)$가 다음 조건을 만족시킨다.

> (가) $\displaystyle\lim_{x\to 0}\dfrac{f(x)}{x}=9$
>
> (나) $\displaystyle\lim_{x\to 3}\dfrac{f(x)}{x-3}=0$

곡선 $y=f(x)$와 x축으로 둘러싸인 부분의 넓이는?

① 6   ② $\dfrac{25}{4}$ ③ $\dfrac{13}{2}$

④ $\dfrac{27}{4}$ ⑤ 7

24

▶ 25054-0194

$a<b$인 두 양수 a, b에 대하여 최고차항의 계수가 양수인 삼차함수 $f(x)$가

$$f(a)=f(-b)=f(b)=0$$

을 만족시킨다.

$$\int_{-b}^{b} \{f(x)+f(-x)\}dx=54,$$

$$\int_{-b}^{b} \{f(x)+|f(x)|\}dx=64$$

일 때, 닫힌구간 $[a, b]$에서 곡선 $y=f(x)$와 x축으로 둘러싸인 부분의 넓이를 구하시오.

유형 7 두 곡선 사이의 넓이

출제경향 | 두 곡선으로 둘러싸인 부분의 넓이를 정적분을 이용하여 구하는 문제가 출제된다.

출제유형잡기 | 두 함수 $f(x)$, $g(x)$가 닫힌구간 $[a, b]$에서 연속일 때, 두 곡선 $y=f(x)$, $y=g(x)$와 두 직선 $x=a$, $x=b$로 둘러싸인 부분의 넓이 S는

$$S = \int_a^b |f(x) - g(x)| \, dx$$

25
▶ 25054-0195

곡선 $y=ax^2$과 직선 $y=a(x+2)$로 둘러싸인 부분의 넓이가 27일 때, 양수 a의 값을 구하시오.

26
▶ 25054-0196

함수 $f(x)=x^3+x^2$에 대하여 점 $(0, -3)$에서 곡선 $y=f(x)$에 그은 접선의 방정식을 $y=g(x)$라 하자. 곡선 $y=f(x)$와 직선 $y=g(x)$로 둘러싸인 부분의 넓이는?

① $\dfrac{127}{6}$ ② $\dfrac{64}{3}$ ③ $\dfrac{43}{2}$

④ $\dfrac{65}{3}$ ⑤ $\dfrac{131}{6}$

27
▶ 25054-0197

최고차항의 계수가 1인 삼차함수 $f(x)$와 그 도함수 $f'(x)$가 다음 조건을 만족시킨다.

> (가) $f(0)=f'(0)=2$
> (나) $f(3)=f'(3)$

두 곡선 $y=f(x)$, $y=f'(x)$로 둘러싸인 부분의 넓이는?

① $\dfrac{37}{12}$ ② $\dfrac{19}{6}$ ③ $\dfrac{13}{4}$

④ $\dfrac{10}{3}$ ⑤ $\dfrac{41}{12}$

28
▶ 25054-0198

그림과 같이 함수 $f(x)=(x-4)^2$의 그래프와 직선 $g(x)=-2x+k$ $(7<k<16)$이 서로 다른 두 점에서 만난다. 곡선 $y=f(x)$, 직선 $y=g(x)$ 및 y축으로 둘러싸인 부분의 넓이를 S_1, 곡선 $y=f(x)$와 직선 $y=g(x)$로 둘러싸인 부분의 넓이를 S_2라 하자. $S_2=2S_1$일 때, 상수 k의 값은?

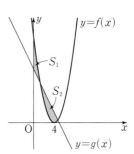

① 8   ② 9   ③ 10

④ 11   ⑤ 12

출제경향 | 주기를 갖는 함수의 성질. 함수의 그래프의 개형. 정적분의 정의와 성질 등의 여러 가지 조건이 포함된 정적분을 활용하는 문제가 출제된다.

출제유형잡기 | 함수의 성질을 이해하고 주기를 구하거나 함수의 그래프의 개형 및 여러 가지 조건을 이해하여 정적분의 정의와 넓이의 관계로부터 정적분의 값을 구한다.

29

▶ 25054-0199

$x \geq -1$에서 정의된 함수 $f(x) = a(x+1)^2 + b \, (a > 0)$의 역함수를 $g(x)$라 할 때, 두 곡선 $y = f(x)$, $y = g(x)$는 두 점 $(0, f(0))$, $(2, f(2))$에서 만난다. 두 곡선 $y = f(x)$, $y = g(x)$로 둘러싸인 부분의 넓이는?

① $\dfrac{1}{2}$ ② $\dfrac{7}{12}$ ③ $\dfrac{2}{3}$

④ $\dfrac{3}{4}$ ⑤ $\dfrac{5}{6}$

30

▶ 25054-0200

실수 전체의 집합에서 연속인 함수 $f(x)$가 모든 실수 x에 대하여 $f(x+3) = f(x)$를 만족시킨다.

$$\int_{-1}^{1} f(x)dx = 1, \quad \int_{1}^{4} \{f(x)+1\}dx = 6$$

일 때, $\displaystyle\int_{1}^{8} \{f(x)+2\}dx$의 값을 구하시오.

31

▶ 25054-0201

함수

$$f(x) = \begin{cases} 4x^2 & (x < 1) \\ (x-3)^2 & (x \geq 1) \end{cases}$$

과 $0 < t < 1$인 실수 t에 대하여 함수 $y = f(x)$의 그래프와 x축 및 두 직선 $x = t$, $x = t+1$로 둘러싸인 부분의 넓이를 $S(t)$라 하자. 함수 $S(t)$가 최대가 되도록 하는 실수 t의 값은?

① $\dfrac{7}{12}$ ② $\dfrac{5}{8}$ ③ $\dfrac{2}{3}$

④ $\dfrac{17}{24}$ ⑤ $\dfrac{3}{4}$

유형 **9** 수직선 위를 움직이는 점의 속도와 거리

출제경향 | 수직선 위를 움직이는 점의 시각 t에서의 속도에 대한 식이나 그래프로부터 점의 위치, 위치의 변화량, 움직인 거리를 구하는 문제가 출제된다.

출제유형잡기 | 수직선 위를 움직이는 점 P의 시각 t에서의 속도가 $v(t)$이고, 시각 t에서의 위치가 $x(t)$일 때

(1) 시각 t에서의 점 P의 위치는

$$x(t)=x(a)+\int_a^t v(s)ds$$

(2) 시각 $t=a$에서 $t=b$까지 점 P의 위치의 변화량은

$$\int_a^b v(t)dt$$

(3) 시각 $t=a$에서 $t=b$까지 점 P가 움직인 거리 s는

$$s=\int_a^b |v(t)|dt$$

32

▶ 25054-0202

수직선 위를 움직이는 점 P의 시각 t $(t\geq0)$에서의 속도 $v(t)$가

$$v(t)=-2t+4$$

이다. 시각 $t=0$일 때부터 운동 방향이 바뀔 때까지 점 P가 움직인 거리는?

① 2   ② 4   ③ 6

④ 8   ⑤ 10

33

▶ 25054-0203

수직선 위를 움직이는 점 P의 시각 t $(t\geq0)$에서의 속도 $v(t)$가

$$v(t)=-2t+k \text{ (k는 상수)}$$

이다. 시각 $t=3$에서의 점 P의 속도는 2이고, 점 P의 위치는 10이다. 시각 $t=0$에서의 점 P의 위치는?

① -1 ② -2 ③ -3

④ -4 ⑤ -5

34

▶ 25054-0204

시각 $t=0$일 때 원점을 출발하여 수직선 위를 움직이는 점 P의 시각 t $(t\geq0)$에서의 속도 $v(t)$는 다음과 같다.

$$v(t)=\begin{cases} \dfrac{1}{3}t & (0\leq t<6) \\ -t+8 & (t\geq6) \end{cases}$$

$t>0$에서 점 P가 원점을 지나는 시각은 $t=k$이다. 상수 k의 값은?

① 10   ② 11   ③ 12

④ 13   ⑤ 14

35

▶ 25054-0205

시각 $t=0$일 때 동시에 원점을 출발하여 수직선 위를 움직이는 두 점 P, Q의 시각 t $(t\geq0)$에서의 속도를 각각 $v_1(t)$, $v_2(t)$라 하면

$$v_1(t)=v_2(t)-3t^2+3t+6$$

이고, 시각 $t=k$일 때 두 점 P, Q의 속도가 같다. 시각 $t=k$에서의 두 점 P, Q의 위치를 각각 $x_1(k)$, $x_2(k)$라 할 때, $x_1(k)-x_2(k)$의 값은?

① 10   ② 12   ③ 14

④ 16   ⑤ 18

07 경우의 수

① 원순열

(1) 원순열의 뜻

서로 다른 대상을 원형으로 배열하는 순열을 원순열이라 하고, 원순열에서는 회전하여 일치하는 것은 모두 같은 것으로 본다.

(2) 원순열의 수

서로 다른 n개를 원형으로 배열하는 원순열의 수는 $\dfrac{n!}{n}=(n-1)!$이다.

설명 네 개의 문자 A, B, C, D를 일렬로 나열하는 순열의 수는 4!이지만 이를 원형으로 배열하면 그림과 같이 회전하여 일치하는 것이 4가지씩 있다.

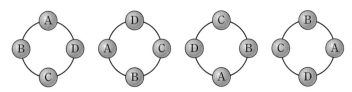

이와 같이 서로 다른 n개를 일렬로 나열하는 순열의 수는 $n!$이지만 이 각각을 원형으로 배열하면 $n!$가지 중에서 회전하여 일치하는 것이 n가지씩 있다.

따라서 서로 다른 n개를 원형으로 배열하는 원순열의 수는 $\dfrac{n!}{n}=(n-1)!$이다.

참고 서로 다른 n개의 대상에 대한 원순열의 수는 어느 1개를 고정시키고 나머지 $(n-1)$개를 일렬로 나열하는 순열의 수 $(n-1)!$로도 생각할 수 있다.

② 중복순열

(1) 중복순열의 뜻

서로 다른 n개에서 중복을 허락하여 r개를 택해 일렬로 배열하는 것을 서로 다른 n개에서 r개를 택하는 중복순열이라 하고, 이 중복순열의 수를 기호로 $_n\Pi_r$과 같이 나타낸다.

참고 순열의 수 $_n\mathrm{P}_r$에서는 $n \geq r$이지만 중복순열의 수 $_n\Pi_r$에서는 중복을 허락하기 때문에 $n < r$일 수도 있다.

(2) 중복순열의 수

서로 다른 n개에서 r개를 택하는 중복순열의 수는 $_n\Pi_r=n^r$이다.

설명 서로 다른 n개에서 중복을 허락하여 r개를 택하여 일렬로 나열할 때, 각 자리에 올 수 있는 것은 n가지씩이므로 곱의 법칙에 의하여 $_n\Pi_r=\underbrace{n \times n \times n \times \cdots \times n}_{r개}=n^r$

참고 $_n\Pi_r$의 Π는 Product(곱)의 첫 글자인 P에 해당하는 그리스 문자로 '파이(pi)'로 읽는다.

③ 같은 것이 있는 순열

(1) 같은 것이 있는 순열의 뜻

같은 것이 포함되어 있는 n개를 일렬로 나열하는 순열을 같은 것이 있는 순열이라고 한다.

(2) 같은 것이 있는 순열의 수

n개 중에서 서로 같은 것이 각각 p개, q개, $\cdots$, r개씩 있을 때, 이들 모두를 일렬로 나열하는 순열의 수는

$$\frac{n!}{p! \times q! \times \cdots \times r!} \ (단, p+q+\cdots+r=n)$$

④ 중복조합

(1) **중복조합의 뜻**

서로 다른 n개에서 중복을 허락하여 r개를 택하는 조합을 서로 다른 n개에서 r개를 택하는 중복조합이라 하고, 이 중복조합의 수를 기호로 $_n\mathrm{H}_r$과 같이 나타낸다.

> **참고** $_n\mathrm{H}_r$의 H는 homogeneous의 첫 글자이다.

(2) **중복조합의 수**

서로 다른 n개에서 r개를 택하는 중복조합의 수는 $_n\mathrm{H}_r = {}_{n+r-1}\mathrm{C}_r$이다.

> **설명** 두 개의 문자 A, B에서 중복을 허락하여 3개를 택하는 중복조합은 AAA, AAB, ABB, BBB의 4가지이다. 이 4가지는 모두 그림과 같이 두 문자의 경계를 나타내는 $(2-1)$개의 '❙'와 문자를 놓을 수 있는 공간을 나타내는 3개의 '○'를 일렬로 나열하여 '❙' 앞의 '○'에는 A를, 뒤의 '○'에는 B를 놓는 것에 대응시킬 수 있다.('○'가 없으면 해당 문자를 놓지 않는다.) 따라서 이렇게 배열하는 경우의 수는 $\{(2-1)+3\}$개의 자리 중에서 '○'를 놓을 자리 3개를 택하는 조합의 수 $_{(2-1)+3}\mathrm{C}_3$과 같다. 즉, $_2\mathrm{H}_3 = {}_{(2-1)+3}\mathrm{C}_3 = {}_4\mathrm{C}_3 = 4$이다.

$$AAA \Leftrightarrow \bigcirc\bigcirc\bigcirc\,\vert$$
$$AAB \Leftrightarrow \bigcirc\bigcirc\,\vert\,\bigcirc$$
$$ABB \Leftrightarrow \bigcirc\,\vert\,\bigcirc\bigcirc$$
$$BBB \Leftrightarrow \vert\,\bigcirc\bigcirc\bigcirc$$
$$\Downarrow \qquad\qquad \Downarrow$$
$$_2\mathrm{H}_3 \;=\; {}_{(2-1)+3}\mathrm{C}_3 = {}_4\mathrm{C}_3$$

Note ▶

⑤ 이항정리

(1) **이항정리의 뜻**

자연수 n에 대하여 $(a+b)^n$을 전개하면 다음과 같다.

$$(a+b)^n = {}_n\mathrm{C}_0 a^n + {}_n\mathrm{C}_1 a^{n-1}b + {}_n\mathrm{C}_2 a^{n-2}b^2 + \cdots + {}_n\mathrm{C}_r a^{n-r}b^r + \cdots + {}_n\mathrm{C}_n b^n = \sum_{r=0}^{n} {}_n\mathrm{C}_r a^{n-r}b^r$$

이를 $(a+b)^n$에 대한 이항정리라고 한다. 이 전개식에서 각 항의 계수 $_n\mathrm{C}_0$, $_n\mathrm{C}_1$, $_n\mathrm{C}_2$, $\cdots$, $_n\mathrm{C}_r$, $\cdots$, $_n\mathrm{C}_n$을 이항계수라고 하며, $_n\mathrm{C}_r a^{n-r}b^r$을 $(a+b)^n$의 전개식의 일반항이라고 한다.

(2) **이항계수의 성질**

자연수 n에 대하여 다음이 성립한다.

① $_n\mathrm{C}_0 + {}_n\mathrm{C}_1 + {}_n\mathrm{C}_2 + \cdots + {}_n\mathrm{C}_n = 2^n$

② $_n\mathrm{C}_0 - {}_n\mathrm{C}_1 + {}_n\mathrm{C}_2 - {}_n\mathrm{C}_3 + \cdots + (-1)^n {}_n\mathrm{C}_n = 0$

③ $_n\mathrm{C}_0 + {}_n\mathrm{C}_2 + {}_n\mathrm{C}_4 + \cdots + {}_n\mathrm{C}_{n-1} = {}_n\mathrm{C}_1 + {}_n\mathrm{C}_3 + {}_n\mathrm{C}_5 + \cdots + {}_n\mathrm{C}_n = 2^{n-1}$ (단, n은 홀수)

　$_n\mathrm{C}_0 + {}_n\mathrm{C}_2 + {}_n\mathrm{C}_4 + \cdots + {}_n\mathrm{C}_n = {}_n\mathrm{C}_1 + {}_n\mathrm{C}_3 + {}_n\mathrm{C}_5 + \cdots + {}_n\mathrm{C}_{n-1} = 2^{n-1}$ (단, n은 짝수)

⑥ 파스칼의 삼각형

(1) **파스칼의 삼각형의 뜻**

$n = 0, 1, 2, 3, \cdots$일 때, $(a+b)^n$의 전개식에서 각 항의 이항계수 $_n\mathrm{C}_r$의 값을 그림과 같이 삼각형 모양으로 차례로 배열한 것을 파스칼의 삼각형이라고 한다.

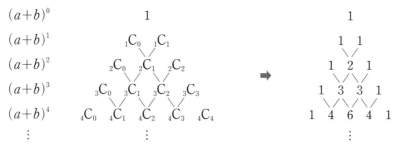

(2) **파스칼의 삼각형의 성질**

① $_{n-1}\mathrm{C}_{r-1} + {}_{n-1}\mathrm{C}_r = {}_n\mathrm{C}_r$ ($1 \le r < n$)이므로 파스칼의 삼각형의 각 단계에서 이웃하는 두 수의 합은 아래쪽 중앙에 있는 수와 같다.

② $_n\mathrm{C}_r = {}_n\mathrm{C}_{n-r}$이므로 각 단계의 배열은 좌우 대칭이다.

출제경향 | 사람이나 서로 다른 물건을 원형으로 배열하는 경우의 수 또는 일정한 간격을 두고 원형으로 배열된 영역에 색칠하는 경우의 수를 구하는 문제가 출제된다.

출제유형잡기 | 원순열의 뜻을 알고, 원형으로 배열할 때 회전하여 일치하는 것이 나타나는 경우의 수를 파악할 수 있도록 한다.

01
▶ 25054-0206

남학생 4명과 여학생 2명이 일정한 간격으로 원형의 탁자에 모두 둘러앉을 때, 여학생 2명이 이웃하게 되는 경우의 수는?

(단, 회전하여 일치하는 것은 같은 것으로 본다.)

① 40   ② 44   ③ 48
④ 52   ⑤ 56

02
▶ 25054-0207

1부터 6까지의 자연수가 하나씩 적혀 있는 6장의 카드를 일정한 간격을 두고 원형으로 모두 놓을 때, 서로 이웃한 2장의 카드에 적혀 있는 수의 곱이 홀수인 경우가 존재하도록 놓는 경우의 수는? (단, 회전하여 일치하는 것은 같은 것으로 본다.)

① 102   ② 104   ③ 106
④ 108   ⑤ 110

03
▶ 25054-0208

그림과 같이 한 변의 길이가 $\sqrt{3}$인 정육각형과 이 정육각형 내부에 정육각형과 세 꼭짓점을 공유하는 합동인 서로 다른 두 정삼각형을 포개어 만든 도형이 있다. 가운데 한 변의 길이가 1인 정육각형 1개와 이 정육각형과 한 변을 공유하는 6개의 정삼각형, 가운데 정육각형과 한 꼭짓점만을 공유하는 6개의 이등변삼각형으로 이루어진 이 도형의 13개 영역에 서로 다른 10가지 색을 모두 사용하여 다음 조건을 만족시키도록 한 영역에 한 가지 색만을 칠하는 경우의 수는 $a \times 8!$이다. 상수 a의 값을 구하시오.

(단, 회전하여 일치하는 것은 같은 것으로 본다.)

(가) 한 변의 길이가 1인 6개의 정삼각형에는 서로 다른 6가지의 색을 칠한다.
(나) 가운데 한 변의 길이가 1인 정육각형과 한 꼭짓점만을 공유하는 6개의 이등변삼각형에는 서로 다른 3가지의 색을 칠한다. 이때 가운데 한 변의 길이가 1인 정육각형과 공유하는 꼭짓점 사이의 거리가 2인 마주 보는 두 이등변삼각형에는 같은 색을 칠한다.

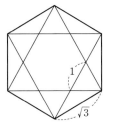

▶ 25054-0209
▶ 25054-0210
▶ 25054-0211
▶ 25054-0212

유형 2 중복순열

출제경향 | 서로 다른 n개에서 중복을 허락하여 r개를 택해 나열하는 중복순열의 수를 구하는 문제가 출제된다.

출제유형잡기 | 중복순열의 뜻을 이해하고, 나열하는 경우 중에서 순열, 중복순열, 같은 것이 있는 순열을 구별할 수 있어야 한다.

04

한 개의 주사위를 네 번 던져서 나오는 눈의 수가 모두 3의 배수인 경우의 수는?

① 8   ② 16   ③ 32
④ 64   ⑤ 128

05

숫자 1, 2, 3, 4, 5 중에서 중복을 허락하여 4개를 택해 일렬로 나열하여 만들 수 있는 네 자리의 자연수 중 홀수의 개수는?

① 370   ② 375   ③ 380
④ 385   ⑤ 390

06

두 집합 $X=\{1, 2, 3, 4, 5\}$, $Y=\{1, 2, 3, 4\}$에 대하여 다음 조건을 만족시키는 X에서 Y로의 함수 f의 개수는?

(가) 집합 X의 원소 x가 소수일 때, $f(x)$도 소수이다.
(나) 집합 X의 원소 x가 소수가 아닐 때, $f(x)$는 4의 약수이다.

① 60   ② 72   ③ 84
④ 96   ⑤ 108

07

다음 조건을 만족시키는 집합 $U=\{2, 3, 5, 7\}$의 세 부분집합 A, B, C의 모든 순서쌍 (A, B, C)의 개수를 구하시오.

(가) $n(A \cup B)=3$, $A \cap C=\varnothing$
(나) 집합 $B \cap C$는 적어도 한 개의 홀수를 원소로 갖는다.

유형 3 같은 것이 있는 순열

출제경향 | 같은 것이 있는 대상을 일렬로 나열하는 순열의 수를 구하는 문제가 출제된다.

출제유형잡기 | 같은 것이 있는 순열의 수를 이해하고 중복순열과 구분하여 경우의 수를 구할 수 있어야 한다. 특히 특정한 대상들의 순서가 이미 정해져 있는 경우 그 대상들을 같은 것으로 생각하여 경우의 수를 구한다.

08

▶ 25054-0213

5개의 숫자 1, 1, 1, 2, 2를 모두 일렬로 나열하는 경우의 수는?

① 10　　　　② 12　　　　③ 14

④ 16　　　　⑤ 18

09

▶ 25054-0214

놀이기구 A, B, C의 이용권이 각각 2장씩 있다. 이 6장의 이용권 중 5장을 택해 5명의 학생에게 1장씩 나누어 주는 경우의 수는? (단, 같은 놀이기구의 이용권은 서로 구별하지 않는다.)

① 45　　　　② 60　　　　③ 75

④ 90　　　　⑤ 105

10

▶ 25054-0215

8개의 문자 G, O, R, G, E, O, U, S를 모두 일렬로 나열할 때, E는 U보다는 앞에 나열하고, 양 끝에 모두 자음이 오도록 나열하는 경우의 수는?

① 600　　　　② 720　　　　③ 840

④ 960　　　　⑤ 1080

11

▶ 25054-0216

사과가 5개, 귤이 4개, 감이 3개 있다. 이 12개의 과일을 일렬로 나열하여 첫 번째부터 다섯 번째 과일을 첫째 날의 간식으로, 여섯 번째부터 아홉 번째 과일을 둘째 날의 간식으로, 열 번째부터 열두 번째 과일을 셋째 날의 간식으로 정하기로 하였다. 첫째 날부터 셋째 날까지의 간식에 모두 사과와 귤과 감이 적어도 하나씩 들어 있도록 나열하는 경우의 수는?

(단, 같은 종류의 과일은 서로 구별하지 않는다.)

① 1200　　　　② 2400　　　　③ 3600

④ 4800　　　　⑤ 6000

유형 4 같은 것이 있는 순열의 활용 — 최단거리

출제경향 | 같은 것이 있는 순열의 수를 이용하여 제시된 도로망에서 최단거리로 이동하는 경우의 수를 구하는 문제가 출제된다.

출제유형잡기 | 조건에 맞게 최단거리로 가는 경로를 직사각형으로 나타낸 후 가로로 이동하는 횟수와 세로로 이동하는 횟수를 파악하고 같은 것이 있는 순열의 수를 이용하여 경우의 수를 구한다. 필요한 경우 반드시 지나는 점을 파악하여 경우의 수를 구한다.

12

▶ 25054-0217

그림과 같이 직사각형 모양으로 연결된 도로망이 있다. 이 도로망을 따라 A지점에서 출발하여 P지점을 지나 B지점까지 최단거리로 가는 경우의 수는?

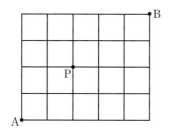

① 60 　　　　② 62 　　　　③ 64
④ 66 　　　　⑤ 68

13

▶ 25054-0218

그림과 같이 정사각형 모양으로 연결된 도로망을 따라 갑은 A지점에서 출발하여 B지점으로, 을은 B지점에서 출발하여 A지점으로 각각 최단거리로 이동한다. 갑과 을이 동시에 출발하여 서로 같은 속력으로 이동할 때, 두 사람이 만나는 경우의 수는?
(단, 만난 이후의 이동은 고려하지 않는다.)

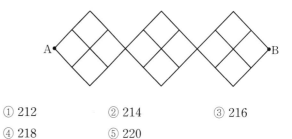

① 212 　　　　② 214 　　　　③ 216
④ 218 　　　　⑤ 220

14

▶ 25054-0219

그림과 같이 직사각형 모양으로 연결된 도로망이 있다. 이 도로망을 따라 A지점에서 출발하여 B지점까지 최단거리로 갈 때, 다음 조건을 만족시키는 경우의 수는?

색칠된 정사각형의 네 변 중 적어도 한 변을 반드시 지난다.

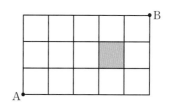

① 32 　　　　② 34 　　　　③ 36
④ 38 　　　　⑤ 40

유형 5 중복조합과 그 활용

유형 5 중복조합과 그 활용

출제경향 | 서로 다른 n개에서 중복을 허락하여 r개를 택하는 중복조합의 수를 구하는 문제가 출제된다. 또한 방정식을 만족시키는 정수해의 순서쌍의 개수를 구하거나 부등식을 만족시키는 정수해의 순서쌍의 개수를 구하는 문제가 출제된다.

출제유형잡기 | 중복조합의 뜻을 이해하고, 선택하는 대상과 중복하여 선택하는 횟수를 파악하여 중복조합의 수를 구하거나 주어진 문제를 방정식을 만족시키는 정수해의 순서쌍을 구하는 문제로 변형하여 중복조합의 수를 이용한다.

15

▶ 25054-0220

$_2\Pi_4 + _3H_2$의 값은?

① 21   ② 22   ③ 23

④ 24   ⑤ 25

16

▶ 25054-0221

같은 종류의 사탕 5개를 서로 다른 3개의 주머니에 남김없이 나누어 넣는 경우의 수는?

(단, 사탕을 넣지 않는 주머니가 있을 수 있다.)

① 21   ② 23   ③ 25

④ 27   ⑤ 29

17

▶ 25054-0222

빨간 공, 파란 공, 노란 공이 각각 6개씩 있다. 이 18개의 공 중에서 8개의 공을 선택하는 경우의 수는?

(단, 같은 색깔의 공끼리는 서로 구별하지 않는다.)

① 32   ② 34   ③ 36

④ 38   ⑤ 40

18

▶ 25054-0223

같은 종류의 도시락 7개, 같은 종류의 음료수 9개, 같은 종류의 초콜릿 4개를 서로 다른 4개의 상자에 남김없이 나누어 넣을 때, 다음 조건을 만족시키도록 나누어 넣는 경우의 수는?

(가) 각 상자에 도시락을 적어도 한 개는 넣는다.
(나) 각 상자에 넣는 음료수의 개수는 도시락의 개수보다 크거나 같다.
(다) 각 상자에 초콜릿은 2개 이하로 넣는다.

① 3500   ② 3600   ③ 3700

④ 3800   ⑤ 3900

19

▶ 25054-0224

방정식 $x+y+z+3w=5$를 만족시키는 음이 아닌 정수 x, y, z, w의 모든 순서쌍 (x, y, z, w)의 개수는?

① 21   ② 23   ③ 25

④ 27   ⑤ 29

20

▶ 25054-0225

$1 \leq x \leq y \leq z^2 \leq 10$을 만족시키는 홀수 x, y, z의 모든 순서쌍 (x, y, z)의 개수는? (단, z는 양수이다.)

① 16   ② 17   ③ 18

④ 19   ⑤ 20

21

▶ 25054-0226

다음 조건을 만족시키도록 4명의 학생에게 같은 종류의 빵을 나누어 주는 경우의 수는?

> (가) 각 학생들이 받는 빵의 개수는 1 이상 6 이하이다.
> (나) 각 학생들이 받는 빵의 개수의 합은 10 이하이다.

① 194   ② 198   ③ 202

④ 206   ⑤ 210

유형 6 이항정리

출제경향 | 이항정리를 이용한 다항식의 전개식에서 특정한 항의 계수를 구하거나 항의 계수 사이의 관계식을 만족시키는 값을 구하는 문제가 출제된다.

출제유형잡기 | n이 자연수일 때, $(a+b)^n$의 전개식의 일반항 $_n\mathrm{C}_r\,a^{n-r}b^r$에서 조건을 만족시키는 r의 값을 구한 후 구하고자 하는 항의 계수를 구한다.

22

▶ 25054-0227

다항식 $(2x+1)^5$의 전개식에서 x^2의 계수는?

① 10   ② 20   ③ 30

④ 40   ⑤ 50

23

▶ 25054-0228

$\left(3x-\dfrac{a}{x}\right)^5$의 전개식에서 x^3의 계수와 x의 계수의 합이 0이 되도록 하는 양수 a의 값은?

① $\dfrac{1}{2}$ ② 1   ③ $\dfrac{3}{2}$

④ 2   ⑤ $\dfrac{5}{2}$

24

▶ 25054-0229

$\left(3x^2-\dfrac{1}{x}\right)\left(x+\dfrac{2}{x^2}\right)^6$의 전개식에서 x^2의 계수를 구하시오.

25

▶ 25054-0230

x에 대한 다항식

$$(1+ax)+(1+ax)^2+(1+ax)^3+\cdots+(1+ax)^9$$

의 전개식에서 x^6의 계수가 480일 때, x^3의 계수를 구하시오.

(단, $a>0$)

유형 **7** 이항정리의 활용

출제경향 | 다항식 $(1+x)^n$의 전개식에서 얻어지는 이항계수의 성질을 이용하는 문제가 출제된다.

출제유형잡기 | 다항식 $(1+x)^n$의 전개식으로부터 유도되는 다음 등식을 활용한다.

(1) $_nC_0 + _nC_1 + _nC_2 + \cdots + _nC_n = 2^n$

(2) $_nC_0 - _nC_1 + _nC_2 - _nC_3 + \cdots + (-1)^n {_nC_n} = 0$

(3) $_nC_0 + _nC_2 + \cdots + _nC_{n-1} = _nC_1 + _nC_3 + \cdots + _nC_n = 2^{n-1}$

(단, n은 홀수)

$_nC_0 + _nC_2 + \cdots + _nC_n = _nC_1 + _nC_3 + \cdots + _nC_{n-1} = 2^{n-1}$

(단, n은 짝수)

26
▶ 25054-0231

$_8C_1 + _8C_2 + _8C_3 + _8C_4 + _8C_5 + _8C_6 + _8C_7 + _8C_8$의 값은?

① 251　　　　② 253　　　　③ 255

④ 257　　　　⑤ 259

27
▶ 25054-0232

등식 $_7C_1 + _7C_3 + _7C_5 + _7C_7 = {_m\Pi_3}$을 만족시키는 자연수 m의 값은?

① 3　　　　② 4　　　　③ 5

④ 6　　　　⑤ 7

28
▶ 25054-0233

수열 $\{a_n\}$의 일반항이

$$a_n = {_{2n+1}C_0} + {_{2n+1}C_1} + {_{2n+1}C_2} + \cdots + {_{2n+1}C_n}$$

일 때, $\log_2 a_9$의 값은?

① 9　　　　② 12　　　　③ 15

④ 18　　　　⑤ 21

29
▶ 25054-0234

집합 $U = \{x | x$는 10 이하의 자연수$\}$의 세 부분집합 $A = \{2, 4, 6, 8\}$, $B = \{3, 6, 9\}$, C에 대하여 다음 조건을 만족시키는 집합 C의 개수를 구하시오.

(가) 집합 C의 원소의 개수는 짝수이다.

(나) $A \cap C \neq \varnothing$, $B \cap C \neq \varnothing$

08 확률

① 시행과 사건

(1) **시행** : 동일한 조건에서 여러 번 반복할 수 있고, 그 결과가 우연에 의하여 결정되는 실험이나 관찰

(2) **표본공간** : 어떤 시행에서 일어날 수 있는 모든 결과들의 집합

　　참고 표본공간(sample space)은 보통 S로 나타내고, 공집합이 아닌 경우만 다룬다.

(3) **사건** : 표본공간의 부분집합

(4) **근원사건** : 한 개의 원소로 이루어진 사건

② 여러 가지 사건

표본공간이 S인 두 사건 A, B에 대하여

(1) 사건 A 또는 사건 B가 일어나는 사건을 $A \cup B$로 나타낸다.

(2) 사건 A와 사건 B가 동시에 일어나는 사건을 $A \cap B$로 나타낸다.

(3) **배반사건** : 두 사건 A와 B가 동시에 일어나지 않을 때, 즉 $A \cap B = \varnothing$일 때, 두 사건 A와 B는 서로 배반사건이라고 한다.

(4) **여사건** : 사건 A에 대하여 사건 A가 일어나지 않는 사건을 A의 여사건이라 하고, 기호로 A^C과 같이 나타낸다.

　　참고 $A \cap A^C = \varnothing$이므로 두 사건 A와 A^C은 서로 배반사건이다.

③ 확률

(1) **확률** : 어떤 시행에서 사건 A가 일어날 가능성을 수로 나타낸 것을 사건 A가 일어날 확률이라 하고, 기호로 $\mathrm{P}(A)$와 같이 나타낸다.

(2) **수학적 확률** : 어떤 시행의 표본공간 S가 유한개의 근원사건으로 이루어져 있고 각각의 근원사건이 일어날 가능성이 모두 같을 때, $\mathrm{P}(A) = \dfrac{n(A)}{n(S)}$로 정의하는 확률을 사건 A가 일어날 수학적 확률이라고 한다.

(3) **통계적 확률** : 같은 조건에서 동일한 시행을 n회 반복하였을 때, 사건 A가 일어난 횟수를 r_n이라 하자. n이 한없이 커짐에 따라 상대도수 $\dfrac{r_n}{n}$이 일정한 값 p에 가까워질 때, 이 값 p를 사건 A가 일어날 통계적 확률이라고 한다.

　　참고 실제로 통계적 확률을 구할 때 n의 값을 한없이 크게 할 수 없으므로 n이 충분히 클 때의 상대도수 $\dfrac{r_n}{n}$을 통계적 확률로 생각한다. 또한 n을 충분히 크게 하면 상대도수 $\dfrac{r_n}{n}$은 사건 A가 일어날 수학적 확률에 가까워진다는 것이 알려져 있다.

④ 확률의 기본 성질

(1) 임의의 사건 A에 대하여 $0 \le \mathrm{P}(A) \le 1$이다.

(2) 표본공간 S에 대하여 $\mathrm{P}(S) = 1$이다.

(3) 절대로 일어날 수 없는 사건 $\varnothing$에 대하여 $\mathrm{P}(\varnothing) = 0$이다.

⑤ 확률의 덧셈정리

(1) 표본공간이 S인 두 사건 A, B에 대하여
$$\mathrm{P}(A \cup B) = \mathrm{P}(A) + \mathrm{P}(B) - \mathrm{P}(A \cap B)$$

(2) 두 사건 A와 B가 서로 배반사건이면 $\mathrm{P}(A \cap B) = 0$이므로
$$\mathrm{P}(A \cup B) = \mathrm{P}(A) + \mathrm{P}(B)$$

⑥ 여사건의 확률

사건 A와 그 여사건 A^C에 대하여

$$\mathrm{P}(A^C)=1-\mathrm{P}(A)$$

참고 두 사건 A, B와 그 각각의 여사건 A^C, B^C에 대하여

① $\mathrm{P}(A^C \cap B^C)=1-\mathrm{P}(A \cup B)$ ② $\mathrm{P}(A^C \cup B^C)=1-\mathrm{P}(A \cap B)$

⑦ 조건부확률

표본공간이 S인 두 사건 A, B에 대하여 확률이 0이 아닌 사건 A가 일어났다고 가정할 때 사건 B가 일어날 확률을 사건 A가 일어났을 때의 사건 B의 조건부확률이라 하고, 기호로 $\mathrm{P}(B|A)$와 같이 나타내며 다음과 같이 정의한다.

$$\mathrm{P}(B|A)=\frac{\mathrm{P}(A \cap B)}{\mathrm{P}(A)} \ (단, \mathrm{P}(A)>0)$$

참고 표본공간 S의 모든 근원사건이 일어날 가능성이 모두 같을 때, $\mathrm{P}(B|A)=\dfrac{n(A \cap B)}{n(A)}$

⑧ 확률의 곱셈정리

두 사건 A, B에 대하여 $\mathrm{P}(A)>0$, $\mathrm{P}(B)>0$일 때, 두 사건 A, B가 동시에 일어날 확률은

$$\mathrm{P}(A \cap B)=\mathrm{P}(A)\mathrm{P}(B|A)=\mathrm{P}(B)\mathrm{P}(A|B)$$

참고 $\mathrm{P}(A)=\mathrm{P}(A \cap B)+\mathrm{P}(A \cap B^C)$이므로 확률의 곱셈정리를 이용하여 다음과 같이 나타낼 수 있다.

$$\mathrm{P}(A)=\mathrm{P}(A \cap B)+\mathrm{P}(A \cap B^C)=\mathrm{P}(B)\mathrm{P}(A|B)+\mathrm{P}(B^C)\mathrm{P}(A|B^C) \ (단, 0<\mathrm{P}(B)<1)$$

⑨ 사건의 독립과 종속

(1) 두 사건 A, B에 대하여 $\mathrm{P}(A)>0$, $\mathrm{P}(B)>0$이고 사건 A가 일어났을 때의 사건 B의 조건부확률이 사건 B가 일어날 확률과 같을 때, 즉

$$\mathrm{P}(B|A)=\mathrm{P}(B)$$

일 때, 두 사건 A와 B는 서로 독립이라고 한다.

참고 ① 두 사건 A와 B가 서로 독립이면 사건 A가 일어나는 것이 사건 B가 일어날 확률에 영향을 주지 않는다.

② $0<\mathrm{P}(A)<1$, $0<\mathrm{P}(B)<1$인 두 사건 A와 B가 서로 독립이면 다음 두 사건도 서로 독립이다.

(i) 두 사건 A^C과 B (ii) 두 사건 A와 B^C (iii) 두 사건 A^C과 B^C

(2) 두 사건 A와 B가 서로 독립이 아닐 때, 두 사건 A와 B는 서로 종속이라고 한다.

(3) 두 사건 A와 B가 서로 독립이기 위한 필요충분조건은

$$\mathrm{P}(A \cap B)=\mathrm{P}(A)\mathrm{P}(B) \ (단, \mathrm{P}(A)>0, \mathrm{P}(B)>0)$$

⑩ 독립시행의 확률

(1) 독립시행 : 동전이나 주사위를 여러 번 던지는 경우와 같이 동일한 시행을 반복할 때 각 시행에서 일어나는 사건이 서로 독립인 경우, 이러한 시행을 독립시행이라고 한다.

(2) 독립시행의 확률 : 한 번의 시행에서 사건 A가 일어날 확률이 p일 때, 이 시행을 n번 반복하는 독립시행에서 사건 A가 r번 일어날 확률은

$$_n\mathrm{C}_r\, p^r(1-p)^{n-r} \ (단, r=0, 1, 2, \cdots, n)$$

유형 1 **수학적 확률**

유형 1 **수학적 확률**

출제경향 | 어떤 시행에서 사건이 일어날 수학적 확률을 구하는 문제가 출제된다.

출제유형잡기 | 표본공간 S의 각각의 근원사건이 일어날 가능성이 모두 같을 때, 표본공간 S의 원소의 개수와 사건 A의 원소의 개수를 모두 구한 후 $\mathrm{P}(A)=\dfrac{n(A)}{n(S)}$임을 이용하여 사건 A가 일어날 수학적 확률을 구한다.

01
▶ 25054-0235

20 이하의 짝수인 자연수 중에서 임의로 하나를 선택할 때, 선택한 수가 20의 약수일 확률은?

① $\dfrac{1}{5}$　　② $\dfrac{3}{10}$　　③ $\dfrac{2}{5}$

④ $\dfrac{1}{2}$　　⑤ $\dfrac{3}{5}$

02
▶ 25054-0236

한 개의 주사위를 두 번 던져서 나오는 눈의 수의 곱이 4의 배수이지만 8의 배수는 아닐 확률은?

① $\dfrac{2}{9}$　　② $\dfrac{5}{18}$　　③ $\dfrac{1}{3}$

④ $\dfrac{7}{18}$　　⑤ $\dfrac{4}{9}$

03
▶ 25054-0237

1부터 10까지의 자연수가 하나씩 적혀 있는 10개의 공이 들어 있는 주머니가 있다. 이 주머니에서 임의로 두 개의 공을 동시에 꺼낼 때, 꺼낸 두 개의 공에 적혀 있는 수 중 작은 수를 a, 큰 수를 b라 하자. a보다 크고 b보다 작은 3의 배수의 개수가 2일 확률은?

① $\dfrac{2}{15}$　　② $\dfrac{7}{45}$　　③ $\dfrac{8}{45}$

④ $\dfrac{1}{5}$　　⑤ $\dfrac{2}{9}$

04
▶ 25054-0238

주머니 A에는 숫자 1, 2가 하나씩 적혀 있는 흰 공 2개와 숫자 1, 2가 하나씩 적혀 있는 검은 공 2개가 들어 있고, 주머니 B에는 숫자 2, 3이 하나씩 적혀 있는 흰 공 2개와 숫자 2, 3이 하나씩 적혀 있는 검은 공 2개가 들어 있고, 주머니 C에는 숫자 1, 3, 5가 하나씩 적혀 있는 흰 공 3개와 숫자 2, 4가 하나씩 적혀 있는 검은 공 2개가 들어 있다. 세 주머니 A, B, C에서 임의로 각각 1개의 공을 꺼낼 때, 꺼낸 3개의 공이 다음 조건을 만족시킬 확률은?

(가) 꺼낸 3개의 공에 적혀 있는 세 수의 합이 홀수이다.
(나) 꺼낸 3개의 공은 모두 흰 공도 아니고 모두 검은 공도 아니다.

① $\dfrac{7}{20}$　　② $\dfrac{3}{8}$　　③ $\dfrac{2}{5}$

④ $\dfrac{17}{40}$　　⑤ $\dfrac{9}{20}$

A　　　　B　　　　C

유형 2 순열과 조합의 수를 이용한 확률

출제경향 | 순열의 수와 조합의 수를 이용하여 경우의 수를 구한 후 확률을 구하는 문제가 출제된다.

출제유형잡기 | 순열, 원순열, 같은 것이 있는 순열, 중복순열 등 다양한 순열의 수와 조합, 중복조합 등 다양한 조합의 수를 이용하여 시행에서 일어날 수 있는 모든 경우의 수와 사건이 일어나는 경우의 수를 구한 후 확률을 구한다.

05

▶ 25054-0239

흰 공 4개, 검은 공 2개가 들어 있는 주머니가 있다. 이 주머니에서 임의로 2개의 공을 동시에 꺼낼 때, 흰 공 2개가 나올 확률은?

① $\dfrac{1}{5}$
② $\dfrac{4}{15}$
③ $\dfrac{1}{3}$
④ $\dfrac{2}{5}$
⑤ $\dfrac{7}{15}$

06

▶ 25054-0240

집합 $X=\{a,\ b,\ c,\ d\}$의 공집합이 아닌 모든 부분집합 15개 중에서 임의로 서로 다른 두 부분집합을 선택하여 나열한 것을 차례로 A, B라 할 때, $n(A)=n(B)$이고 두 집합 A와 B가 서로소일 확률은?

① $\dfrac{3}{35}$
② $\dfrac{1}{10}$
③ $\dfrac{4}{35}$
④ $\dfrac{9}{70}$
⑤ $\dfrac{1}{7}$

07

▶ 25054-0241

1부터 5까지의 자연수가 하나씩 적혀 있는 5개의 공과 1부터 5까지의 자연수가 하나씩 적혀 있는 5개의 상자가 있다. 한 상자에 하나의 공이 들어가도록 5개의 공을 모두 임의로 넣을 때, 상자에 적혀 있는 수와 상자에 들어 있는 공에 적혀 있는 수의 합이 홀수인 상자의 개수가 2일 확률은?

① $\dfrac{3}{5}$
② $\dfrac{5}{8}$
③ $\dfrac{13}{20}$
④ $\dfrac{27}{40}$
⑤ $\dfrac{7}{10}$

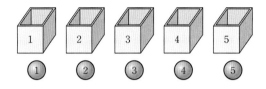

08

▶ 25054-0242

딸기 맛 사탕 2개, 포도 맛 사탕 2개, 레몬 맛 사탕 3개가 들어 있는 상자가 있다. 이 상자에서 임의로 사탕을 하나씩 모두 꺼낼 때, 딸기 맛 사탕을 모두 꺼내기 전에는 포도 맛 사탕을 하나도 꺼내지 않을 확률은? (단, 꺼낸 사탕은 다시 넣지 않는다.)

① $\dfrac{2}{21}$
② $\dfrac{5}{42}$
③ $\dfrac{1}{7}$
④ $\dfrac{1}{6}$
⑤ $\dfrac{4}{21}$

09

▶ 25054-0243

집합 $X=\{1, 2, 3, 4\}$에 대하여 X에서 X로의 모든 함수 f 중에서 임의로 하나를 선택할 때, 이 함수가 다음 조건을 만족시킬 확률은?

> (가) 집합 X의 임의의 서로 다른 두 원소 x_1, x_2에 대하여
> $f(x_1) \times f(x_2)$의 값은 짝수이다.
> (나) 함수 f의 치역의 원소의 개수는 3이다.

① $\dfrac{3}{32}$
② $\dfrac{1}{8}$
③ $\dfrac{5}{32}$
④ $\dfrac{3}{16}$
⑤ $\dfrac{7}{32}$

10

▶ 25054-0244

2부터 9까지의 자연수가 하나씩 적혀 있는 8장의 카드가 들어 있는 상자가 있다. 이 상자에서 임의로 4장의 카드를 동시에 꺼내어 꺼낸 모든 카드를 임의로 일렬로 나열할 때, 서로 이웃한 2장의 카드에 적혀 있는 수의 곱이 모두 6의 배수일 확률은?

① $\dfrac{1}{14}$
② $\dfrac{3}{28}$
③ $\dfrac{1}{7}$
④ $\dfrac{5}{28}$
⑤ $\dfrac{3}{14}$

유형 3 확률의 덧셈정리

출제경향 | 확률의 덧셈정리를 이용하여 확률을 구하는 문제가 출제된다.

출제유형잡기 | 주어진 사건의 확률 또는 경우의 수를 한 번에 구하기 어려운 경우, 사건이 일어날 경우를 몇 가지로 나누고 확률의 덧셈정리를 이용하여 확률을 구한다.

11

▶ 25054-0245

두 사건 A, B에 대하여
$$P(A)=2P(B)=\frac{1}{3}, \ P(A \cap B)=\frac{1}{12}$$
일 때, $P(A \cup B)$의 값은?

① $\dfrac{1}{3}$
② $\dfrac{5}{12}$
③ $\dfrac{1}{2}$
④ $\dfrac{7}{12}$
⑤ $\dfrac{2}{3}$

12

▶ 25054-0246

1학년 학생 2명, 2학년 학생 2명, 3학년 학생 2명이 있다. 이 6명의 학생이 원 모양의 탁자에 일정한 간격을 두고 임의로 모두 둘러앉을 때, 1학년 학생끼리 서로 이웃하거나 2학년 학생끼리 서로 이웃하게 될 확률은?

① $\dfrac{3}{10}$
② $\dfrac{2}{5}$
③ $\dfrac{1}{2}$
④ $\dfrac{3}{5}$
⑤ $\dfrac{7}{10}$

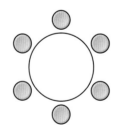

13

▶ 25054-0247

1부터 20까지의 자연수가 하나씩 적혀 있는 구슬 20개가 들어 있는 주머니가 있다. 이 주머니에서 임의로 두 개의 구슬을 동시에 꺼낼 때, 꺼낸 두 개의 구슬에 적혀 있는 두 수가 모두 12의 약수이거나 모두 16의 약수일 확률은?

① $\dfrac{11}{95}$ ② $\dfrac{13}{95}$ ③ $\dfrac{3}{19}$

④ $\dfrac{17}{95}$ ⑤ $\dfrac{1}{5}$

14

▶ 25054-0248

한 개의 주사위를 세 번 던질 때 나오는 눈의 수를 차례로 a, b, c라 하자. 세 수 a, b, c가 $a \leq b \leq c$ 또는 $a+b+c=8$을 만족시킬 확률은?

① $\dfrac{1}{3}$ ② $\dfrac{25}{72}$ ③ $\dfrac{13}{36}$

④ $\dfrac{3}{8}$ ⑤ $\dfrac{7}{18}$

15

▶ 25054-0249

두 집합 $X=\{1,2,3,4,5,6\}$, $Y=\{3,4,5,7,8,9\}$에 대하여 X에서 Y로의 모든 일대일대응 f 중에서 임의로 하나를 선택할 때, 이 함수가 다음 조건을 만족시킬 확률은?

> $f(1) \times f(2) \times f(3)$은 10의 배수가 아니고,
> $f(1) \times f(2) \times f(3) \times f(4)$는 10의 배수이다.

① $\dfrac{1}{6}$ ② $\dfrac{7}{36}$ ③ $\dfrac{2}{9}$

④ $\dfrac{1}{4}$ ⑤ $\dfrac{5}{18}$

유형 4 여사건의 확률

출제경향 | 여사건을 이용하여 확률을 구하는 문제가 출제된다.

출제유형잡기 | 사건 A의 확률보다 그 여사건 A^c의 확률을 구하는 것이 더 쉬울 때, $P(A)=1-P(A^c)$임을 이용하여 문제를 해결한다.

16
▶ 25054-0250

한 개의 주사위를 두 번 던질 때, 3의 배수인 눈이 적어도 한 번 나올 확률은?

① $\dfrac{1}{2}$
② $\dfrac{5}{9}$
③ $\dfrac{11}{18}$
④ $\dfrac{2}{3}$
⑤ $\dfrac{13}{18}$

17
▶ 25054-0251

두 사건 A와 B는 서로 배반사건이고

$$P(A \cap B^c)=\dfrac{1}{6}, \ P(A^c)+P(B)=\dfrac{4}{3}$$

일 때, $P(A \cup B)$의 값은?

① $\dfrac{5}{12}$
② $\dfrac{1}{2}$
③ $\dfrac{7}{12}$
④ $\dfrac{2}{3}$
⑤ $\dfrac{3}{4}$

18
▶ 25054-0252

문자 A, A, A, B, B, C, D가 하나씩 적혀 있는 7장의 카드를 모두 임의로 일렬로 나열할 때, 맨 앞에 나열되는 카드에 적혀 있는 문자와 맨 뒤에 나열되는 카드에 적혀 있는 문자가 서로 다를 확률은?

① $\dfrac{2}{3}$
② $\dfrac{5}{7}$
③ $\dfrac{16}{21}$
④ $\dfrac{17}{21}$
⑤ $\dfrac{6}{7}$

19
▶ 25054-0253

두 집합 $X=\{1, 2, 3\}$, $Y=\{1, 2, 3, 4, 5\}$에 대하여 X에서 Y로의 모든 일대일함수 f 중에서 임의로 하나를 선택할 때, $f(1)<f(2)+f(3)$일 확률은?

① $\dfrac{7}{10}$
② $\dfrac{11}{15}$
③ $\dfrac{23}{30}$
④ $\dfrac{4}{5}$
⑤ $\dfrac{5}{6}$

유형 5 조건부확률

출제경향 | 조건부확률의 정의를 이용하여 확률의 값을 구하는 계산 문제나 다양한 상황에서 조건부확률을 구하는 문제가 출제된다.

출제유형잡기 | 조건부확률의 정의를 이해하고, 확률의 덧셈정리와 여사건의 확률 등을 이용하여 문제를 해결한다. 특히 '사건 A가 일어났을 때, 사건 B가 일어날 확률'을 구하는 문제는 $P(A)$와 $P(A \cap B)$를 각각 구한 다음

$$P(B|A) = \frac{P(A \cap B)}{P(A)}$$

임을 이용하여 해결한다. 또 상황이 표로 제시된 경우 사건 A와 사건 $A \cap B$의 원소의 개수를 이용하여

$$P(B|A) = \frac{n(A \cap B)}{n(A)}$$

와 같이 간단하게 구할 수 있다.

20

▶ 25054-0254

어느 학급 학생 30명을 대상으로 과목 A와 과목 B에 대한 선호도를 조사하였다. 이 조사에 참여한 학생은 과목 A와 과목 B 중하나를 선택하였고, 각 학생이 선택한 과목별 인원수는 다음과 같다.

(단위: 명)

구분	과목 A	과목 B	합계
여학생	6	12	18
남학생	8	4	12
합계	14	16	30

이 조사에 참여한 학생 중에서 임의로 선택한 1명이 과목 B를 선택한 학생일 때, 이 학생이 여학생일 확률은?

① $\frac{1}{2}$ ② $\frac{7}{12}$ ③ $\frac{2}{3}$

④ $\frac{3}{4}$ ⑤ $\frac{5}{6}$

21

▶ 25054-0255

한 개의 주사위를 던져서 나온 눈의 수를 4로 나누었을 때의 나머지를 a라 하고, 한 개의 동전을 4번 던질 때 앞면이 나온 횟수를 b라 하자. $a+b=5$일 때, $a=b+1$일 확률은?

① $\frac{1}{4}$ ② $\frac{5}{16}$ ③ $\frac{3}{8}$

④ $\frac{7}{16}$ ⑤ $\frac{1}{2}$

22

▶ 25054-0256

숫자 1, 2, 3, 4가 하나씩 적힌 흰 공 4개와 숫자 1, 2, 3, 4, 5가 하나씩 적힌 검은 공 5개가 들어 있는 주머니에서 임의로 3개의 공을 동시에 꺼내는 시행을 한다. 이 시행에서 꺼낸 3개의 공에 적힌 숫자의 합이 짝수일 때, 꺼낸 3개의 공 중에서 적어도한 개가 흰 공일 확률은?

① $\frac{8}{11}$ ② $\frac{17}{22}$ ③ $\frac{9}{11}$

④ $\frac{19}{22}$ ⑤ $\frac{10}{11}$

유형 6 확률의 곱셈정리

출제경향 | 확률의 곱셈정리를 이용하여 확률을 구하는 문제가 출제된다.

출제유형잡기 | 두 사건 A, B에 대하여
$$P(A \cap B) = P(A)P(B|A)$$
$$= P(B)P(A|B) \ (단, P(A) > 0, P(B) > 0)$$

23

▶ 25054-0257

흰 공 4개, 검은 공 5개가 들어 있는 주머니에서 임의로 1개씩 공을 차례로 꺼낼 때, 두 번째 꺼낸 공이 흰 공일 확률은?

(단, 꺼낸 공은 주머니에 다시 넣지 않는다.)

① $\dfrac{1}{3}$ ② $\dfrac{7}{18}$ ③ $\dfrac{4}{9}$

④ $\dfrac{1}{2}$ ⑤ $\dfrac{5}{9}$

24

▶ 25054-0258

1부터 7까지의 자연수가 하나씩 적혀 있는 7장의 카드가 들어 있는 상자와 2개의 주사위가 있다. 2개의 주사위를 동시에 던져서 나온 눈의 수가 서로 같으면 상자에서 임의로 3장의 카드를 동시에 꺼내고, 나온 눈의 수가 서로 같지 않으면 상자에서 임의로 4장의 카드를 동시에 꺼낼 때, 7이 적혀 있는 카드를 꺼낼 확률은?

① $\dfrac{1}{2}$ ② $\dfrac{11}{21}$ ③ $\dfrac{23}{42}$

④ $\dfrac{4}{7}$ ⑤ $\dfrac{25}{42}$

25

▶ 25054-0259

문자 A가 적혀 있는 공 6개, 문자 B가 적혀 있는 공 3개, 문자 C가 적혀 있는 공 1개가 들어 있는 상자에서 공을 임의로 1개씩 3번 꺼낼 때, 다음 조건을 만족시킬 확률은?

(단, 각각의 공에는 한 개의 문자만 적혀 있고, 꺼낸 공은 상자에 다시 넣지 않는다.)

> 첫 번째 꺼낸 공에 적혀 있는 문자와 두 번째 꺼낸 공에 적혀 있는 문자가 서로 같고, 두 번째 꺼낸 공에 적혀 있는 문자와 세 번째 꺼낸 공에 적혀 있는 문자는 서로 다르다.

① $\dfrac{7}{40}$ ② $\dfrac{1}{5}$ ③ $\dfrac{9}{40}$

④ $\dfrac{1}{4}$ ⑤ $\dfrac{11}{40}$

26

▶ 25054-0260

주머니 A에는 숫자 1, 2, 3, 4가 하나씩 적혀 있는 4개의 공이 들어 있고, 주머니 B에는 숫자 1, 3, 5, 7이 하나씩 적혀 있는 4개의 공이 들어 있다. 두 주머니에서 임의로 각각 1개의 공을 꺼내어 공에 적혀 있는 숫자를 확인한 후 다시 넣지 않는 시행을 2번 할 때, 첫 번째 꺼낸 두 공에 적혀 있는 숫자는 서로 다르고 두 번째 꺼낸 두 공에 적혀 있는 숫자는 서로 같을 확률은?

① $\dfrac{1}{9}$ ② $\dfrac{5}{36}$ ③ $\dfrac{1}{6}$

④ $\dfrac{7}{36}$ ⑤ $\dfrac{2}{9}$

A   B

유형 7 서로 독립인 두 사건의 확률

출제경향 | 두 사건이 서로 독립인지를 판단하는 문제, 두 사건이 서로 독립임을 이용하여 확률을 구하는 문제가 출제된다.

출제유형잡기 | 두 사건 A, B가 서로 독립일 때
$$P(A \cap B) = P(A)P(B) \ (단, P(A) > 0, P(B) > 0)$$

27

▶ 25054-0261

두 사건 A와 B는 서로 독립이고

$$P(A^c) = \frac{1}{4}, \ P(B) = \frac{1}{6}$$

일 때, $P(A \cap B)$의 값은?

① $\dfrac{1}{8}$　　　② $\dfrac{5}{48}$　　　③ $\dfrac{1}{12}$

④ $\dfrac{1}{16}$　　　⑤ $\dfrac{1}{24}$

28

▶ 25054-0262

여학생이 24명이고 남학생이 16명인 어느 동아리 학생을 대상으로 두 프로젝트 A, B에 대한 선호도를 조사하였다. 이 동아리 40명의 학생은 각각 프로젝트 A와 프로젝트 B 중에서 하나만 선택하였고, 프로젝트 A를 선택한 학생은 30명이었다. 이 동아리 학생 중에서 임의로 선택한 1명이 남학생인 사건과 프로젝트 A를 선택한 학생인 사건이 서로 독립일 때, 프로젝트 B를 선택한 여학생의 수는?

① 4　　　② 6　　　③ 8

④ 10　　　⑤ 12

29

▶ 25054-0263

두 사건 A와 B는 서로 독립이고

$$P(B \mid A) = 2P(A \mid B), \ P(A^c \cap B) = \frac{4}{9}$$

일 때, $P(A \cup B)$의 값은?

① $\dfrac{4}{9}$　　　② $\dfrac{5}{9}$　　　③ $\dfrac{2}{3}$

④ $\dfrac{7}{9}$　　　⑤ $\dfrac{8}{9}$

30

▶ 25054-0264

한 개의 주사위를 두 번 던질 때 나오는 눈의 수를 차례로 a, b라 하고, $a \times b$가 홀수인 사건을 A, 5 이하의 자연수 n에 대하여 a와 b가 모두 n 이하인 사건을 B라 하자. 두 사건 A와 B가 서로 독립이 되도록 하는 모든 자연수 n의 값의 합을 구하시오.

유형 8 독립시행의 확률

출제경향 | 독립시행의 확률을 구하는 문제가 출제된다.
출제유형잡기 | 한 번의 시행에서 사건 A가 일어날 확률이 p일 때, 이 시행을 n번 반복하는 독립시행에서 사건 A가 r번 일어날 확률은
$$_nC_r p^r (1-p)^{n-r} \quad (r=0, 1, 2, \cdots, n)$$

31
▶ 25054-0265

어느 공장에서 생산되는 배터리 1개의 수명이 10년 이상일 확률이 $\frac{5}{6}$이다. 이 공장에서 생산된 배터리 3개를 임의로 선택했을 때, 2개의 배터리만 수명이 10년 이상일 확률은?

① $\frac{5}{18}$　　　② $\frac{25}{72}$　　　③ $\frac{5}{12}$

④ $\frac{35}{72}$　　　⑤ $\frac{5}{9}$

32
▶ 25054-0266

학생 4명이 다음 규칙에 따라 활동지 A와 B 중 하나를 선택할 때, 활동지 A를 선택하는 학생의 수가 활동지 B를 선택하는 학생의 수보다 많을 확률은?

> 동전 2개를 동시에 던져서 앞면이 나오지 않으면 활동지 A를 선택하고, 앞면이 1개 이상 나오면 활동지 B를 선택한다.

① $\frac{13}{256}$　　　② $\frac{1}{16}$　　　③ $\frac{19}{256}$

④ $\frac{11}{128}$　　　⑤ $\frac{25}{256}$

33
▶ 25054-0267

A팀이 B팀, C팀과 시합하여 이길 확률이 각각 $\frac{3}{5}$, $\frac{2}{3}$이다. A팀이 B팀, C팀과 각각 2번씩 총 4번 시합하여 3승 1패할 확률은? (단, 비기는 경우는 없다.)

① $\frac{22}{75}$　　　② $\frac{8}{25}$　　　③ $\frac{26}{75}$

④ $\frac{28}{75}$　　　⑤ $\frac{2}{5}$

34
▶ 25054-0268

숫자 0, 0, 1이 하나씩 적혀 있는 3개의 공이 들어 있는 주머니가 있다. 이 주머니에서 한 개의 공을 임의로 꺼내어 공에 적혀 있는 수를 확인한 후 다시 넣는 시행을 5번 반복할 때, n $(1 \leq n \leq 5)$번째 꺼낸 공에 적혀 있는 수를 a_n이라 하자. $a_1 + a_2 > a_3 + a_4 + a_5$일 확률은?

① $\frac{52}{243}$　　　② $\frac{2}{9}$　　　③ $\frac{56}{243}$

④ $\frac{58}{243}$　　　⑤ $\frac{20}{81}$

09 통계

① 이산확률변수와 확률분포

Note

(1) 이산확률변수

표본공간이 S일 때 S의 각 원소에 단 하나의 실수를 대응시키는 함수를 확률변수라 하고, 기호로 X, Y, $\cdots$와 같이 나타낸다. 특히 확률변수 X가 가질 수 있는 값이 유한개이거나 자연수와 같이 셀 수 있을 때, 이 확률변수를 이산확률변수라 하고, X가 어떤 값 x를 가질 확률을 기호로 $\mathrm{P}(X=x)$와 같이 나타낸다.

(2) 이산확률변수의 확률분포

이산확률변수 X가 가질 수 있는 값이 x_1, x_2, $\cdots$, x_n이고, X가 이들 값을 가질 확률이 각각 p_1, p_2, $\cdots$, p_n일 때, 이 대응 관계를 이산확률변수 X의 확률분포라고 한다. 이때 이 대응 관계를 나타내는 다음 함수를 이산확률변수 X의 확률질량함수라고 한다.

$$\mathrm{P}(X=x_i)=p_i \ (i=1,\ 2,\ 3,\ \cdots,\ n)$$

참고 이산확률변수 X의 확률분포를 표로 나타내면 다음과 같다.

X	x_1	x_2	x_3	$\cdots$	x_n	합계
$\mathrm{P}(X=x_i)$	p_1	p_2	p_3	$\cdots$	p_n	1

참고 (1) $0 \le p_i \le 1$ (2) $\displaystyle\sum_{i=1}^{n} p_i = 1$

(3) 이산확률변수의 기댓값(평균), 분산, 표준편차

이산확률변수 X의 확률질량함수가 $\mathrm{P}(X=x_i)=p_i \ (i=1,\ 2,\ 3,\ \cdots,\ n)$일 때

① 기댓값(평균) : $\mathrm{E}(X)=m=x_1p_1+x_2p_2+x_3p_3+\cdots+x_np_n=\displaystyle\sum_{i=1}^{n} x_ip_i$

② 분산 : $\mathrm{V}(X)=\mathrm{E}((X-m)^2)=\mathrm{E}(X^2)-\{\mathrm{E}(X)\}^2$

③ 표준편차 : $\sigma(X)=\sqrt{\mathrm{V}(X)}$

참고 $\mathrm{E}((X-m)^2)=\displaystyle\sum_{i=1}^{n}(x_i-m)^2p_i$, $\mathrm{E}(X^2)=\displaystyle\sum_{i=1}^{n} x_i^2p_i$

② 평균, 분산, 표준편차의 성질

확률변수 X와 두 상수 a, $b \ (a \ne 0)$에 대하여

(1) $\mathrm{E}(aX+b)=a\mathrm{E}(X)+b$

(2) $\mathrm{V}(aX+b)=a^2\mathrm{V}(X)$

(3) $\sigma(aX+b)=|a|\sigma(X)$

③ 이항분포

(1) 이항분포의 뜻

한 번의 시행에서 사건 A가 일어날 확률이 p일 때, n번의 독립시행에서 사건 A가 일어나는 횟수를 확률변수 X라 하면 X의 확률질량함수는

$$\mathrm{P}(X=k)={}_n\mathrm{C}_k p^k q^{n-k} \ (k=0,\ 1,\ 2,\ \cdots,\ n\text{이고 } q=1-p)$$

이다. 이와 같은 확률변수 X의 확률분포를 이항분포라 하고, 기호로 $\mathrm{B}(n,\ p)$와 같이 나타낸다.

(2) 이항분포의 평균, 분산, 표준편차

확률변수 X가 이항분포 $\mathrm{B}(n,\ p)$를 따를 때

① $\mathrm{E}(X)=np$

② $\mathrm{V}(X)=npq$ (단, $q=1-p$)

③ $\sigma(X)=\sqrt{npq}$ (단, $q=1-p$)

④ 연속확률변수와 확률분포

(1) **연속확률변수** : 확률변수 X가 어떤 구간에 속하는 모든 실숫값을 가질 때, 확률변수 X를 연속확률변수라고 한다.

(2) **연속확률변수의 확률분포** : 연속확률변수 X가 $a \leq X \leq b$의 모든 실숫값을 가질 때, 다음 조건을 만족시키는 함수 $f(x)$를 연속확률변수 X의 확률밀도함수라고 한다.

① $f(x) \geq 0$

② 함수 $y=f(x)$의 그래프와 x축 및 두 직선 $x=a$, $x=b$로 둘러싸인 부분의 넓이는 1이다.

③ 확률 $P(\alpha \leq X \leq \beta)$는 함수 $y=f(x)$의 그래프와 x축 및 두 직선 $x=\alpha$, $x=\beta$로 둘러싸인 부분의 넓이와 같다. (단, $a \leq \alpha \leq \beta \leq b$)

⑤ 정규분포

(1) **정규분포** : 실수 전체의 집합에서 정의된 연속확률변수 X의 확률밀도함수 $f(x)$가 두 상수 m, σ ($\sigma > 0$)에 대하여

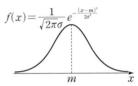
$$f(x)=\frac{1}{\sqrt{2\pi}\sigma}e^{-\frac{(x-m)^2}{2\sigma^2}}$$

$$f(x)=\frac{1}{\sqrt{2\pi}\sigma}e^{-\frac{(x-m)^2}{2\sigma^2}}\ (e\text{는 } 2.718\cdots\text{인 무리수})$$

일 때, 연속확률변수 X의 확률분포를 정규분포라고 한다. 이때 확률밀도 함수 $f(x)$의 그래프는 그림과 같고, 확률변수 X의 평균은 m, 표준편차는 σ임이 알려져 있다. 또한 평균이 m, 표준편차가 σ인 정규분포를 기호로 $N(m, \sigma^2)$과 같이 나타낸다.

(2) **정규분포 $N(m, \sigma^2)$을 따르는 확률변수의 확률밀도함수의 그래프의 성질**

① 직선 $x=m$에 대하여 대칭인 종 모양의 곡선이고, 점근선은 x축이다.

② 그래프와 x축 사이의 넓이는 1이다.

③ σ의 값이 일정할 때, m의 값이 달라지면 대칭축의 위치는 바뀌지만 그래프의 모양은 변하지 않는다.

④ m의 값이 일정할 때, σ의 값이 클수록 가운데 부분의 높이는 낮아지면서 옆으로 퍼진 모양이 된다.

(3) **표준정규분포** : 평균이 0, 표준편차가 1인 정규분포 $N(0, 1)$을 표준정규분포라고 한다.

(4) **정규분포와 표준정규분포의 관계** : 확률변수 X가 정규분포 $N(m, \sigma^2)$을 따를 때, 확률변수 $Z=\dfrac{X-m}{\sigma}$은 표준정규분포 $N(0, 1)$을 따른다. 이때 확률변수 X를 확률변수 Z로 바꾸는 것을 표준화한다고 하며 이를 이용하여 확률변수 X의 확률을 구한다.

(5) **이항분포와 정규분포의 관계** : 확률변수 X가 이항분포 $B(n, p)$를 따를 때, n이 충분히 크면 X는 근사적으로 정규분포 $N(np, npq)$를 따른다. (단, $q=1-p$)

⑥ 모평균의 추정

(1) **표본평균의 분포**

모평균이 m, 모표준편차가 σ인 모집단에서 크기가 n인 표본을 임의추출할 때, 표본평균을 $\overline{X}$라 하면

① $E(\overline{X})=m$, $V(\overline{X})=\dfrac{\sigma^2}{n}$, $\sigma(\overline{X})=\dfrac{\sigma}{\sqrt{n}}$

② 모집단이 정규분포 $N(m, \sigma^2)$을 따르면 표본평균 $\overline{X}$는 정규분포 $N\!\left(m, \dfrac{\sigma^2}{n}\right)$을 따른다.

(2) **모평균의 추정**

정규분포 $N(m, \sigma^2)$을 따르는 모집단에서 임의추출한 크기가 n인 표본의 표본평균 $\overline{X}$의 값이 $\overline{x}$일 때, 모평균 m에 대한 신뢰구간은 다음과 같다.

① 신뢰도 95 %의 신뢰구간 : $\overline{x}-1.96\dfrac{\sigma}{\sqrt{n}} \leq m \leq \overline{x}+1.96\dfrac{\sigma}{\sqrt{n}}$

② 신뢰도 99 %의 신뢰구간 : $\overline{x}-2.58\dfrac{\sigma}{\sqrt{n}} \leq m \leq \overline{x}+2.58\dfrac{\sigma}{\sqrt{n}}$

참고 모표준편차 σ를 모르는 경우 n이 충분히 클 때에는 σ 대신 표본표준편차 s를 사용할 수 있다는 것이 알려져 있다.

유형 1 이산확률변수의 확률분포

출제경향 | 이산확률변수의 뜻을 알고 확률을 구하거나 확률분포의 성질을 이해하여 해결하는 문제가 출제된다.

출제유형잡기 | 이산확률변수 X의 확률질량함수가
$P(X=x_i)=p_i\ (i=1, 2, 3, \cdots, n)$일 때
(1) $0 \le p_i \le 1$
(2) $p_1 + p_2 + p_3 + \cdots + p_n = 1$

01

▶ 25054-0269

이산확률변수 X가 갖는 값은 1, 2, 3이고 X의 확률질량함수가
$$P(X=x)=k\left(x-\frac{1}{2}\right) (x=1, 2, 3)$$
일 때, $P(X=3)$의 값은? (단, k는 상수이다.)

① $\frac{1}{3}$ ② $\frac{7}{18}$ ③ $\frac{4}{9}$

④ $\frac{1}{2}$ ⑤ $\frac{5}{9}$

02

▶ 25054-0270

이산확률변수 X의 확률분포를 표로 나타내면 다음과 같다.

X	1	2	3	4	합계
$P(X=x)$	a	$\frac{1}{6}$	a^2	b	1

$P(X \le 2) = P(X \ge 3)$일 때, $P(X=4)$의 값은?

① $\frac{1}{3}$ ② $\frac{13}{36}$ ③ $\frac{7}{18}$

④ $\frac{5}{12}$ ⑤ $\frac{4}{9}$

03

▶ 25054-0271

숫자 1, 2, 3, 4, 5가 하나씩 적혀 있는 공이 각각 2개씩 총 10개의 공이 들어 있는 주머니에서 임의로 2개의 공을 동시에 꺼내어 꺼낸 공에 적혀 있는 수 중 작지 않은 수를 확률변수 X라 하자. $P(X \ge 3)$의 값은?

① $\frac{31}{45}$ ② $\frac{11}{15}$ ③ $\frac{7}{9}$

④ $\frac{37}{45}$ ⑤ $\frac{13}{15}$

04

▶ 25054-0272

흰 공 5개와 검은 공 n개가 들어 있는 주머니가 있다. 이 주머니에서 임의로 3개의 공을 동시에 꺼낼 때, 꺼낸 검은 공의 개수를 확률변수 X라 하자. $P(X=1)=2 \times P(X=3)$일 때, 자연수 n의 값을 구하시오. (단, $n \ge 3$)

유형 2 이산확률변수의 기댓값(평균), 분산, 표준편차

출제경향 | 이산확률변수의 확률분포를 이용하여 평균, 분산, 표준편차를 구하는 문제가 출제된다.

출제유형잡기 | 이산확률변수 X의 확률질량함수가
$P(X=x_i)=p_i$ $(i=1, 2, 3, \cdots, n)$일 때

(1) 기댓값(평균) : $E(X)=m=\sum_{i=1}^{n} x_i p_i$

(2) 분산 : $V(X)=E((X-m)^2)=E(X^2)-\{E(X)\}^2$

(3) 표준편차 : $\sigma(X)=\sqrt{V(X)}$

05

▶ 25054-0273

이산확률변수 X의 평균이 4, 표준편차가 3일 때, $E(X^2)$의 값은?

① 10　　　　② 15　　　　③ 20

④ 25　　　　⑤ 30

06

▶ 25054-0274

이산확률변수 X의 확률분포를 표로 나타내면 다음과 같다.

X	1	2	4	합계
$P(X=x)$	a	b	c	1

세 수 a, b, c가 이 순서대로 등차수열을 이루고 $E(X)=\dfrac{8}{3}$일 때, $V(X)$의 값은?

① $\dfrac{4}{3}$　　　　② $\dfrac{14}{9}$　　　　③ $\dfrac{16}{9}$

④ 2　　　　⑤ $\dfrac{20}{9}$

07

▶ 25054-0275

이산확률변수 X가 갖는 값이 1, 2, 3이고
$P(X\leq2)=P(X\geq2)$, $V(X)=\dfrac{1}{3}$일 때, $P(X=1)$의 값은?

① $\dfrac{1}{24}$　　　　② $\dfrac{1}{12}$　　　　③ $\dfrac{1}{8}$

④ $\dfrac{1}{6}$　　　　⑤ $\dfrac{5}{24}$

08

▶ 25054-0276

상자 A에는 숫자 2가 적혀 있는 공이 3개, 숫자 3이 적혀 있는 공이 2개 들어 있고, 상자 B에는 숫자 1이 적혀 있는 공이 1개 들어 있다. 상자 A에서 공을 임의로 한 개씩 꺼내어 상자 B에 넣을 때, 상자 B에 들어 있는 모든 공에 적혀 있는 수의 곱이 처음으로 6의 배수가 될 때까지 상자 A에서 꺼낸 공의 개수를 확률변수 X라 하자. $V(X)$의 값은?

① $\dfrac{3}{10}$　　　　② $\dfrac{9}{20}$　　　　③ $\dfrac{3}{5}$

④ $\dfrac{3}{4}$　　　　⑤ $\dfrac{9}{10}$

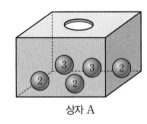
상자 A

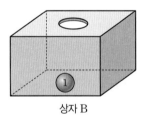
상자 B

09

▶ 25054-0277

한 개의 주사위를 세 번 던질 때 n번째에 나온 눈의 수를 a_n이라 하자. 다음 규칙에 따라 얻은 점수의 합을 확률변수 X라 할 때, $E(X)$의 값은?

> 자연수 k $(k=1, 2)$에 대하여 a_k+a_{k+1}이 3의 배수이면 1점을 얻고, 10의 배수이면 2점을 얻고, 3의 배수도 아니고 10의 배수도 아니면 0점을 얻는다.

① $\dfrac{17}{18}$ ② 1 ③ $\dfrac{19}{18}$

④ $\dfrac{10}{9}$ ⑤ $\dfrac{7}{6}$

유형 3 평균, 분산, 표준편차의 성질

출제경향 | 이산확률변수 $aX+b$의 평균, 분산, 표준편차를 구하는 문제가 출제된다.

출제유형잡기 | 이산확률변수 X와 두 상수 a, b $(a \neq 0)$에 대하여
(1) $E(aX+b)=aE(X)+b$
(2) $V(aX+b)=a^2V(X)$
(3) $\sigma(aX+b)=|a|\sigma(X)$

10

▶ 25054-0278

이산확률변수 X에 대하여 $V\left(\dfrac{1}{3}X\right)=4$일 때, $\sigma(3X)$의 값은?

① 12 ② 14 ③ 16

④ 18 ⑤ 20

11

▶ 25054-0279

이산확률변수 X에 대하여
$$E(2X+1)=9, \quad V(3X)=36$$
일 때, $E(X^2)$의 값은?

① 16 ② 17 ③ 18

④ 19 ⑤ 20

12

▶ 25054-0280

이산확률변수 X가 갖는 값은 0, 1, 2, 3이고 X의 확률질량함수가

$$P(X=x)=\begin{cases} a & (x=0) \\ 2^{-x} & (x=1, 2, 3) \end{cases}$$

일 때, $V\left(\dfrac{1}{a}X\right)$의 값을 구하시오. (단, a는 상수이다.)

13

▶ 25054-0281

숫자 1, 1, 1, 2, 2, 4가 하나씩 적혀 있는 6장의 카드가 있다. 이 6장의 카드를 모두 한 번씩 사용하여 일렬로 임의로 나열할 때, 양 끝에 놓인 카드에 적혀 있는 두 수의 곱을 확률변수 X라 하자. 확률변수 X가 가질 수 있는 모든 값의 합을 a라 할 때, $E(aX-2a)$의 값을 구하시오.

유형 4 이항분포

출제경향 | 이항분포를 따르는 확률변수의 평균, 분산, 표준편차를 구하는 문제가 출제된다.

출제유형잡기 | 이산확률변수 X가 이항분포 $B(n, p)$를 따를 때
(1) $E(X)=np$
(2) $V(X)=npq$ (단, $q=1-p$)
(3) $\sigma(X)=\sqrt{npq}$ (단, $q=1-p$)

14

▶ 25054-0282

확률변수 X가 이항분포 $B\left(100, \dfrac{2}{5}\right)$를 따를 때, $V(X)$의 값은?

① 20   ② 24   ③ 28

④ 32   ⑤ 36

15

▶ 25054-0283

확률변수 X가 이항분포 $B(n, p)$를 따르고

$E(X)=4V(X)$, $\sigma(X)=3$일 때, $\dfrac{n}{p}$의 값을 구하시오.

16

▶ 25054-0284

확률변수 X가 이항분포 $B(6, p)$를 따르고 세 수 $P(X=0)$, $P(X=1)$, $P(X=3)$이 이 순서대로 등비수열을 이룰 때, $E(X)$의 값은? (단, $0<p<1$)

① $\dfrac{18}{7}$ ② 3 ③ $\dfrac{24}{7}$

④ $\dfrac{27}{7}$ ⑤ $\dfrac{30}{7}$

17

▶ 25054-0285

500원짜리 동전 2개와 100원짜리 동전 2개를 사용하여 다음 시행을 한다.

> 동전 4개를 동시에 한 번 던져서 앞면이 나온 500원짜리 동전의 개수와 앞면이 나온 100원짜리 동전의 개수가 서로 같으면 3점을 얻고, 서로 다르면 1점을 잃는다.

이 시행을 32회 반복한 후 얻는 점수의 합을 확률변수 X라 하자. $E(X)$의 값은?

① 12 ② 16 ③ 20

④ 24 ⑤ 28

유형 **5** 연속확률변수

출제경향 | 연속확률변수의 뜻을 알고 확률밀도함수의 성질을 이용하여 미지수나 확률을 구하는 문제가 출제된다.

출제유형잡기 | 연속확률변수 X가 $a \leq X \leq b$의 모든 실숫값을 가지고, X의 확률밀도함수가 $f(x)$일 때

(1) $f(x) \geq 0$

(2) 함수 $y=f(x)$의 그래프와 x축 및 두 직선 $x=a$, $x=b$로 둘러싸인 부분의 넓이는 1이다.

(3) 확률 $P(\alpha \leq X \leq \beta)$는 함수 $y=f(x)$의 그래프와 x축 및 두 직선 $x=\alpha$, $x=\beta$로 둘러싸인 부분의 넓이와 같다. (단, $a \leq \alpha \leq \beta \leq b$)

18

▶ 25054-0286

연속확률변수 X가 갖는 값의 범위는 $-1 \leq X \leq 2$이고, X의 확률밀도함수 $f(x)$가 $f(x)=|kx|$일 때, 양수 k의 값은?

① $\dfrac{1}{10}$ ② $\dfrac{1}{5}$ ③ $\dfrac{3}{10}$

④ $\dfrac{2}{5}$ ⑤ $\dfrac{1}{2}$

19

▶ 25054-0287

연속확률변수 X가 갖는 값의 범위는 $0 \leq X \leq 4$이고, 양수 k에 대하여 X의 확률밀도함수 $f(x)$가

$$f(x) = \begin{cases} k & (0 \leq x < 1) \\ kx & (1 \leq x < 3) \\ 3k & (3 \leq x \leq 4) \end{cases}$$

이다. $P\left(4k \leq X \leq \dfrac{1}{4k}\right)$의 값은?

① $\dfrac{1}{4}$ ② $\dfrac{5}{16}$ ③ $\dfrac{3}{8}$

④ $\dfrac{7}{16}$ ⑤ $\dfrac{1}{2}$

20

▶ 25054-0288

연속확률변수 X가 갖는 값의 범위는 $0 \leq X \leq 4$이고, 두 양수 a, b에 대하여 X의 확률밀도함수가 $f(x) = ax + b$이다.

$P(0 \leq X \leq 1) + P(2 \leq X \leq 4) = \dfrac{25}{32}$일 때, $f(3)$의 값은?

① $\dfrac{1}{4}$ ② $\dfrac{9}{32}$ ③ $\dfrac{5}{16}$

④ $\dfrac{11}{32}$ ⑤ $\dfrac{3}{8}$

21

▶ 25054-0289

연속확률변수 X가 갖는 값의 범위는 $-3 \leq X \leq 3$이고, X의 확률밀도함수 $f(x)$는 $0 \leq x \leq 3$인 모든 실수 x에 대하여

$$f(-x) = f(x)$$

를 만족시킨다. 세 수

$P(-3 \leq X \leq -2)$, $P(1 \leq X \leq 3)$, $P(-1 \leq X \leq 2)$가 이 순서대로 공차가 $\dfrac{1}{12}$ 이상인 등차수열을 이룰 때, $P(0 \leq X \leq 2)$의 최솟값은?

① $\dfrac{1}{8}$ ② $\dfrac{1}{6}$ ③ $\dfrac{5}{24}$

④ $\dfrac{1}{4}$ ⑤ $\dfrac{7}{24}$

유형 6   정규분포

출제경향 | 연속확률변수 X가 정규분포를 따를 때, 확률밀도함수의 그래프의 성질을 이해하고 있는지를 묻는 문제, 표준정규분포를 이용하여 확률을 구하는 문제가 출제된다.

출제유형잡기 | (1) 확률변수 X가 정규분포 $N(m, \sigma^2)$을 따를 때, 확률밀도함수의 그래프의 성질은 다음과 같다.

① 직선 $x = m$에 대하여 대칭이고 종 모양의 곡선이다.

② σ의 값이 일정할 때, m의 값이 달라지면 대칭축의 위치는 바뀌지만 그래프의 모양은 변하지 않는다.

③ m의 값이 일정할 때, σ의 값이 클수록 가운데 부분의 높이는 낮아지면서 옆으로 퍼진 모양이 된다.

(2) 확률변수 X가 정규분포 $N(m, \sigma^2)$을 따를 때, 확률변수

$$Z = \frac{X - m}{\sigma}$$ 은 표준정규분포 $N(0, 1)$을 따른다.

22

▶ 25054-0290

확률변수 X가 정규분포 $N(12, 5^2)$을 따를 때, $P(X \leq 20)$의 값을 오른쪽 표준정규분포표를 이용하여 구한 것은?

z	$P(0 \leq Z \leq z)$
0.4	0.1554
0.8	0.2881
1.2	0.3849
1.6	0.4452

① 0.5403 ② 0.6730

③ 0.7881 ④ 0.8849

⑤ 0.9452

23

▶ 25054-0291

확률변수 Z가 표준정규분포를 따르고 $P(Z \geq a) = 0.14$일 때, $P(|Z| \leq a)$의 값은? (단, a는 상수이다.)

① 0.72   ② 0.74   ③ 0.76

④ 0.78   ⑤ 0.80

24

▶ 25054-0292

확률변수 X가 평균이 m, 표준편차가 2인 정규분포를 따르고

$$P(X \leq 4) = 0.0062$$

일 때, $P(6 \leq X \leq 15)$의 값을 오른쪽 표준정규분포표를 이용하여 구한 것은?

z	$P(0 \leq Z \leq z)$
1.5	0.4332
2.0	0.4772
2.5	0.4938
3.0	0.4987

① 0.9104   ② 0.9270   ③ 0.9319

④ 0.9710   ⑤ 0.9759

25

▶ 25054-0293

확률변수 X는 정규분포 $N(m, 4\sigma^2)$을 따르고, 확률변수 Y는 정규분포 $N(2m, \sigma^2)$을 따른다.

$$P(X \leq 6) = P(Y \geq 7),$$
$$P(Y \leq 11) = 0.9332$$

일 때, $P\left(\dfrac{m}{2} \leq X \leq 2m\right)$의 값을 오른쪽 표준정규분포표를 이용하여 구한 것은?

z	$P(0 \leq Z \leq z)$
0.5	0.1915
1.0	0.3413
1.5	0.4332
2.0	0.4772

① 0.3830   ② 0.5328   ③ 0.6247

④ 0.6687   ⑤ 0.7745

26

▶ 25054-0294

$4 < m_1 < m_2 < 28$인 두 실수 m_1, m_2에 대하여 확률변수 X는 정규분포 $N(m_1, \sigma^2)$을 따르고, 확률변수 Y는 정규분포 $N(m_2, \sigma^2)$을 따르며 확률변수 X와 Y의 확률밀도함수는 각각 $f(x)$와 $g(x)$이다. $m_2 - m_1 = 12$, $f(4) = g(28)$이고 $P(X \leq 4) = 0.0668$일 때, $P(2m_1 \leq Y \leq 3m_1)$의 값을 오른쪽 표준정규분포표를 이용하여 구한 것은?

z	$P(0 \leq Z \leq z)$
0.5	0.1915
1.0	0.3413
1.5	0.4332
2.0	0.4772

① 0.5328   ② 0.6247   ③ 0.6687

④ 0.7745   ⑤ 0.8664

유형7 정규분포의 활용

출제경향 | 정규분포에 관련된 외적문제해결 능력을 묻는 문제가 출제된다.

출제유형잡기 | 실생활 상황에서 확률변수를 X로 놓고 정규분포를 활용한다.

27

▶ 25054-0295

어느 농장에서 수확하는 당근 1개의 무게는 평균이 242 g, 표준편차가 3 g인 정규분포를 따른다고 한다. 이 농장에서 수확한 당근 중에서 임의로 선택한 당근 1개의 무게가 245 g 이상 248 g 이하일 확률을 오른쪽 표준정규분포표를 이용하여 구한 것은?

z	$P(0\leq Z\leq z)$
0.5	0.1915
1.0	0.3413
1.5	0.4332
2.0	0.4772

① 0.0919   ② 0.1359   ③ 0.1498
④ 0.1587   ⑤ 0.2417

28

▶ 25054-0296

400명이 응시한 어느 회사 입사 시험 점수는 평균이 65점, 표준편차가 5점인 정규분포를 따른다고 한다. 입사 시험에 응시한 지원자 중 시험 점수가 높은 순으로 상위 5 % 이내의 점수를 받는 지원자가 면접 대상자가 될 때 면접 대상자가 되기 위한 입사 시험 점수의 최솟값을 오른쪽 표준정규분포표를 이용하여 구한 것은?

z	$P(0\leq Z\leq z)$
1.0	0.34
1.3	0.40
1.6	0.45
2.0	0.48

① 71   ② 73   ③ 75
④ 77   ⑤ 79

29

▶ 25054-0297

어느 양계장에서 생산되는 계란 1개의 무게는 평균이 56 g, 표준편차가 5 g인 정규분포를 따른다고 한다. 이 양계장에서는 무게가 50 g 이상인 계란을 판매용으로 분류하고, 60 g 이상 68 g 미만인 경우 특란으로 구분한다. 이 양계장에서 생산된 계란 중 임의로 택한 1개가 판매용으로 분류되었을 때, 이 계란이 특란일 확률을 오른쪽 표준정규분포표를 이용하여 구하면 $\dfrac{q}{p}$이다. $p+q$의 값을 구하시오.
(단, p와 q는 서로소인 자연수이다.)

z	$P(0\leq Z\leq z)$
0.8	0.29
1.2	0.38
1.6	0.45
2.0	0.48
2.4	0.49

유형 8 이항분포와 정규분포의 관계

출제경향 | 이항분포에서의 확률을 이항분포와 정규분포의 관계를 이용하여 구하는 문제가 출제된다.

출제유형잡기 | 확률변수 X가 이항분포 $B(n, p)$를 따를 때, n이 충분히 크면 X는 근사적으로 정규분포 $N(np, npq)$ $(q=1-p)$를 따른다는 사실을 이용하여 문제를 해결한다.

30
▶ 25054-0298

확률변수 X가 이항분포 $B\left(400, \dfrac{1}{2}\right)$을 따를 때, $P(205 \le X \le 215)$의 값을 오른쪽 표준정규분포표를 이용하여 구한 것은?

z	$P(0 \le Z \le z)$
0.5	0.1915
1.0	0.3413
1.5	0.4332
2.0	0.4772

① 0.0440 ② 0.0919 ③ 0.1359
④ 0.1498 ⑤ 0.2417

31
▶ 25054-0299

흰 공 2개와 검은 공 3개가 들어 있는 주머니에서 임의로 3개의 공을 동시에 꺼낼 때 흰 공이 1개 이상 나오는 사건을 A라 하자. 3개의 공을 동시에 꺼내고 주머니에 다시 넣는 시행을 100번 반복할 때, 사건 A가 87번 이상 96번 이하 일어날 확률을 오른쪽 표준정규분포표를 이용하여 구한 것은?

z	$P(0 \le Z \le z)$
0.5	0.1915
1.0	0.3413
1.5	0.4332
2.0	0.4772

① 0.7745 ② 0.8185 ③ 0.8664
④ 0.9104 ⑤ 0.9544

32
▶ 25054-0300

자연수 n에 대하여 확률변수 X가 다음 조건을 만족시킨다.

(가) $P(X=x) = {}_n C_x \dfrac{3^x}{4^n}$ $(x=0, 1, 2, \cdots, n)$

(나) $\displaystyle\sum_{k=0}^{n} k \, {}_n C_k \dfrac{3^k}{4^n} = 144$

$\displaystyle\sum_{k=135}^{n} {}_n C_k \dfrac{3^k}{4^n}$ 의 값을 오른쪽 표준정규분포표를 이용하여 구한 것은?
(단, $n > 135$)

z	$P(0 \le Z \le z)$
0.5	0.1915
1.0	0.3413
1.5	0.4332
2.0	0.4772

① 0.6915 ② 0.8413
③ 0.9332 ④ 0.9544
⑤ 0.9772

33
▶ 25054-0301

한 개의 주사위를 한 번 던져서 나오는 눈의 수가 3의 배수이면 3점을 얻고, 3의 배수가 아니면 1점을 얻는 게임이 있다. 이 게임을 1800번 반복하여 얻은 모든 점수의 합이 2920점 이하일 확률을 p_1, M점 이하일 확률을 p_2라 할 때, $p_1 + p_2 = 1$을 만족시킨다. 자연수 M의 값은?

① 3000 ② 3040 ③ 3080
④ 3120 ⑤ 3160

유형 9 표본평균의 분포(1)

출제경향 | 모집단의 확률분포와 표본평균의 분포 사이의 관계를 이해하고 표본평균의 확률, 평균, 분산, 표준편차를 구하는 문제가 출제된다.

출제유형잡기 | 모평균이 m, 모표준편차가 σ인 모집단에서 크기가 n인 표본을 임의추출할 때, 표본평균 $\overline{X}$에 대하여

$$\mathrm{E}(\overline{X})=m, \mathrm{V}(\overline{X})=\frac{\sigma^2}{n}, \sigma(\overline{X})=\frac{\sigma}{\sqrt{n}}$$

임을 이용하여 문제를 해결한다.

34
▸ 25054-0302

정규분포 $\mathrm{N}(12, 4^2)$을 따르는 모집단에서 크기가 8인 표본을 임의추출하여 구한 표본평균 $\overline{X}$에 대하여 $\mathrm{E}(\overline{X})+\mathrm{V}(\overline{X})$의 값은?

① 11   ② 12   ③ 13

④ 14   ⑤ 15

35
▸ 25054-0303

어느 모집단의 확률변수 X의 확률분포를 표로 나타내면 다음과 같다.

X	1	2	3	4	합계
$\mathrm{P}(X=x)$	$\frac{1}{6}$	$\frac{1}{8}$	$\frac{3}{8}$	$\frac{1}{3}$	1

이 모집단에서 크기가 2인 표본을 임의추출하여 구한 표본평균을 $\overline{X}$라 할 때, $\mathrm{P}(\overline{X}=3)$의 값은?

① $\frac{41}{192}$ ② $\frac{7}{32}$ ③ $\frac{43}{192}$

④ $\frac{11}{48}$ ⑤ $\frac{15}{64}$

36
▸ 25054-0304

어느 모집단의 확률변수 X의 확률분포를 표로 나타내면 다음과 같다.

X	-1	1	2	3	합계
$\mathrm{P}(X=x)$	$\frac{1}{12}$	$\frac{1}{6}$	a	b	1

이 모집단에서 임의추출한 크기가 8인 표본의 표본평균 $\overline{X}$에 대하여 $\mathrm{E}(4\overline{X}+3)=11$일 때, $\mathrm{V}(4\overline{X}+3)$의 값은?

① 2   ② $\frac{7}{3}$ ③ $\frac{8}{3}$

④ 3   ⑤ $\frac{10}{3}$

출제경향 | 모집단이 정규분포를 따를 때, 표본평균에 대한 확률을 구하는 문제가 출제된다.

출제유형잡기 | 정규분포 $N(m, \sigma^2)$을 따르는 모집단에서 크기가 n인 표본을 임의추출할 때, 표본평균 $\overline{X}$는 정규분포 $N\left(m, \dfrac{\sigma^2}{n}\right)$을 따른다는 사실을 이용하여 문제를 해결한다.

37

▶ 25054-0305

모평균이 4, 모표준편차가 2인 정규분포를 따르는 모집단에서 크기가 16인 표본을 임의추출하여 구한 표본평균을 $\overline{X}$라 하자. $P(3 \le \overline{X} \le 5)$의 값을 오른쪽 표준정규분포표를 이용하여 구한 것은?

z	$P(0 \le Z \le z)$
0.5	0.1915
1.0	0.3413
1.5	0.4332
2.0	0.4772

① 0.3830　　　② 0.6826　　　③ 0.8664

④ 0.9544　　　⑤ 0.9772

38

▶ 25054-0306

어느 모집단의 확률변수 X가 정규분포 $N(m, 6^2)$을 따른다고 한다. 이 모집단에서 임의추출한 크기가 n인 표본의 표본평균을 $\overline{X}$라 하자. 두 확률변수 X, $\overline{X}$가 다음 조건을 만족시킨다.

> (가) $P(X \ge 24) + P(\overline{X} \ge 24) = 1$
> (나) $P(X \ge 30) + P(\overline{X} \ge 22) = 1$

$m+n$의 값은?

① 31　　　② 32　　　③ 33

④ 34　　　⑤ 35

39

▶ 25054-0307

어느 농장에서 수확하는 토마토 1개의 무게는 평균이 m이고 표준편차가 5인 정규분포를 따른다고 한다. 이 농장에서 수확한 토마토 중 n개를 임의추출하여 얻은 표본평균을 $\overline{X}$라 할 때, $P(|\overline{X} - m| \le 1) \ge 0.95$가 성립하도록 하는 자연수 n의 최솟값은? (단, 무게의 단위는 g이고, Z가 표준정규분포를 따르는 확률변수일 때, $P(|Z| \le 1.96) = 0.95$로 계산한다.)

① 89　　　② 91　　　③ 93

④ 95　　　⑤ 97

40

▶ 25054-0308

어느 공장에서 생산하는 음료수 1캔의 무게는 평균이 150 g이고 표준편차가 8 g인 정규분포를 따른다고 한다. 이 공장에서는 생산된 음료수를 4캔씩 한 상자에 담아 판매하는데, 4캔의 음료수를 담은 상자의 무게가 592 g 이상 632 g 이하일 확률을 오른쪽 표준정규분포표를 이용하여 구한 것은? (단, 상자의 무게는 무시한다.)

z	$P(0 \le Z \le z)$
0.5	0.1915
1.0	0.3413
1.5	0.4332
2.0	0.4772

① 0.6247　　　② 0.6687　　　③ 0.7745

④ 0.8185　　　⑤ 0.8664

유형 11 모평균의 추정

출제경향 | 표본평균의 분포를 이용하여 모평균을 추정하는 문제가 출제된다.

출제유형잡기 | 정규분포 $N(m, \sigma^2)$을 따르는 모집단에서 크기가 n인 표본을 임의추출하여 얻은 표본평균 $\overline{X}$의 값이 $\overline{x}$일 때, 모평균 m에 대한 신뢰구간은 다음과 같음을 이용하여 문제를 해결한다.

(1) 신뢰도 95 %의 신뢰구간

$$\overline{x}-1.96\frac{\sigma}{\sqrt{n}}\leq m\leq\overline{x}+1.96\frac{\sigma}{\sqrt{n}}$$

(2) 신뢰도 99 %의 신뢰구간

$$\overline{x}-2.58\frac{\sigma}{\sqrt{n}}\leq m\leq\overline{x}+2.58\frac{\sigma}{\sqrt{n}}$$

41
▶ 25054-0309

모평균이 m, 모표준편차가 18인 정규분포를 따르는 모집단에서 크기가 81인 표본을 임의추출하여 얻은 표본평균을 이용하여, 모평균 m에 대한 신뢰도 95 %의 신뢰구간을 구하면 $a\leq m\leq b$이다. $b-a$의 값은? (단, Z가 표준정규분포를 따르는 확률변수일 때, $P(|Z|\leq1.96)=0.95$로 계산한다.)

① 1.96　　　② 3.92　　　③ 5.88
④ 7.84　　　⑤ 9.8

42
▶ 25054-0310

어느 빵집에서 판매하는 베이글 1개의 무게는 정규분포 $N(m, 10^2)$을 따른다고 한다. 이 빵집에서 판매하는 베이글 중에서 n개를 임의추출하여 얻은 표본평균이 $\overline{x}$일 때, 모평균 m에 대한 신뢰도 95 %의 신뢰구간은 $108.08\leq m\leq115.92$이다. $n+\overline{x}$의 값은? (단, 무게의 단위는 g이고, Z가 표준정규분포를 따르는 확률변수일 때, $P(|Z|\leq1.96)=0.95$로 계산한다.)

① 131　　　② 133　　　③ 135
④ 137　　　⑤ 139

43
▶ 25054-0311

어느 농장에서 수확하는 오이 1개의 길이는 표준편차가 5인 정규분포를 따른다고 한다. 이 농장에서 수확한 오이 중 n개를 임의추출하여 얻은 표본평균을 이용하여, 이 농장에서 수확하는 오이 1개의 길이의 평균 m에 대한 신뢰도 99 %의 신뢰구간을 구하면 $a\leq m\leq b$이다. $b-a\leq2$를 만족시키는 자연수 n의 최솟값은? (단, 길이의 단위는 cm이고, Z가 표준정규분포를 따르는 확률변수일 때, $P(|Z|\leq2.58)=0.99$로 계산한다.)

① 158　　　② 161　　　③ 164
④ 167　　　⑤ 170

44
▶ 25054-0312

모평균이 m, 모표준편차가 σ인 정규분포를 따르는 모집단에서 크기가 36인 표본을 임의추출하여 얻은 표본평균을 이용하여, 모평균 m에 대한 신뢰도 99 %의 신뢰구간을 구하면 $a\leq m\leq b$이다. 이 모집단에서 크기가 n인 표본을 임의추출하여 얻은 표본평균을 이용하여, 모평균 m에 대한 신뢰도 95 %의 신뢰구간을 구하면 $c\leq m\leq d$이다. $b-a\geq4.3(d-c)$를 만족시키는 자연수 n의 최솟값을 구하시오. (단, Z가 표준정규분포를 따르는 확률변수일 때, $P(|Z|\leq1.96)=0.95$, $P(|Z|\leq2.58)=0.99$로 계산한다.)

이 책의 **차례** CONTENTS

실전편

$\pi<\theta<\dfrac{3}{2}\pi$인 θ에 대하여 $\cos^2\left(\theta-\dfrac{\pi}{2}\right)=\dfrac{1}{4}$일 때, $\sin\theta$의 값은? [3점]

① $-\dfrac{\sqrt{3}}{2}$ ② $-\dfrac{\sqrt{2}}{2}$ ③ $-\dfrac{1}{2}$

④ $\dfrac{1}{2}$ ⑤ $\dfrac{\sqrt{2}}{2}$

5지선다형

01 ▶ 25054-1001

$54^{\frac{1}{3}}\times\sqrt{\sqrt[3]{16}}$의 값은? [2점]

① 3   ② 6   ③ 9
④ 12   ⑤ 15

04 ▶ 25054-1004

함수

$$f(x)=\begin{cases}\dfrac{x^2+3x-a}{x-1} & (x\neq1)\\ b & (x=1)\end{cases}$$

이 실수 전체의 집합에서 연속일 때, 두 상수 a, b에 대하여 $a+b$의 값은? [3점]

① 7   ② 8   ③ 9
④ 10   ⑤ 11

02 ▶ 25054-1002

함수 $f(x)=x^3+x^2-2$에 대하여 $\displaystyle\lim_{x\to-1}\dfrac{f(x)-f(-1)}{x+1}$의 값은? [2점]

① 1   ② 2   ③ 3
④ 4   ⑤ 5

05

▶ 25054-1005

다항함수 $f(x)$가
$$f'(x)=3x^2+a,\ f(3)-f(1)=30$$
을 만족시킬 때, $f'(1)$의 값은? (단, a는 상수이다.) [3점]

① 3   ② 4   ③ 5

④ 6   ⑤ 7

06

▶ 25054-1006

수열 $\{a_n\}$에 대하여
$$\sum_{k=1}^{10} 2a_k=14,\ \sum_{k=1}^{10} (a_k+a_{k+1})=23$$
일 때, $a_{11}-a_1$의 값은? [3점]

① 9   ② 10   ③ 11

④ 12   ⑤ 13

07

▶ 25054-1007

함수 $f(x)=x^3-9x^2+24x+6$이 $x=a$에서 극대일 때, $a+f(a)$의 값은? (단, a는 상수이다.) [3점]

① 28   ② 29   ③ 30

④ 31   ⑤ 32

08
▸ 25054-1008

다항함수 $f(x)$가 모든 실수 x에 대하여

$$\int_0^x tf(t)dt = x^4 + 2x^3 - x^2$$

을 만족시킬 때, $f(2)$의 값은? [3점]

① 24   ② 26   ③ 28

④ 30   ⑤ 32

09
▸ 25054-1009

함수 $f(x)=\sin x\ (0 \le x \le 4\pi)$의 그래프와 직선 $y=k$가 서로 다른 네 점 A, B, C, D에서만 만나고 이 네 점의 x좌표를 각각 $x_1, x_2, x_3, x_4\ (x_1 < x_2 < x_3 < x_4)$라 할 때,

$$x_1 + x_2 + x_3 + x_4 = 6\pi,\ \sin(x_4 - x_1) = \frac{\sqrt{3}}{2}$$

을 만족시키는 모든 x_1의 값의 합은? (단, k는 상수이다.) [4점]

① $\dfrac{\pi}{6}$ ② $\dfrac{\pi}{4}$ ③ $\dfrac{\pi}{3}$

④ $\dfrac{5}{12}\pi$ ⑤ $\dfrac{\pi}{2}$

10
▸ 25054-1010

양수 a와 실수 b에 대하여 수직선 위를 움직이는 두 점 P, Q의 시각 $t\ (t \ge 0)$에서의 속도가 각각

$$v_1(t) = t^2 - 4t + a,\ v_2(t) = 2t - b$$

이다. 시각 $t=a$에서 두 점 P, Q의 속도가 같고, 시각 $t=0$에서 $t=a$까지 두 점 P, Q의 위치의 변화량이 같을 때, $a+b$의 값은? [4점]

① $\dfrac{13}{2}$ ② $\dfrac{27}{4}$ ③ 7

④ $\dfrac{29}{4}$ ⑤ $\dfrac{15}{2}$

11

▶ 25054-1011

모든 항이 자연수인 수열 $\{a_n\}$이 모든 자연수 n에 대하여 다음 조건을 만족시킨다.

> (가) $a_{2n-1}=n^2+2n$
> (나) $a_n<a_{n+1}$이고 $a_{2n+1}-a_{2n}$의 값이 일정하다.

$\displaystyle\sum_{n=1}^{16} a_n$의 최솟값은? [4점]

① 568　　　　② 580　　　　③ 592

④ 604　　　　⑤ 616

12

▶ 25054-1012

함수 $f(x)=x(x-2)(x-3)$과 실수 t에 대하여 함수 $g(x)$가

$$g(x)=\begin{cases} f(x) & (x<t) \\ -f(x) & (x\geq t) \end{cases}$$

일 때, 함수 $g(x)$는 다음 조건을 만족시킨다.

> (가) 함수 $g(x)$는 실수 전체의 집합에서 연속이다.
> (나) $0<a<2$인 모든 실수 a에 대하여 $\displaystyle\int_a^3 g(x)dx>0$이다.

$\displaystyle\int_1^3 g(x)dx$의 값은? [4점]

① $\dfrac{1}{2}$　　　　② $\dfrac{3}{4}$　　　　③ 1

④ $\dfrac{5}{4}$　　　　⑤ $\dfrac{3}{2}$

13

▸ 25054-1013

그림과 같이 길이가 8인 선분 AB를 지름으로 하는 원 위의 점 C에 대하여 $\cos(\angle CBA) = \dfrac{3}{4}$이다. 선분 AB를 1 : 3으로 외분하는 점을 D, 선분 CD와 원이 만나는 점 중 C가 아닌 점을 E라 하자. 직선 BC 위의 점 F가 $\angle CDF = \angle CBA$를 만족시킬 때, 삼각형 CEF의 넓이는? (단, $\overline{BF} > \overline{CF}$) [4점]

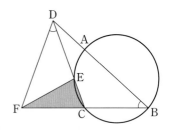

① $2\sqrt{7}$ ② $3\sqrt{7}$ ③ $4\sqrt{7}$

④ $5\sqrt{7}$ ⑤ $6\sqrt{7}$

14

▸ 25054-1014

실수 t에 대하여 최고차항의 계수가 1인 삼차함수 $y = f(x)$의 그래프 위의 점 $(t, f(t))$에서의 접선이 y축과 만나는 점을 $(0, g(t))$라 할 때, 함수 $g(t)$는 다음 조건을 만족시킨다.

> (가) 함수 $g(t)$의 극댓값은 $\dfrac{35}{27}$이다.
>
> (나) 함수 $|g(t) - g(0)|$은 $t = 1$에서만 미분가능하지 않다.

$g(-2)$의 값은? [4점]

① 23   ② 24   ③ 25

④ 26   ⑤ 27

15

▶ 25054-1015

수열 $\{a_n\}$이 다음 조건을 만족시킨다.

(가) a_1은 자연수이다.
(나) 모든 자연수 n에 대하여
$$a_{n+1}=\begin{cases} \dfrac{24}{a_n}+2 & (a_n\text{이 24의 약수인 경우}) \\ a_n+5 & (a_n\text{이 24의 약수가 아닌 경우}) \end{cases}$$
이다.

$a_{k+1}-a_k=5$이고 $a_{k+2}-a_{k+1}\neq5$를 만족시키는 자연수 k가 존재할 때, k의 최댓값은? [4점]

① 3   ② 5   ③ 7
④ 9   ⑤ 11

단답형

16

▶ 25054-1016

방정식
$$\log_{\sqrt{2}}(3x+1)=\log_2(6x+10)$$
을 만족시키는 실수 x의 값을 구하시오. [3점]

17

▶ 25054-1017

함수 $f(x)=(x-1)(x^3+3)$에 대하여 $f'(1)$의 값을 구하시오.
[3점]

18

▶ 25054-1018

등차수열 $\{a_n\}$의 첫째항부터 제n항까지의 합을 S_n이라 하자.

$$S_5 - 5a_1 = 10, \ S_3 = a_2 + 6$$

일 때, a_5의 값을 구하시오. [3점]

19

▶ 25054-1019

2 이상의 자연수 n에 대하여 $2^{n^2 - 5n - 2} - 16$의 n제곱근 중 실수인 것의 개수를 $f(n)$이라 하자. 2 이상의 자연수 k에 대하여 $f(k)f(k+1)f(k+2) = 0$인 k의 최댓값을 M, $f(k)f(k+1)f(k+2) = 4$인 k의 최솟값을 m이라 할 때, $M+m$의 값을 구하시오. [3점]

20

▶ 25054-1020

최고차항의 계수가 $\dfrac{1}{2}$인 사차함수 $f(x)$에 대하여

$$\lim_{x \to 0} \frac{f(x) - 2}{x} = 0$$

이 성립한다. 실수 t에 대하여 방정식 $|f(x)| = t$의 서로 다른 실근의 개수를 $g(t)$라 할 때, 함수 $y = g(t)$의 그래프는 그림과 같다.

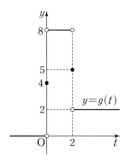

$f(2) = p - q\sqrt{2}$일 때, 두 자연수 p, q에 대하여 $p \times q$의 값을 구하시오. [4점]

21

▶ 25054-1021

그림과 같이 1보다 큰 두 상수 a, b에 대하여 직선 $x+2y=0$이 곡선 $y=a^x$과 만나는 점을 P, 곡선 $y=-b^x$과 만나는 두 점 중 x좌표가 작은 점을 Q라 하자. 곡선 $y=a^x$ 위에 있는 제1사분면 위의 점 R에 대하여 세 점 P, Q, R이 다음 조건을 만족시킬 때, $a^3 \times b^4$의 값을 구하시오. (단, O는 원점이다.) [4점]

> (가) $\overline{\text{OP}} : \overline{\text{OR}} = \overline{\text{OR}} : \overline{\text{OQ}} = 1 : 2$
> (나) $\angle \text{RPO} = \angle \text{QRO}$

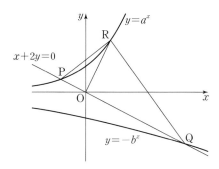

22

▶ 25054-1022

실수 t에 대하여 $x \le t$에서 다항함수 $f(x)$의 최댓값을 $g(t)$라 할 때, 두 함수 $f(x)$, $g(t)$는 다음 조건을 만족시킨다.

> (가) $f'(x) = 3(x-1)(x-k)$ (단, k는 $k>1$인 상수이다.)
> (나) 실수 a에 대하여 집합
> $$A = \left\{ a \,\middle|\, \lim_{t \to a-} \frac{g(t)-g(a)}{t-a} \times \lim_{t \to a+} \frac{g(t)-g(a)}{t-a} = 0 \right\}$$
> 의 원소 중 정수인 것의 개수가 4이다.

$f(0)=0$일 때, $f(6)$의 최댓값을 구하시오. [4점]

확률과 통계

23

▶ 25054-1023

5개의 숫자 1, 1, 2, 2, 2를 모두 일렬로 나열하는 경우의 수는?

[2점]

① 10   ② 15   ③ 20

④ 25   ⑤ 30

24

▶ 25054-1024

두 사건 A, B는 서로 독립이고

$$P(A \cap B^C) = \frac{1}{9},\ P(B) = \frac{3}{4}$$

일 때, $P(A)$의 값은? [3점]

① $\dfrac{1}{9}$ ② $\dfrac{2}{9}$ ③ $\dfrac{1}{3}$

④ $\dfrac{4}{9}$ ⑤ $\dfrac{5}{9}$

25

▶ 25054-1025

어느 고등학교의 3학년 학생 240명을 대상으로 대학수학능력시험의 선택과목을 조사하였다. 과목 Y를 선택한 학생 수는 과목 X를 선택한 학생 수의 2배이고, 과목 X와 과목 Y를 모두 선택한 학생 수는 과목 X를 선택한 학생 수의 $\frac{1}{3}$배이었다. 이 고등학교의 3학년 학생 중에서 임의로 한 명을 선택하였을 때, 이 학생이 과목 X 또는 과목 Y를 선택한 학생일 확률은 $\frac{2}{3}$이다. 이 고등학교의 3학년 학생 중 과목 X를 선택한 학생 수는? [3점]

① 36 ② 42 ③ 48

④ 54 ⑤ 60

26

▶ 25054-1026

이산확률변수 X의 확률분포를 표로 나타내면 다음과 같다.

X	0	1	2	합계
$P(X=x)$	a	$\frac{1}{2}$	b	1

이산확률변수 Y를 $Y=2X+1$이라 할 때, $V(Y)=2$이다. $3a+2b$의 값은? (단, a, b는 상수이다.) [3점]

① 1 ② $\frac{9}{8}$ ③ $\frac{5}{4}$

④ $\frac{11}{8}$ ⑤ $\frac{3}{2}$

27

25054-1027

정규분포 $N(m, 20^2)$을 따르는 모집단에서 크기가 25인 표본을 임의추출하여 얻은 표본평균이 $\overline{x}$일 때, 모평균 m에 대한 신뢰도 95 %의 신뢰구간이 $a \leq m \leq b$이다. $b-a=4\overline{x}$일 때, $\overline{x}$의 값은? (단, Z가 표준정규분포를 따르는 확률변수일 때, $P(|Z| \leq 1.96)=0.95$로 계산한다.) [3점]

① 0.98
② 1.96
③ 2.94
④ 3.92
⑤ 4.9

28

25054-1028

확률변수 X는 정규분포 $N(m, 2^2)$을 따르고 확률변수 Y는 정규분포 $N(m+1, \sigma^2)$을 따른다. $m \neq 3$이고

$$\{P(X \geq 3)\}^2 - P(X \geq 3) = \{P(Y \geq 4)\}^2 - P(Y \geq 4)$$

일 때, $P(1 \leq Y \leq 3)$의 최댓값을 오른쪽 표준정규분포표를 이용하여 구한 것은? (단, $\sigma > 0$) [4점]

z	$P(0 \leq Z \leq z)$
0.5	0.1915
1.0	0.3413
1.5	0.4332
2.0	0.4772

① 0.3413
② 0.3830
③ 0.4332
④ 0.4772
⑤ 0.6826

단답형

29

▶ 25054-1029

숫자 1, 2, 3, 4 중에서 중복을 허락하여 4개를 택해 순서쌍 (a_1, a_2, a_3, a_4)를 만들 때, 다음 조건을 만족시키는 모든 순서쌍의 개수를 구하시오. [4점]

(가) $\displaystyle\sum_{n=1}^{4} a_n$의 값은 짝수이다.

(나) $a_n \times a_{n+1} \neq 3$ $(n=1, 2, 3)$

30

▶ 25054-1030

주머니 A에는 숫자 1, 4, 5가 하나씩 적혀 있는 3개의 공이 들어 있고, 주머니 B에는 숫자 1, 2, 3이 하나씩 적혀 있는 3개의 공이 들어 있다. 두 주머니 A, B를 사용하여 다음 시행을 한다.

두 주머니 A, B에서 임의로 각각 1개씩 공을 꺼내어
주머니 A에서 꺼낸 공에 적혀 있는 수가 주머니 B에서 꺼낸 공에 적혀 있는 수보다 크면 이 2개의 공을 모두 주머니 B에 넣고,
주머니 A에서 꺼낸 공에 적혀 있는 수가 주머니 B에서 꺼낸 공에 적혀 있는 수보다 작거나 같으면 이 2개의 공을 꺼냈던 주머니에 각각 다시 넣는다.

이 시행을 두 번 반복한 후 주머니 A에 들어 있는 공의 개수가 2 이상일 때, 첫 번째 시행 후 주머니 B에 들어 있는 공의 개수가 4일 확률은 $\dfrac{q}{p}$이다. $p+q$의 값을 구하시오.

(단, p와 q는 서로소인 자연수이다.) [4점]

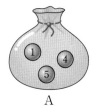
A

B

5지선다형

01

▶ 25054-1031

$\sqrt[4]{\dfrac{1}{8}} \times \sqrt[8]{\dfrac{1}{4}}$ 의 값은? [2점]

① $\dfrac{\sqrt{2}}{8}$ ② $\dfrac{1}{4}$ ③ $\dfrac{\sqrt{2}}{4}$

④ $\dfrac{1}{2}$ ⑤ $\dfrac{\sqrt{2}}{2}$

02

▶ 25054-1032

함수 $f(x)=x^4-5x^2+3$에 대하여
$\lim\limits_{h \to 0} \dfrac{f(-1+h)-f(-1)}{h}$의 값은? [2점]

① 2 ② 4 ③ 6

④ 8 ⑤ 10

03

▶ 25054-1033

$\dfrac{\pi}{2}<\theta<\pi$인 θ에 대하여 $\sin\theta+2\cos\theta=0$일 때,
$\sin\theta-\cos\theta$의 값은? [3점]

① $\dfrac{7\sqrt{5}}{15}$ ② $\dfrac{\sqrt{5}}{2}$ ③ $\dfrac{8\sqrt{5}}{15}$

④ $\dfrac{17\sqrt{5}}{30}$ ⑤ $\dfrac{3\sqrt{5}}{5}$

04

▶ 25054-1034

함수

$$f(x)=\begin{cases} 2x-3 & (x<a) \\ x^2-3x+a & (x \geq a) \end{cases}$$

가 실수 전체의 집합에서 연속이 되도록 하는 모든 실수 a의 값의 합은? [3점]

① 1 ② 2 ③ 3

④ 4 ⑤ 5

05

▸ 25054-1035

함수 $f(x) = \int (2x+a)dx$에 대하여 $f'(0) = f(0)$이고 $f(2) = -5$일 때, $f(4)$의 값은? (단, a는 상수이다.) [3점]

① 1   ② 2   ③ 3

④ 4   ⑤ 5

06

▸ 25054-1036

첫째항과 공비가 모두 0이 아닌 등비수열 $\{a_n\}$의 첫째항부터 제 n항까지의 합을 S_n이라 하자.

$$\frac{S_2}{a_2} - \frac{S_4}{a_4} = 4, \quad a_5 = \frac{5}{4}$$

일 때, $a_1 + a_2$의 값은? [3점]

① 10   ② 12   ③ 14

④ 16   ⑤ 18

07

▸ 25054-1037

최고차항의 계수가 1인 삼차함수 $f(x)$가 $x = -1$에서 극댓값을 갖고, $x = 2$에서 극솟값을 갖는다. $f(2) = 4$일 때, $f(4)$의 값은? [3점]

① 22   ② 24   ③ 26

④ 28   ⑤ 30

▶ 25054-1038

함수 $f(x)=(x+a)|x^2+2x|$가 $x=0$에서만 미분가능하지 않을 때, $\displaystyle\int_{-1}^{1} f(x)dx$의 값은? (단, a는 상수이다.) [3점]

① $\dfrac{13}{3}$ ② $\dfrac{9}{2}$ ③ $\dfrac{14}{3}$

④ $\dfrac{29}{6}$ ⑤ 5

09

▶ 25054-1039

1보다 큰 두 실수 a, b가 다음 조건을 만족시킨다.

(가) $\dfrac{\log ab}{5}=\dfrac{\log a-\log b}{3}$

(나) $a^{-1+\log b}=1000$

$\log a+2\log b$의 값은? [4점]

① 6 ② 7 ③ 8

④ 9 ⑤ 10

▶ 25054-1040

시각 $t=0$일 때 동시에 원점을 출발하여 수직선 위를 움직이는 두 점 P, Q의 시각 $t\,(t\geq0)$에서의 속도가 각각

$$v_1(t)=3t^2+4at+10,\ v_2(t)=4t+a$$

이고, 시각 t에서의 두 점 P, Q 사이의 거리를 $f(t)$라 하자. $t\geq0$에서 함수 $f(t)$가 증가할 때, $f(2)$의 최댓값과 최솟값의 합은? (단, a는 실수이다.) [4점]

① 80 ② 82 ③ 84

④ 86 ⑤ 88

11
▶ 25054-1041

모든 항이 양수인 등차수열 $\{a_n\}$의 첫째항부터 제n항까지의 합을 S_n이라 하자. $a_2=2a_1$이고 $\sum\limits_{k=1}^{5} \dfrac{1}{S_k}=5$일 때, $\sum\limits_{k=1}^{14} \dfrac{a_{k+1}}{S_k S_{k+1}}$의 값은? [4점]

① $\dfrac{115}{40}$ ② $\dfrac{29}{10}$ ③ $\dfrac{117}{40}$

④ $\dfrac{59}{20}$ ⑤ $\dfrac{119}{40}$

12
▶ 25054-1042

최고차항의 계수가 양수인 삼차함수 $f(x)$가 다음 조건을 만족시킨다.

> (가) $f'(0)=f'(2)=0$
> (나) 방정식 $f(f'(x))=0$의 서로 다른 실근의 개수는 3이다.

$f(5)$의 값은? [4점]

① 18 ② 21 ③ 24
④ 27 ⑤ 30

13

▶ 25054-1043

그림과 같이 선분 AB를 지름으로 하는 반원의 호 위에 두 점 C, D가 있다.

$$\overline{AC}=3, \overline{AD}=5, \tan(\angle CAD)=\frac{3}{4}$$

일 때, 사각형 ABDC의 넓이는? [4점]

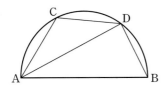

① $\dfrac{49}{6}$ ② $\dfrac{25}{3}$ ③ $\dfrac{17}{2}$

④ $\dfrac{26}{3}$ ⑤ $\dfrac{53}{6}$

14

▶ 25054-1044

최고차항의 계수가 1인 이차함수 $f(x)$에 대하여 함수 $g(x)$는

$$g(x)=\int_{x}^{x+3} f(|t|)dt$$

이다. 함수 $g(x)$가 $x=\dfrac{1}{2}$에서 극소이고 $g(1)=0$일 때, 함수 $g(x)$의 극댓값은? [4점]

① $\dfrac{5}{4}$ ② $\dfrac{3}{2}$ ③ $\dfrac{7}{4}$

④ 2   ⑤ $\dfrac{9}{4}$

15

▶ 25054-1045

모든 항이 자연수인 수열 $\{a_n\}$이 모든 자연수 n에 대하여

$$a_{n+1}=\begin{cases} \dfrac{a_n}{3} & (a_n\text{이 3의 배수인 경우}) \\ a_n+2 & (a_n\text{이 3의 배수가 아닌 경우}) \end{cases}$$

를 만족시킬 때, a_1은 3의 배수가 아니고 $a_5+a_6=16$이 되도록 하는 모든 a_1의 값의 합은? [4점]

① 1011   ② 1013   ③ 1015

④ 1017   ⑤ 1019

단답형

16

▶ 25054-1046

부등식 $\log_3(x+4)<1+\log_3(1-x)$를 만족시키는 정수 x의 개수를 구하시오. [3점]

17

▶ 25054-1047

다항함수 $f(x)$에 대하여 함수 $g(x)$를 $g(x)=(x+1)f(x)$라 하자.

$$\lim_{x\to 3}\frac{g(x)-8}{x-3}=30$$

일 때, $f(3)\times f'(3)$의 값을 구하시오. [3점]

18
▶ 25054-1048

수열 $\{a_n\}$이 모든 자연수 n에 대하여

$$\sum_{k=1}^{n}(a_k+a_{k+1})=\frac{1}{n}+\frac{1}{n+1}$$

을 만족시킨다. $a_5=\frac{1}{4}$일 때, $a_1=\frac{q}{p}$이다. $p+q$의 값을 구하시오. (단, p와 q는 서로소인 자연수이다.) [3점]

19
▶ 25054-1049

함수 $f(x)=2\sin\frac{\pi x}{6}$에 대하여 부등식

$$f(x+3)f(x-3)\geq-1$$

을 만족시키는 12 이하의 모든 자연수 x의 값의 합을 구하시오.

[3점]

20
▶ 25054-1050

상수 k와 함수 $f(x)=a(x^3-4x)\,(a>0)$에 대하여 실수 전체의 집합에서 연속인 함수 $g(x)$가

$$g(x)=\begin{cases} f(x) & (x\leq k) \\ -f(x) & (x>k) \end{cases}$$

이다. 열린구간 $(-2,\,2)$에서 정의된 함수

$$h(x)=\int_{-2}^{x}g(t)dt-\int_{x}^{2}g(t)dt$$

가 $x=0$에서 최댓값 2를 가질 때, $\left|\int_{0}^{4}g(x)dx\right|$의 값을 구하시오. (단, a는 상수이다.) [4점]

21

▶ 25054-1051

자연수 k에 대하여 양의 실수 전체의 집합에서 정의된 함수

$$f(x) = \begin{cases} -\log_2 (k+1)x & (0 < x < 1) \\ \log_2 \dfrac{x}{k+1} & (x \geq 1) \end{cases}$$

의 그래프와 직선 $y = \log_2 (k+2)$가 만나는 서로 다른 두 점 사이의 거리를 $g(k)$라 하자. $\dfrac{18}{7} \times \displaystyle\sum_{k=1}^{7} g(k)$의 값을 구하시오.

[4점]

22

▶ 25054-1052

최고차항의 계수가 음수인 사차함수 $f(x)$에 대하여 함수

$$g(x) = \begin{cases} (x+2)^2 & (x < 1) \\ f(x) & (x \geq 1) \end{cases}$$

이 다음 조건을 만족시킨다.

$$\left\{ a \,\middle|\, \lim_{x \to a+} \frac{g(x)-g(a)}{x-a} \times \lim_{x \to (a+4)+} \frac{g(x)-g(a+4)}{x-(a+4)} \leq 0 \right\}$$
$$= \{a \,|\, -6 \leq a \leq 2\} \cup \{5\}$$

$g(5)=0$이고 방정식 $g(x)=9$의 서로 다른 실근의 개수가 2일 때, $g(3) = \dfrac{q}{p}$이다. $p+q$의 값을 구하시오.

(단, p와 q는 서로소인 자연수이다.) [4점]

확률과 통계

23

▶ 25054-1053

6개의 문자 a, b, b, c, c, c를 모두 일렬로 나열하는 경우의 수는? [2점]

① 30   ② 45   ③ 60

④ 75   ⑤ 90

24

▶ 25054-1054

두 사건 A, B는 서로 독립이고

$$\mathrm{P}(A)+\mathrm{P}(B)=\frac{2}{3}, \ \mathrm{P}(A \cup B)=\frac{7}{12}$$

일 때, $\mathrm{P}(B \mid A^{C})$의 값은? (단, $\mathrm{P}(A) > \mathrm{P}(B)$) [3점]

① $\dfrac{1}{24}$ ② $\dfrac{1}{12}$ ③ $\dfrac{1}{8}$

④ $\dfrac{1}{6}$ ⑤ $\dfrac{5}{24}$

25

▶ 25054-1055

숫자 0, 1, 2, 3, 4, 5가 하나씩 적혀 있는 6장의 카드가 있다. 이 6장의 카드를 모두 한 번씩 사용하여 원형으로 일정한 간격을 두고 임의로 배열할 때, 서로 이웃한 두 카드에 적힌 두 수의 합이 모두 4 이상이 되도록 카드를 배열할 확률은? [3점]

① $\dfrac{1}{60}$ ② $\dfrac{1}{30}$ ③ $\dfrac{1}{20}$

④ $\dfrac{1}{15}$ ⑤ $\dfrac{1}{12}$

26

▶ 25054-1056

4개의 주사위를 동시에 던져서 3의 배수의 눈이 나오는 주사위의 개수를 확률변수 X라 하고, 이산확률변수 Y를

$$Y = \begin{cases} X & (X < 3인\ 경우) \\ X - 3 & (X \geq 3인\ 경우) \end{cases}$$

라 하자. $\mathrm{E}(Y)$의 값은? [3점]

① $\dfrac{25}{27}$ ② $\dfrac{26}{27}$ ③ 1

④ $\dfrac{28}{27}$ ⑤ $\dfrac{29}{27}$

27

▶ 25054-1057

정규분포 $N(m, 5^2)$을 따르는 모집단에서 크기가 n인 표본을 임의추출하여 얻은 표본평균이 $\overline{x}$일 때, 모평균 m에 대한 신뢰도 95 %의 신뢰구간이 $a \le m \le b$이다. 같은 모집단에서 크기가 $4n$인 표본을 임의추출하여 얻은 표본평균이 $\overline{x}+2$일 때, 모평균 m에 대한 신뢰도 95 %의 신뢰구간이 $c \le m \le d$이다. $b-a=2.8$, $b+d=192.1$일 때, c의 값은? (단, Z가 표준정규분포를 따르는 확률변수일 때, $P(|Z| \le 1.96)=0.95$로 계산한다.) [3점]

① 94.9   ② 95.3   ③ 95.7
④ 96.1   ⑤ 96.5

28

▶ 25054-1058

양수 t에 대하여 확률변수 X가 정규분포 $N(2, 4t^2)$을 따른다.

$$P(X \ge 3t - t^2) \le \frac{1}{2}$$

이 되도록 하는 모든 양수 t에 대하여 $P(t^2 - 2t + 2 \le X \le t^2 + 2t + 2)$의 최댓값을 오른쪽 표준정규분포표를 이용하여 구한 것은? [4점]

z	$P(0 \le Z \le z)$
0.5	0.1915
1.0	0.3413
1.5	0.4332
2.0	0.4772

① 0.5328   ② 0.6247
③ 0.6687   ④ 0.7745
⑤ 0.8185

단답형

29

▶ 25054-1059

숫자 0, 1, 2, 3, 4 중에서 중복을 허락하여 5개를 택해 일렬로 나열하여 만들 수 있는 다섯 자리의 자연수 N의 만의 자리, 천의 자리, 백의 자리, 십의 자리, 일의 자리의 수를 각각 a_1, a_2, a_3, a_4, a_5라 할 때, 다음 조건을 만족시키는 모든 N의 개수를 구하시오. [4점]

> $a_1 \geq a_3 \geq a_4$이고 $a_5 \geq a_2 \times a_4$이다.

30

▶ 25054-1060

A, B 두 사람이 가위바위보를 하여 다음과 같은 규칙에 따라 점수를 얻는 게임을 한다.

> (ⅰ) 가위를 내어 이기면 이긴 사람이 3점을 얻는다.
> (ⅱ) 바위나 보를 내어 이기면 이긴 사람이 2점을 얻는다.
> (ⅲ) 비기면 두 사람 모두 1점을 얻는다.
> (ⅳ) 진 사람은 점수를 얻지 않는다.

이 게임을 4번 반복한 후 A가 얻은 점수가 6점일 때, B가 얻은 점수가 3점일 확률은 $\dfrac{q}{p}$이다. 서로소인 두 자연수 p, q에 대하여 $p+q$의 값을 구하시오.

(단, 가위, 바위, 보를 낼 확률은 모두 같다.) [4점]

5지선다형

01

▶ 25054-1061

$\left(\dfrac{\sqrt[3]{16}}{4}\right)^{\frac{3}{2}}$의 값은? [2점]

① $\dfrac{1}{4}$ ② $\dfrac{1}{2}$ ③ 1

④ 2   ⑤ 4

02

▶ 25054-1062

함수 $f(x)=x^2+2x+5$에 대하여 $\displaystyle\lim_{h\to 0}\dfrac{f(2+h)-f(2)}{h}$의 값은? [2점]

① 6   ② 7   ③ 8

④ 9   ⑤ 10

03

▶ 25054-1063

이차방정식 $9x^2-3x-1=0$의 두 실근이 $\cos\alpha$, $\cos\beta$일 때, $\sin^2\alpha+\sin^2\beta$의 값은? [3점]

① $\dfrac{7}{6}$ ② $\dfrac{4}{3}$ ③ $\dfrac{3}{2}$

④ $\dfrac{5}{3}$ ⑤ $\dfrac{11}{6}$

04

▶ 25054-1064

함수 $y=f(x)$의 그래프가 그림과 같다.

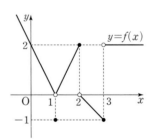

$\displaystyle\lim_{x\to 1-}f(x)+\lim_{x\to 2+}f(x)+\lim_{x\to 3-}f(x)$의 값은? [3점]

① -2 ② -1 ③ 0

④ 1   ⑤ 2

05

▸ 25054-1065

등비수열 $\{a_n\}$의 첫째항부터 제n항까지의 합을 S_n이라 하자.
$S_{10}=8$, $S_{20}=40$일 때, S_{30}의 값은? [3점]

① 160   ② 164   ③ 168

④ 172   ⑤ 176

06

▸ 25054-1066

다항함수 $f(x)$에 대하여 $f'(x)=12x^2-8x$이고, 곡선
$y=f(x)$ 위의 점 $(1, f(1))$에서의 접선의 y절편이 3일 때,
$f(-1)$의 값은? [3점]

① -2 ② -1 ③ 0

④ 1   ⑤ 2

07

▸ 25054-1067

1이 아닌 세 양수 a, b, c에 대하여
$$\log_c a=2\log_b a, \quad \log_a b+\log_a c=2$$
일 때, $\log_a b-\log_a c$의 값은? [3점]

① $\dfrac{1}{6}$ ② $\dfrac{1}{3}$ ③ $\dfrac{1}{2}$

④ $\dfrac{2}{3}$ ⑤ $\dfrac{5}{6}$

08

▸ 25054-1068

함수 $f(x)=2x^3-3x^2-12x+a$에 대하여 함수 $|f(x)|$가 $x=p$, $x=q$ $(p<q)$에서 극대이고, $|f(p)|>|f(q)|$를 만족시키는 모든 정수 a의 개수는? (단, p, q는 상수이다.) [3점]

① 11   ② 12   ③ 13
④ 14   ⑤ 15

09

▸ 25054-1069

$0\le x<2\pi$에서 부등식

$$2\sin^2\frac{x-\pi}{3}-3\cos\frac{2x+\pi}{6}\le 2$$

의 해가 $\alpha\le x\le\beta$일 때, $\cos\dfrac{\beta-\alpha}{2}$의 값은? [4점]

① $-\dfrac{\sqrt{2}}{2}$ ② $-\dfrac{1}{2}$ ③ $\dfrac{1}{2}$
④ $\dfrac{\sqrt{2}}{2}$ ⑤ $\dfrac{\sqrt{3}}{2}$

10

▸ 25054-1070

최고차항의 계수가 1인 삼차함수 $f(x)$가 다음 조건을 만족시킬 때, $f(1)-f(-1)$의 최댓값은? [4점]

> (가) 모든 실수 x에 대하여 $f'(x)\ge f'(-1)$이다.
> (나) 열린구간 $(-2, 2)$에서 함수 $f(x)$는 감소한다.

① -50 ② -48 ③ -46
④ -44 ⑤ -42

11

25054-1071

수직선 위를 움직이는 두 점 P, Q의 시각 t $(t \geq 0)$에서의 위치를 각각 $x_1(t)$, $x_2(t)$라 하면 $x_1(0)=1$, $x_2(0)=5$이고, 두 점 P, Q의 시각 t $(t \geq 0)$에서의 속도는 각각

$$v_1(t)=4t^2-9t+3, \quad v_2(t)=t^2-3t+12$$

이다. $x_1(t) \leq x_2(t)$인 시각 t에 대하여 두 점 P, Q 사이의 거리는 시각 $t=a$ $(a \geq 0)$일 때 최댓값 M을 갖는다. $a+M$의 값은? [4점]

① 30   ② 32   ③ 34

④ 36   ⑤ 38

12

25054-1072

모든 항이 자연수인 수열 $\{a_n\}$이 모든 자연수 n에 대하여

$$a_{n+1} = \begin{cases} a_n+3 & (a_n\text{이 홀수인 경우}) \\ \dfrac{a_n}{2}+5 & (a_n\text{이 짝수인 경우}) \end{cases}$$

를 만족시킬 때, $a_{30}=10$이 되도록 하는 모든 a_1의 값의 합은? [4점]

① 21   ② 22   ③ 23

④ 24   ⑤ 25

13

▶ 25054-1073

실수 a에 대하여 닫힌구간 $[-1, 1]$에서 함수
$f(x)=x^3+3x^2-6ax+2$의 최솟값을 $g(a)$라 할 때,
$g(-1)+g(1)$의 값은? [4점]

① $6-6\sqrt{3}$ ② $8-6\sqrt{3}$ ③ $8-4\sqrt{3}$

④ $10-4\sqrt{3}$ ⑤ $10-2\sqrt{3}$

14

▶ 25054-1074

그림과 같이 1보다 큰 상수 a에 대하여 곡선 $y=\log_4 x$가 세 직
선 $x=\dfrac{1}{a}$, $x=a$, $x=2a$와 만나는 점을 각각 A, B, C라 하고,
곡선 $y=\log_{\frac{1}{2}} x$가 세 직선 $x=\dfrac{1}{a}$, $x=a$, $x=2a$와 만나는 점
을 각각 D, E, F라 하자. 사각형 BEFC의 넓이가 $3a$일 때, 사
각형 AEBD의 넓이는 $p\times\left(a-\dfrac{1}{a}\right)$이다. 상수 p의 값은? [4점]

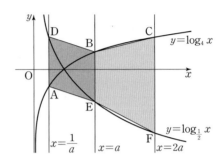

① $\dfrac{3}{4}$ ② $\dfrac{3}{2}$ ③ $\dfrac{9}{4}$

④ 3 ⑤ $\dfrac{15}{4}$

15

▶ 25054-1075

두 함수

$$f(x)=x^3-x^2+3x-k,\ g(x)=\frac{2}{3}x^3+x^2-x+4|x-1|$$

에 대하여 방정식 $f(x)=g(x)$의 서로 다른 실근의 개수가 3이 되도록 하는 정수 k의 최댓값을 M, 최솟값을 m이라 하자. $M-m$의 값은? [4점]

① 6   ② 7   ③ 8

④ 9   ⑤ 10

단답형

16

▶ 25054-1076

방정식 $2\log_3(x+1)=\log_3(2x+7)-1$을 만족시키는 실수 x의 값을 α라 할 때, 60α의 값을 구하시오. [3점]

17

▶ 25054-1077

수열 $\{a_n\}$에 대하여

$$\sum_{k=1}^{10}(a_k+3)(a_k-2)=8,\ \sum_{k=1}^{10}(a_k+1)(a_k-1)=48$$

일 때, $\sum_{k=1}^{10}a_k$의 값을 구하시오. [3점]

18

▸ 25054-1078

$\lim\limits_{x \to \infty}(a\sqrt{2x^2+x+1}-bx)=1$을 만족시키는 두 실수 a, b에 대하여 $a^2 \times b^2$의 값을 구하시오. [3점]

19

▸ 25054-1079

그림과 같이 두 곡선 $y=x^3-8x-2$, $y=x^2+4x-2$로 둘러싸인 두 부분의 넓이를 각각 S_1, S_2라 할 때,

$|S_1-S_2|=\dfrac{q}{p}$이다. $p+q$의 값을 구하시오.

(단, p와 q는 서로소인 자연수이다.) [3점]

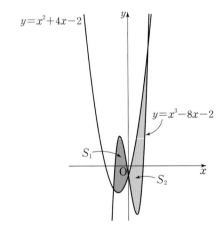

20

▸ 25054-1080

두 자연수 a, b에 대하여 열린구간 $(0, 2\pi)$에서 정의된 함수 $f(x)=a\sin 2x+b$가 있다. 자연수 n에 대하여 함수 $y=f(x)$의 그래프와 직선 $y=n$이 만나는 서로 다른 점의 개수를 $g(n)$이라 하자.

$$g(1)+g(2)+g(3)+g(4)+g(5)=17$$

이 되도록 하는 두 수 a, b의 모든 순서쌍 (a, b)에 대하여 a^2+b^2의 최댓값을 M, 최솟값을 m이라 할 때, $M+m$의 값을 구하시오. [4점]

21

▶ 25054-1081

수열 $\{a_n\}$이 다음 조건을 만족시킨다.

(가) $a_1 > 0$

(나) 모든 자연수 n에 대하여 $a_{n+1} \neq a_n$이고

$$\sum_{k=1}^{n} a_k = a_n^2 + na_n - 4$$

이다.

$\sum_{k=1}^{49} (-a_k)$의 값을 구하시오. [4점]

22

▶ 25054-1082

두 다항함수 $f(x)$, $g(x)$에 대하여 $f(x)$의 한 부정적분을 $F(x)$라 하고 $g(x)$의 한 부정적분을 $G(x)$라 하자. 네 함수 $f(x)$, $g(x)$, $F(x)$, $G(x)$가 모든 실수 x에 대하여 다음 조건을 만족시킨다.

(가) $\int_1^x f(t)dt = xg(x) + ax + 2$

(나) $g(x) = x\int_0^1 f(t)dt + b$

(다) $f(x)G(x) + F(x)g(x) = 8x^3 + 3x^2 + 4$

두 상수 a, b에 대하여 $120 \times \int_b^a f(x)g(x)dx$의 값을 구하시오. [4점]

확률과 통계

23

▶ 25054-1083

5개의 문자 a, a, a, b, b와 2개의 숫자 1, 2를 모두 일렬로 나열할 때, 맨 앞에는 숫자를 나열하는 경우의 수는? [2점]

① 110   ② 120   ③ 130

④ 140   ⑤ 150

24

▶ 25054-1084

두 사건 A, B에 대하여

$$P(A \cup B) = 2P(A) = 3P(A \cap B)$$

이고 $P(B) = \dfrac{3}{4}$일 때, $P(A)$의 값은? [3점]

① $\dfrac{3}{10}$ ② $\dfrac{7}{20}$ ③ $\dfrac{2}{5}$

④ $\dfrac{9}{20}$ ⑤ $\dfrac{1}{2}$

25

▸ 25054-1085

어느 모집단의 확률변수 X가 정규분포 $N(100, 8^2)$을 따를 때, 이 모집단에서 임의추출한 크기가 n인 표본의 표본평균을 $\overline{X}$라 하자.

$$P(X \geq 112) + P(\overline{X} \geq 98) = 1$$

을 만족시키는 자연수 n의 값은? [3점]

① 16   ② 25   ③ 36
④ 49   ⑤ 64

26

▸ 25054-1086

확률변수 X가 이항분포 $B(8, p)$를 따르고

$$\frac{P(X=3)}{P(X=1)} = \frac{7}{4}$$

일 때, $\dfrac{P(X=3)}{P(X=6)}$의 값은? (단, $0 < p < 1$) [3점]

① 8   ② 10   ③ 12
④ 14   ⑤ 16

다음 조건을 만족시키는 자연수 a, b의 모든 순서쌍 (a, b)의 개수는? [3점]

> (가) $a \times b = 2^7 \times 3^6 \times 5^5 \times 7^4$
> (나) $b = k \times a$를 만족시키는 자연수 k가 존재한다.

① 96 ② 120 ③ 144
④ 168 ⑤ 192

두 집합 $X = \{1,\ 2,\ 3,\ 4\}$, $Y = \{1,\ 2,\ 3,\ 4,\ 5,\ 6\}$에 대하여 X에서 Y로의 모든 일대일함수 f 중에서 임의로 하나를 선택할 때, 이 함수가 다음 조건을 만족시킬 확률은? [4점]

> (가) $f(1) < f(2) < f(3)$
> (나) $f(3) + f(4) \leq 10$

① $\dfrac{13}{120}$ ② $\dfrac{7}{60}$ ③ $\dfrac{1}{8}$
④ $\dfrac{2}{15}$ ⑤ $\dfrac{17}{120}$

단답형

29

▶ 25054-1089

어느 음료 회사에서 생산하는 음료수 1팩의 무게는 평균이 120 g, 표준편차가 8 g인 정규분포를 따른다고 한다. 이 음료 회사에서는 생산된 음료수를 임의로 4팩씩 한 상자에 담아 판매한다고 한다. 4팩의 음료수를 담은 상자 중에서 임의로 한 상자를 택했을 때, 상자의 무게가 494.4 g 이상이고 507.2 g 이하일 확률을 오른쪽 표준정규분포표를 이용하여 구한 값을 k라 하자. $1000 \times k$의 값을 구하시오. (단, 4팩의 음료수를 담은 상자는 충분히 많고, 상자의 무게는 고려하지 않는다.) [4점]

z	$\mathrm{P}(0 \leq Z \leq z)$
0.5	0.192
0.9	0.316
1.3	0.403
1.7	0.455
2.1	0.482

30

▶ 25054-1090

9개의 숫자 1, 1, 2, 2, 2, 3, 3, 3, 3을 같은 숫자끼리는 이웃하지 않도록 일렬로 나열한 것 중에서 임의로 하나를 선택할 때, 선택한 것이 다음 조건을 만족시킬 확률은 $\frac{q}{p}$이다. $p+q$의 값을 구하시오. (단, p와 q는 서로소인 자연수이다.) [4점]

1, 3, 1, 2, 3, 2, 3, 2, 3과 같이 어떤 2개의 3 사이에 나열된 숫자가 2개인 경우가 존재한다.

5지선다형

01
▶ 25054-1091

$\sqrt[5]{\left(\dfrac{\sqrt[3]{3}}{9}\right)^{-6}}$의 값은? [2점]

① $\dfrac{1}{9}$ ② $\dfrac{1}{3}$ ③ 1

④ 3 ⑤ 9

02
▶ 25054-1092

함수 $f(x)=2x^3-x+3$에 대하여 $\displaystyle\lim_{x\to 1}\dfrac{2f(x)-8}{x-1}$의 값은?

[2점]

① 8 ② 9 ③ 10

④ 11 ⑤ 12

03
▶ 25054-1093

두 수열 $\{a_n\}$, $\{b_n\}$에 대하여

$$\sum_{k=1}^{10}(a_k+b_k+2)=35,\ \sum_{k=1}^{5}b_{2k-1}=\sum_{k=1}^{5}b_{2k}=5$$

일 때, $\displaystyle\sum_{k=1}^{10}a_k$의 값은? [3점]

① -10 ② -5 ③ 0

④ 5 ⑤ 10

04
▶ 25054-1094

함수 $y=f(x)$의 그래프가 그림과 같다.

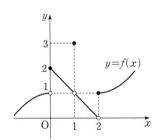

$\displaystyle\lim_{x\to 0+}f(x)+\lim_{x\to 0-}f(x+2)$의 값은? [3점]

① 1 ② 2 ③ 3

④ 4 ⑤ 5

05

▸ 25054-1095

다항함수 $f(x)$에 대하여 함수 $g(x)$를
$$g(x)=(x^3-1)f(x)$$
라 하자. 곡선 $y=f(x)$ 위의 점 $(2, 0)$에서의 접선의 기울기가 1일 때, $g'(2)$의 값은? [3점]

① 7   ② 9   ③ 11

④ 13   ⑤ 15

06

▸ 25054-1096

$\frac{3}{2}\pi < \theta < 2\pi$인 θ에 대하여 $\tan\left(\theta - \frac{3}{2}\pi\right) = \frac{3}{4}$일 때, $\sin\theta$의 값은? [3점]

① $-\frac{4}{5}$ ② $-\frac{3}{4}$ ③ $-\frac{3}{5}$

④ $\frac{3}{5}$ ⑤ $\frac{4}{5}$

07

▸ 25054-1097

방정식 $x^4 - \frac{20}{3}x^3 + 12x^2 - k = 0$의 서로 다른 실근의 개수가 3이 되도록 하는 모든 실수 k의 값의 합은? [3점]

① $\frac{56}{3}$ ② 19   ③ $\frac{58}{3}$

④ $\frac{59}{3}$ ⑤ 20

▶ 25054-1098

두 상수 a, b에 대하여 함수

$$f(x)=\begin{cases} x & (x<b-2 \text{ 또는 } x>b+2) \\ x^2-5x+a & (b-2\le x\le b+2) \end{cases}$$

가 실수 전체의 집합에서 연속일 때, $a+b$의 값은? [3점]

① 6   ② 8   ③ 10

④ 12   ⑤ 14

09

▶ 25054-1099

다음 조건을 만족시키는 삼각형 ABC의 외접원의 넓이가 4π일 때, 삼각형 ABC의 넓이는? [4점]

> (가) $\sin A = \sin C$
> (나) $\sin A \sin B = \cos C \cos\left(\dfrac{\pi}{2}-B\right)$

① $2\sqrt{2}$ ② $\sqrt{10}$ ③ $2\sqrt{3}$

④ $\sqrt{14}$ ⑤ 4

▶ 25054-1100

함수 $f(x)=x^2-8x+k$에 대하여 다음 조건을 만족시키는 모든 자연수 k의 값의 합은? [4점]

> $1\le t\le 10$인 실수 t에 대하여 $2^{f(t)}$의 세제곱근 중 실수인 값 전체의 집합을 A라 할 때, $8\in A$이다.

① 225   ② 250   ③ 275

④ 300   ⑤ 325

11

▶ 25054-1101

최고차항의 계수가 1인 사차함수 $f(x)$가 다음 조건을 만족시킬 때, $f(2)$의 값은? [4점]

(가) 모든 실수 t에 대하여 $\displaystyle\lim_{x \to t} \frac{f(x)-f(-x)}{x-t}$ 의 값이 존재한다.

(나) 곡선 $y=f(x)$ 위의 점 $(1, 7)$에서의 접선의 y절편이 -1이다.

① 28   ② 30   ③ 32

④ 34   ⑤ 36

12

▶ 25054-1102

$a_1 = -9$이고 공차가 d인 등차수열 $\{a_n\}$의 첫째항부터 제n항까지의 합을 S_n이라 하자. $S_p = S_q$를 만족시키는 서로 다른 두 자연수 p, q $(p < q)$의 모든 순서쌍 (p, q)의 개수가 4가 되도록 하는 모든 실수 d의 값의 합은? [4점]

① $\dfrac{15}{4}$ ② 4 ③ $\dfrac{17}{4}$

④ $\dfrac{9}{2}$ ⑤ $\dfrac{19}{4}$

        ▶ 25054-1103

두 자연수 a, b에 대하여 함수

$$f(x)=\begin{cases} |3^{x+2}-5| & (x\le 0) \\ 2^{-x+a}-b & (x>0) \end{cases}$$

이 다음 조건을 만족시킨다.

> 두 집합 $A=\{f(x)\,|\,x\le k\}$, $B=\{\alpha\,|\,\alpha\in A,\ \alpha\text{는 정수}\}$에 대하여 $n(B)=5$가 되도록 하는 모든 실수 k의 값의 범위는 $\log_3\dfrac{5}{9}\le k<1$이다.

$a+b$의 최댓값을 M, 최솟값을 m이라 할 때, $M\times m$의 값은?

[4점]

① 21   ② 24   ③ 27

④ 30   ⑤ 33

        ▶ 25054-1104

실수 전체의 집합에서 연속인 함수 $f(x)$가 양수 a에 대하여 $0\le x<2$일 때

$$f(x)=\begin{cases} ax^2 & (0\le x<1) \\ -a(x-2)^2+2a & (1\le x<2) \end{cases}$$

이고, 모든 실수 x에 대하여 $f(x+2)=f(x)+b$를 만족시킨다. 함수 $y=f(x)$의 그래프와 x축 및 직선 $x=7$로 둘러싸인 부분의 넓이가 73일 때, $a+b$의 값은? (단, a, b는 상수이다.) [4점]

① 6   ② 7   ③ 8

④ 9   ⑤ 10

15

▸ 25054-1105

최고차항의 계수가 1이고 $f(-1)=0$인 삼차함수 $f(x)$와 최고차항의 계수가 1이고 $g(\alpha)=0$ $(\alpha<-1)$인 이차함수 $g(x)$가 다음 조건을 만족시킨다.

> (가) 함수 $|f(x)|$는 $x=\alpha$에서만 미분가능하지 않다.
>
> (나) 모든 실수 x에 대하여 $\displaystyle\int_{\alpha}^{x} f(t)g(t)\,dt \geq 0$이다.
>
> (다) 다항함수 $h(x)$가 모든 실수 x에 대하여
> $$(x+1)h(x)=f(x)g(x)$$
> 일 때, 함수 $h(x)$의 극솟값은 -27이다.

방정식 $h'(x)=0$을 만족시키는 서로 다른 모든 실수 x의 값의 합은? [4점]

① -9 ② -8 ③ -7
④ -6 ⑤ -5

16

▸ 25054-1106

함수 $f(x)$에 대하여 $f'(x)=3x^2+2x+1$일 때, $f(2)-f(1)$의 값을 구하시오. [3점]

17

▸ 25054-1107

부등식 $x\log_2 x-2\log_2 x-3x+6\leq 0$을 만족시키는 모든 정수 x의 값의 합을 구하시오. [3점]

18

▶ 25054-1108

수열 $\{a_n\}$에 대하여

$$\sum_{n=1}^{20} a_n = 30, \quad \sum_{n=1}^{18} a_{n+1} = 22$$

일 때, $a_1 + a_{20}$의 값을 구하시오. [3점]

19

▶ 25054-1109

수직선 위를 움직이는 점 P의 시각 t $(t \geq 0)$에서의 위치 x가

$$x = t^4 + pt^3 + qt^2$$

이다. 점 P가 시각 $t=1$과 $t=2$에서 운동 방향을 바꿀 때, 시각 $t=3$에서의 점 P의 가속도를 구하시오. (단, p, q는 상수이다.)

[3점]

20

▶ 25054-1110

양수 a와 $0 \leq t \leq 1$인 실수 t에 대하여 x에 대한 방정식

$$\left(\sin \frac{2x}{a} - t \right)\left(\cos \frac{2x}{a} - t \right) = 0$$

의 실근 중에서 집합 $\{x \,|\, 0 \leq x \leq 2a\pi\}$에 속하는 모든 값을 작은 수부터 크기순으로 나열한 것을 $\alpha_1, \alpha_2, \alpha_3, \cdots, \alpha_n$ (n은 자연수)라 할 때, α_n이 다음 조건을 만족시킨다.

> $d \neq 3$인 자연수 d에 대하여
> $$\alpha_3 - \alpha_1 = d\pi, \quad \alpha_4 - \alpha_2 = 6\pi - d\pi$$
> 이다.

$t \times (10a + d)$의 값을 구하시오. [4점]

21

▶ 25054-1111

삼차함수 $f(x)$가 다음 조건을 만족시킨다.

(가) 방정식 $f(x)=0$의 서로 다른 실근의 개수는 2이다.
(나) 방정식 $f(x-f(x))=0$의 서로 다른 실근의 개수는 5이다.

$f(0)=\dfrac{4}{9}$, $f'(0)=0$일 때, $f(4)=\dfrac{q}{p}$이다. $p+q$의 값을 구하시오. (단, p와 q는 서로소인 자연수이다.) [4점]

22

▶ 25054-1112

수열 $\{a_n\}$이 모든 자연수 n에 대하여

$$a_{n+1}=\begin{cases} a_n+3 & (\,|a_n|<8) \\ -\dfrac{1}{3}a_n & (\,|a_n|\geq 8) \end{cases}$$

을 만족시킨다. 모든 자연수 k에 대하여

$$a_{3+5k}=a_3\times\left(-\dfrac{1}{3}\right)^k$$

이고, 부등식 $|a_m|\geq 8$을 만족시키는 100 이하의 자연수 m의 개수가 20 이상이 되도록 하는 모든 정수 a_1의 값의 합을 구하시오. [4점]

5지선다형

23

▶ 25054-1113

$\left(x-\dfrac{3}{x^2}\right)^5$의 전개식에서 x^2의 계수는? [2점]

① -15 ② -12 ③ -9

④ -6 ⑤ -3

24

▶ 25054-1114

흰 공 5개, 검은 공 3개가 들어 있는 주머니가 있다. 이 주머니에서 임의로 3개의 공을 동시에 꺼낼 때, 꺼낸 공 중 흰 공의 개수가 검은 공의 개수보다 작을 확률은? [3점]

① $\dfrac{3}{14}$ ② $\dfrac{2}{7}$ ③ $\dfrac{5}{14}$

④ $\dfrac{3}{7}$ ⑤ $\dfrac{1}{2}$

25

▶ 25054-1115

숫자 1, 2, 3, 4 중에서 중복을 허락하여 3개를 다음 조건을 만족시키도록 선택한 후 일렬로 나열하여 만들 수 있는 모든 세 자리의 자연수의 개수는? [3점]

(가) 숫자 1은 선택하지 않거나 2번 이상 선택한다.
(나) 숫자 4는 적어도 한 번 선택한다.

① 18   ② 20   ③ 22
④ 24   ⑤ 26

26

▶ 25054-1116

이산확률변수 X의 확률분포를 표로 나타내면 다음과 같다.

X	-1	0	a	합계
$P(X=x)$	$\dfrac{1}{3}$	$\dfrac{1}{a}$	$\dfrac{1}{b}$	1

$E(2X-1)=1$일 때, $a+b$의 값은?

(단, a, b는 양의 상수이다.) [3점]

① $\dfrac{45}{8}$ ② $\dfrac{23}{4}$ ③ $\dfrac{47}{8}$

④ 6 ⑤ $\dfrac{49}{8}$

27

▶ 25054-1117

어느 공장에서 생산하는 제품 A의 길이는 평균이 100, 표준편차가 6인 정규분포를 따른다고 한다. 이 공장에서 생산한 제품 A 중에서 n개를 임의추출하여 얻은 길이의 표본평균을 $\overline{X}$라 할 때, 표본평균 $\overline{X}$와 모평균의 차가 1 이상이면 제품의 생산과정을 멈추고 점검하기로 하였다. 제품의 생산과정을 멈추고 점검하게 될 확률이 10 % 이상이 되도록 하는 자연수 n의 최댓값을 오른쪽 표준정규분포표를 이용하여 구한 것은?
(단, 길이의 단위는 mm이다.) [3점]

z	$P(0 \leq Z \leq z)$
1.44	0.425
1.65	0.450
1.96	0.475
2.58	0.495

① 92   ② 94   ③ 96

④ 98   ⑤ 100

28

▶ 25054-1118

그림과 같이 바둑판의 중앙에 흰 바둑돌 1개와 검은 바둑돌 2개가 놓여 있다. 한 개의 주사위를 사용하여 다음 시행을 한다.

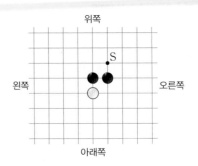

주사위를 한 번 던져 나온 눈의 수가
1 또는 2이면 흰 바둑돌을 왼쪽으로 1칸 이동시키고,
3 또는 4 또는 5이면 흰 바둑돌을 아래쪽으로 1칸 이동시키고,
6이면 흰 바둑돌을 오른쪽으로 1칸, 위쪽으로 1칸 이동시킨다.
이때 흰 바둑돌이 이동하여 도착할 위치에 검은 바둑돌이 있으면 흰 바둑돌을 이동시키지 않는다.

예를 들어 첫 번째 시행에서 주사위를 한 번 던져 나온 눈의 수가 6인 경우 흰 바둑돌이 이동하여 도착할 위치에 검은 바둑돌이 있으므로 흰 바둑돌을 이동시키지 않는다. 이 시행을 7번 반복한 결과 흰 바둑돌이 7번째 시행 후 처음으로 S지점에 도착했을 때, 두 번째 시행까지 던진 주사위에서 나온 눈의 수가 모두 2 이하일 확률은? [4점]

① $\dfrac{5}{16}$ ② $\dfrac{3}{8}$ ③ $\dfrac{7}{16}$

④ $\dfrac{1}{2}$ ⑤ $\dfrac{9}{16}$

단답형

29

▶ 25054-1119

연속확률변수 X가 갖는 값의 범위는 $0 \le X \le b$이고, X의 확률
밀도함수의 그래프가 그림과 같다.

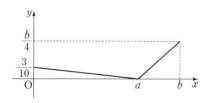

$\dfrac{\mathrm{P}(X \ge a)}{\mathrm{P}(X \le a)} = \dfrac{4}{3}$ 일 때, $7(a+b)$의 값을 구하시오.

(단, a, b는 상수이다.) [4점]

30

▶ 25054-1120

다음 조건을 만족시키는 자연수 a, b, c, d의 모든 순서쌍
(a, b, c, d)의 개수를 구하시오. [4점]

(가) $a \le b$이고, $a+b+c+d=8$이다.

(나) 좌표평면 위의 두 점 $\mathrm{A}(0, a)$, $\mathrm{B}(b, 0)$에 대하여 직선
AB는 x좌표와 y좌표가 모두 자연수인 점을 지나지 않는
다.

5지선다형

01
▶ 25054-1121

$\sqrt[3]{4} \times 8^{-\frac{5}{9}}$의 값은? [2점]

① $\dfrac{1}{4}$　　② $\dfrac{1}{2}$　　③ 1

④ 2　　⑤ 4

02
▶ 25054-1122

함수 $f(x) = 3x^2 - 3x$에 대하여 $\lim\limits_{x \to 2} \dfrac{f(x) - 6}{x - 2}$의 값은? [2점]

① 3　　② 6　　③ 9

④ 12　　⑤ 15

03
▶ 25054-1123

모든 항이 양수인 등비수열 $\{a_n\}$에 대하여

$$\frac{a_1 \times a_4}{a_2} = 3, \ a_3 + a_5 = 15$$

일 때, a_6의 값은? [3점]

① 12　　② 16　　③ 20

④ 24　　⑤ 28

04
▶ 25054-1124

함수 $y = f(x)$의 그래프가 그림과 같다.

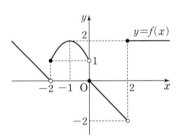

$\lim\limits_{x \to -2-} f(x) + \lim\limits_{x \to 1+} f(x+1)$의 값은? [3점]

① 1　　② 2　　③ 3

④ 4　　⑤ 5

05

▶ 25054-1125

$\pi < \theta < \dfrac{3}{2}\pi$인 θ에 대하여 $\cos\theta - \dfrac{1}{\cos\theta} = \dfrac{\tan\theta}{3}$일 때, $\cos(\pi - \theta)$의 값은? [3점]

① $-\dfrac{2\sqrt{2}}{3}$ ② $-\dfrac{\sqrt{5}}{3}$ ③ $-\dfrac{1}{3}$

④ $\dfrac{1}{3}$ ⑤ $\dfrac{2\sqrt{2}}{3}$

06

▶ 25054-1126

함수 $f(x) = x^3 + ax^2 + bx + 2$는 $x=1$, $x=3$에서 각각 극값을 갖는다. 함수 $f(x)$의 극솟값은? (단, a, b는 상수이다.) [3점]

① 1   ② 2   ③ 3

④ 4   ⑤ 5

07

▶ 25054-1127

다항함수 $f(x)$가 모든 실수 x에 대하여
$$\int_{-1}^{x} f(t)\,dt = 2x^3 + ax^2 + bx + 2$$
를 만족시킨다. $f(1) = 0$일 때, $a+b$의 값은?

(단, a, b는 상수이다.) [3점]

① -4 ② -2 ③ 0

④ 2   ⑤ 4

08

▶ 25054-1128

두 양수 a, b가

$$\log_2 a - \log_4 b = \frac{1}{2}, \ a + b = 6 \log_3 2 \times \log_2 9$$

를 만족시킬 때, $b - a$의 값은? [3점]

① 4   ② 6   ③ 8

④ 10   ⑤ 12

09

▶ 25054-1129

시각 $t=0$일 때 동시에 원점을 출발하여 수직선 위를 움직이는 두 점 P, Q의 시각 t $(t \geq 0)$에서의 속도가 각각

$$v_1(t) = 3t^2 - 2t, \ v_2(t) = 2t$$

이다. 시각 $t=a$에서의 두 점 P, Q의 위치가 서로 같을 때, 점 P가 시각 $t=0$에서 $t=a$까지 움직인 거리는?

(단, a는 양수이다.) [4점]

① $\dfrac{104}{27}$ ② $\dfrac{107}{27}$ ③ $\dfrac{110}{27}$

④ $\dfrac{113}{27}$ ⑤ $\dfrac{116}{27}$

10

▶ 25054-1130

최고차항의 계수가 1인 삼차함수 $f(x)$에 대하여 곡선 $y=f(x)$ 위의 점 $(1, 0)$에서의 접선의 기울기가 1이고, 곡선 $y=(x-2)f(x)$ 위의 점 $(2, 0)$에서의 접선의 기울기가 4일 때, $f(-1)$의 값은? [4점]

① -5 ② -4 ③ -3

④ -2 ⑤ -1

11

▶ 25054-1131

최고차항의 계수가 1인 사차함수 $f(x)$에 대하여

$$\lim_{x \to 0} \frac{f(x)}{x} = 2$$

이다. 상수 k에 대하여 함수 $g(x)$가

$$g(x) = \begin{cases} \dfrac{x(x+1)}{f(x)} & (f(x) \neq 0) \\ k & (f(x) = 0) \end{cases}$$

이고 함수 $g(x)$가 실수 전체의 집합에서 연속일 때, $f(1)$의 값은? [4점]

① 4   ② 5   ③ 6

④ 7   ⑤ 8

12

▶ 25054-1132

모든 항이 정수인 수열 $\{a_n\}$이 모든 자연수 n에 대하여

$$a_{n+1} = \begin{cases} a_n - 8 & (a_n \geq 0) \\ a_n^2 & (a_n < 0) \end{cases}$$

을 만족시킬 때, $a_6 + a_8 = 0$이 되도록 하는 모든 a_1의 값의 합은? [4점]

① 74   ② 78   ③ 82

④ 86   ⑤ 90

13

▶ 25054-1133

함수 $f(x)=3\sin \pi x+2$가 있다. $0\leq x\leq 3$일 때, 양수 t에 대하여 x에 대한 방정식 $\{f(x)-t\}\{2f(x)+t\}=0$의 서로 다른 실근의 개수를 $g(t)$, 서로 다른 모든 실근의 합을 $h(t)$라 하자. $h(t)-g(t)$의 최댓값은?

(단, $g(t)=0$이면 $h(t)=0$으로 한다.) [4점]

① $\dfrac{3}{2}$ ② 2 ③ $\dfrac{5}{2}$

④ 3 ⑤ $\dfrac{7}{2}$

14

▶ 25054-1134

최고차항의 계수가 1인 삼차함수 $f(x)$가 다음 조건을 만족시킨다.

(가) 함수 $|f(x)|$는 $x=-1$에서만 미분가능하지 않다.

(나) 방정식 $|f(x)|=f(-1)$은 서로 다른 두 실근을 갖고, 이 두 실근의 합은 1보다 크다.

(다) 방정식 $|f(x)|=f(2)$의 서로 다른 실근의 개수는 3이다.

0이 아닌 두 상수 m, n에 대하여 함수 $g(x)$가

$$g(x)=\begin{cases} f(x-m)+n & (x<2) \\ f(x) & (x\geq 2) \end{cases}$$

이다. 함수 $g(x)$가 실수 전체의 집합에서 미분가능하도록 하는 m, n에 대하여 $m+n$의 값은? [4점]

① 84 ② 90 ③ 96

④ 102 ⑤ 108

15

▶ 25054-1135

자연수 $a \, (a>1)$과 정수 b에 대하여 두 함수

$f(x)=\log_2(x+a)$, $g(x)=4^x+\dfrac{b}{8}$가 다음 조건을 만족시킨다.

(가) 곡선 $y=f(x)$를 직선 $y=x$에 대하여 대칭이동한 곡선 $y=h(x)$에 대하여 두 곡선 $y=g(x)$, $y=h(x)$는 서로 다른 두 점에서 만난다.

(나) 곡선 $y=f(x)$와 x축 및 y축으로 둘러싸인 영역의 내부 또는 그 경계에 포함되고 x좌표와 y좌표가 모두 정수인 점의 개수가 8이다.

$a+b$의 값은? [4점]

① -28 ② -27 ③ -26

④ -25 ⑤ -24

단답형

16

▶ 25054-1136

방정식 $\log_3(x-2)=\log_9(x+10)$을 만족시키는 실수 x의 값을 구하시오. [3점]

17

▶ 25054-1137

두 수열 $\{a_n\}$, $\{b_n\}$에 대하여

$$\sum_{k=1}^{10}(1+2a_k)=48, \ \sum_{k=1}^{10}(k+b_k)=60$$

일 때, $\displaystyle\sum_{k=1}^{10}(a_k-b_k)$의 값을 구하시오. [3점]

18

▶ 25054-1138

함수 $f(x)=(x^2-1)(x^2+ax+a)$에 대하여 $f'(-2)=0$일 때, 상수 a의 값을 구하시오. [3점]

19

▶ 25054-1139

$a>2$인 실수 a에 대하여 곡선 $y=x^2-4$와 직선 $y=a^2-4$로 둘러싸인 부분의 넓이가 x축에 의하여 이등분될 때, a^3의 값을 구하시오. [3점]

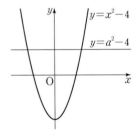

20

▶ 25054-1140

그림과 같이 $\overline{AB}=1$, $\overline{BC}=x$, $\overline{CA}=3-x$인 삼각형 ABC의 변 BC 위에 $\overline{AB}=\overline{BD}$인 점 D를 잡는다. $\cos(\angle ABC)=\dfrac{1}{3}$일 때, $\sin^2(\angle BAD)+\sin^2(\angle CAD)=k$이다. $81k$의 값을 구하시오. (단, $1<x<2$) [4점]

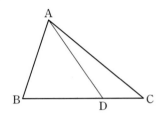

21

▸ 25054-1141

모든 항이 정수이고 다음 조건을 만족시키는 모든 등차수열 $\{a_n\}$에 대하여 $|a_1|$의 최댓값을 구하시오. [4점]

> (가) 모든 자연수 n에 대하여 $a_6 a_8 < a_n a_{n+1}$이다.
>
> (나) $\displaystyle\sum_{k=1}^{10}(|a_k|+a_k)=30$

22

▸ 25054-1142

상수함수가 아닌 두 다항함수 $f(x)$, $g(x)$에 대하여 $g(x)$의 한 부정적분을 $G(x)$라 할 때, 세 함수 $f(x)$, $g(x)$, $G(x)$가 다음 조건을 만족시킨다.

> (가) 모든 실수 x에 대하여
> $$\{f(x)g(x)\}'=18\{G(x)+2f'(x)+22\}$$이다.
> (나) 모든 실수 x에 대하여
> $$f(x)=\int_1^x g(t)dt+6(3x-2)$$이다.
> (다) $g(1)<0$이고 $G(0)=1$이다.

닫힌구간 $[0, 2]$에서 함수 $h(x)$가
$$h(x)=\begin{cases} -f(x)+12 & (0\le x<1) \\ f(x) & (1\le x\le2) \end{cases}$$
이고, 모든 실수 x에 대하여 $h(x)=h(x-2)+6$을 만족시킬 때, $\displaystyle\int_{g(4)}^{g(6)} h(x)dx$의 값을 구하시오. [4점]

5지선다형

23

▶ 25054-1143

두 사건 A, B는 서로 독립이고

$$\mathrm{P}(A^C)=\frac{3}{4},\ \mathrm{P}(A\cap B)=\frac{1}{6}$$

일 때, $\mathrm{P}(B)$의 값은? [2점]

① $\frac{1}{3}$ ② $\frac{5}{12}$ ③ $\frac{1}{2}$

④ $\frac{7}{12}$ ⑤ $\frac{2}{3}$

24

▶ 25054-1144

그림과 같이 직사각형 모양으로 연결된 도로망이 있다. 이 도로망을 따라 A지점에서 출발하여 P지점을 거쳐 B지점까지 최단 거리로 가는 경우의 수는? [3점]

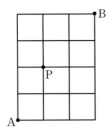

① 12 ② 15 ③ 18

④ 21 ⑤ 24

25

▸ 25054-1145

연속확률변수 X가 갖는 값의 범위는 $0 \leq X \leq 2$이고, X의 확률밀도함수 $f(x)$가

$$f(x) = \begin{cases} a & \left(0 \leq x \leq \dfrac{1}{2}\right) \\ \dfrac{2}{3}a(2-x) & \left(\dfrac{1}{2} < x \leq 2\right) \end{cases}$$

이다. $P\left(\dfrac{1}{4} \leq X \leq \dfrac{3}{2}\right)$의 값은? (단, a는 양수이다.) [3점]

① $\dfrac{7}{10}$ ② $\dfrac{11}{15}$ ③ $\dfrac{23}{30}$

④ $\dfrac{4}{5}$ ⑤ $\dfrac{5}{6}$

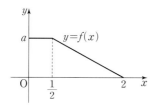

26

▸ 25054-1146

어느 제과점에서 생산하는 단팥빵 1개의 무게는 평균이 200 g, 표준편차가 16 g인 정규분포를 따른다고 한다. 이 제과점에서 생산한 단팥빵 중에서 임의로 선택한 단팥빵 1개의 무게가 168 g 이상이고 208 g 이하일 확률을 오른쪽 표준정규분포표를 이용하여 구한 것은? [3점]

z	$P(0 \leq Z \leq z)$
0.5	0.1915
1.0	0.3413
1.5	0.4332
2.0	0.4772

① 0.6687   ② 0.7745   ③ 0.8185

④ 0.8664   ⑤ 0.9104

27

▸ 25054-1147

앞면에는 숫자 1, 2, 3, 4가 하나씩 적혀 있고 뒷면에는 모두 숫자 5가 하나씩 적혀 있는 4장의 카드가 있다. 그림과 같이 탁자 위에 n번째 자리에 앞면에 적혀 있는 숫자가 n인 카드가 앞면이 보이도록 일렬로 놓여 있다.

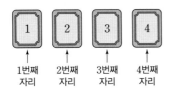

4개의 동전을 동시에 한 번 던져 나오는 앞면의 개수가 k이면 k번째 자리에 놓여 있는 카드 한 장을 뒤집고, 4개의 동전이 모두 뒷면이 나오면 카드를 뒤집지 않는 시행을 한다. 예를 들어 4개의 동전을 동시에 한 번 던져 나오는 앞면의 개수가 2이면 2번째 자리에 놓여 있는 카드 한 장을 뒤집는다. 이때 4장의 카드에서 보이는 면에 적혀 있는 모든 수는 차례로 1, 5, 3, 4이다.

이 시행을 3번 반복할 때, 3번째 시행 후 4장의 카드에서 보이는 면에 적혀 있는 모든 수의 곱이 홀수일 확률은?

(단, n과 k는 4 이하의 자연수이다.) [3점]

① $\dfrac{27}{2^{10}}$ ② $\dfrac{45}{2^{10}}$ ③ $\dfrac{63}{2^{10}}$

④ $\dfrac{81}{2^{10}}$ ⑤ $\dfrac{99}{2^{10}}$

28

▸ 25054-1148

숫자 1, 3, 5가 하나씩 적혀 있는 3개의 공이 들어 있는 상자가 있다. 한 개의 주사위를 사용하여 다음 시행을 한다.

주사위를 한 번 던져
나온 눈의 수를 3으로 나눈 나머지가 0이면
상자에서 1이 적혀 있는 공 1개와 3이 적혀 있는 공 1개를 꺼내고,
나온 눈의 수를 3으로 나눈 나머지가 1이면
상자에서 1이 적혀 있는 공 1개와 5가 적혀 있는 공 1개를 꺼내고,
나온 눈의 수를 3으로 나눈 나머지가 2이면
상자에서 3이 적혀 있는 공 1개와 5가 적혀 있는 공 1개를 꺼낸다.
상자에서 꺼낸 2개의 공에 적혀 있는 두 수의 합을 기록한 후, 꺼낸 공을 상자에 다시 넣는다.

이 시행을 2번 반복하여 기록한 두 수의 평균을 $\overline{X}$라 할 때, $E(\overline{X}) = a$, $V(\overline{X}) = b$라 하자. $P(3b \le \overline{X} \le a)$의 값은? [4점]

① $\dfrac{1}{3}$ ② $\dfrac{4}{9}$ ③ $\dfrac{5}{9}$

④ $\dfrac{2}{3}$ ⑤ $\dfrac{7}{9}$

단답형

29

▶ 25054-1149

집합 $X=\{2,\ 3,\ 4,\ 5,\ 6\}$에 대하여 X에서 X로의 모든 함수 f 중에서 임의로 하나를 선택하는 시행을 한다. 이 시행에서 선택한 함수 f가 다음 조건을 만족시킬 때, $f(3)=f(4)$일 확률은 $\dfrac{q}{p}$ 이다. $p+q$의 값을 구하시오.

(단, p와 q는 서로소인 자연수이다.) [4점]

(가) $f(3)$과 $f(4)$의 값은 모두 4의 약수이다.
(다) $f(2)\leq f(3)\leq f(4)\leq f(5)\leq f(6)$

30

▶ 25054-1150

다음 조건을 만족시키는 자연수 $a,\ b,\ c,\ d$의 모든 순서쌍 $(a,\ b,\ c,\ d)$의 개수를 구하시오. [4점]

(가) $a+b+c+d=20$
(나) $c\times d$는 홀수이다.

01 지수함수와 로그함수
본문 6~13쪽

01 ③	02 ②	03 ⑤	04 ①	05 ①
06 ④	07 ②	08 30	09 ④	10 ⑤
11 12	12 ④	13 ①	14 ②	15 ①
16 ③	17 ④	18 ②	19 6	20 ②
21 15	22 7	23 ①	24 5	25 ③
26 ②	27 ②	28 1	29 ⑤	30 ②
31 ③	32 ④			

03 수열
본문 25~36쪽

01 ⑤	02 ②	03 ③	04 9	05 54
06 ④	07 ②	08 ③	09 ③	10 64
11 ③	12 18	13 ③	14 ①	15 85
16 ①	17 ②	18 34	19 16	20 ③
21 ⑤	22 ④	23 103	24 ⑤	25 ①
26 ②	27 ④	28 110	29 ①	30 ②
31 ④	32 ②	33 ⑤	34 ④	35 ①
36 ②	37 ⑤	38 ①	39 ②	40 12
41 ④	42 ⑤			

02 삼각함수
본문 16~22쪽

01 ④	02 ②	03 ①	04 151	05 ⑤
06 ④	07 ①	08 ①	09 ④	10 ②
11 ⑤	12 ③	13 ⑤	14 ②	15 ⑤
16 ③	17 ③	18 23	19 ④	20 ④
21 ②	22 ③	23 ②	24 4	25 ④
26 4				

04 함수의 극한과 연속
본문 39~45쪽

01 ④	02 ②	03 ③	04 ⑤	05 3
06 ⑤	07 ③	08 ①	09 ③	10 ③
11 ②	12 ③	13 ⑤	14 ⑤	15 18
16 ①	17 ⑤	18 ④	19 ③	20 ②
21 ③	22 ③	23 14	24 ③	25 ②
26 12	27 ④			

05 다항함수의 미분법
본문 48~58쪽

01 ⑤	02 18	03 ①	04 ③	05 ②
06 ②	07 ④	08 12	09 ④	10 ①
11 ②	12 8	13 ④	14 ②	15 ①
16 33	17 ④	18 ③	19 ②	20 28
21 ④	22 ①	23 ④	24 ②	25 21
26 ③	27 11	28 ④	29 ⑤	30 60
31 ②	32 22	33 ③	34 18	35 ④
36 ①	37 128	38 ①	39 ④	40 ①
41 ②	42 27	43 ④		

08 확률
본문 82~90쪽

01 ③	02 ②	03 ④	04 ②	05 ④
06 ①	07 ①	08 ④	09 ④	10 ②
11 ②	12 ④	13 ①	14 ①	15 ②
16 ②	17 ④	18 ④	19 ③	20 ④
21 ③	22 ④	23 ③	24 ③	25 ③
26 ①	27 ①	28 ②	29 ④	30 6
31 ②	32 ①	33 ④	34 ①	

06 다항함수의 적분법
본문 61~69쪽

01 12	02 14	03 ④	04 ③	05 29
06 ②	07 19	08 ①	09 16	10 23
11 64	12 ①	13 ③	14 ④	15 29
16 ②	17 17	18 ③	19 10	20 ②
21 ⑤	22 ③	23 ④	24 5	25 6
26 ②	27 ①	28 ③	29 ③	30 22
31 ③	32 ②	33 ⑤	34 ③	35 ①

09 통계
본문 93~104쪽

01 ⑤	02 ③	03 ⑤	04 7	05 ④
06 ②	07 ④	08 ②	09 ②	10 ④
11 ⑤	12 47	13 17	14 ②	15 64
16 ④	17 ②	18 ④	19 ①	20 ③
21 ④	22 ⑤	23 ①	24 ③	25 ②
26 ③	27 ②	28 ②	29 27	30 ⑤
31 ②	32 ③	33 ③	34 ④	35 ③
36 ③	37 ④	38 ③	39 ⑤	40 ②
41 ④	42 ④	43 ④	44 385	

07 경우의 수
본문 72~79쪽

01 ③	02 ④	03 15	04 ②	05 ②
06 ②	07 242	08 ①	09 ④	10 ⑤
11 ③	12 ①	13 ③	14 ④	15 ②
16 ①	17 ③	18 ④	19 ④	20 ①
21 ④	22 ④	23 ③	24 168	25 420
26 ③	27 ②	28 ④	29 424	

실전편

실전 모의고사 1회 본문 106~117쪽

01 ②	02 ①	03 ③	04 ③	05 ③
06 ①	07 ①	08 ②	09 ⑤	10 ②
11 ⑤	12 ⑤	13 ②	14 ③	15 ①
16 1	17 4	18 6	19 12	20 80
21 16	22 54	23 ①	24 ④	25 ⑤
26 ③	27 ④	28 ②	29 90	30 26

실전 모의고사 4회 본문 142~153쪽

01 ⑤	02 ③	03 ④	04 ②	05 ①
06 ①	07 ④	08 ②	09 ⑤	10 ⑤
11 ①	12 ③	13 ②	14 ④	15 ③
16 11	17 35	18 8	19 44	20 31
21 29	22 50	23 ①	24 ②	25 ③
26 ⑤	27 ④	28 ②	29 48	30 17

실전 모의고사 2회 본문 118~129쪽

01 ④	02 ③	03 ⑤	04 ④	05 ①
06 ①	07 ⑤	08 ②	09 ④	10 ⑤
11 ⑤	12 ①	13 ④	14 ⑤	15 ④
16 3	17 14	18 33	19 36	20 10
21 611	22 19	23 ③	24 ④	25 ②
26 ③	27 ②	28 ②	29 581	30 667

실전 모의고사 5회 본문 154~165쪽

01 ②	02 ③	03 ④	04 ②	05 ⑤
06 ②	07 ①	08 ①	09 ⑤	10 ④
11 ⑤	12 ①	13 ③	14 ④	15 ②
16 6	17 14	18 4	19 16	20 60
21 27	22 252	23 ⑤	24 ③	25 ②
26 ①	27 ④	28 ④	29 24	30 285

실전 모의고사 3회 본문 130~141쪽

01 ②	02 ①	03 ④	04 ②	05 ③
06 ②	07 ④	08 ③	09 ①	10 ③
11 ③	12 ②	13 ②	14 ③	15 ③
16 40	17 10	18 128	19 355	20 54
21 598	22 80	23 ②	24 ④	25 ③
26 ⑤	27 ③	28 ④	29 139	30 127

수능완성

수학영역 | 수학Ⅰ· 수학Ⅱ· 확률과 통계

수능완성을 넘어 수능완벽으로
EBS 모의고사 시리즈

FINAL 실전모의고사	국어, 수학, 영어, 한국사, 생활과 윤리, 한국지리, 사회·문화, 물리학Ⅰ, 화학Ⅰ, 생명과학Ⅰ, 지구과학Ⅰ
만점마무리 봉투모의고사 시즌1	국어, 수학, 영어, 한국사, 생활과 윤리, 사회·문화, 화학Ⅰ, 생명과학Ⅰ, 지구과학Ⅰ
만점마무리 봉투모의고사 시즌2	국어, 수학, 영어
만점마무리 봉투모의고사 고난도 Hyper	통합(국어 + 수학 + 영어)
수능 직전보강 클리어 봉투모의고사	국어, 수학, 영어, 생활과 윤리, 사회·문화, 생명과학Ⅰ, 지구과학Ⅰ

정가 **14,000원**

53410

9 788954 792462
ISBN 978-89-547-9246-2

교재 구입 문의 | TEL 1588-1580
교재 내용 문의 | EBS*i* 사이트(www.ebs*i*.co.kr)의 학습 Q&A 서비스를 활용하시기 바랍니다.

한국교육과정평가원
감수
본 교재는 2026학년도 수능
연계교재로서 한국교육과정
평가원이 감수하였습니다.

본 교재는 대학수학능력시험을 준비하는 데 도움을 드리고자 수학과 교육과정을 토대로 제작된 교재입니다.
학교에서 선생님과 함께 교과서의 기본 개념을 충분히 익힌 후 활용하시면 더 큰 학습 효과를 얻을 수 있습니다.

수능완성

정답과 풀이

2026학년도 수능 연계교재　　**수학영역** │ **수학 I · 수학 II · 확률과 통계**

아직도 한 우물만 판다?

하나의 전공에 미래를 가두지 마세요.
무한한 가능성을 품은 한성인이라면
학과 상관없이 2개 이상의 전공을 선택합니다.
한성대학교는 전면적 전공트랙제를 통해
미래형 창의융합인재를 양성합니다.

세계로 뻗어나가는 한성
한성으로 모여드는 세계

한성대학교 2026학년도
수시모집

• 원서접수 : 2025. 9. 8.(월) 10:00 ~ 9. 12.(금) 18:00
• 입시상담 : 02)760-5800

※ 본 교재 광고의 수익금은 콘텐츠 품질개선과 공익사업에 사용됩니다.
※ 모두의 요강(mdipsi.com)을 통해 한성대학교의 입시정보를 확인할 수 있습니다.

HSU 한성대학교
HANSUNG UNIVERSITY

2026학년도 수능 연계교재

수능완성

수학영역 | **수학Ⅰ· 수학Ⅱ· 확률과 통계**

정답과 풀이

01 지수함수와 로그함수

본문 6~13쪽

01 ③	02 ②	03 ⑤	04 ①	05 ①
06 ④	07 ②	08 30	09 ④	10 ⑤
11 12	12 ④	13 ①	14 ②	15 ①
16 ③	17 ④	18 ②	19 6	20 ②
21 15	22 7	23 ①	24 5	25 ③
26 ②	27 ②	28 1	29 ⑤	30 ②
31 ③	32 ④			

01

$$\sqrt[3]{9} \times \sqrt{3\sqrt[3]{3}} \div \sqrt[3]{9^2} = \sqrt[3]{9} \times \sqrt{\sqrt[3]{3^3 \times \sqrt[3]{3}}} \times \frac{1}{(\sqrt[3]{9})^2}$$

$$= \sqrt{\sqrt[3]{3^3 \times 3}} \times \frac{1}{\sqrt[3]{9}}$$

$$= \sqrt[3]{\sqrt{3^4}} \times \frac{1}{\sqrt[3]{9}}$$

$$= \sqrt[3]{3^2} \times \frac{1}{\sqrt[3]{3^2}} = 1$$

답 ③

02

$$\sqrt[3]{m} = 2^n \quad \cdots\cdots \ \bigcirc$$

$$\sqrt[4]{4^n} = k \quad \cdots\cdots \ \bigcirc$$

$\sqrt[4]{(2^n)^2} = \sqrt[4]{4^n}$이므로 ㉡에 ㉠을 대입하면

$$\sqrt[4]{(\sqrt[3]{m})^2} = k$$

$k = \sqrt{2m}$이고, $\sqrt[3]{m} > 0$이므로

$$\sqrt[4]{(\sqrt[3]{m})^2} = \sqrt{2m}$$

$$\sqrt{\sqrt[3]{m}} = \sqrt{2m}$$

$$\sqrt[3]{m} = 2m$$

양변을 세제곱하면 $m = 8m^3$

$m > 0$이므로 $m^2 = \frac{1}{8}$

따라서 $m = \frac{1}{\sqrt{8}} = \frac{\sqrt{2}}{4}$

답 ②

03

$$\sqrt[4n]{8^n} = \sqrt[4n]{2^{3n}} = \sqrt[4]{2^3}$$

$$\sqrt[4n+2]{2 \times 4^n} = \sqrt[4n+2]{2 \times 2^{2n}} = \sqrt[4n+2]{2^{2n+1}} = \sqrt[2n+1]{2^{2n+1}} = \sqrt{2}$$

계수가 실수인 이차방정식 $x^2 - ax + b = 0$의 한 근이 $\sqrt[4]{2^3} + \sqrt{2}i$이므로 나머지 한 근은 $\sqrt[4]{2^3} - \sqrt{2}i$이다.

이차방정식의 근과 계수의 관계에 의하여

$a = (\sqrt[4]{2^3} + \sqrt{2}i) + (\sqrt[4]{2^3} - \sqrt{2}i) = 2\sqrt[4]{2^3}$

$b = (\sqrt[4]{2^3} + \sqrt{2}i)(\sqrt[4]{2^3} - \sqrt{2}i) = (\sqrt[4]{2^3})^2 + (\sqrt{2})^2 = \sqrt[4]{2^6} + 2 = \sqrt{2^3} + 2$

$a^2 = (2\sqrt[4]{2^3})^2 = 4\sqrt{2^3}$

$b^2 = (\sqrt{2^3} + 2)^2 = 12 + 4\sqrt{2^3}$

따라서 $a^2 - b^2 = -12$

답 ⑤

04

$|x+3| \le n-k$에서

$-n+k \le x+3 \le n-k$

$-n+k-3 \le x \le n-k-3$

n, k가 자연수이므로 조건을 만족시키는 정수 x의 최댓값 m은

$m = n-k-3$

$2 \le k \le n \le 6$인 두 자연수 n, k에 대하여 m의 n제곱근 중 음수인 것이 존재하려면 n이 홀수이고 m이 음수이거나, n이 짝수이고 m이 양수인 경우이다.

(i) n이 홀수이고 m이 음수인 경우

$m = n-k-3 < 0$에서 $k > n-3$

$n = 3$인 경우 $k > 0$이고 $2 \le k \le n$이므로 $k = 2, 3$

$n = 5$인 경우 $k > 2$이고 $2 \le k \le n$이므로 $k = 3, 4, 5$

(ii) n이 짝수이고 m이 양수인 경우

$m = n-k-3 > 0$에서 $k < n-3$

$n = 2$ 또는 $n = 4$인 경우 조건을 만족시키는 자연수 k는 존재하지 않는다.

$n = 6$인 경우 $k < 3$이고 $2 \le k \le n$이므로 $k = 2$

(i), (ii)에 의하여 조건을 만족시키는 순서쌍 (n, k)는

$(3, 2)$, $(3, 3)$, $(5, 3)$, $(5, 4)$, $(5, 5)$, $(6, 2)$

이므로 그 개수는 6이다.

답 ①

05

$$3^{\sqrt{2}-1} \times \left(\frac{1}{27}\right)^{\frac{\sqrt{2}+1}{3}} = 3^{\sqrt{2}-1} \times (3^{-3})^{\frac{\sqrt{2}+1}{3}}$$

$$= 3^{\sqrt{2}-1} \times 3^{-\sqrt{2}-1}$$

$$= 3^{\sqrt{2}-1-\sqrt{2}-1} = 3^{-2} = \frac{1}{9}$$

답 ①

06

$5^x \div 5^{\frac{4}{x}} = 5^{x-\frac{4}{x}}$, $5^0 = 1$이므로

$$x - \frac{4}{x} = 0$$

양변에 0이 아닌 실수 x를 곱하면

$x^2 - 4 = 0$, $(x+2)(x-2) = 0$

$x = -2$ 또는 $x = 2$

따라서 구하는 모든 실수 x의 값의 곱은

$(-2) \times 2 = -4$

답 ④

07

$$\sqrt[6]{10^{n^2}} \times (64^6)^{\frac{1}{n}} = 10^{\frac{n^2}{6}} \times 2^{6 \times 6 \times \frac{1}{n}} = 5^{\frac{n^2}{6}} \times 2^{\frac{n^2}{6}} \times 2^{\frac{36}{n}} = 5^{\frac{n^2}{6}} \times 2^{\frac{n^2}{6} + \frac{36}{n}}$$

$5^{\frac{n^2}{6}} \times 2^{\frac{n^2}{6} + \frac{36}{n}}$이 자연수가 되기 위해서는 $\frac{n^2}{6}$, $\frac{n^2}{6} + \frac{36}{n}$이 모두 음이 아닌 정수이어야 한다.

$\frac{n^2}{6}$이 음이 아닌 정수가 되기 위해서는 n^2이 6의 배수이어야 하므로 자연수 n도 6의 배수이다. $\frac{n^2}{6} + \frac{36}{n}$이 음이 아닌 정수가 되기 위해서는 n이 6의 배수인 동시에 36의 약수이어야 한다.

36의 약수는 1, 2, 3, 4, 6, 9, 12, 18, 36이고,
이 중 6의 배수는 6, 12, 18, 36이므로 구하는 자연수 n의 개수는 4이다.
답 ②

08

$a \times (\sqrt[4]{18})^b \times 256^{\frac{1}{c}} = 72$에서 a가 자연수이므로
$(\sqrt[4]{18})^b \times 256^{\frac{1}{c}}$은 72의 약수이다.
$(\sqrt[4]{18})^b \times 256^{\frac{1}{c}} = (2^{\frac{1}{4}} \times 3^{\frac{1}{2}})^b \times (2^8)^{\frac{1}{c}} = 2^{\frac{b}{4}+\frac{8}{c}} \times 3^{\frac{b}{2}}$
$72 = 2^3 \times 3^2$이고 $b > 0$, $c > 0$이므로
$\frac{b}{4} + \frac{8}{c}$은 3 이하의 자연수이고
$\frac{b}{2}$는 2 이하의 자연수이다.
이때 b는 자연수이므로 $b = 2$ 또는 $b = 4$

(i) $b = 2$인 경우
$\frac{b}{4} + \frac{8}{c} = \frac{1}{2} + \frac{8}{c}$이 3 이하의 자연수이다.
$\frac{1}{2} + \frac{8}{c} = 1$이면 $c = 16$이고, $2^{\frac{b}{4}+\frac{8}{c}} \times 3^{\frac{b}{2}} = 6$이므로 $a = 12$
$\frac{1}{2} + \frac{8}{c} = 2$ 또는 $\frac{1}{2} + \frac{8}{c} = 3$인 자연수 c는 존재하지 않는다.

(ii) $b = 4$인 경우
$\frac{b}{4} + \frac{8}{c} = 1 + \frac{8}{c}$이 3 이하의 자연수이다.
$1 + \frac{8}{c} = 1$인 자연수 c는 존재하지 않는다.
$1 + \frac{8}{c} = 2$이면 $c = 8$이고, $2^{\frac{b}{4}+\frac{8}{c}} \times 3^{\frac{b}{2}} = 36$이므로 $a = 2$
$1 + \frac{8}{c} = 3$이면 $c = 4$이고, $2^{\frac{b}{4}+\frac{8}{c}} \times 3^{\frac{b}{2}} = 72$이므로 $a = 1$

(i), (ii)에 의하여 순서쌍 (a, b, c)는
$(1, 4, 4)$, $(2, 4, 8)$, $(12, 2, 16)$
이므로 $a + b + c$의 최댓값은
$12 + 2 + 16 = 30$
답 30

09

$\log_3 36 - \log_3 \frac{4}{9} = \log_3 \left(36 \times \frac{9}{4}\right) = \log_3 81$
$\qquad = \log_3 3^4 = 4$
답 ④

10

$\log_3 \frac{36}{5} + \log_3 \frac{15}{4} = \log_3 \left(\frac{36}{5} \times \frac{15}{4}\right)$
$\qquad = \log_3 27 = 3$
점 $(3, \log_2 a)$가 원 $x^2 + y^2 = 25$ 위의 점이므로
$3^2 + (\log_2 a)^2 = 25$
$(\log_2 a)^2 = 16$
$\log_2 a = -4$ 또는 $\log_2 a = 4$
$a = \frac{1}{16}$ 또는 $a = 16$
따라서 모든 양수 a의 값의 합은
$\frac{1}{16} + 16 = \frac{1 + 256}{16} = \frac{257}{16}$
답 ⑤

11

$\log_2 \frac{36}{n+6}$이 자연수가 되기 위해서는 $\frac{36}{n+6} = 2^k$ (k는 자연수)이어야 한다.
$36 = 2^2 \times 3^2$이므로
$n+6$은 36의 약수 중에서 36이 아닌 3^2의 배수이어야 한다.
이때 $n+6$이 될 수 있는 수는 9, 18이므로
n이 될 수 있는 수는 3, 12이다.
$n = 3$이면 $\log_2 \frac{n}{3} = \log_2 1 = 0$
$n = 12$이면 $\log_2 \frac{n}{3} = \log_2 4 = 2$
따라서 $\log_2 \frac{36}{n+6}$, $\log_2 \frac{n}{3}$이 모두 자연수가 되도록 하는 n의 값은 12이다.
답 12

12

이차방정식 $3x^2 - (\log_6 \sqrt{n^m})x - \log_6 n + 12 = 0$의 한 실근이 2이므로
$12 - 2\log_6 \sqrt{n^m} - \log_6 n + 12 = 0$
$24 - \log_6 (\sqrt{n^m})^2 - \log_6 n = 0$
$24 - (\log_6 n^m + \log_6 n) = 0$
$24 - \log_6 n^{m+1} = 0$
$\log_6 n^{m+1} = 24$에서 $n^{m+1} = 6^{24}$
$(6^1)^{24} = (6^2)^{12} = (6^3)^8 = (6^4)^6 = (6^6)^4 = (6^8)^3 = (6^{12})^2 = (6^{24})^1$
$m+1 \geq 2$이므로 순서쌍 (m, n)은
$(23, 6)$, $(11, 6^2)$, $(7, 6^3)$, $(5, 6^4)$, $(3, 6^6)$, $(2, 6^8)$, $(1, 6^{12})$
이고 그 개수는 7이다.
답 ④

13

$\log_2 60 + \log_{\frac{1}{4}} 36 - \frac{1}{\log_{25} 4} = \log_2 60 - \frac{1}{2} \log_2 36 - \log_4 25$
$\qquad = \log_2 60 - \log_2 \sqrt{36} - \frac{2}{2} \log_2 5$
$\qquad = \log_2 60 - \log_2 6 - \log_2 5$
$\qquad = \log_2 \frac{60}{6 \times 5} = \log_2 2 = 1$
답 ①

14

$a \log_b 49 = \log_7 16 \times \log_{4^7} 49 = \log_7 4^2 \times \frac{1}{7} \log_4 7^2$
$\qquad = \frac{4}{7} \log_7 4 \times \log_4 7 = \frac{4}{7} \log_7 4 \times \frac{1}{\log_7 4} = \frac{4}{7}$
답 ②

15

$6^{\log_3 4} \div n^{\log_3 2} = 4^{\log_3 6} \div 2^{\log_3 n} = 2^{2\log_3 6} \div 2^{\log_3 n} = 2^{\log_3 36} \div 2^{\log_3 n}$
$\qquad = 2^{\log_3 36 - \log_3 n} = 2^{\log_3 \frac{36}{n}}$
$2^{\log_3 \frac{36}{n}} = 2^k$에서 $\log_3 \frac{36}{n} = k$, $\frac{36}{n} = 3^k$
$n = \frac{36}{3^k} = \frac{4 \times 3^2}{3^k}$
n, k가 자연수이므로

$k=1$일 때 $n=12$, $k=2$일 때 $n=4$

따라서 순서쌍 (n, k)는 $(12, 1)$, $(4, 2)$이므로 $n+k$의 최솟값은

$4+2=6$

답 ①

16

$8a^3-b^3=\log_{16} n^3 - \dfrac{1}{2}$ ...... ㉠

$6ab^2-12a^2b=\log_{16}\dfrac{1}{9}\times\log_3 3\sqrt{n}$ ...... ㉡

㉠, ㉡을 변끼리 더하면

$(\text{좌변})=(8a^3-b^3)+(6ab^2-12a^2b)=8a^3-12a^2b+6ab^2-b^3$

$\qquad\quad=(2a-b)^3$

$(\text{우변})=\left(\log_{16} n^3 - \dfrac{1}{2}\right)+\log_{16}\dfrac{1}{9}\times\log_3 3\sqrt{n}$

$\qquad\quad=\dfrac{1}{4}\log_2 n^3 - \log_2 2^{\frac{1}{2}} - \dfrac{1}{2}\log_2 3\times\log_3 3\sqrt{n}$

$\qquad\quad=\log_2 n^{\frac{3}{4}} - \log_2 2^{\frac{1}{2}} - \dfrac{1}{2}\log_2 3\sqrt{n}$

$\qquad\quad=\log_2 n^{\frac{3}{4}} - \log_2 2^{\frac{1}{2}} - \log_2 3^{\frac{1}{2}}n^{\frac{1}{4}}$

$\qquad\quad=\log_2 \dfrac{n^{\frac{3}{4}}}{2^{\frac{1}{2}}\times 3^{\frac{1}{2}}\times n^{\frac{1}{4}}}$

$\qquad\quad=\log_2 \left(\dfrac{n}{6}\right)^{\frac{1}{2}}$

$2a-b=k$ (k는 자연수)라 하면

$k^3=\log_2\left(\dfrac{n}{6}\right)^{\frac{1}{2}}$, $\left(\dfrac{n}{6}\right)^{\frac{1}{2}}=2^{k^3}$, $\dfrac{n}{6}=2^{2k^3}$

$n=6\times 2^{2k^3}$

$k=1$일 때 자연수 n의 값이 최소이므로 n의 최솟값은

$6\times 2^2 = 24$

$2a-b=1$, $n=24$가 ㉠, ㉡을 만족시키는지 확인해 보자.

$2a-b=1$에서 $b=2a-1$ ...... ㉢

㉠에서 $8a^3-(2a-1)^3=\log_{16} 24^3 - \dfrac{1}{2}$

$8a^3-(8a^3-12a^2+6a-1)=\log_{2^4}(2^9\times 3^3)-\dfrac{1}{2}$

$12a^2-6a+1=\dfrac{9}{4}+\dfrac{3}{4}\log_2 3 - \dfrac{1}{2}$

$12a^2-6a-\dfrac{3}{4}(1+\log_2 3)=0$ ...... ㉣

이 이차방정식의 판별식을 D라 하면

$\dfrac{D}{4}=9+12\times\dfrac{3}{4}(1+\log_2 3)>0$에서 조건을 만족시키는 실수 a의 값

이 존재하고 ㉢에서 실수 b의 값이 존재하므로 ㉠을 만족시킨다.

$n=24$와 ㉢을 ㉡에 대입하여 정리하면 ㉣이므로 이 a, b의 값은 ㉡도 만

족시킨다.

따라서 n의 최솟값은 24이다.

답 ③

17

곡선 $y=2^{x-3}+a$와 직선 $y=3$이 만나는 점의 x좌표가 5이므로

$3=2^{5-3}+a$, $a=3-2^2=-1$

따라서 곡선 $y=2^{x-3}-1$이 y축과 만나는 점의 y좌표는

$2^{0-3}-1=-\dfrac{7}{8}$

답 ④

18

$y=\log_3(ax+b)$에 $y=0$을 대입하면

$0=\log_3(ax+b)$, $ax+b=1$

$x=\dfrac{1-b}{a}$이므로 점 A의 좌표는 $\left(\dfrac{1-b}{a}, 0\right)$

$y=\log_3(ax+b)$에 $x=0$을 대입하면

$y=\log_3 b$이므로 점 B의 좌표는 $(0, \log_3 b)$

함수 $y=f(x)$의 그래프의 점근선의 방정식은

$x=-\dfrac{b}{a}$이므로 점 H의 좌표는 $\left(-\dfrac{b}{a}, 0\right)$

점 A는 선분 OH의 중점이므로

$\dfrac{0+\left(-\dfrac{b}{a}\right)}{2}=\dfrac{1-b}{a}$

$-\dfrac{b}{2}=1-b$에서 $b=2$

$\overline{\text{OA}}=\overline{\text{OB}}$이므로 $\dfrac{b-1}{a}=\log_3 b$에서 $\dfrac{1}{a}=\log_3 2$

$a=\dfrac{1}{\log_3 2}=\log_2 3$

따라서 $b^a=2^{\log_2 3}=3^{\log_3 2}=3$

답 ②

19

함수 $f(x)=\log_2(x+2)+a$의 그래프의 점근선 l은 직선 $x=-2$이

고 함수 $g(x)=\log_2(-x+6)+b$의 그래프의 점근선 m은 직선 $x=6$

이다. 곡선 $y=f(x)$와 직선 m이 만나는 점이 A이므로 $A(6, a+3)$

곡선 $y=g(x)$와 직선 l이 만나는 점이 B이므로 $B(-2, b+3)$

$\overline{\text{AB}}=\sqrt{(-2-6)^2+\{(b+3)-(a+3)\}^2}=\sqrt{64+(b-a)^2}$

$\overline{\text{AB}}=10$이므로

$64+(b-a)^2=100$, $(b-a)^2=36$

따라서 $|a-b|=6$

답 6

20

$g(-x)=-\left(\dfrac{1}{4}\right)^{-x}+b=-4^x+b$

x의 값이 증가하면 $g(x)=-\left(\dfrac{1}{4}\right)^x+b$의 값은 증가하고, $g(-x)$의

값은 감소하며, $f(x)=a^{x+1}$의 값은 증가한다.

$h(0)=g(-0)=g(0)$, $h(p)=f(p)=g(-p)$이므로 함수 $y=h(x)$

의 그래프는 그림과 같다.

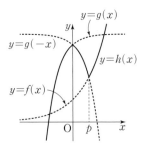

곡선 $y=h(x)$와 직선 $y=k$가 만나는 점의 개수가 2인 경우는

$k=g(0)$인 경우와 $k=f(p)=g(-p)$인 경우이다.

조건을 만족시키는 모든 실수 k의 값의 합이 11이므로

$g(0)+f(p)=11$

$-1+b+a^{p+1}=11$

$a^{p+1}=12-b$ ...... ㉠

$a^{p+1}>0$이므로 $b<12$ ...... ㉡

$f(p)=g(-p)$이므로

$a^{p+1}=-4^p+b$ ...... ㉢

㉠, ㉢에서

$12-b=-4^p+b$

$4^p=2(b-6)$ ...... ㉣

$4^p>0$이므로 $b>6$ ...... ㉤

㉡, ㉤에서 자연수 b는 $7\leq b\leq11$

p가 자연수이므로 ㉣을 만족시키는 두 자연수 b, p의 값은

$b=8$, $p=1$

$b=8$, $p=1$을 ㉠에 대입하면 $a^2=4$에서 자연수 a의 값은 2이다.

따라서 $a+b=2+8=10$ 답 ②

21

$3^{1-3x}\geq\left(\dfrac{1}{9}\right)^{x+7}$에서 $3^{1-3x}\geq3^{-2x-14}$

밑 3이 1보다 크므로

$1-3x\geq-2x-14$

$-x\geq-15$, $x\leq15$

따라서 실수 x의 최댓값은 15이다. 답 15

22

로그의 진수의 조건에 의하여

$x^2-9>0$, $x+3>0$, $x-5>0$이므로

$x>5$ ...... ㉠

$\log_2(x^2-9)-\log_2(x+3)=\log_{\sqrt{2}}(x-5)$에서

$\log_2\dfrac{x^2-9}{x+3}=2\log_2(x-5)$

$\log_2(x-3)=\log_2(x-5)^2$

$x-3=(x-5)^2$

$x^2-11x+28=0$

$(x-4)(x-7)=0$

$x=4$ 또는 $x=7$

따라서 ㉠을 만족시키는 실수 x의 값은 7이다. 답 7

23

$x=2$가 부등식 $2^{-x}(32-2^{x+a})+2^x\leq0$의 해이므로

$2^{-2}(32-2^{2+a})+2^2\leq0$

$8-2^a+4\leq0$, $2^a\geq12=2^{\log_2 12}$

밑 2가 1보다 크므로 $a\geq\log_2 12$

이때 실수 a의 최솟값은 $k=\log_2 12$이므로 $2^k=12$

$2^{-x}(32-2^{x+k})+2^x=0$에서

$2^{-x}(32-12\times2^x)+2^x=0$

양변에 2^x을 곱하면

$(2^x)^2-12\times2^x+32=0$

$2^x=t$ $(t>0)$이라 하면

$t^2-12t+32=0$, $(t-4)(t-8)=0$

$t=4$ 또는 $t=8$

즉, $2^x=4$에서 $x=2$, $2^x=8$에서 $x=3$

따라서 조건을 만족시키는 실수 x의 최댓값은 3이다. 답 ①

24

곡선 $y=\dfrac{3}{2}\log_3 x$와 x축이 만나는 점 P의 좌표는 $(1,0)$이다.

$\overline{PQ}=\dfrac{20}{3}$이고 점 Q의 x좌표가 음수이므로 점 Q의 좌표는

$\left(-\dfrac{17}{3},0\right)$이다.

점 Q가 곡선 $y=\log_9(x+a)+b$ 위의 점이므로

$\log_9\left(a-\dfrac{17}{3}\right)+b=0$ ...... ㉠

곡선 $y=\log_9(x+a)+b$와 y축이 만나는 점의 y좌표가 $\log_9 18$이므로

$\log_9 a+b=\log_9 18$ ...... ㉡

㉠, ㉡에서

$\log_9\left(a-\dfrac{17}{3}\right)=\log_9 a-\log_9 18$

$\log_9\left(a-\dfrac{17}{3}\right)=\log_9\dfrac{a}{18}$

$a-\dfrac{17}{3}=\dfrac{a}{18}$

$a=6$

이 값을 ㉠에 대입하면 $\log_9\dfrac{1}{3}+b=0$

$b=-\log_9\dfrac{1}{3}=-\log_{3^2}3^{-1}=\dfrac{1}{2}$

두 곡선 $y=\dfrac{3}{2}\log_3 x$, $y=\log_9(x+6)+\dfrac{1}{2}$이 만나는 점 R의 x좌표는

$\dfrac{3}{2}\log_3 x=\log_9(x+6)+\dfrac{1}{2}$에서

$\log_9 x^3=\log_9(x+6)+\log_9 3$

$\log_9 x^3=\log_9 3(x+6)$

$x^3=3(x+6)$

$x^3-3x-18=0$

$(x-3)(x^2+3x+6)=0$

$x^2+3x+6=\left(x+\dfrac{3}{2}\right)^2+\dfrac{15}{4}>0$이므로 $x=3$

따라서 점 R의 y좌표는 $\dfrac{3}{2}\log_3 3=\dfrac{3}{2}$이므로

삼각형 QPR의 넓이는

$\dfrac{1}{2}\times\dfrac{20}{3}\times\dfrac{3}{2}=5$ 답 5

25

함수 $y=3^{x-1}+2$의 역함수는

$x=3^{y-1}+2$, $3^{y-1}=x-2$, $y-1=\log_3(x-2)$

$y=\log_3(x-2)+1$이므로 $a=1$

함수 $g(x)=\log_3(x-2)+1$의 그래프의 점근선의 방정식은 $x=2$이므로 $b=2$

따라서 $a+b=1+2=3$ 답 ③

26

직선 $x=k$와 함수 $y=g(x)$의 그래프가 만나도록 하는 모든 실수 k의 값의 범위는 $k>1$이므로 함수 $y=g(x)$의 그래프의 점근선은 직선 $x=1$이다. 즉, $b=1$

$f(1)=\dfrac{1}{2}+a$이므로 $\mathrm{P}\left(1, a+\dfrac{1}{2}\right)$이고 $\overline{\mathrm{AP}}=a-\dfrac{1}{2}$

$\angle \mathrm{PAQ}=\dfrac{\pi}{2}$, $\overline{\mathrm{AP}}=\overline{\mathrm{AQ}}$에서

점 Q는 직선 $y=1$ 위의 점이고 $\overline{\mathrm{AQ}}=\overline{\mathrm{AP}}=a-\dfrac{1}{2}$이므로

$\mathrm{Q}\left(a+\dfrac{1}{2}, 1\right)$

점 Q가 함수 $y=g(x)$의 그래프 위의 점이므로

$1=-\log_2\left(a+\dfrac{1}{2}-1\right)$, $\log_2\left(a-\dfrac{1}{2}\right)=-1$

$a-\dfrac{1}{2}=\dfrac{1}{2}$이므로 $a=1$

따라서 $a+b=1+1=2$　　　　　　　답 ②

27

두 함수 $y=f(x)$, $y=g(x)$의 그래프는 직선 $y=x$에 대하여 대칭이므로 함수 $y=g(x)$의 그래프와 직선 $y=x$가 만나는 점과 함수 $y=f(x)$의 그래프와 직선 $y=x$가 만나는 점이 같다.

$x_1=k$라 하면 $x_2=k+1$이고

$f(k)=k$, $f(k+1)=k+1$

$\log_2(k-a)+2a^2=k$ 　　　　…… ㉠

$\log_2(k+1-a)+2a^2=k+1$ 　　…… ㉡

㉡-㉠을 하면

$\log_2(k+1-a)-\log_2(k-a)=1$

$\log_2\dfrac{k+1-a}{k-a}=1$

$\dfrac{k+1-a}{k-a}=2$, $k+1-a=2k-2a$, $k=a+1$

$k=a+1$을 ㉠에 대입하면

$\log_2(a+1-a)+2a^2=a+1$

$2a^2-a-1=0$, $(2a+1)(a-1)=0$

$a=-\dfrac{1}{2}$ 또는 $a=1$

따라서 실수 a의 최솟값은 $-\dfrac{1}{2}$이다.　　　　답 ②

28

점 $(-3, f(-3))$은 직선 $y=-x$ 위의 점이므로 $f(-3)=3$

즉, $\log_2(3+a)+b=3$ 　　　　…… ㉠

점 $(2+2a, g(2+2a))$는 직선 $y=x-2a$ 위의 점이므로

$g(2+2a)=(2+2a)-2a$

즉, $\log_2(2+a)+b=2$ 　　　　…… ㉡

㉠-㉡을 하면

$\log_2(3+a)-\log_2(2+a)=1$

$\log_2\dfrac{3+a}{2+a}=1$, $\dfrac{3+a}{2+a}=2$, $3+a=4+2a$, $a=-1$

이 값을 ㉡에 대입하면 $\log_2(2-1)+b=2$, $b=2$

즉, $f(x)=\log_2(-x-1)+2$, $g(x)=\log_2(x+1)+2$

곡선 $y=f(x)$를 y축에 대하여 대칭이동한 곡선은 $y=\log_2(x-1)+2$이고, 이 곡선을 x축의 방향으로 -2만큼 평행이동한 곡선은 $y=\log_2(x+1)+2$, 즉 $y=g(x)$이다.

그러므로 곡선 $y=f(x)$ 위의 점 $(-3, 3)$을 y축에 대하여 대칭이동한 후 x축의 방향으로 -2만큼 평행이동한 점 $(1, 3)$은 곡선 $y=g(x)$ 위의 점이다. 　　…… ㉢

점 $(2+2a, 2)$, 즉 점 $(0, 2)$는 곡선 $y=g(x)$ 위의 점이다. 　…… ㉣

직선 $y=x-2$를 직선 $y=x$에 대하여 대칭이동한 직선은 $y=x+2$이므로 곡선 $y=h(x)$와 직선 $y=x-2$가 만나는 점의 y좌표는 곡선 $y=g(x)$와 직선 $y=x+2$가 만나는 점의 x좌표와 같다.

㉢, ㉣에서 곡선 $y=g(x)$ 위의 두 점 $(1, 3)$, $(0, 2)$는 직선 $y=x+2$ 위에 있으므로 이 두 점의 x좌표의 합은 $1+0=1$

따라서 곡선 $y=h(x)$와 직선 $y=x-2$가 만나는 서로 다른 두 점의 y좌표의 합은 1이다.　　　　답 1

29

함수 $f(x)=\left(\dfrac{1}{2}\right)^{x-2}+a$에서 밑 $\dfrac{1}{2}$이 1보다 작으므로

닫힌구간 $[1, 3]$에서 함수 $f(x)$의 최댓값은 $f(1)=\left(\dfrac{1}{2}\right)^{-1}+a=2+a$, 최솟값은 $f(3)=\dfrac{1}{2}+a$이다.

이때 최댓값이 5이므로 $2+a=5$에서 $a=3$

따라서 $m=\dfrac{1}{2}+a=\dfrac{1}{2}+3=\dfrac{7}{2}$　　　　答 ⑤

30

$\log_3 x=t$라 하면 $1\le x\le 27$일 때, $0\le t\le 3$이므로

닫힌구간 $[1, 27]$에서 함수 $y=(\log_3 x)^2-a\log_3 x$의 최솟값은 닫힌구간 $[0, 3]$에서 함수 $y=t^2-at$의 최솟값과 같다.

$y=t^2-at=\left(t-\dfrac{a}{2}\right)^2-\dfrac{a^2}{4}$

(i) $\dfrac{a}{2}\ge 3$, 즉 $a\ge 6$인 경우

함수 $y=t^2-at$는 $t=3$일 때 최소이고 최솟값은

$9-3a=-1$

$a=\dfrac{10}{3}$이므로 $a\ge 6$을 만족시키지 않는다.

(ii) $0<\dfrac{a}{2}<3$, 즉 $0<a<6$인 경우

함수 $y=t^2-at$는 $t=\dfrac{a}{2}$일 때 최소이고 최솟값은

$-\dfrac{a^2}{4}=-1$, $a^2=4$

$0<a<6$이므로 $a=2$

(i), (ii)에서 구하는 a의 값은 2이다.　　　　答 ②

31

함수 $f(x)=\log_a x+1$이 $x=k$에서 최댓값 M을 갖고 $x=k+2$에서 최솟값 m을 가지므로 $0<a<1$이고

$M=f(k)=\log_a k+1$

$m=f(k+2)=\log_a(k+2)+1$

$Mm=0$에서 $M=0$ 또는 $m=0$

(ⅰ) $M=0$일 때, $\log_a k=-1$, $k=\dfrac{1}{a}$

$M-m=-\log_a 2$이므로 $m=\log_a 2$

즉, $\log_a (k+2)+1=\log_a 2$

$\log_a\left(\dfrac{1}{a}+2\right)+\log_a a=\log_a 2$, $\log_a (1+2a)=\log_a 2$

$1+2a=2$, $a=\dfrac{1}{2}$

(ⅱ) $m=0$일 때, $\log_a (k+2)=-1$, $k=\dfrac{1}{a}-2$

$M-m=-\log_a 2$이므로 $M=-\log_a 2$

즉, $\log_a k+1=-\log_a 2$

$\log_a\left(\dfrac{1}{a}-2\right)+\log_a a=\log_a \dfrac{1}{2}$, $\log_a (1-2a)=\log_a \dfrac{1}{2}$

$1-2a=\dfrac{1}{2}$, $a=\dfrac{1}{4}$

(ⅰ), (ⅱ)에서 모든 실수 a의 값의 합은

$\dfrac{1}{2}+\dfrac{1}{4}=\dfrac{3}{4}$ 　　　　　　　　　답 ③

32

$g(x)=\log_{\frac{1}{3}}(-x+a)+2$, $h(x)=\left(\dfrac{1}{9}\right)^{x+b}+1$이라 하자.

함수 $g(x)$의 밑 $\dfrac{1}{3}$이 1보다 작으므로 함수 $g(x)$는 x의 값이 증가할 때, y의 값도 증가한다.

함수 $h(x)$의 밑 $\dfrac{1}{9}$은 1보다 작으므로 함수 $h(x)$는 x의 값이 증가할 때, y의 값은 감소한다.

$a>3$이므로 닫힌구간 $[1, 5]$에서 함수 $f(x)$의 그래프는 그림과 같다.

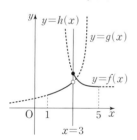

$g(3)>h(3)$이면 닫힌구간 $[1, 5]$에서 함수 $f(x)$의 최댓값이 존재하지 않으므로 $g(3)\le h(3)$이고, 닫힌구간 $[1, 5]$에서 함수 $f(x)$의 최댓값은 $h(3)$이다.

$h(3)=\left(\dfrac{1}{9}\right)^{3+b}+1=2$에서 $\left(\dfrac{1}{9}\right)^{3+b}=1$

$3+b=\log_{\frac{1}{9}}1=0$, $b=-3$

닫힌구간 $[1, 5]$에서 함수 $f(x)$의 최솟값은 $g(1)$ 또는 $h(5)$이다.

$h(5)=\left(\dfrac{1}{9}\right)^{5+b}+1>1$이므로 함수 $f(x)$의 최솟값이 1이 되기 위해서는

$g(1)=1$

$\log_{\frac{1}{3}}(a-1)+2=1$에서 $\log_{\frac{1}{3}}(a-1)=-1$

$a-1=\left(\dfrac{1}{3}\right)^{-1}=3$, $a=4$

따라서 $a-b=4-(-3)=7$ 　　　　　　　답 ④

02 삼각함수
본문 16~22쪽

01 ④	02 ②	03 ①	04 151	05 ⑤
06 ④	07 ①	08 ①	09 ④	10 ②
11 ⑤	12 ③	13 ⑤	14 ②	15 ⑤
16 ③	17 ③	18 23	19 ④	20 ④
21 ②	22 ③	23 ②	24 4	25 ④
26 4				

01

반지름의 길이가 2, 중심각의 크기가 $\dfrac{\pi}{3}$이므로 구하는 부채꼴의 넓이는

$\dfrac{1}{2}\times 2^2\times\dfrac{\pi}{3}=\dfrac{2}{3}\pi$ 　　　　　　　답 ④

02

$S_1=\dfrac{1}{2}\times(4\sqrt{3})^2\times\theta=24\theta$

$S_2=\dfrac{1}{2}\times r^2\times 3\theta=\dfrac{3}{2}r^2\theta$

$S_1=4S_2$에서

$24\theta=4\times\dfrac{3}{2}r^2\theta$, $r^2=4$

$r>0$이므로 $r=2$ 　　　　　　　답 ②

03

부채꼴 OAB의 반지름의 길이가 2이므로

부채꼴 OAP의 넓이는 $\dfrac{1}{2}\times 2^2\times\theta=2\theta$

부채꼴 OAQ의 넓이는 $\dfrac{1}{2}\times 2^2\times 4\theta=8\theta$

부채꼴 OAQ의 넓이와 부채꼴 OAP의 넓이의 차가 $\dfrac{2}{3}\pi$이므로

$8\theta-2\theta=6\theta=\dfrac{2}{3}\pi$에서 $\theta=\dfrac{\pi}{9}$

따라서 부채꼴 OQB의 넓이는

$\dfrac{1}{2}\times 2^2\times\left(\dfrac{\pi}{2}-4\theta\right)=\dfrac{1}{2}\times 4\times\dfrac{\pi}{18}=\dfrac{\pi}{9}$ 　　답 ①

[다른 풀이]

부채꼴 OAQ의 넓이와 부채꼴 OAP의 넓이의 차는 부채꼴 OPQ의 넓이이고, 부채꼴 OPQ의 중심각의 크기는 $4\theta-\theta=3\theta$이므로

$\dfrac{1}{2}\times 2^2\times 3\theta=\dfrac{2}{3}\pi$에서 $\theta=\dfrac{\pi}{9}$

$\dfrac{\pi}{2}=\dfrac{9}{2}\theta$이므로 부채꼴 OQB의 중심각의 크기는

$\dfrac{9}{2}\theta-4\theta=\dfrac{\theta}{2}$

반지름의 길이가 같은 두 부채꼴 OQB, OPQ의 넓이를 각각 S_1, S_2라 하면

$S_1:S_2=\dfrac{\theta}{2}:3\theta=1:6$

따라서 $S_1=\dfrac{1}{6}S_2=\dfrac{1}{6}\times\dfrac{2}{3}\pi=\dfrac{\pi}{9}$

04

부채꼴 OEF의 내부와 부채꼴 OCD의 외부의 공통부분의 넓이는 부채꼴 OEF의 넓이에서 부채꼴 OCD의 넓이를 뺀 것과 같다.

이때 $\overline{OC}=r$이라 하면 $\overline{OE}=r+1$이므로

$$\frac{1}{2}\times(r+1)^2\times\frac{6}{7}\pi-\frac{1}{2}\times r^2\times\frac{6}{7}\pi$$

$$=\frac{3}{7}\pi\times\{(r+1)^2-r^2\}=\frac{3}{7}(2r+1)\pi$$

$\frac{3}{7}(2r+1)\pi=3\pi$에서 $2r+1=7$, $r=3$

부채꼴 OAB의 내부와 부채꼴 OEF의 외부의 공통부분의 넓이가 부채꼴 OAB의 넓이의 $\frac{2}{3}$이므로 부채꼴 OEF의 넓이는 부채꼴 OAB의 넓이의 $\frac{1}{3}$이다.

부채꼴 OAB의 넓이를 S라 하면

$$\frac{1}{2}\times4^2\times\frac{6}{7}\pi=\frac{1}{3}S$$

$$S=\frac{144}{7}\pi$$

따라서 $p=7$, $q=144$이므로 $p+q=151$　　　　　图 151

05

$\sin^2\theta+\cos^2\theta=1$에서

$\frac{1}{9}+\cos^2\theta=1$이므로 $\cos^2\theta=\frac{8}{9}$　　　　图 ⑤

06

$\tan\theta=-\frac{1}{2}$에서 $\frac{\sin\theta}{\cos\theta}=-\frac{1}{2}$이므로

$\cos\theta=-2\sin\theta$ ······ ㉠

㉠을 $\sin^2\theta+\cos^2\theta=1$에 대입하면 $5\sin^2\theta=1$, $\sin^2\theta=\frac{1}{5}$

$\frac{\pi}{2}<\theta<\pi$일 때, $\sin\theta>0$이므로 $\sin\theta=\frac{1}{\sqrt{5}}$

이것을 ㉠에 대입하면 $\cos\theta=-\frac{2}{\sqrt{5}}$

따라서 $\sin\theta+\cos\theta=\frac{1}{\sqrt{5}}+\left(-\frac{2}{\sqrt{5}}\right)=-\frac{1}{\sqrt{5}}=-\frac{\sqrt{5}}{5}$　图 ④

07

그림과 같이 원 $x^2+y^2=1$과 직선 $x=\frac{1}{2}$은 서로 다른 두 점에서 만난다.

이 중 제1사분면 위의 점을 P_1이라 하고 동경 OP_1이 나타내는 각을 $\theta_1\left(0<\theta_1<\frac{\pi}{2}\right)$, 제4사분면 위의 점을 P_2라 하고 동경 OP_2가 나타내는 각을 $\theta_2\left(\frac{3}{2}\pi<\theta_2<2\pi\right)$라 하자.

$\sin\theta_1>0$이고 $\sin\theta_2<0$이므로 $\theta=\theta_2$

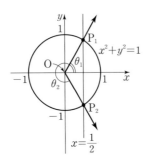

원의 반지름의 길이가 1이므로

$\cos\theta=\frac{1}{2}$, $\sin\theta=-\frac{\sqrt{3}}{2}$

따라서 $\tan\theta=\frac{\sin\theta}{\cos\theta}=-\sqrt{3}$　　　　　图 ①

08

$\frac{3}{2}\pi<\theta<2\pi$이므로 $\sin\theta<0$에서

$|\sin\theta|=-\sin\theta$ ······ ㉠

또 $\cos\theta>0$에서 $\sin\theta-\cos\theta<0$이므로

$\sqrt{(\sin\theta-\cos\theta)^2}=|\sin\theta-\cos\theta|$

$=-\sin\theta+\cos\theta$ ······ ㉡

또 $\sqrt[3]{(\sin\theta-\cos\theta)^3}=\sin\theta-\cos\theta$ ······ ㉢

이고 ㉠, ㉡, ㉢에 의하여 주어진 식을 정리하면

$-\sin\theta+\cos\theta+\sin\theta=\sin\theta-\cos\theta-2\sin\theta$에서

$2\cos\theta=-\sin\theta$, $\cos\theta=-\frac{1}{2}\sin\theta$ ······ ㉣

㉣을 $\sin^2\theta+\cos^2\theta=1$에 대입하면

$\sin^2\theta+\left(-\frac{1}{2}\sin\theta\right)^2=\frac{5}{4}\sin^2\theta=1$에서 $\sin^2\theta=\frac{4}{5}$

따라서 $\sin\theta<0$이므로

$\sin\theta=-\frac{2}{\sqrt{5}}=-\frac{2\sqrt{5}}{5}$　　　　　图 ①

09

함수 $f(x)=a\cos bx$에서 $f(0)=a\cos0=a$이므로

$a=2$

한편, 주어진 함수의 주기가 3이고 $b>0$이므로 $\frac{2\pi}{b}=3$에서

$b=\frac{2}{3}\pi$

따라서 $a\times b=2\times\frac{2}{3}\pi=\frac{4}{3}\pi$　　　　　图 ④

10

함수 $f(x)$의 최댓값은 $|a|+1$이고 최솟값은 $-|a|+1$이므로

$(|a|+1)-(-|a|+1)=2|a|=10$에서

$a=-5$ 또는 $a=5$

한편, 함수 $y=\cos2x$의 주기는 $\frac{2\pi}{2}=\pi$이므로 두 함수 $y=\cos2x$, $y=|\cos2x|$의 그래프는 그림과 같다.

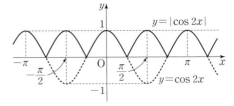

즉, 함수 $g(x)$의 주기는 $\frac{\pi}{2}$이다.

이때 함수 $f(x)=a\sin bx+1$의 주기도 $\frac{\pi}{2}$이므로

$\frac{2\pi}{|b|}=\frac{\pi}{2}$에서 $|b|=4$

$b=-4$ 또는 $b=4$

따라서 $a \times b$의 값은 -20 또는 20이므로 $a \times b$의 최솟값은 -20이다.

답 ②

11

점 $\mathrm{P}(1, 0)$을 지나고 기울기가 2인 직선의 방정식은 $y=2x-2$

두 점 A, B는 점 $\mathrm{P}(1, 0)$에 대하여 대칭이고 직선 $y=2x-2$ 위의 점이므로 양수 k에 대하여

$\mathrm{A}(1-k, -2k)$, $\mathrm{B}(1+k, 2k)$이다.

삼각형 OAB의 넓이는 두 삼각형 OPA, OPB의 넓이의 합과 같다.

이때 두 삼각형 OPA, OPB의 밑변을 $\overline{\mathrm{OP}}$라 하면 높이는 모두 $2k$이므로 삼각형 OAB의 넓이는

$2 \times \left(\dfrac{1}{2} \times 1 \times 2k \right) = 2k = \dfrac{2}{3}$에서 $k=\dfrac{1}{3}$

즉, $\mathrm{B}\left(\dfrac{4}{3}, \dfrac{2}{3} \right)$

점 B는 함수 $y=a \tan \pi x$의 그래프 위의 점이므로

$\dfrac{2}{3} = a \times \tan \dfrac{4}{3}\pi$

한편, 함수 $y=\tan x$의 주기는 π이므로

$\tan \dfrac{4}{3}\pi = \tan \left(\pi + \dfrac{\pi}{3} \right) = \tan \dfrac{\pi}{3} = \sqrt{3}$

$\sqrt{3}a = \dfrac{2}{3}$

따라서 $a = \dfrac{2}{3\sqrt{3}} = \dfrac{2\sqrt{3}}{9}$

답 ⑤

12

$\sin \dfrac{13}{6}\pi = \sin \left(2\pi + \dfrac{\pi}{6} \right) = \sin \dfrac{\pi}{6} = \dfrac{1}{2}$

$\tan \dfrac{5}{4}\pi = \tan \left(\pi + \dfrac{\pi}{4} \right) = \tan \dfrac{\pi}{4} = 1$

따라서 $\sin \dfrac{13}{6}\pi + \tan \dfrac{5}{4}\pi = \dfrac{1}{2} + 1 = \dfrac{3}{2}$

답 ③

13

$\overline{\mathrm{AD}} = \overline{\mathrm{BD}}$이므로 $\angle\mathrm{ABD} = \angle\mathrm{BAD} = \theta$

$\overline{\mathrm{AB}} = \overline{\mathrm{AC}}$이므로 $\angle\mathrm{ABD} = \angle\mathrm{ACD} = \theta$

또 $\angle\mathrm{ADC} = \angle\mathrm{ABD} + \angle\mathrm{BAD} = 2\theta$

삼각형 ADC의 세 내각의 크기의 합은 π이므로

$2\theta + \theta + \angle\mathrm{DAC} = \pi$에서 $\angle\mathrm{DAC} = \pi - 3\theta$

따라서 $\sin(\angle\mathrm{DAC}) = \sin(\pi - 3\theta) = \sin 3\theta$이고

$\dfrac{\pi}{2} < 3\theta < \pi$이므로

$\sin 3\theta = \sqrt{1 - \cos^2 3\theta} = \sqrt{1 - \left(-\dfrac{1}{3} \right)^2} = \dfrac{2\sqrt{2}}{3}$

답 ⑤

14

$(\sin \alpha - \cos \beta)(\sin \alpha + \cos \beta) = 0$에서

$\sin \alpha = \cos \beta$ 또는 $\sin \alpha = -\cos \beta$

(i) $\sin \alpha = \cos \beta$일 때

$0 < \alpha < \dfrac{\pi}{2}$이면 그림과 같이 $\alpha = \dfrac{\pi}{2} - \beta$이므로

$\alpha + \beta = \dfrac{\pi}{2}$

또 $\alpha - \beta = \dfrac{\pi}{8}$이므로 $2\alpha = \dfrac{5}{8}\pi$, $\alpha = \dfrac{5}{16}\pi$

이것은 $0 < \alpha < \dfrac{\pi}{2}$를 만족시킨다.

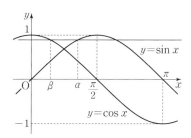

$\dfrac{\pi}{2} \le \alpha < \pi$이면 그림과 같이 $\alpha = \dfrac{\pi}{2} + \beta$에서 $\alpha - \beta = \dfrac{\pi}{2}$이므로

이것은 $\alpha - \beta = \dfrac{\pi}{8}$를 만족시키지 않는다.

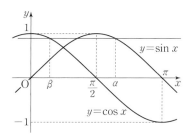

(ii) $\sin \alpha = -\cos \beta$일 때

$0 < \alpha < \dfrac{\pi}{2}$이면 그림과 같이 $\alpha = \beta - \dfrac{\pi}{2}$에서 $\beta - \alpha = \dfrac{\pi}{2}$이므로

이것은 $\alpha - \beta = \dfrac{\pi}{8}$를 만족시키지 않는다.

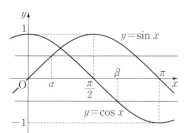

$\dfrac{\pi}{2} \le \alpha < \pi$이면 그림과 같이 $\beta - \dfrac{\pi}{2} = \pi - \alpha$이므로

$\alpha + \beta = \dfrac{3}{2}\pi$

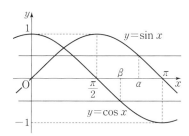

또 $\alpha - \beta = \dfrac{\pi}{8}$이므로 $2\alpha = \dfrac{13}{8}\pi$, $\alpha = \dfrac{13}{16}\pi$

이것은 $\dfrac{\pi}{2} \le \alpha < \pi$를 만족시킨다.

(i), (ii)에 의하여 모든 α의 값의 합은

$\dfrac{5}{16}\pi + \dfrac{13}{16}\pi = \dfrac{9}{8}\pi$

답 ②

15

함수 $f(x)=3\sin\dfrac{x}{2}$의 최댓값은 3이므로 $a=3$

또 함수 $g(x)=-2\cos 2x$의 최댓값은 $|-2|=2$이므로 $b=2$

따라서 $a+b=3+2=5$ 답 ⑤

16

$a>0$에서 함수 $f(x)$의 최댓값은 $a+b$이므로

$a+b=3$ ······ ㉠

$f\left(\dfrac{1}{6}\right)=a\sin\dfrac{\pi}{6}+b=\dfrac{1}{2}a+b$에서

$\dfrac{1}{2}a+b=1$ ······ ㉡

㉠, ㉡을 연립하여 풀면

$a=4,\ b=-1$

따라서 함수 $f(x)$의 최솟값은

$-a+b=-4+(-1)=-5$ 답 ③

17

(i) $n=1$일 때

$f(x)=\begin{cases} \sin\pi x & (0\le x<1) \\ \dfrac{1}{2}\sin\pi x & (1\le x<2) \end{cases}$에서

최댓값은 $x=\dfrac{1}{2}$일 때 $f\left(\dfrac{1}{2}\right)=\sin\dfrac{\pi}{2}=1$이고

최솟값은 $x=\dfrac{3}{2}$일 때 $f\left(\dfrac{3}{2}\right)=\dfrac{1}{2}\sin\dfrac{3}{2}\pi=-\dfrac{1}{2}$이므로

$g(1)=1+\left(-\dfrac{1}{2}\right)=\dfrac{1}{2}$

(ii) $n=2$일 때

$f(x)=\begin{cases} 2\sin\pi x & (2\le x<3) \\ \dfrac{1}{4}\sin\pi x & (3\le x<4) \end{cases}$에서

최댓값은 $x=\dfrac{5}{2}$일 때 $f\left(\dfrac{5}{2}\right)=2\sin\dfrac{5}{2}\pi=2$이고

최솟값은 $x=\dfrac{7}{2}$일 때 $f\left(\dfrac{7}{2}\right)=\dfrac{1}{4}\sin\dfrac{7}{2}\pi=-\dfrac{1}{4}$이므로

$g(2)=2+\left(-\dfrac{1}{4}\right)=\dfrac{7}{4}$

(i), (ii)에서

$g(1)+g(2)=\dfrac{1}{2}+\dfrac{7}{4}=\dfrac{9}{4}$ 답 ③

참고

$0\le x<4$일 때, 함수 $y=f(x)$의 그래프는 그림과 같다.

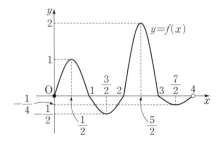

18

a가 양수이므로 함수 $f(x)=a\sin bx+c\ \left(0\le x\le\dfrac{2\pi}{b}\right)$의 최댓값은

$a+c$이고 최솟값은 $-a+c$이다.

즉, $M=a+c,\ m=-a+c$

조건 (가)에 의하여

$a+c=5(-a+c),\ 3a=2c$ ······ ㉠

b가 양수이므로 함수 $f(x)$의 주기는 $\dfrac{2\pi}{b}$이고

$x=\alpha$일 때 최대, $x=\beta$일 때 최소이므로 $\beta-\alpha=\dfrac{\pi}{b}$

조건 (나)에 의하여

$\dfrac{\pi}{b}=2\pi$에서 $b=\dfrac{1}{2}$

사다리꼴 AA′B′B의 넓이는

$\dfrac{1}{2}\times\{(a+c)+(-a+c)\}\times(\beta-\alpha)$

$=\dfrac{1}{2}\times 2c\times 2\pi=2c\pi$

조건 (다)에 의하여 $2c\pi=12\pi,\ c=6$

이것을 ㉠에 대입하면 $3a=12,\ a=4$

따라서 $a+2b+3c=4+1+18=23$ 답 23

19

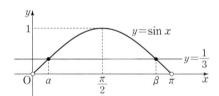

$0<x<\pi$일 때, 함수 $y=\sin x$의 그래프와 직선 $y=\dfrac{1}{3}$이 만나는 점의

x좌표를 각각 $\alpha,\ \beta\ (\alpha<\beta)$라 하면

$\dfrac{\alpha+\beta}{2}=\dfrac{\pi}{2}$에서 $\alpha+\beta=\pi$

따라서 방정식 $\sin x=\dfrac{1}{3}$의 모든 해의 합은 π이다. 답 ④

다른 풀이

방정식 $\sin x=\dfrac{1}{3}$의 한 해를 $\alpha\ \left(0<\alpha<\dfrac{\pi}{2}\right)$라 하면

$\sin(\pi-\alpha)=\sin\alpha$이므로 $\beta=\pi-\alpha$

따라서 $\alpha+\beta=\pi$

20

$\cos^2\left(\dfrac{\pi}{2}-x\right)=\sin^2 x,\ \sin\left(\dfrac{\pi}{2}-x\right)=\cos x$이고

$\sin^2 x=1-\cos^2 x$이므로

이것을 주어진 부등식에 대입하면

$2(1-\cos^2 x)-3\cos x-3\ge 0$

$2\cos^2 x+3\cos x+1\le 0$

$(2\cos x+1)(\cos x+1)\le 0$

$-1\le\cos x\le-\dfrac{1}{2}$

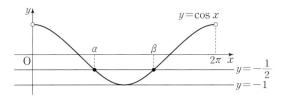

함수 $y=\cos x$의 그래프와 직선 $y=-\dfrac{1}{2}$이 만나는 점의 x좌표는

$\dfrac{2}{3}\pi$, $\dfrac{4}{3}\pi$이므로 주어진 부등식을 만족시키는 모든 x의 값의 범위는

$\dfrac{2}{3}\pi \le x \le \dfrac{4}{3}\pi$이다.

따라서 $\alpha=\dfrac{2}{3}\pi$, $\beta=\dfrac{4}{3}\pi$이므로 $\beta-\alpha=\dfrac{4}{3}\pi-\dfrac{2}{3}\pi=\dfrac{2}{3}\pi$　답 ④

21

$6\cos^2 x-\cos x-1\le0$에서

$(3\cos x+1)(2\cos x-1)\le0$이므로

$-\dfrac{1}{3}\le\cos x\le\dfrac{1}{2}$

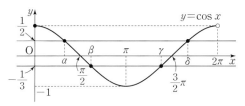

$0<\alpha<\dfrac{\pi}{2}$이고 $\cos\alpha=\dfrac{1}{2}$이므로 $\alpha=\dfrac{\pi}{3}$

$\dfrac{3}{2}\pi<\delta<2\pi$이고 $\cos\delta=\dfrac{1}{2}$이므로 $\delta=\dfrac{5}{3}\pi$

한편, $\cos\beta=\cos\gamma=-\dfrac{1}{3}$이고

함수 $y=\cos x$의 그래프는 직선 $x=\pi$에 대하여 대칭이므로

$\dfrac{\beta+\gamma}{2}=\pi$에서 $\beta+\gamma=2\pi$

따라서

$\sin(-\alpha+\beta+\gamma+\delta)=\sin\left(-\dfrac{\pi}{3}+2\pi+\dfrac{5}{3}\pi\right)$

$=\sin\left(3\pi+\dfrac{\pi}{3}\right)$

$=-\sin\dfrac{\pi}{3}=-\dfrac{\sqrt3}{2}$　답 ②

22

함수 $y=f(x)$의 그래프는 그림과 같다.

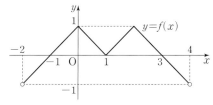

$f(x)=1-|x|=0$에서 $|x|=1$이므로 $x=-1$ 또는 $x=1$

조건 (나)에서 $f(-1)=f(3)=0$

즉, $f(-1)=f(1)=f(3)=0$이므로 방정식 $f(g(x))=0$의 서로 다른

실근의 개수는 세 방정식 $g(x)=-1$, $g(x)=1$, $g(x)=3$의 서로 다

른 실근의 개수와 같다.

(i) $g(x)=-1$일 때,

$g(x)=2\sin\pi x+1=-1$에서 $\sin\pi x=-1$이므로

방정식 $g(x)=-1$의 서로 다른 실근의 개수는 그림과 같이 함수

$y=\sin\pi x$ $(-2<x<4)$의 그래프와 직선 $y=-1$의 교점의 개수

와 같다.

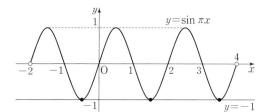

즉, $g(x)=-1$의 서로 다른 실근의 개수는 3이다.

(ii) $g(x)=1$일 때,

$g(x)=2\sin\pi x+1=1$에서 $\sin\pi x=0$이므로

방정식 $g(x)=1$의 서로 다른 실근의 개수는 그림과 같이 함수

$y=\sin\pi x$ $(-2<x<4)$의 그래프와 x축의 교점의 개수와 같다.

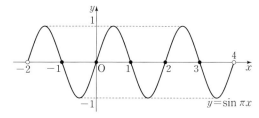

즉, $g(x)=1$의 서로 다른 실근의 개수는 5이다.

(iii) $g(x)=3$일 때,

$g(x)=2\sin\pi x+1=3$에서 $\sin\pi x=1$이므로

방정식 $g(x)=3$의 서로 다른 실근의 개수는 그림과 같이 함수

$y=\sin\pi x$ $(-2<x<4)$의 그래프와 직선 $y=1$의 교점의 개수와

같다.

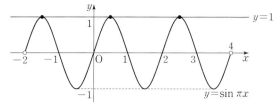

즉, $g(x)=3$의 서로 다른 실근의 개수는 3이다.

(i), (ii), (iii)에서 구한 실근은 모두 서로 다른 실근이므로 방정식

$f(g(x))=0$의 서로 다른 실근의 개수는

$3+5+3=11$　답 ③

23

$\overline{AB}=c$, $\overline{BC}=a$, $\overline{CA}=b$라 하면 코사인법칙에 의하여

$\cos C=\dfrac{a^2+b^2-c^2}{2ab}$이므로

$\cos C=\dfrac{3^2+2^2-(\sqrt7)^2}{2\times3\times2}=\dfrac{1}{2}$　답 ②

24

삼각형 ABC에서 $\overline{AB}=c$, $\overline{BC}=a$, $\overline{CA}=b$라 하고

삼각형 ABC의 외접원의 반지름의 길이를 R이라 하면

사인법칙에 의하여

$\sin A = \dfrac{a}{2R}$, $\sin B = \dfrac{b}{2R}$, $\sin C = \dfrac{c}{2R}$

조건 (가)에서 $\sin^2 A = \sin^2 B + \sin^2 C$이므로

$\left(\dfrac{a}{2R}\right)^2 = \left(\dfrac{b}{2R}\right)^2 + \left(\dfrac{c}{2R}\right)^2$

$a^2 = b^2 + c^2$ ...... ㉠

조건 (나)에서 $\sin B = 2\sin C$이므로

$\dfrac{b}{2R} = 2 \times \dfrac{c}{2R}$

$b = 2c$ ...... ㉡

㉡을 ㉠에 대입하면 $a^2 = 5c^2$

$a = 2\sqrt{5}$이므로 $5c^2 = 20$에서 $c = 2$

㉡에서 $b = 4$

따라서 선분 CA의 길이는 4이다.   답 4

조건 (가)에서 $\cos\theta = \dfrac{\overline{BC}}{\overline{AB}} = \dfrac{\overline{BC}}{6} = \dfrac{\sqrt{6}}{3}$이므로 $\overline{BC} = 2\sqrt{6}$

또한 $\angle BDC = \angle BAC = \dfrac{\pi}{2} - \theta$이므로

$\sin(\angle BDC) = \sin\left(\dfrac{\pi}{2} - \theta\right) = \cos\theta = \dfrac{\sqrt{6}}{3}$

$0 < \angle BDC < \dfrac{\pi}{2}$이므로

$\cos(\angle BDC) = \sqrt{1 - \sin^2(\angle BDC)} = \sqrt{1 - \left(\dfrac{\sqrt{6}}{3}\right)^2} = \dfrac{\sqrt{3}}{3}$

$\overline{CD} = x$ $(x > 0)$이라 하면 삼각형 DBC에서 코사인법칙에 의하여

$\cos(\angle BDC) = \dfrac{(3\sqrt{3})^2 + x^2 - (2\sqrt{6})^2}{2 \times 3\sqrt{3} \times x} = \dfrac{\sqrt{3}}{3}$

$x^2 - 6x + 3 = 0$, $x = 3 \pm \sqrt{6}$

$\overline{CD} > \overline{BC}$이므로 $\overline{CD} = 3 + \sqrt{6}$

따라서 $p = 3$, $q = 1$이므로 $p + q = 4$ 답 4

25

삼각형 ABC에서 $\overline{AB} = c$, $\overline{BC} = a$, $\overline{CA} = b$라 하고 삼각형 ABC의 외접원의 반지름의 길이를 R이라 하면 사인법칙에 의하여

$\sin A = \dfrac{a}{2R}$, $\sin B = \dfrac{b}{2R}$, $\sin C = \dfrac{c}{2R}$

이때 $\sin A : \sin B : \sin C = 4 : 5 : 6$이므로

$\dfrac{a}{2R} : \dfrac{b}{2R} : \dfrac{c}{2R} = 4 : 5 : 6$에서 $a : b : c = 4 : 5 : 6$

양의 실수 k에 대하여

$a = 4k$, $b = 5k$, $c = 6k$라 하면

삼각형 ABC의 둘레의 길이가 30이므로

$4k + 5k + 6k = 30$에서 $15k = 30$, $k = 2$

즉, $a = 8$, $b = 10$, $c = 12$이므로 코사인법칙에 의하여

$\cos A = \dfrac{10^2 + 12^2 - 8^2}{2 \times 10 \times 12} = \dfrac{3}{4}$

$\sin^2 A = 1 - \cos^2 A$

$\qquad = 1 - \left(\dfrac{3}{4}\right)^2 = \dfrac{7}{16}$

$0 < A < \pi$이므로 $\sin A = \dfrac{\sqrt{7}}{4}$

따라서 삼각형 ABC의 넓이는

$\dfrac{1}{2}bc\sin A = \dfrac{1}{2} \times 10 \times 12 \times \dfrac{\sqrt{7}}{4} = 15\sqrt{7}$ 답 ④

26

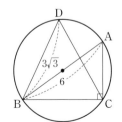

선분 AB가 원의 지름이므로 삼각형 ABC는 $C = \dfrac{\pi}{2}$인 직각삼각형이다.

$\angle ABC = \theta$ $\left(0 < \theta < \dfrac{\pi}{2}\right)$라 하면

03 수열

본문 25~36쪽

01 ⑤	02 ②	03 ③	04 9	05 54
06 ④	07 ②	08 ③	09 ③	10 64
11 ③	12 18	13 ③	14 ①	15 85
16 ①	17 ②	18 34	19 16	20 ③
21 ⑤	22 ④	23 103	24 ⑤	25 ①
26 ②	27 ④	28 110	29 ①	30 ②
31 ④	32 ③	33 ⑤	34 ④	35 ①
36 ②	37 ⑤	38 ①	39 ②	40 12
41 ④	42 ⑤			

01

등차수열 $\{a_n\}$의 첫째항이 1이고 공차가 3이므로

$a_5=1+(5-1)\times3=13$

답 ⑤

02

이차방정식의 근과 계수의 관계에 의하여

$p+q=-\dfrac{3}{2}$, $pq=-\dfrac{15}{2}$이므로

$a_2=-\dfrac{3}{2}$, $a_4=-\dfrac{15}{2}$

수열 $\{a_n\}$의 공차가 d이므로

$a_4-a_2=2d$

$-\dfrac{15}{2}-\left(-\dfrac{3}{2}\right)=-6=2d$

따라서 $d=-3$

답 ②

03

등차수열 $\{a_n\}$의 공차를 d (d는 자연수)라 하면

조건 (가)에서 $a_1+a_4=a+(a+3d)=2a+3d$이고

$a_8=a+7d$이므로

$2a+3d=a+7d$, $a=4d$

등차수열 $\{a_n\}$의 일반항은

$a_n=a+(n-1)d=4d+(n-1)d=(n+3)d$

조건 (나)에서 $(m+3)d=12$ ...... ㉠

m, d가 모두 자연수이고 $m+3\geq4$이므로

㉠을 만족시키는 자연수 d를 구하면

(i) $m+3=4$일 때, $d=3$이고 $a=4\times3=12$

(ii) $m+3=6$일 때, $d=2$이고 $a=4\times2=8$

(iii) $m+3=12$일 때, $d=1$이고 $a=4\times1=4$

(i), (ii), (iii)에 의하여 모든 자연수 a의 값의 합은

$12+8+4=24$

답 ③

04

집합 A를 원소나열법으로 나타내면

$\{2, 4, 6, 8, 10, 12, 14, 16, 18, \cdots\}$이고

집합 B를 원소나열법으로 나타내면

$\{3, 6, 9, 12, 15, 18, \cdots\}$이다.

집합 $A-B$를 원소나열법으로 나타내면

$A-B=\{2, 4, 8, 10, 14, 16, \cdots\}$이다.

이때 수열 $\{a_n\}$의 짝수번째 항들을 작은 수부터 크기순으로 나열하면

4, 10, 16, $\cdots$이고, 모든 자연수 n에 대하여 $b_n=a_{2n}$이므로 수열 $\{b_n\}$

은 첫째항이 4이고 공차가 6인 등차수열이다.

즉, $b_n=4+(n-1)\times6=6n-2$이므로 $b_n>50$에서

$6n-2>50$, $n>\dfrac{26}{3}$

따라서 구하는 자연수 n의 최솟값은 9이다.

답 9

05

등차수열 $\{a_n\}$의 공차를 d라 하면 $a_2=a_1+d$이므로

$d=a_2-a_1=3-(-1)=4$

즉, 수열 $\{a_n\}$은 첫째항이 -1이고 공차가 4인 등차수열이다.

이 등차수열의 첫째항부터 제6항까지의 합은

$\dfrac{6\times\{2\times(-1)+(6-1)\times4\}}{2}=54$

답 54

06

첫째항이 1인 등차수열 $\{a_n\}$의 공차를 d라 하면

$S_6=\dfrac{6\times(2\times1+5d)}{2}=6+15d$

$S_3=\dfrac{3\times(2\times1+2d)}{2}=3+3d$

$S_6-S_3=(6+15d)-(3+3d)=3+12d$이므로

$3+12d=15$에서 $d=1$

따라서 $S_9=\dfrac{9\times(2\times1+8\times1)}{2}=45$

답 ④

다른 풀이

$S_6-S_3=a_4+a_5+a_6=15$에서

a_5는 a_4와 a_6의 등차중항이므로

$3a_5=15$, $a_5=5$

따라서

$S_9=a_1+a_2+a_3+a_4+a_5+a_6+a_7+a_8+a_9$

$=(a_1+a_9)+(a_2+a_8)+(a_3+a_7)+(a_4+a_6)+a_5$

$=2a_5+2a_5+2a_5+2a_5+a_5$

$=9a_5=9\times5=45$

07

첫째항이 1인 등차수열 $\{a_n\}$의 공차를 d라 하면

$a_n=1+(n-1)d=dn-d+1$이므로

$b_n=a_{2n-1}+a_{2n}=\{d(2n-1)-d+1\}+(d\times2n-d+1)$

$=4dn-3d+2$

즉, 수열 $\{b_n\}$은 첫째항이 $d+2$이고 공차가 $4d$인 등차수열이므로

$S_5=\dfrac{5\{2(d+2)+4\times4d\}}{2}=5(9d+2)=25$에서

$9d+2=5$, $d=\dfrac{1}{3}$

따라서 $a_4=1+3\times\dfrac{1}{3}=2$　　　　　　　　답 ②

다른 풀이

$S_5=b_1+b_2+b_3+b_4+b_5$

$\quad=(a_1+a_2)+(a_3+a_4)+(a_5+a_6)+(a_7+a_8)+(a_9+a_{10})$

이므로 S_5의 값은 등차수열 $\{a_n\}$의 첫째항부터 제10항까지의 합과 같다.

즉, 첫째항이 1인 등차수열 $\{a_n\}$의 공차를 d라 하면

$S_5=\dfrac{10\times(2\times1+9d)}{2}=5(2+9d)=25$에서

$2+9d=5$, $d=\dfrac{1}{3}$

따라서 $a_4=1+3\times\dfrac{1}{3}=2$

08

등차수열 $\{a_n\}$의 공차를 d라 하면 $a_{12}=a_{10}+2d$이므로 조건 (가)에서

$a_1+a_{12}=a_1+a_{10}+2d=18$, $a_1+a_{10}=18-2d$

조건 (나)에서 $S_{10}=\dfrac{10(a_1+a_{10})}{2}=5\times(18-2d)=120$

$18-2d=24$, $d=-3$

한편, 조건 (가)에서 $a_1+a_{12}=2a_1+11d=2a_1-33=18$, $a_1=\dfrac{51}{2}$

즉, $S_n=\dfrac{n\{51+(n-1)\times(-3)\}}{2}=\dfrac{3}{2}n(18-n)$이므로

$S_n<0$에서 $n>18$

따라서 구하는 자연수 n의 최솟값은 19이다.　　답 ③

09

첫째항이 a이고 공비가 2인 등비수열 $\{a_n\}$의 일반항은

$a_n=a\times2^{n-1}$

$a_4=a\times2^3=24$에서 $8a=24$

따라서 $a=3$　　　　　　　　　　　　　　　답 ③

10

등비수열 $\{a_n\}$의 첫째항을 a, 공비를 r이라 하면 $a_n=ar^{n-1}$

$a_2=ar=\dfrac{1}{4}$　　　　　　　　　……㉠

$a_3+a_4=ar^2+ar^3=ar(r+r^2)=5$　……㉡

㉠을 ㉡에 대입하면

$\dfrac{1}{4}(r+r^2)=5$, $r^2+r-20=0$, $(r+5)(r-4)=0$

이때 모든 항이 양수이므로 $r>0$

따라서 $r=4$이므로

$a_6=a_2\times r^4=\dfrac{1}{4}\times4^4=64$　　　　　　答 64

11

등비수열 $\{a_n\}$의 첫째항을 a, 공비를 r이라 하면 $a_n=ar^{n-1}$

$a_9=1$에서 $ar^8=1$　　　　　　　……㉠

$\dfrac{a_6a_{12}}{a_7}-\dfrac{a_2a_{10}}{a_3}=-\dfrac{2}{3}$에서

$\dfrac{ar^5\times ar^{11}}{ar^6}-\dfrac{ar\times ar^9}{ar^2}=ar^{10}-ar^8=ar^8(r^2-1)=-\dfrac{2}{3}$　……㉡

㉠을 ㉡에 대입하면

$r^2-1=-\dfrac{2}{3}$, $r^2=\dfrac{1}{3}$

$r^2=\dfrac{1}{3}$을 ㉠에 대입하면 $ar^8=a\times(r^2)^4=\dfrac{1}{81}a=1$이므로

$a=81$

따라서 $a_3=ar^2=81\times\dfrac{1}{3}=27$　　　　答 ③

12

등차수열 $\{a_n\}$의 공차를 d라 하면 수열 $\{a_n\}$의 모든 항이 자연수이므로 d는 0 또는 자연수이다.

또 등비수열 $\{b_n\}$의 첫째항을 b, 공비를 r이라 하면 수열 $\{b_n\}$의 모든 항이 자연수이므로 r은 자연수이다.

$d=0$이면 $a_2=a_3=4$이므로 조건 (나)에서

$4r^2+4r^3=16$

즉, $r^2+r^3=4$이고 이를 만족시키는 자연수 r은 존재하지 않는다.

따라서 공차 d는 자연수이다.

조건 (가)에서 $b_2=br=4$이므로 b, r은 모두 4의 약수이다.

(i) $b=1$일 때

　　$r=4$이므로 모든 자연수 n에 대하여 $b_n=4^{n-1}$

　　조건 (나)에서

　　$4^3+4^4=(4+d)(4+2d)$

　　$d^2+6d-152=0$이고 이를 만족시키는 자연수 d는 존재하지 않는다.

(ii) $b=2$일 때

　　$r=2$이므로 모든 자연수 n에 대하여 $b_n=2\times2^{n-1}=2^n$

　　조건 (나)에서

　　$2^4+2^5=(4+d)(4+2d)$

　　$d^2+6d-16=0$

　　$(d+8)(d-2)=0$

　　d는 자연수이므로 $d=2$

　　조건 (가)에서 $a_n=4+(n-1)\times2=2n+2$

(iii) $b=4$일 때

　　$r=1$이므로 모든 자연수 n에 대하여 $b_n=4$

　　조건 (나)에서 $4+4=(4+d)(4+2d)$

　　$d^2+6d+4=0$이고 이를 만족시키는 자연수 d는 존재하지 않는다.

(i), (ii), (iii)에 의하여 $a_n=2n+2$, $b_n=2^n$이므로

$a_4+b_3=(2\times4+2)+2^3=18$　　　　　答 18

13

첫째항이 a이고 공비가 $\dfrac{1}{2}$이므로

$S_4=\dfrac{a\times\left\{1-\left(\dfrac{1}{2}\right)^4\right\}}{1-\dfrac{1}{2}}=\dfrac{a\times\dfrac{15}{16}}{\dfrac{1}{2}}=a\times\dfrac{15}{8}=1$

따라서 $a=\dfrac{8}{15}$　　　　　　　　　　　답 ③

14

등비수열 $\{a_n\}$의 첫째항을 a, 공비를 r이라 하면 등비수열 $\{a_n\}$의 모든 항이 서로 다른 양수이므로 $a>0$이고 r은 1이 아닌 양수이다.

$$S_8=\frac{a(1-r^8)}{1-r}$$

또 수열 $\{b_n\}$은 첫째항이 $a_2=ar$이고 공비가 r^2인 등비수열이므로

$$T_4=\frac{ar\{1-(r^2)^4\}}{1-r^2}$$

$2S_8=3T_4$에서

$$2\times\frac{a(1-r^8)}{1-r}=3\times\frac{ar\{1-(r^2)^4\}}{1-r^2}$$

$$\frac{2a(1-r^8)}{1-r}=\frac{3ar(1-r^8)}{(1-r)(1+r)}$$

즉, $2=\frac{3r}{1+r}$에서 $2+2r=3r$, $r=2$

따라서 $\dfrac{a_2}{b_2}=\dfrac{a_2}{a_4}=\dfrac{ar}{ar^3}=\dfrac{1}{r^2}=\dfrac{1}{4}$　　　답 ①

15

자연수 n에 대하여 직선 $x=n$이 두 함수 $y=\left(\dfrac{1}{2}\right)^x$, $y=-\left(\dfrac{1}{4}\right)^x+2$

의 그래프와 만나는 점의 좌표를 각각 구하면

$\mathrm{P}_n\left(n,\left(\dfrac{1}{2}\right)^n\right)$, $\mathrm{Q}_n\left(n,-\left(\dfrac{1}{4}\right)^n+2\right)$이므로

$$\overline{\mathrm{P}_n\mathrm{Q}_n}=-\left(\frac{1}{4}\right)^n+2-\left(\frac{1}{2}\right)^n=2-\left(\frac{1}{4}\right)^n-\left(\frac{1}{2}\right)^n$$

점 R_n은 직선 $x=n-1$ 위의 점이므로

삼각형 $\mathrm{P}_n\mathrm{Q}_n\mathrm{R}_n$의 넓이는

$$a_n=\frac{1}{2}\times\left\{2-\left(\frac{1}{4}\right)^n-\left(\frac{1}{2}\right)^n\right\}\times 1=1-\frac{1}{2}\times\left(\frac{1}{4}\right)^n-\left(\frac{1}{2}\right)^{n+1}$$

$a_n+b_n=1-\left(\dfrac{1}{2}\right)^{n+1}$에서

$$b_n=1-\left(\frac{1}{2}\right)^{n+1}-\left\{1-\frac{1}{2}\times\left(\frac{1}{4}\right)^n-\left(\frac{1}{2}\right)^{n+1}\right\}=\frac{1}{2}\times\left(\frac{1}{4}\right)^n$$

즉, 수열 $\{b_n\}$은 첫째항이 $\dfrac{1}{8}$이고 공비가 $\dfrac{1}{4}$인 등비수열이므로

$$S_4=\frac{\dfrac{1}{8}\left\{1-\left(\dfrac{1}{4}\right)^4\right\}}{1-\dfrac{1}{4}}=\frac{1}{6}\times\left(1-\frac{1}{256}\right)=\frac{85}{512}$$

따라서 $512S_4=85$　　　답 85

16

$a^2=2\times 18=36$에서 공비가 양수이므로 $a>0$

따라서 $a=6$　　　답 ①

17

$a_3+a_5=2a_4$이므로 $2a_4=-6$에서

$a_4=-3$

a_7, a_8, a_9는 이 순서대로 등차수열을 이루므로

$a_7+a_8+a_9=3a_8$

등차수열 $\{a_n\}$의 공차를 d라 하면

$3a_8=a_{10}$에서 $3(a_1+7d)=a_1+9d$, $a_1+6d=0$

즉, $a_7=0$

a_1, a_4, a_7은 이 순서대로 등차수열을 이루므로

$a_1+a_7=2a_4$

따라서 $a_1=2a_4-a_7=2\times(-3)-0=-6$　　　답 ②

18

세 실수 a^2, $4a$, 15가 이 순서대로 등차수열을 이루므로

$2\times 4a=a^2+15$, $a^2-8a+15=0$

$(a-3)(a-5)=0$

$a=3$ 또는 $a=5$

(i) $a=3$일 때

$a^2=9$이고 세 실수 9, 15, b가 이 순서대로 등비수열을 이루므로

$15^2=9b$에서 $b=25$

(ii) $a=5$일 때

$a^2=25$이고 세 실수 25, 15, b가 이 순서대로 등비수열을 이루므로

$15^2=25b$에서 $b=9$

(i), (ii)에 의하여 모든 b의 값의 합은 $25+9=34$　　　답 34

19

등차수열 $\{a_n\}$의 첫째항과 공차가 모두 $\dfrac{2}{3}$이므로

$$a_n=\frac{2}{3}+(n-1)\times\frac{2}{3}=\frac{2}{3}n$$

$a_3=2$, $a_4+a_8=\dfrac{8}{3}+\dfrac{16}{3}=8$이고

세 수 2, 8, $a_{2m-2}+a_{2m}+a_{2m+2}$는 이 순서대로 등비수열을 이루므로

$8^2=2(a_{2m-2}+a_{2m}+a_{2m+2})$

$32=a_{2m-2}+a_{2m}+a_{2m+2}$

한편, a_{2m-2}, a_{2m}, a_{2m+2}는 이 순서대로 등차수열을 이루므로

$a_{2m-2}+a_{2m}+a_{2m+2}=3a_{2m}$

즉, $32=3a_{2m}$이므로 $32=3\times\dfrac{2}{3}\times 2m$

$4m=32$, $m=8$

따라서 $3a_m=3a_8=3\times\dfrac{2}{3}\times 8=16$　　　답 16

20

수열의 합과 일반항 사이의 관계에 의하여

$a_4=S_4-S_3$이므로

$a_4=(4^2+4)-(3^2+3)=20-12=8$　　　답 ③

21

수열의 합과 일반항 사이의 관계에 의하여

$a_3=S_3-S_2$이므로 $a_3=6$

또 $a_5=S_5-S_4$이므로 $a_5=14$

수열 $\{a_n\}$이 등차수열이므로 a_3, a_5, a_7은 이 순서대로 등차수열을 이룬다.

따라서 $a_3+a_7=2a_5$이므로 $6+a_7=28$에서

$a_7=22$　　　답 ⑤

22

수열 $\{a_n\}$의 첫째항부터 제n항까지의 합이 S_n이므로 수열의 합과 일반항 사이의 관계에 의하여

$a_1 = S_1 = 2^1 + 1 = 3$

$S_{2m} - S_m = (2^{2m} + 1) - (2^m + 1) = 2^{2m} - 2^m = 56$에서

$2^m = t$라 하면

$t^2 - t - 56 = 0$

$(t+7)(t-8) = 0$

$t > 0$이므로 $t = 8$

즉, $2^m = 8$이므로 $m = 3$

따라서 $a_m = a_3 = S_3 - S_2 = (2^3 + 1) - (2^2 + 1) = 4$이므로

$a_1 + a_m = 3 + 4 = 7$

답 ④

23

수열 $\{a_n\}$의 첫째항이 1이고 이 수열의 첫째항부터 제n항까지의 합이 S_n이므로

$S_1 = a_1 = 1$

조건 (가)에서

$S_4 - S_3 = a_4 = 0$

조건 (나)에서

$S_{2n} - S_{n-1} = a_n + a_{n+1} + a_{n+2} + \cdots + a_{2n}$이므로

$T_n = a_n + a_{n+1} + a_{n+2} + \cdots + a_{2n}$이라 하면

$T_n = 3(n+1)^2$ (단, $n \geq 2$)

$T_2 = a_2 + a_3 + a_4$, $T_4 = a_4 + a_5 + a_6 + a_7 + a_8$이고

조건 (가)에서 $a_4 = 0$이므로

$S_8 = a_1 + a_2 + a_3 + \cdots + a_8$

$\quad = a_1 + (a_2 + a_3 + a_4) + (a_5 + a_6 + a_7 + a_8)$

$\quad = a_1 + (a_2 + a_3 + a_4) + (a_4 + a_5 + a_6 + a_7 + a_8)$

$\quad = 1 + T_2 + T_4$

$\quad = 1 + 3 \times 3^2 + 3 \times 5^2$

$\quad = 103$

답 103

다른 풀이

조건 (나)에서 $n = 4$일 때 $S_8 - S_3 = 3 \times 5^2 = 75$

조건 (가)에서 $S_4 = S_3$이므로

$S_8 - S_3 = S_8 - S_4 = 75$

즉, $S_8 = S_4 + 75$ ...... ㉠

조건 (나)에서 $n = 2$일 때

$S_4 - S_1 = 3 \times 3^2 = 27$이므로

$S_4 = S_1 + 27 = 1 + 27 = 28$

$S_4 = 28$을 ㉠에 대입하면

$S_8 = 28 + 75 = 103$

24

$\sum\limits_{k=1}^{10} 3a_k = 3\sum\limits_{k=1}^{10} a_k = 15$이므로 $\sum\limits_{k=1}^{10} a_k = 5$

$\sum\limits_{k=1}^{10} (a_k + 2b_k) = \sum\limits_{k=1}^{10} a_k + 2\sum\limits_{k=1}^{10} b_k = 5 + 2\sum\limits_{k=1}^{10} b_k = 23$이므로

$\sum\limits_{k=1}^{10} b_k = \dfrac{1}{2} \times (23-5) = 9$

따라서 $\sum\limits_{k=1}^{10} (b_k + 1) = \sum\limits_{k=1}^{10} b_k + \sum\limits_{k=1}^{10} 1 = 9 + 10 = 19$

답 ⑤

25

$\sum\limits_{k=1}^{20} (a_k + a_{k+1}) = a_1 + 2(a_2 + a_3 + \cdots + a_{20}) + a_{21}$

$\qquad = 2(a_1 + a_2 + a_3 + \cdots + a_{20}) + a_{21} - a_1$

$\qquad = 2\sum\limits_{k=1}^{20} a_k + a_{21} - 2 = a_{21}$

이므로 $\sum\limits_{k=1}^{20} a_k = 1$

즉, $\sum\limits_{k=1}^{20} a_k = \sum\limits_{k=1}^{10} (a_{2k-1} + a_{2k}) = \sum\limits_{k=1}^{10} a_{2k-1} + \sum\limits_{k=1}^{10} a_{2k} = \sum\limits_{k=1}^{10} a_{2k-1} + 15 = 1$

이므로 $\sum\limits_{k=1}^{10} a_{2k-1} = 1 - 15 = -14$

답 ①

26

조건 (가)에서 모든 자연수 n에 대하여

$b_n = a_n + a_{n+1} + a_{n+2}$이므로

$b_{3k} = a_{3k} + a_{3k+1} + a_{3k+2}$

조건 (나)에서 모든 자연수 n에 대하여

$\sum\limits_{k=1}^{n} a_{3k} = \sum\limits_{k=1}^{n} b_{3k} - \sum\limits_{k=3}^{3n+3} a_k$

$\qquad = \sum\limits_{k=1}^{n} (a_{3k} + a_{3k+1} + a_{3k+2}) - \sum\limits_{k=3}^{3n+3} a_k$

$\qquad = \sum\limits_{k=3}^{3n+2} a_k - \sum\limits_{k=3}^{3n+3} a_k$

$\qquad = -a_{3n+3}$ ...... ㉠

즉, $\sum\limits_{k=1}^{n} a_{3k} + a_{3n+3} = 0$이므로 모든 자연수 n에 대하여

$\sum\limits_{k=1}^{n+1} a_{3k} = 0$

이때 $a_{3n+6} = \sum\limits_{k=1}^{n+2} a_{3k} - \sum\limits_{k=1}^{n+1} a_{3k} = 0$이므로

$a_9 = a_{12} = a_{15} = \cdots = 0$

$a_3 = 3$이고 ㉠에서 $n = 1$일 때 $a_3 = -a_6$이므로

$a_6 = -a_3 = -3$

따라서

$\sum\limits_{k=1}^{5} |a_{3k}| = |a_3| + |a_6| + |a_9| + |a_{12}| + |a_{15}|$

$\qquad = 3 + 3 + 0 + 0 + 0 = 6$

답 ②

27

$\sum\limits_{k=1}^{10} (k-1)(k+2) + \sum\limits_{k=1}^{10} (k+1)(k-2)$

$= \sum\limits_{k=1}^{10} (k^2 + k - 2) + \sum\limits_{k=1}^{10} (k^2 - k - 2)$

$= \sum\limits_{k=1}^{10} \{(k^2 + k - 2) + (k^2 - k - 2)\}$

$= \sum\limits_{k=1}^{10} (2k^2 - 4) = 2\sum\limits_{k=1}^{10} k^2 - \sum\limits_{k=1}^{10} 4$

$= 2 \times \dfrac{10 \times 11 \times 21}{6} - 4 \times 10$

$= 730$

답 ④

28

$$\sum_{k=1}^{10}\{2a_k-k(k-3)\}=\sum_{k=1}^{10}(2a_k-k^2+3k)=2\sum_{k=1}^{10}a_k-\sum_{k=1}^{10}k^2+3\sum_{k=1}^{10}k$$

$$=2\sum_{k=1}^{10}a_k-\frac{10\times11\times21}{6}+3\times\frac{10\times11}{2}$$

$$=2\sum_{k=1}^{10}a_k-220=0$$

이므로

$$\sum_{k=1}^{10}a_k=\frac{1}{2}\times220=110$$

답 110

29

$$\sum_{k=1}^{m}\frac{k^3+1}{(k-1)k+1}=\sum_{k=1}^{m}\frac{(k+1)(k^2-k+1)}{k^2-k+1}=\sum_{k=1}^{m}(k+1)$$

$$=\sum_{k=1}^{m}k+\sum_{k=1}^{m}1=\frac{m(m+1)}{2}+m=44$$

이므로

$$m^2+3m-88=0, \ (m-8)(m+11)=0$$

m은 자연수이므로 $m=8$

답 ①

30

$x^2-(n^2+3n+4)x+3n^3+4n^2=(x-n^2)(x-3n-4)$이므로

x에 대한 이차부등식 $x^2-(n^2+3n+4)x+3n^3+4n^2\leq0$을 만족시키는 모든 자연수 x의 개수 a_n은 다음과 같다.

(i) $n^2\leq3n+4$, 즉 $1\leq n\leq4$일 때

이차부등식의 실근은 $n^2\leq x\leq3n+4$이므로

$$a_n=(3n+4)-n^2+1=-n^2+3n+5$$

(ii) $n^2>3n+4$, 즉 $n\geq5$일 때

이차부등식의 실근은 $3n+4\leq x\leq n^2$이므로

$$a_n=n^2-(3n+4)+1=n^2-3n-3$$

따라서

$$\sum_{k=1}^{8}a_k=\sum_{k=1}^{4}(-k^2+3k+5)+\sum_{k=5}^{8}(k^2-3k-3)$$

$$=\sum_{k=1}^{4}(-k^2+3k+5)+\sum_{k=1}^{4}\{(k+4)^2-3(k+4)-3\}$$

$$=\sum_{k=1}^{4}(-k^2+3k+5)+\sum_{k=1}^{4}(k^2+5k+1)$$

$$=\sum_{k=1}^{4}(8k+6)=8\sum_{k=1}^{4}k+\sum_{k=1}^{4}6$$

$$=8\times\frac{4\times5}{2}+6\times4=104$$

답 ②

31

$$\sum_{k=3}^{10}\frac{1}{2k^2-6k+4}=\sum_{k=3}^{10}\frac{1}{2(k-1)(k-2)}$$

$$=\frac{1}{2}\sum_{k=3}^{10}\left(\frac{1}{k-2}-\frac{1}{k-1}\right)$$

$$=\frac{1}{2}\left\{\left(1-\frac{1}{2}\right)+\left(\frac{1}{2}-\frac{1}{3}\right)+\cdots+\left(\frac{1}{8}-\frac{1}{9}\right)\right\}$$

$$=\frac{1}{2}\times\left(1-\frac{1}{9}\right)=\frac{4}{9}$$

답 ④

32

등차수열 $\{a_n\}$의 공차를 d라 하면

$$\sum_{k=1}^{4}a_k=\frac{4(4+3d)}{2}=8+6d=14$$

이므로 $d=1$

즉, 등차수열 $\{a_n\}$의 첫째항이 2, 공차가 1이므로

$$a_n=2+(n-1)\times1=n+1$$

따라서

$$\sum_{k=1}^{6}\frac{1}{a_ka_{k+1}}=\sum_{k=1}^{6}\frac{1}{(k+1)(k+2)}$$

$$=\sum_{k=1}^{6}\left(\frac{1}{k+1}-\frac{1}{k+2}\right)$$

$$=\left(\frac{1}{2}-\frac{1}{3}\right)+\left(\frac{1}{3}-\frac{1}{4}\right)+\cdots+\left(\frac{1}{7}-\frac{1}{8}\right)$$

$$=\frac{1}{2}-\frac{1}{8}=\frac{3}{8}$$

답 ③

33

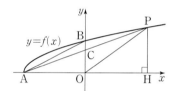

$f(-4)=0$, $f(0)=2$이므로 함수 $y=f(x)$의 그래프가 x축, y축과 만나는 점은 각각

$A(-4, 0)$, $B(0, 2)$

직선 PA와 y축이 만나는 점을 C, 점 $P(n, \sqrt{n+4})$에서 x축에 내린 수선의 발을 H라 하면 두 삼각형 PAH, CAO는 서로 닮음이고 닮음비는 $\overline{AH}:\overline{AO}=(n+4):4$이므로

$$\overline{OC}=\frac{4}{n+4}\times\overline{PH}=\frac{4\sqrt{n+4}}{n+4}$$

두 삼각형 PBO, PBA의 넓이의 차는 두 삼각형 PCO, BAC의 넓이의 차와 같다.

이때 삼각형 PCO의 넓이는

$$\frac{1}{2}\times\overline{OC}\times\overline{OH}=\frac{1}{2}\times\frac{4\sqrt{n+4}}{n+4}\times n=\frac{2n\sqrt{n+4}}{n+4},$$

삼각형 BAC의 넓이는

$$\frac{1}{2}\times(\overline{OB}-\overline{OC})\times\overline{OA}=\frac{1}{2}\times\left(2-\frac{4\sqrt{n+4}}{n+4}\right)\times4=4-\frac{8\sqrt{n+4}}{n+4}$$

이므로

$$S_n=\left|\frac{2n\sqrt{n+4}}{n+4}-\left(4-\frac{8\sqrt{n+4}}{n+4}\right)\right|=\left|\frac{2\sqrt{n+4}}{n+4}(n+4)-4\right|$$

$$=2\sqrt{n+4}-4$$

따라서

$$\sum_{n=1}^{11}\frac{1}{S_{n+1}+S_n+8}$$

$$=\sum_{n=1}^{11}\frac{1}{(2\sqrt{n+5}-4)+(2\sqrt{n+4}-4)+8}$$

$$=\frac{1}{2}\sum_{n=1}^{11}\frac{1}{\sqrt{n+5}+\sqrt{n+4}}$$

$$=\frac{1}{2}\sum_{n=1}^{11}\frac{\sqrt{n+5}-\sqrt{n+4}}{(\sqrt{n+5}+\sqrt{n+4})(\sqrt{n+5}-\sqrt{n+4})}$$

$$=\frac{1}{2}\sum_{n=1}^{11}(\sqrt{n+5}-\sqrt{n+4})$$

$$=\frac{1}{2}\{(\sqrt{6}-\sqrt{5})+(\sqrt{7}-\sqrt{6})+\cdots+(\sqrt{16}-\sqrt{15})\}$$

$$=\frac{1}{2}\times(4-\sqrt{5})=2-\frac{\sqrt{5}}{2}$$ 답 ⑤

34

수열 $\{a_n\}$이 모든 자연수 n에 대하여 $2a_{n+1}=a_n+a_{n+2}$를 만족시키므로 수열 $\{a_n\}$은 등차수열이다.

수열 $\{a_n\}$의 공차를 d라 하면

$a_7-a_4=3d=15$

이므로 $d=5$

따라서 $a_3-a_1=2d=2\times5=10$ 답 ④

35

$a_5=2$이므로

$a_4>a_3$이면 $2=a_3-a_4>0$이 되어 모순이다.

그러므로 $a_4\leq a_3$이고 $a_5=3-a_3$에서 $2=3-a_3$

즉, $a_3=1$, $a_4\leq1$ ……㉠

$a_2>a_1$이면 $1=a_1-a_2>0$이 되어 모순이므로

$a_2\leq a_1$이고 $a_3=1-a_1$에서 $1=1-a_1$

즉, $a_1=0$, $a_2\leq0$ ……㉡

㉠, ㉡에서 $a_3>a_2$이므로

$a_4=a_2-a_3=a_2-1$

$\sum_{k=1}^{5}a_k=a_1+a_2+a_3+a_4+a_5$

$=0+a_2+1+(a_2-1)+2$

$=2a_2+2=-2$

이므로

$2a_2=-4$, $a_2=-2$

따라서 $a_4=-2-1=-3$ 답 ①

36

조건 (가)에서

$a_1<0$이므로 $a_2=a_1{}^2$

$a_2>0$이므로 $a_3=\frac{1}{2}a_2-2=\frac{1}{2}a_1{}^2-2$

(i) $a_3>0$이면

$\frac{1}{2}a_1{}^2-2>0$에서 $a_1{}^2>4$이므로

$-20\leq a_1<-2$이고,

$a_4=\frac{1}{2}a_3-2=\frac{1}{2}\left(\frac{1}{2}a_1{}^2-2\right)-2=\frac{1}{4}a_1{}^2-3$ ……㉠

조건 (나)에서 a_4는 정수이므로 $\frac{1}{4}a_1{}^2-3$이 정수가 되려면

$a_1=-2m$ (m은 2 이상 10 이하의 자연수) ……㉡

즉, $a_1\leq-4$이므로 ㉠에서 $a_4\geq1>0$

$a_5=\frac{1}{2}a_4-2=\frac{1}{2}\left(\frac{1}{4}a_1{}^2-3\right)-2=\frac{1}{8}\times(-2m)^2-\frac{7}{2}=\frac{m^2-7}{2}$

조건 (나)에서 a_5는 정수가 아닌 유리수이므로

$m^2-7=2l-1$ (l은 정수)이다.

$m^2=2l+6=2(l+3)$에서 자연수 m은 짝수이므로

㉡에서 a_1의 값이 될 수 있는 것은

-4, -8, -12, -16, -20

(ii) $a_3\leq0$이면

$\frac{1}{2}a_1{}^2-2\leq0$에서 $a_1{}^2\leq4$이므로

$-2\leq a_1\leq-1$

$a_1=-2$ 또는 $a_1=-1$

즉, $a_1=-2$인 경우 $a_2=4$, $a_3=0$, $a_4=0$, $a_5=0$이므로 조건 (나)를 만족시키지 않는다.

$a_1=-1$인 경우 $a_2=1$, $a_3=-\frac{3}{2}$이므로 조건 (나)를 만족시키지 않는다.

(i), (ii)에 의하여 조건을 만족시키는 모든 a_1의 값의 합은

$-4+(-8)+(-12)+(-16)+(-20)=-60$ 답 ②

37

$a_1=1$에서

$a_2=a_1+(-1)\times1=1-1=0$

$a_3=a_2+(-1)^2\times2=0+2=2$

$a_4=a_3+(-1)^3\times3=2-3=-1$ 답 ⑤

38

모든 자연수 n에 대하여

$a_{2n+2}=a_{2n}+3$

이므로 수열 $\{a_{2n}\}$은 공차가 3인 등차수열이다. ……㉠

$a_{2n}=a_{2n-1}+1$ ……㉡

㉡에 $n=6$을 대입하면

$a_{12}=a_{11}+1$

$a_{11}=a_{12}-1$을 $a_8+a_{11}=31$에 대입하면

$a_8+a_{12}-1=31$

$a_8+a_{12}=32$

㉠에 의하여

$(a_2+3\times3)+(a_2+5\times3)=32$

$2a_2=8$

$a_2=4$

㉡에 $n=1$을 대입하면

$a_2=a_1+1$

따라서 $a_1=a_2-1=4-1=3$ 답 ①

39

$a_n<0$이면 $a_{n+1}=a_n+2$

즉, $a_n=a_{n+1}-2$이고 $a_{n+1}<2$ ……㉠

$a_n\geq0$이면 $a_{n+1}=a_n-1$

즉, $a_n=a_{n+1}+1$이고 $a_{n+1}\geq-1$ ……㉡

㉠, ㉡에서

$a_{n+1}<-1$이면 $a_n=a_{n+1}-2$ $\quad\cdots\cdots$ ㉢

$a_{n+1}\geq2$이면 $a_n=a_{n+1}+1$ $\quad\cdots\cdots$ ㉣

$-1\leq a_{n+1}<2$이면 $a_n=a_{n+1}-2$ 또는 $a_n=a_{n+1}+1$ $\quad\cdots\cdots$ ㉤

$a_5=1$이므로 ㉤에서 $a_4=1-2=-1$ 또는 $a_4=1+1=2$

$a_4=2$인 경우

㉣에서 $a_3=3$, $a_2=4$, $a_1=5$

$a_4=-1$인 경우

㉤에서 $a_3=-1-2=-3$ 또는 $a_3=-1+1=0$

$a_3=-3$인 경우

㉢에서 $a_2=-5$, $a_1=-7$

$a_3=0$인 경우

㉤에서 $a_2=0-2=-2$ 또는 $a_2=0+1=1$

$a_2=-2$인 경우

㉢에서 $a_1=-4$

$a_2=1$인 경우

㉤에서 $a_1=1-2=-1$ 또는 $a_1=1+1=2$

따라서 조건을 만족시키는 모든 a_1의 값의 합은

$5+(-7)+(-4)+(-1)+2=-5$ $\qquad$ 답 ②

40

$a_1>0$이고 $a_n>0$일 때, $a_{n+1}=a_n-3$이므로

a_1의 값을 자연수 l에 대하여 $a_1=3l$, $a_1=3l-1$, $a_1=3l-2$로 경우를 나눌 수 있다.

(ⅰ) $a_1=3l$인 경우

$\quad a_2=3l-3$, $\cdots$, $a_l=3$, $a_{l+1}=0$

$\quad a_{l+2}=|a_{l+1}|=0$이므로

$\quad n\geq l+1$일 때, $a_n=0$

$\quad l+1$ 이상의 자연수 n과 모든 자연수 k에 대하여 $a_{n+k}=a_n$이므로 조건 (나)를 만족시키지 않는다.

(ⅱ) $a_1=3l-1$인 경우

$\quad a_2=3l-4$, $\cdots$, $a_{l-1}=5$, $a_l=2$, $a_{l+1}=-1$

$\quad a_{l+2}=|a_{l+1}|=1$

$\quad a_{l+3}=1-3=-2$

$\quad a_{l+4}=|a_{l+3}|=2$

$\quad$이므로 l 이상의 모든 자연수 n에 대하여 $a_{n+4}=a_n$이고 $k=1$, 2, 3일 때 $a_{n+k}\neq a_n$이다.

$\quad$즉, l 이상의 모든 자연수 n에 대하여 $a_{n+k}=a_n$을 만족시키는 자연수 k의 최솟값은 4이다.

$\quad$조건 (나)에서 2 이상의 모든 자연수 n에 대하여 $a_{n+4}=a_n$이므로

$\quad l=1$ 또는 $l=2$

$\quad l=1$인 경우 $a_1=2$이고, $l=2$인 경우 $a_1=5$이다.

(ⅲ) $a_1=3l-2$인 경우

$\quad a_2=3l-5$, $\cdots$, $a_{l-1}=4$, $a_l=1$, $a_{l+1}=-2$

$\quad a_{l+2}=|a_{l+1}|=2$

$\quad a_{l+3}=2-3=-1$

$\quad a_{l+4}=|a_{l+3}|=1$

$\quad$이므로 l 이상의 모든 자연수 n에 대하여 $a_{n+4}=a_n$이고 $k=1$, 2, 3일 때 $a_{n+k}\neq a_n$이다.

즉, l 이상의 모든 자연수 n에 대하여 $a_{n+k}=a_n$을 만족시키는 자연수 k의 최솟값은 4이다.

조건 (나)에서 2 이상의 모든 자연수 n에 대하여 $a_{n+4}=a_n$이므로

$l=1$ 또는 $l=2$

$l=1$인 경우 $a_1=1$이고

$l=2$인 경우 $a_1=4$이다.

(ⅰ), (ⅱ), (ⅲ)에 의하여 조건을 만족시키는 모든 수열 $\{a_n\}$에 대하여 a_1의 값의 합은

$2+5+1+4=12$ $\qquad$ 답 12

41

(ⅰ) $n=1$일 때,

$\quad$(좌변)$=12$, (우변)$=12$이므로 ($*$)이 성립한다.

(ⅱ) $n=m$일 때 ($*$)이 성립한다고 가정하면

$$\sum_{k=1}^{m}(2^k+m)(2k+2)=m(m^2+3m+2^{m+2})$$

이다. $n=m+1$일 때,

$$\sum_{k=1}^{m+1}(2^k+m+1)(2k+2)$$

$$=\sum_{k=1}^{m}(2^k+m+1)(2k+2)+\boxed{(2^{m+1}+m+1)(2m+4)}$$

$$=\sum_{k=1}^{m}(2^k+m)(2k+2)+\sum_{k=1}^{m}(2k+2)$$
$$\qquad\qquad\qquad +2^{m+2}(m+2)+(m+1)(2m+4)$$

$$=\sum_{k=1}^{m}(2^k+m)(2k+2)+m(m+1)+2m$$
$$\qquad\qquad\qquad +2^{m+2}(m+2)+(2m^2+6m+4)$$

$$=\sum_{k=1}^{m}(2^k+m)(2k+2)+\boxed{3m^2+9m+4+2^{m+2}(m+2)}$$

$$=m(m^2+3m+2^{m+2})+\boxed{3m^2+9m+4+2^{m+2}(m+2)}$$

$$=m^3+6m^2+9m+4+2^{m+2}(2m+2)$$

$$=(m+1)^3+3(m+1)^2+2^{m+3}(m+1)$$

$$=(m+1)\{(m+1)^2+3(m+1)+2^{m+3}\}$$

이다. 따라서 $n=m+1$일 때도 ($*$)이 성립한다.

(ⅰ), (ⅱ)에 의하여 모든 자연수 n에 대하여

$$\sum_{k=1}^{n}(2^k+n)(2k+2)=n(n^2+3n+2^{n+2})$$

이 성립한다.

따라서

$f(m)=(2^{m+1}+m+1)(2m+4)$,

$g(m)=3m^2+9m+4+2^{m+2}(m+2)$

이므로

$f(3)+g(2)=20\times10+(34+16\times4)=298$ $\qquad$ 답 ④

42

(ⅰ) $n=1$일 때,

$\quad$(좌변)$=-4$, (우변)$=-4$이므로 ($*$)이 성립한다.

(ⅱ) $n=m$일 때 ($*$)이 성립한다고 가정하면

$$\sum_{k=1}^{m}(-1)^k a_k=\frac{(-1)^m(2m^2+3m+1)}{(m+1)!}-1$$

이다. $n=m+1$일 때,

$$\sum_{k=1}^{m+1}(-1)^k a_k$$

$$=\sum_{k=1}^{m}(-1)^k a_k+(-1)^{m+1}a_{m+1}$$

$$=\frac{(-1)^m(2m^2+3m+1)}{(m+1)!}-1$$

$$+\boxed{\frac{(-1)^{m+1}\{2(m+1)^2+(m+1)+1\}}{(m+1)!}}$$

$$=\frac{(-1)^m\{(2m^2+3m+1)-(2m^2+5m+4)\}}{(m+1)!}-1$$

$$=\frac{(-1)^m\times(\boxed{-2m-3})}{(m+1)!}-1$$

$$=\frac{(-1)^{m+1}\times(\boxed{-2m-3})\times(\boxed{-m-2})}{(m+2)!}-1$$

$$=\frac{(-1)^{m+1}(2m^2+7m+6)}{(m+2)!}-1$$

$$=\frac{(-1)^{m+1}\{2(m+1)^2+3(m+1)+1\}}{(m+2)!}-1$$

이다. 따라서 $n=m+1$일 때도 (*)이 성립한다.

(i), (ii)에 의하여 모든 자연수 n에 대하여

$$\sum_{k=1}^{n}(-1)^k a_k=\frac{(-1)^n(2n^2+3n+1)}{(n+1)!}-1$$

이 성립한다.

따라서

$$f(m)=\frac{(-1)^{m+1}\{2(m+1)^2+(m+1)+1\}}{(m+1)!},$$

$g(m)=-2m-3,\ h(m)=-m-2$

이므로

$$\frac{g(4)\times h(1)}{f(2)}=\frac{-11\times(-3)}{-\dfrac{22}{6}}=-9 \qquad \text{답 ⑤}$$

---

04 함수의 극한과 연속

본문 39~45쪽

01 ④	02 ②	03 ③	04 ⑤	05 3
06 ⑤	07 ③	08 ①	09 ③	10 ③
11 ②	12 ③	13 ⑤	14 ⑤	15 18
16 ①	17 ⑤	18 ④	19 ③	20 ②
21 ③	22 ③	23 14	24 ③	25 ②
26 12	27 ④			

01

주어진 그래프에서

$$\lim_{x\to-1}f(x)=2,\ \lim_{x\to 0+}f(x)=-1$$

따라서 $\displaystyle\lim_{x\to-1}f(x)+\lim_{x\to 0+}f(x)=2+(-1)=1$ 답 ④

02

주어진 그래프에서 $f(2)=1,\ \displaystyle\lim_{x\to1+}f(x)=2$

$\displaystyle\lim_{x\to1+}f(-x)$에서 $t=-x$라 하면

$x\to1+$일 때, $t\to-1-$이므로

$$\lim_{x\to1+}f(-x)=\lim_{t\to-1-}f(t)=-1$$

따라서 $f(2)+\displaystyle\lim_{x\to1+}f(x)f(-x)=1+2\times(-1)=-1$ 답 ②

다른 풀이

$\displaystyle\lim_{x\to1+}f(-x)$의 값은 다음과 같이 구할 수도 있다.

함수 $y=f(-x)$의 그래프는 함수 $y=f(x)$의 그래프를 y축에 대하여 대칭이동한 것과 같으므로

$$\lim_{x\to1+}f(-x)=\lim_{x\to-1-}f(x)=-1$$

03

$$\lim_{x\to1-}f(x)=\lim_{x\to1-}(x+a)=a+1,$$

$$\lim_{x\to1+}f(x)=\lim_{x\to1+}(-3x^2+x+2a)=2a-2=2(a-1)$$

이므로

$$\lim_{x\to1-}f(x)\times\lim_{x\to1+}f(x)=(a+1)\times2(a-1)=2a^2-2$$

즉, $2a^2-2=16$에서 $a^2=9$

$a=-3$ 또는 $a=3$

따라서 양수 a의 값은 3이다. 답 ③

04

정수 m에 대하여

$$\lim_{x\to(3m+1)-}f(x)-\lim_{x\to(3m+1)+}f(x)$$

$$=\lim_{x\to1-}f(x)-\lim_{x\to1+}f(x)=0-0=0$$

$$\lim_{x\to(3m+2)-}f(x)-\lim_{x\to(3m+2)+}f(x)$$

$$=\lim_{x\to2-}f(x)-\lim_{x\to2+}f(x)=a-(-1)=a+1$$

EBS 수능완성 수학영역

$$\lim_{x \to 3m-} f(x) - \lim_{x \to 3m+} f(x)$$

$$= \lim_{x \to 3-} f(x) - \lim_{x \to 0+} f(x) = 0 - a = -a$$

이므로

$$\sum_{k=1}^{10} \{ \lim_{x \to 2k-} f(x) - \lim_{x \to 2k+} f(x) \}$$

$$= 3\{(a+1) + 0 + (-a)\} + (a+1)$$

$$= a + 4$$

따라서 $a+4=9$에서 $a=5$ 답 ⑤

05

$\lim\limits_{x \to 2} xf(x) = \dfrac{2}{3}$이므로

$$\lim_{x \to 2} (2x^2+1)f(x) = \lim_{x \to 2} \left\{ \frac{2x^2+1}{x} \times xf(x) \right\}$$

$$= \lim_{x \to 2} \frac{2x^2+1}{x} \times \lim_{x \to 2} xf(x)$$

$$= \frac{9}{2} \times \frac{2}{3} = 3$$ 답 3

06

$x \neq 0$일 때, $\dfrac{f(x)-x}{x} = \dfrac{f(x)}{x} - 1$이므로

$$\lim_{x \to 0} \frac{f(x)}{x} = \lim_{x \to 0} \left[\left\{ \frac{f(x)}{x} - 1 \right\} + 1 \right]$$

$$= \lim_{x \to 0} \left\{ \frac{f(x)}{x} - 1 \right\} + \lim_{x \to 0} 1$$

$$= 2 + 1 = 3$$

따라서

$$\lim_{x \to 0} \frac{2x + f(x)}{f(x)} = \lim_{x \to 0} \frac{2 + \dfrac{f(x)}{x}}{\dfrac{f(x)}{x}} = \frac{2+3}{3} = \frac{5}{3}$$ 답 ⑤

07

$\lim\limits_{x \to 0} \dfrac{g(x)}{x^2+2x} = 3$이므로

$$\lim_{x \to 0} \frac{g(x)}{x} = \lim_{x \to 0} \left\{ \frac{g(x)}{x^2+2x} \times (x+2) \right\}$$

$$= \lim_{x \to 0} \frac{g(x)}{x^2+2x} \times \lim_{x \to 0} (x+2)$$

$$= 3 \times 2 = 6$$

따라서

$$\lim_{x \to 0} \frac{f(x)g(x)}{x\{f(x)+xg(x)\}} = \lim_{x \to 0} \frac{\dfrac{f(x)g(x)}{x^3}}{\dfrac{x\{f(x)+xg(x)\}}{x^3}}$$

$$= \lim_{x \to 0} \frac{\dfrac{f(x)}{x^2} \times \dfrac{g(x)}{x}}{\dfrac{f(x)}{x^2} + \dfrac{g(x)}{x}}$$

$$= \frac{3 \times 6}{3+6} = \frac{18}{9} = 2$$ 답 ③

08

$\lim\limits_{x \to -1} |f(x)-k|$의 값이 존재하므로

$$\lim_{x \to -1-} |f(x)-k| = \lim_{x \to -1+} |f(x)-k| \text{이어야 한다.}$$

$$\lim_{x \to -1-} |f(x)-k| = \lim_{x \to -1-} \left| -\frac{1}{2}x - \frac{3}{2} - k \right| = |k+1|,$$

$$\lim_{x \to -1+} |f(x)-k| = \lim_{x \to -1+} |-x+2-k| = |k-3|$$

이므로 $|k+1| = |k-3|$에서

$$k+1 = k-3 \text{ 또는 } k+1 = -(k-3)$$

그런데 $k+1=k-3$을 만족시키는 k의 값은 존재하지 않으므로

$k+1 = -(k-3)$에서 $2k=2$, $k=1$

한편, 함수 $f(x)$는 $x=-1$에서만 극한값이 존재하지 않으므로

$\lim\limits_{x \to a} \dfrac{f(x)}{|f(x)-1|}$의 값이 존재하지 않는 경우는 다음 두 가지이다.

(i) $\lim\limits_{x \to a} |f(x)-1| = 0$일 때

　　$a<-1$, $a>-1$일 때로 경우를 나눌 수 있다.

　　① $a<-1$일 때

　　　　$x<-1$에서 $f(x)-1 = -\dfrac{1}{2}x - \dfrac{5}{2}$이므로

　　　　$\lim\limits_{x \to a} |f(x)-1| = \lim\limits_{x \to a} \left| -\dfrac{1}{2}x - \dfrac{5}{2} \right| = \left| -\dfrac{1}{2}a - \dfrac{5}{2} \right| = 0$에서

　　　　$a = -5$

　　② $a>-1$일 때

　　　　$x \geq -1$에서 $f(x)-1 = -x+1$이므로

　　　　$\lim\limits_{x \to a} |f(x)-1| = \lim\limits_{x \to a} |-x+1| = |-a+1| = 0$에서

　　　　$a = 1$

　　그런데 $\lim\limits_{x \to -5} f(x) \neq 0$, $\lim\limits_{x \to 1} f(x) \neq 0$이므로 $\lim\limits_{x \to a} \dfrac{f(x)}{|f(x)-1|}$의

　　값이 존재하지 않도록 하는 실수 a의 값은

　　$a = -5$ 또는 $a = 1$이다.

(ii) $\lim\limits_{x \to a} |f(x)-1| = \alpha$ (α는 $\alpha \neq 0$인 실수)일 때

　　$\lim\limits_{x \to a} f(x)$의 값이 존재하지 않는 경우이므로 실수 a의 값은 -1이다.

(i), (ii)에 의하여 구하는 실수 a의 값은 -5, -1, 1이므로 그 합은 -5이다. 답 ①

09

$$\lim_{x \to \infty} \frac{3x}{\sqrt{x^2+2x} + \sqrt{x^2-x}} = \lim_{x \to \infty} \frac{3}{\sqrt{1+\dfrac{2}{x}} + \sqrt{1-\dfrac{1}{x}}}$$

$$= \frac{3}{1+1} = \frac{3}{2}$$ 답 ③

10

$$\lim_{x \to 3} \frac{x^2-9}{x^2-5x+6} = \lim_{x \to 3} \frac{(x-3)(x+3)}{(x-2)(x-3)}$$

$$= \lim_{x \to 3} \frac{x+3}{x-2} = \frac{3+3}{3-2} = 6$$ 답 ③

11

$$\lim_{x\to 2}\frac{\sqrt{x^3-2x}-\sqrt{x^3-4}}{x^2-4}$$

$$=\lim_{x\to 2}\frac{(\sqrt{x^3-2x}-\sqrt{x^3-4})(\sqrt{x^3-2x}+\sqrt{x^3-4})}{(x-2)(x+2)(\sqrt{x^3-2x}+\sqrt{x^3-4})}$$

$$=\lim_{x\to 2}\frac{(x^3-2x)-(x^3-4)}{(x-2)(x+2)(\sqrt{x^3-2x}+\sqrt{x^3-4})}$$

$$=\lim_{x\to 2}\frac{-2(x-2)}{(x-2)(x+2)(\sqrt{x^3-2x}+\sqrt{x^3-4})}$$

$$=\lim_{x\to 2}\frac{-2}{(x+2)(\sqrt{x^3-2x}+\sqrt{x^3-4})}$$

$$=\frac{-2}{4\times(2+2)}=-\frac{1}{8}$$

답 ②

12

$f(x)=|x(x-a)|$에서

$$f(x)f(-x)=|x(x-a)|\times|-x(-x-a)|$$
$$=|x(x-a)|\times|x(x+a)|$$
$$=|x^2(x-a)(x+a)|$$
$$=x^2|(x-a)(x+a)|$$

이므로

$$\lim_{x\to 0}\frac{f(x)f(-x)}{x^2}=\lim_{x\to 0}\frac{x^2|(x-a)(x+a)|}{x^2}$$
$$=\lim_{x\to 0}|(x-a)(x+a)|$$
$$=|-a^2|=a^2$$

즉, $a^2=\frac{1}{2}$에서 $a>0$이므로 $a=\frac{1}{\sqrt{2}}$

$x>\frac{1}{\sqrt{2}}$일 때 $f(x)f(-x)=x^2\left(x-\frac{1}{\sqrt{2}}\right)\left(x+\frac{1}{\sqrt{2}}\right)$이므로

$$\lim_{x\to a+}\frac{f(x)f(-x)}{x-a}=\lim_{x\to\frac{1}{\sqrt{2}}+}\frac{x^2\left(x-\frac{1}{\sqrt{2}}\right)\left(x+\frac{1}{\sqrt{2}}\right)}{x-\frac{1}{\sqrt{2}}}$$
$$=\lim_{x\to\frac{1}{\sqrt{2}}+}x^2\left(x+\frac{1}{\sqrt{2}}\right)=\frac{1}{2}\times\frac{2}{\sqrt{2}}=\frac{\sqrt{2}}{2}$$

답 ③

13

$$\lim_{x\to -2}\frac{\sqrt{2x+a}+b}{x+2}=\frac{1}{3}\qquad\cdots\cdots\ ㉠$$

㉠에서 $x\to -2$일 때 (분모)$\to 0$이고 극한값이 존재하므로 (분자)$\to 0$이어야 한다.

즉, $\lim_{x\to -2}(\sqrt{2x+a}+b)=\sqrt{a-4}+b=0$에서

$$b=-\sqrt{a-4}\qquad\cdots\cdots\ ㉡$$

㉡을 ㉠에 대입하면

$$\lim_{x\to -2}\frac{\sqrt{2x+a}-\sqrt{a-4}}{x+2}$$
$$=\lim_{x\to -2}\frac{(\sqrt{2x+a}-\sqrt{a-4})(\sqrt{2x+a}+\sqrt{a-4})}{(x+2)(\sqrt{2x+a}+\sqrt{a-4})}$$
$$=\lim_{x\to -2}\frac{2(x+2)}{(x+2)(\sqrt{2x+a}+\sqrt{a-4})}$$

$$=\lim_{x\to -2}\frac{2}{\sqrt{2x+a}+\sqrt{a-4}}$$
$$=\frac{2}{2\sqrt{a-4}}=\frac{1}{\sqrt{a-4}}$$

즉, $\frac{1}{\sqrt{a-4}}=\frac{1}{3}$에서 $\sqrt{a-4}=3$

$a-4=9$이므로 $a=13$

㉡에서 $b=-3$

따라서 $a+b=13+(-3)=10$

답 ⑤

14

$$\lim_{x\to 1}\frac{f(x)-1}{x-1}=2\qquad\cdots\cdots\ ㉠$$

㉠에서 $x\to 1$일 때 (분모)$\to 0$이고 극한값이 존재하므로 (분자)$\to 0$이어야 한다.

즉, $\lim_{x\to 1}\{f(x)-1\}=0$에서

$$\lim_{x\to 1}f(x)=1\qquad\cdots\cdots\ ㉡$$

또 $\lim_{x\to 1}\frac{g(x)+2}{\sqrt{x}-1}=-\frac{1}{3}$에서 $x\to 1$일 때 (분모)$\to 0$이고 극한값이 존재하므로 (분자)$\to 0$이어야 한다.

즉, $\lim_{x\to 1}\{g(x)+2\}=0$에서

$$\lim_{x\to 1}g(x)=-2\qquad\cdots\cdots\ ㉢$$

$\lim_{x\to 1}\frac{g(x)+2}{\sqrt{x}-1}=-\frac{1}{3}$이므로

$$\lim_{x\to 1}\frac{g(x)+2}{x-1}=\lim_{x\to 1}\frac{g(x)+2}{(\sqrt{x}-1)(\sqrt{x}+1)}$$
$$=\lim_{x\to 1}\frac{g(x)+2}{\sqrt{x}-1}\times\lim_{x\to 1}\frac{1}{\sqrt{x}+1}$$
$$=-\frac{1}{3}\times\frac{1}{2}=-\frac{1}{6}\qquad\cdots\cdots\ ㉣$$

㉠~㉣에 의해

$$\lim_{x\to 1}\frac{\{f(x)-g(x)\}\{f(x)+g(x)+1\}}{x-1}$$
$$=\lim_{x\to 1}\left[\{f(x)-g(x)\}\times\frac{\{f(x)-1\}+\{g(x)+2\}}{x-1}\right]$$
$$=\{\lim_{x\to 1}f(x)-\lim_{x\to 1}g(x)\}\times\left\{\lim_{x\to 1}\frac{f(x)-1}{x-1}+\lim_{x\to 1}\frac{g(x)+2}{x-1}\right\}$$
$$=\{1-(-2)\}\times\left\{2+\left(-\frac{1}{6}\right)\right\}$$
$$=3\times\frac{11}{6}=\frac{11}{2}$$

답 ⑤

15

$$\lim_{x\to 2}\frac{f(x)f(x-a)}{(x-2)^2}=-9\qquad\cdots\cdots\ ㉠$$

㉠에서 $x\to 2$일 때 (분모)$\to 0$이고 극한값이 존재하므로 (분자)$\to 0$이어야 한다.

즉, $\lim_{x\to 2}f(x)f(x-a)=0$에서 $f(2)f(2-a)=0$

이때 ㉠에서 $f(x)f(x-a)$는 $(x-2)^2$을 인수로 가져야 하므로 다음 두 가지 경우가 가능하다.

(i) $f(x)$가 $(x-2)^2$을 인수로 가지거나 $f(x-a)$가 $(x-2)^2$을 인수로 가지는 경우

$f(x)=(x-2)^2$일 때

$f(x)f(x-a)=(x-2)^2(x-a-2)^2$이므로

$$\lim_{x\to 2}\frac{f(x)f(x-a)}{(x-2)^2}=\lim_{x\to 2}\frac{(x-2)^2(x-a-2)^2}{(x-2)^2}$$
$$=\lim_{x\to 2}(x-a-2)^2$$
$$=a^2$$

이때 $a^2>0$이므로 ㉠을 만족시키지 않는다.

마찬가지로 $f(x)=(x-2+a)^2$일 때에도

$f(x)f(x-a)=(x-2+a)^2(x-2)^2$

이므로 ㉠을 만족시키지 않는다.

(ii) $f(x)$가 $(x-2)$를 인수로 가지고 $f(x-a)$도 $(x-2)$를 인수로 가지는 경우

$f(x)f(x-a)=(x-2+a)(x-2)^2(x-a-2)$

이므로

$$\lim_{x\to 2}\frac{f(x)f(x-a)}{(x-2)^2}$$
$$=\lim_{x\to 2}\frac{(x-2+a)(x-2)^2(x-a-2)}{(x-2)^2}$$
$$=\lim_{x\to 2}(x-2+a)(x-a-2)$$
$$=a\times(-a)=-a^2$$

즉, $-a^2=-9$이고 $a>0$이므로 $a=3$

(i), (ii)에서 $f(x)=(x+1)(x-2)$이므로

$f(5)=6\times3=18$　　　　　　　　　🔲 18

16

$$\lim_{x\to 0}\left\{\left(x^2-\frac{1}{x}\right)f(x)\right\}=\lim_{x\to 0}\left\{\frac{x^3-1}{x}\times f(x)\right\}$$
$$=\lim_{x\to 0}\frac{(x^3-1)f(x)}{x}$$

즉, $\displaystyle\lim_{x\to 0}\frac{(x^3-1)f(x)}{x}=4$　　　　　……㉠

㉠에서 $x\to 0$일 때 (분모)$\to 0$이고 극한값이 존재하므로 (분자)$\to 0$이어야 한다.

즉, $\displaystyle\lim_{x\to 0}(x^3-1)f(x)=-f(0)=0$에서

$f(0)=0$　　　　　　　　　　　　……㉡

$$\lim_{x\to 1}\left\{\left(x^2-\frac{1}{x}\right)\frac{1}{f(x)}\right\}=\lim_{x\to 1}\left\{\frac{x^3-1}{x}\times\frac{1}{f(x)}\right\}$$
$$=\lim_{x\to 1}\frac{x^3-1}{xf(x)}$$
$$=\lim_{x\to 1}\frac{(x-1)(x^2+x+1)}{xf(x)}$$

즉, $\displaystyle\lim_{x\to 1}\frac{(x-1)(x^2+x+1)}{xf(x)}=1$　　　……㉢

㉢에서 $x\to 1$일 때 (분자)$\to 0$이고 0이 아닌 극한값이 존재하므로 (분모)$\to 0$이어야 한다.

즉, $\displaystyle\lim_{x\to 1}xf(x)=f(1)=0$　　　　　……㉣

㉡, ㉣에 의하여

$f(x)=x(x-1)(ax+b)$ (a, b는 상수, $a\neq 0$)

으로 놓을 수 있다.

㉠에서

$$\lim_{x\to 0}\frac{(x^3-1)f(x)}{x}=\lim_{x\to 0}\frac{(x^3-1)\times x(x-1)(ax+b)}{x}$$
$$=\lim_{x\to 0}(x^3-1)(x-1)(ax+b)=b$$

즉, $b=4$

$f(x)=x(x-1)(ax+4)$이므로 ㉢에서

$$\lim_{x\to 1}\frac{(x-1)(x^2+x+1)}{xf(x)}=\lim_{x\to 1}\frac{(x-1)(x^2+x+1)}{x^2(x-1)(ax+4)}$$
$$=\lim_{x\to 1}\frac{x^2+x+1}{x^2(ax+4)}$$
$$=\frac{3}{a+4}$$

즉, $\dfrac{3}{a+4}=1$에서 $a+4=3$이므로 $a=-1$

따라서 $f(x)=-x(x-1)(x-4)$이므로

$f(-1)=-(-1)\times(-2)\times(-5)=10$　　　🔲 ①

17

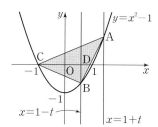

두 점 A, B의 좌표는

A$(1+t,\ t^2+2t)$, B$(1-t,\ t^2-2t)$

직선 AB의 기울기는

$$\frac{(t^2+2t)-(t^2-2t)}{(1+t)-(1-t)}=\frac{4t}{2t}=2$$

이므로 직선 AB의 방정식은

$y=2\{x-(1+t)\}+t^2+2t$

즉, $y=2x+t^2-2$

직선 AB가 x축과 만나는 점을 D라 하면

$2x+t^2-2=0$에서 $x=1-\dfrac{t^2}{2}$

즉, D$\left(1-\dfrac{t^2}{2},\ 0\right)$

삼각형 ACB의 넓이는 삼각형 ACD와 삼각형 BDC의 넓이의 합이고,

$\overline{\text{CD}}=\left(1-\dfrac{t^2}{2}\right)-(-1)=2-\dfrac{t^2}{2}$

이므로

$$S(t)=(삼각형 \text{ACD}의 넓이)+(삼각형 \text{BDC}의 넓이)$$
$$=\frac{1}{2}\times\left(2-\frac{t^2}{2}\right)\times(t^2+2t)+\frac{1}{2}\times\left(2-\frac{t^2}{2}\right)\times(2t-t^2)$$
$$=\frac{1}{2}\times\left(2-\frac{t^2}{2}\right)\times\{(t^2+2t)+(2t-t^2)\}$$
$$=\frac{1}{2}\times\left(2-\frac{t^2}{2}\right)\times4t$$
$$=4t-t^3$$

따라서

$$\lim_{t\to 0+}\frac{S(t)}{t}=\lim_{t\to 0+}\frac{4t-t^3}{t}=\lim_{t\to 0+}(4-t^2)=4$$　　🔲 ⑤

18

점 A의 x좌표를 k $(k>0)$이라 하자.

$y=ax^2$을 $x^2+y^2=t^2$에 대입하면

$a^2x^4+x^2-t^2=0$ ...... ㉠

$x^2=s$로 놓으면 방정식 ㉠은

$a^2s^2+s-t^2=0$

이때 $s\geq0$이므로 $s=\dfrac{-1+\sqrt{1+4a^2t^2}}{2a^2}$

그러므로 $k^2=\dfrac{-1+\sqrt{1+4a^2t^2}}{2a^2}$

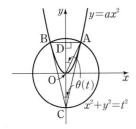

한편, 곡선 $y=ax^2$이 y축에 대하여 대칭이므로 두 점 A, B도 y축에 대하여 대칭이다. 선분 AB가 y축과 만나는 점을 D라 하면 같은 호에 대한 원주각과 중심각의 크기의 관계에 의하여

$\angle\text{AOD}=\theta(t)$ (단, O는 원점)

직각삼각형 OAD에서

$\sin\theta(t)=\dfrac{\overline{\text{AD}}}{\overline{\text{OA}}}=\dfrac{k}{t}$

이므로

$\sin^2\theta(t)=\dfrac{k^2}{t^2}=\dfrac{-1+\sqrt{1+4a^2t^2}}{2a^2t^2}$

이때

$$\lim_{t\to\infty}\{t\times\sin^2\theta(t)\}=\lim_{t\to\infty}\left(t\times\dfrac{-1+\sqrt{1+4a^2t^2}}{2a^2t^2}\right)$$
$$=\lim_{t\to\infty}\dfrac{-1+\sqrt{1+4a^2t^2}}{2a^2t}$$
$$=\lim_{t\to\infty}\dfrac{-\dfrac{1}{t}+\sqrt{\dfrac{1}{t^2}+4a^2}}{2a^2}$$
$$=\dfrac{2a}{2a^2}=\dfrac{1}{a}$$

따라서 $\dfrac{1}{a}=\dfrac{\sqrt{3}}{6}$이므로 $a=2\sqrt{3}$　　　　　**답** ④

19

$x>0$에서 방정식 $f(x)=f(-2)$의 해는

$\dfrac{1}{2}x=-4a$, $x=-8a$

함수 $y=f(x)$의 그래프는 그림과 같다.

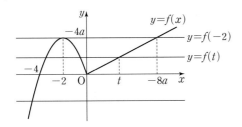

함수 $g(t)$는 다음과 같다.

$$g(t)=\begin{cases}1 & (t<-4)\\ 2 & (t=-4)\\ 3 & (-4<t<-2)\\ 2 & (t=-2)\\ 3 & (-2<t<0)\\ 2 & (t=0)\\ 3 & (0<t<-8a)\\ 2 & (t=-8a)\\ 1 & (t>-8a)\end{cases}$$

이때 $\lim\limits_{t\to-4+}g(t)-\lim\limits_{t\to-4-}g(t)=3-1=2$,

$\lim\limits_{t\to-8a+}g(t)-\lim\limits_{t\to-8a-}g(t)=1-3=-2$

즉, $\left|\lim\limits_{t\to k+}g(t)-\lim\limits_{t\to k-}g(t)\right|=2$를 만족시키는 실수 k의 값은

-4 또는 $-8a$이고, 그 합이 2이므로

$-4+(-8a)=2$, $a=-\dfrac{3}{4}$

따라서 $f(x)=\begin{cases}-\dfrac{3}{4}x(x+4) & (x\leq0)\\ \dfrac{1}{2}x & (x>0)\end{cases}$ 이므로

$f(-1)\times g(-1)=\dfrac{9}{4}\times3=\dfrac{27}{4}$　　　**답** ③

20

함수 $f(x)$가 $x=2$에서 연속이므로 $\lim\limits_{x\to2}f(x)=f(2)$이다.

즉, $\lim\limits_{x\to2}\dfrac{x^2+ax+b}{x-2}=3$ ...... ㉠

㉠에서 $x\to2$일 때 (분모)$\to0$이고 극한값이 존재하므로 (분자)$\to0$이어야 한다.

즉, $\lim\limits_{x\to2}(x^2+ax+b)=4+2a+b=0$에서

$b=-2a-4$ ...... ㉡

㉡을 ㉠에 대입하면

$$\lim_{x\to2}\dfrac{x^2+ax+b}{x-2}=\lim_{x\to2}\dfrac{x^2+ax-2a-4}{x-2}$$
$$=\lim_{x\to2}\dfrac{(x-2)(x+2+a)}{x-2}$$
$$=\lim_{x\to2}(x+2+a)$$
$$=4+a$$

즉, $4+a=3$에서 $a=-1$

㉡에서 $b=-2$

따라서 $a-2b=-1-2\times(-2)=3$　　　**답** ②

21

함수 $\left|f(x)-\dfrac{1}{2}\right|$이 실수 전체의 집합에서 연속이므로 $x=2$에서 연속이다.

즉, $\lim\limits_{x\to2-}\left|f(x)-\dfrac{1}{2}\right|=\lim\limits_{x\to2+}\left|f(x)-\dfrac{1}{2}\right|=\left|f(2)-\dfrac{1}{2}\right|$이어야 한다.

이때

$$\lim_{x\to2-}\left|f(x)-\dfrac{1}{2}\right|=\lim_{x\to2-}\left|x^2+2x+a-\dfrac{1}{2}\right|=\left|a+\dfrac{15}{2}\right|,$$

$$\lim_{x \to 2+} \left| f(x) - \frac{1}{2} \right| = \lim_{x \to 2+} \left| \frac{3}{2}x + 2a - \frac{1}{2} \right| = \left| 2a + \frac{5}{2} \right|,$$

$$\left| f(2) - \frac{1}{2} \right| = \left| (8+a) - \frac{1}{2} \right| = \left| a + \frac{15}{2} \right|$$

이므로

$$\left| a + \frac{15}{2} \right| = \left| 2a + \frac{5}{2} \right|$$

$a + \frac{15}{2} = 2a + \frac{5}{2}$ 에서 $a = 5$

$a + \frac{15}{2} = -\left(2a + \frac{5}{2} \right)$ 에서 $a = -\frac{10}{3}$

따라서 모든 실수 a의 값의 합은

$$5 + \left(-\frac{10}{3} \right) = \frac{5}{3}$$

답 ③

22

조건 (가)에서 함수 $|f(x)|$가 실수 전체의 집합에서 연속이므로 함수 $|f(x)|$는 $x=0$에서 연속이다.

즉, $\lim\limits_{x \to 0-} |f(x)| = \lim\limits_{x \to 0+} |f(x)| = |f(0)|$ 이어야 한다.

이때 $\lim\limits_{x \to 0-} |f(x)| = \lim\limits_{x \to 0-} \left| \frac{6x+1}{2x-1} \right| = |-1| = 1,$

$\lim\limits_{x \to 0+} |f(x)| = \lim\limits_{x \to 0+} \left| -\frac{1}{2}x^2 + ax + b \right| = |b|,$

$|f(0)| = |b|$

이므로

$|b| = 1$ 에서 $b = -1$ 또는 $b = 1$

한편, $x < 0$에서

$$f(x) = \frac{6x+1}{2x-1} = \frac{6\left(x - \frac{1}{2}\right) + 4}{2\left(x - \frac{1}{2}\right)} = 3 + \frac{2}{x - \frac{1}{2}}$$

$x \geq 0$에서

$$f(x) = -\frac{1}{2}x^2 + ax + b$$

$$= -\frac{1}{2}(x-a)^2 + \frac{1}{2}a^2 + b \quad \cdots\cdots \ \bigcirc$$

이때 $x < 0$에서 함수 $y = f(x)$의 그래프의 점근선이 직선 $y = 3$이므로 $f(x) < 3$

그러므로 조건 (나)를 만족시키려면 $x \geq 0$에서 함수 $f(x)$의 최댓값이 3이어야 한다.

즉, $\bigcirc$에서 $a > 0$이고

$$\frac{1}{2}a^2 + b = 3 \quad \cdots\cdots \ \bigcirc$$

(i) $b = -1$일 때

$\bigcirc$에서 $\frac{1}{2}a^2 - 1 = 3$, $a^2 = 8$

$a > 0$이므로 $a = 2\sqrt{2}$

그런데 a가 정수이므로 조건을 만족시키지 않는다.

(ii) $b = 1$일 때

$\bigcirc$에서 $\frac{1}{2}a^2 + 1 = 3$, $a^2 = 4$

$a > 0$이므로 $a = 2$

이때 a가 정수이므로 조건을 만족시킨다.

(i), (ii)에 의하여 $a = 2$, $b = 1$

따라서 $a + b = 3$

답 ③

참고

조건을 만족시키는 함수 $y = f(x)$의 그래프는 그림과 같다.

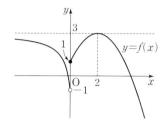

23

$x < 1$에서 $f(x) = -2x^2 - 4x + 6 = -2(x+1)^2 + 8$이므로 함수 $f(x)$의 최댓값이 $f(-1) = 8$이고, $f(1) = k + 2$이므로 k의 값을 기준으로 경우를 나누면 다음과 같다.

(i) $k > 6$일 때, 함수 $y = f(x)$의 그래프는 그림과 같다.

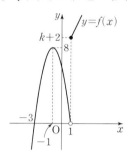

함수 $g(t)$는 다음과 같다.

$$g(t) = \begin{cases} f(t+2) & (t \leq -3) \\ f(-1) & (-3 < t < -1) \\ f(t+2) & (t \geq -1) \end{cases}$$

이때 $\lim\limits_{t \to -1-} g(t) = 8$

$$\lim_{t \to -1+} g(t) = \lim_{t \to -1+} f(t+2) = \lim_{t \to -1+} (2t + 4 + k) = k + 2$$

$k > 6$일 때 $k + 2 > 8$이므로

$$\lim_{t \to -1-} g(t) \neq \lim_{t \to -1+} g(t)$$

즉, 함수 $g(t)$는 $t = -1$에서 불연속이다.

(ii) $k = 6$일 때, 함수 $y = f(x)$의 그래프는 그림과 같다.

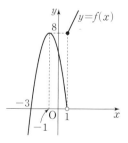

$f(-1) = f(1)$이므로 함수 $g(t)$는 다음과 같다.

$$g(t) = \begin{cases} f(t+2) & (t \leq -3) \\ f(-1) & (-3 < t < -1) \\ f(t+2) & (t \geq -1) \end{cases}$$

함수 $g(t)$는 $t = -3$, $t = -1$에서 연속이므로 실수 전체의 집합에서 연속이다.

(iii) $-2<k<6$일 때, 함수 $y=f(x)$의 그래프는 그림과 같다.

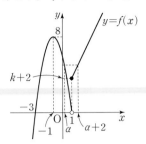

$-1<x<1$에서 $f(x)=f(x+2)$를 만족시키는 x가 존재하고 그 값을 a라 하면 함수 $g(t)$는 다음과 같다.

$$g(t)=\begin{cases} f(t+2) & (t\le-3) \\ f(-1) & (-3<t<-1) \\ f(t) & (-1\le t<a) \\ f(t+2) & (t\ge a) \end{cases}$$

이때 함수 $g(t)$는 $t=-3$, $t=-1$, $t=a$에서 연속이므로 실수 전체의 집합에서 연속이다.

(i), (ii), (iii)에 의하여 함수 $g(t)$가 실수 전체의 집합에서 연속이 되도록 하는 실수 k의 값의 범위는 $-2<k\le6$이다.

따라서 $g(2)=f(4)=8+k$이고

$6<8+k\le14$

이므로 $g(2)$의 최댓값은 14이다.　　　　　　　　답 14

참고

(iii)의 경우, $-1<x<1$에서 $f(x)=f(x+2)$를 만족시키는 x가 존재함은 다음과 같이 보일 수 있다.

$h(x)=f(x+2)-f(x)$라 하면

$h(x)=f(x+2)-f(x)=2(x+2)+k-(-2x^2-4x+6)$
　　　$=2x^2+6x+k-2$

이차방정식 $h(x)=0$의 판별식을 D라 하면

$\dfrac{D}{4}=9-2(k-2)=13-2k$

$-2<k<6$에서 $1<13-2k<17$이므로

이차방정식 $h(x)=0$은 서로 다른 두 실근

$x=\dfrac{-3-\sqrt{13-2k}}{2}$ 또는 $x=\dfrac{-3+\sqrt{13-2k}}{2}$

를 갖는다.

이때 $\dfrac{-3-\sqrt{17}}{2}<\dfrac{-3-\sqrt{13-2k}}{2}<-2$,

$-1<\dfrac{-3+\sqrt{13-2k}}{2}<\dfrac{-3+\sqrt{17}}{2}<1$

이므로 $-1<x<1$에서 방정식 $h(x)=0$의 실근이 존재한다. 즉, $-1<x<1$에서 $f(x)=f(x+2)$를 만족시키는 x가 존재한다.

24

$f(x)=x^3-3x+2\displaystyle\lim_{t\to1}f(t)$ ...... ㉠

다항함수 $f(x)$는 실수 전체의 집합에서 연속이므로

$\displaystyle\lim_{t\to1}f(t)=f(1)$

그러므로 ㉠에서

$f(x)=x^3-3x+2f(1)$ ...... ㉡

㉡의 양변에 $x=1$을 대입하면

$f(1)=1-3+2f(1)$, $f(1)=2$

따라서 ㉠에서 $f(x)=x^3-3x+4$이므로

$f(2)=8-6+4=6$　　　　　　　　답 ③

25

함수 $f(x)g(x)$가 실수 전체의 집합에서 연속이므로 $x=-1$에서 연속이다. 즉,

$\displaystyle\lim_{x\to-1-}f(x)g(x)=\lim_{x\to-1+}f(x)g(x)=f(-1)g(-1)$이어야 한다.

이때

$\displaystyle\lim_{x\to-1-}f(x)g(x)=\lim_{x\to-1-}(-x+3)(-x^2+4x+a)=4(a-5)$,

$\displaystyle\lim_{x\to-1+}f(x)g(x)=\lim_{x\to-1+}(3x+a)(-x^2+4x+a)=(a-3)(a-5)$,

$f(-1)g(-1)=(a-3)(a-5)$

이므로 $4(a-5)=(a-3)(a-5)$에서

$(a-5)(a-7)=0$

$a=5$ 또는 $a=7$

따라서 모든 실수 a의 값의 합은

$5+7=12$　　　　　　　　답 ②

다른 풀이

함수 $f(x)$의 $x=-1$에서의 연속의 여부에 따라 조건을 만족시키는 a의 값을 구하면 다음과 같다.

(i) 함수 $f(x)$가 $x=-1$에서 연속일 때

　$\displaystyle\lim_{x\to-1-}f(x)=\lim_{x\to-1+}f(x)=f(-1)$이어야 한다.

　이때

　$\displaystyle\lim_{x\to-1-}f(x)=\lim_{x\to-1-}(-x+3)=4$,

　$\displaystyle\lim_{x\to-1+}f(x)=\lim_{x\to-1+}(3x+a)=-3+a$,

　$f(-1)=-3+a$

　이므로 $4=-3+a$에서 $a=7$

　연속함수의 성질에 의하여 함수 $f(x)g(x)$가 $x=-1$에서 연속이므로 함수 $f(x)g(x)$는 실수 전체의 집합에서 연속이다.

(ii) 함수 $f(x)$가 $x=-1$에서 불연속일 때

　(i)에 의하여 $a\ne7$

　함수 $f(x)g(x)$가 실수 전체의 집합에서 연속이려면 $x=-1$에서 연속이어야 한다. 즉,

　$\displaystyle\lim_{x\to-1-}f(x)g(x)=\lim_{x\to-1+}f(x)g(x)=f(-1)g(-1)$이어야 한다.

　이때

　$\displaystyle\lim_{x\to-1-}f(x)g(x)=4(a-5)$,

　$\displaystyle\lim_{x\to-1+}f(x)g(x)=(a-3)(a-5)$,

　$f(-1)g(-1)=(a-3)(a-5)$

　이므로 $4(a-5)=(a-3)(a-5)$에서

　$(a-5)(a-7)=0$

　$a\ne7$이므로 $a=5$

(i), (ii)에서 $a=5$ 또는 $a=7$

따라서 모든 실수 a의 값의 합은

$5+7=12$

26

$a>0$, $a<0$일 때, 두 함수 $y=f(x)$, $y=|f(x)|$의 그래프는 그림과 같다.

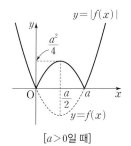
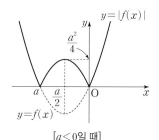

[$a>0$일 때]　　　　[$a<0$일 때]

이때 함수 $g(t)$는 다음과 같다.

$$g(t)=\begin{cases} 0 & (t<0) \\ 2 & (t=0) \\ 4 & \left(0<t<\dfrac{a^2}{4}\right) \\ 3 & \left(t=\dfrac{a^2}{4}\right) \\ 2 & \left(t>\dfrac{a^2}{4}\right) \end{cases}$$

$\lim\limits_{t\to 0-}g(t)\neq\lim\limits_{t\to 0+}g(t)$, $\lim\limits_{t\to\frac{a^2}{4}-}g(t)\neq\lim\limits_{t\to\frac{a^2}{4}+}g(t)$이므로 함수 $g(t)$는

$t=0$, $t=\dfrac{a^2}{4}$에서 불연속이다.

$h(x)=f(x)g(x)$라 하면 함수 $h(x)$가 실수 전체의 집합에서 연속이므로 $x=0$, $x=\dfrac{a^2}{4}$에서 연속이어야 한다.

함수 $h(x)$가 $x=0$에서 연속이려면

$\lim\limits_{x\to 0-}h(x)=\lim\limits_{x\to 0+}h(x)=h(0)$이어야 한다.

이때

$\lim\limits_{x\to 0-}h(x)=\lim\limits_{x\to 0-}f(x)g(x)=f(0)\times 0=0$

$\lim\limits_{x\to 0+}h(x)=\lim\limits_{x\to 0+}f(x)g(x)=f(0)\times 4=0$

$h(0)=f(0)g(0)=0\times 2=0$

이므로

$\lim\limits_{x\to 0-}h(x)=\lim\limits_{x\to 0+}h(x)=h(0)$

즉, 함수 $h(x)$는 $x=0$에서 연속이다.

또 함수 $h(x)$가 $x=\dfrac{a^2}{4}$에서 연속이려면

$\lim\limits_{x\to\frac{a^2}{4}-}h(x)=\lim\limits_{x\to\frac{a^2}{4}+}h(x)=h\left(\dfrac{a^2}{4}\right)$이어야 한다.

이때

$\lim\limits_{x\to\frac{a^2}{4}-}h(x)=\lim\limits_{x\to\frac{a^2}{4}-}f(x)g(x)=f\left(\dfrac{a^2}{4}\right)\times 4=\dfrac{a^3(a-4)}{4}$,

$\lim\limits_{x\to\frac{a^2}{4}+}h(x)=\lim\limits_{x\to\frac{a^2}{4}+}f(x)g(x)=f\left(\dfrac{a^2}{4}\right)\times 2=\dfrac{a^3(a-4)}{8}$,

$h\left(\dfrac{a^2}{4}\right)=f\left(\dfrac{a^2}{4}\right)\times 3=\dfrac{3a^3(a-4)}{16}$

이므로

$\dfrac{a^3(a-4)}{4}=\dfrac{a^3(a-4)}{8}=\dfrac{3a^3(a-4)}{16}$

이때 $a\neq 0$이므로 $a=4$

따라서 $f(x)=x(x-4)$이므로

$f(6)=6\times 2=12$　　　　　　　　　　　　답 12

27

함수 $g(x)$가 실수 전체의 집합에서 연속이므로 $x=0$에서 연속이다.

즉, $\lim\limits_{x\to 0}g(x)=g(0)$이므로 조건 (가)에 의하여

$\lim\limits_{x\to 0}\dfrac{x}{f(x)}=\dfrac{1}{3}$　　　　　　……㉠

㉠에서 $x\to 0$일 때 (분자)$\to 0$이고 0이 아닌 극한값이 존재하므로 (분모)$\to 0$이어야 한다.

즉, $\lim\limits_{x\to 0}f(x)=0$에서 $f(0)=0$

함수 $f(x)$는 최고차항의 계수가 1인 삼차함수이므로

$f(x)=x(x^2+ax+b)$ (a, b는 상수)

로 놓을 수 있다.

㉠에서

$\lim\limits_{x\to 0}\dfrac{x}{f(x)}=\lim\limits_{x\to 0}\dfrac{x}{x(x^2+ax+b)}=\lim\limits_{x\to 0}\dfrac{1}{x^2+ax+b}=\dfrac{1}{b}$

즉, $\dfrac{1}{b}=\dfrac{1}{3}$에서 $b=3$

$f(x)=x(x^2+ax+3)$이므로 함수 $g(x)$는 다음과 같다.

$$g(x)=\begin{cases} \dfrac{1}{x^2+ax+3} & (x\neq 0) \\ \dfrac{1}{3} & (x=0) \end{cases}$$

함수 $g(x)$가 실수 전체의 집합에서 연속이므로 모든 실수 x에 대하여 $x^2+ax+3>0$이어야 한다.

이차방정식 $x^2+ax+3=0$의 판별식을 D_1이라 하면

$D_1=a^2-12<0$

즉, $-2\sqrt{3}<a<2\sqrt{3}$　　　　　　……㉡

한편, 방정식 $g(x)=\dfrac{1}{2}$에서

$\dfrac{1}{x^2+ax+3}=\dfrac{1}{2}$

$x^2+ax+1=0$　　　　　　　　　……㉢

즉, 방정식 $g(x)=\dfrac{1}{2}$의 실근은 방정식 ㉢의 0이 아닌 실근과 같다.

이때 함수 $h(x)$를

$h(x)=x^2+ax+1$

로 놓으면 함수 $h(x)$는 실수 전체의 집합에서 연속이다.

조건 (나)에서 방정식 $h(x)=0$의 실근이 열린구간 $(0, 1)$에 오직 하나 존재하고,

$h(0)=1>0$

이므로 $h(1)$의 값의 부호에 따라 다음과 같이 경우를 나눌 수 있다.

(ⅰ) $h(1)>0$, 즉 $a>-2$일 때

이차방정식 $h(x)=0$의 판별식을 D_2라 할 때, 이차방정식 $h(x)=0$이 열린구간 $(0, 1)$에서 오직 하나의 실근을 가지려면 $0<-\dfrac{a}{2}<1$이고, $D_2=0$이어야 한다.

$0<-\dfrac{a}{2}<1$에서 $-2<a<0$　　　……㉣

$D_2=a^2-4=0$에서

$a=-2$ 또는 $a=2$　　　　　　　……㉤

이때 $a>-2$이면서 ㉣, ㉤을 동시에 만족시키는 실수 a는 존재하지 않는다.

(ii) $h(1)<0$, 즉 $a<-2$일 때

$-\dfrac{a}{2}>1$이므로 함수 $y=h(x)$는 열린구간 $(0,1)$에서 감소하고, 사잇값의 정리에 의하여 방정식 $h(x)=0$은 열린구간 $(0,1)$에서 오직 하나의 실근을 갖는다.

(iii) $h(1)=0$, 즉 $a=-2$일 때

$h(x)=x^2-2x+1=(x-1)^2$에서 함수 $y=h(x)$는 열린구간 $(0,1)$에서 감소하고, $h(1)=0$이므로 방정식 $h(x)=0$은 열린구간 $(0,1)$에서 실근이 존재하지 않는다.

(i), (ii), (iii)에서 $a<-2$ $\qquad$ ……㉥

이때 $f(1)=a+4$가 자연수이므로 a는 $a>-4$인 정수이고, ㉡, ㉥에 의하여

$a=-3$

따라서 $g(4)=\dfrac{1}{16-12+3}=\dfrac{1}{7}$ $\qquad$ 답 ④

01 ⑤	02 18	03 ①	04 ③	05 ②
06 ②	07 ④	08 12	09 ④	10 ①
11 ②	12 8	13 ④	14 ②	15 ①
16 33	17 ④	18 ③	19 ②	20 28
21 ④	22 ①	23 ④	24 ②	25 21
26 ③	27 11	28 ④	29 ⑤	30 60
31 ②	32 22	33 ③	34 18	35 ④
36 ①	37 128	38 ①	39 ④	40 ①
41 ②	42 27	43 ④		

01

함수 $y=f(x)$에서 x의 값이 $1-h$에서 $1+h$까지 변할 때의 평균변화율은

$\dfrac{f(1+h)-f(1-h)}{(1+h)-(1-h)}=h^2-3h+4$

즉, $\dfrac{f(1+h)-f(1-h)}{2h}=h^2-3h+4$ $\qquad$ ……㉠

다항함수 $f(x)$는 $x=1$에서 미분가능하므로

$\displaystyle\lim_{h\to 0}\dfrac{f(1+h)-f(1-h)}{2h}$

$=\displaystyle\lim_{h\to 0}\dfrac{\{f(1+h)-f(1)\}-\{f(1-h)-f(1)\}}{2h}$

$=\dfrac{1}{2}\displaystyle\lim_{h\to 0}\left\{\dfrac{f(1+h)-f(1)}{h}+\dfrac{f(1-h)-f(1)}{-h}\right\}$

$=\dfrac{1}{2}\{f'(1)+f'(1)\}$

$=f'(1)$

따라서 ㉠에서

$f'(1)=\displaystyle\lim_{h\to 0}\dfrac{f(1+h)-f(1-h)}{2h}=\lim_{h\to 0}(h^2-3h+4)=4$ $\qquad$ 답 ⑤

02

$\displaystyle\lim_{x\to 2}\dfrac{f(x)+3}{x^2-2x}=\{f(2)\}^2$ $\qquad$ ……㉠

㉠에서 $x\to 2$일 때 (분모)$\to 0$이고 극한값이 존재하므로 (분자)$\to 0$이어야 한다.

즉, $\displaystyle\lim_{x\to 2}\{f(x)+3\}=0$에서

$f(2)=-3$

함수 $f(x)$가 $x=2$에서 미분가능하므로 ㉠에서

$\displaystyle\lim_{x\to 2}\dfrac{f(x)+3}{x^2-2x}=\lim_{x\to 2}\dfrac{f(x)-f(2)}{x(x-2)}$

$=\displaystyle\lim_{x\to 2}\left\{\dfrac{1}{x}\times\dfrac{f(x)-f(2)}{x-2}\right\}$

$=\dfrac{1}{2}f'(2)$

따라서 $\dfrac{1}{2}f'(2)=(-3)^2=9$에서

$f'(2)=9\times 2=18$ $\qquad$ 답 18

03

$\lim\limits_{x \to 0} \dfrac{f(x)-g(x)}{x}=2$에서 $x \to 0$일 때 (분모) $\to 0$이고 극한값이 존재하므로 (분자) $\to 0$이어야 한다.

즉, $\lim\limits_{x \to 0}\{f(x)-g(x)\}=0$에서

$f(0)=g(0)$ ...... ㉠

두 다항함수 $f(x)$, $g(x)$가 $x=0$에서 미분가능하므로

$\lim\limits_{x \to 0} \dfrac{f(x)-g(x)}{x}=\lim\limits_{x \to 0}\left\{\dfrac{f(x)-f(0)}{x}-\dfrac{g(x)-g(0)}{x}\right\}$
$\qquad\qquad\qquad\qquad =f'(0)-g'(0)$

즉, $f'(0)-g'(0)=2$ ...... ㉡

$\lim\limits_{x \to 0} \dfrac{g(2x)-x}{f(x)-2x}=4$ ...... ㉢

㉢에서 $x \to 0$일 때

$\lim\limits_{x \to 0}\{f(x)-2x\}=f(0)$

$\lim\limits_{x \to 0}\{g(2x)-x\}=g(0)$

이때 $f(0)\neq 0$이면 ㉠에 의해

$\lim\limits_{x \to 0}\dfrac{g(2x)-x}{f(x)-2x}=\dfrac{g(0)}{f(0)}=1$

이므로 ㉢을 만족시키지 않는다.

그러므로 $f(0)=g(0)=0$

$\lim\limits_{x \to 0}\dfrac{g(2x)-x}{f(x)-2x}=\lim\limits_{x \to 0}\dfrac{\dfrac{g(2x)-g(0)}{2x}\times 2-1}{\dfrac{f(x)-f(0)}{x}-2}=\dfrac{2g'(0)-1}{f'(0)-2}$

㉢에서

$\dfrac{2g'(0)-1}{f'(0)-2}=4$

$2g'(0)-1=4f'(0)-8$

$4f'(0)-2g'(0)=7$ ...... ㉣

㉡, ㉣을 연립하여 풀면

$f'(0)=\dfrac{3}{2}$, $g'(0)=-\dfrac{1}{2}$

따라서 $f'(0)+g'(0)=\dfrac{3}{2}+\left(-\dfrac{1}{2}\right)=1$　　　답 ①

04

$g(t)=\dfrac{f(t+2)-f(t)}{2}=\dfrac{\{a(t+2)^2+b(t+2)\}-(at^2+bt)}{2}$
$\qquad =\dfrac{\{at^2+(4a+b)t+(4a+2b)\}-(at^2+bt)}{2}$
$\qquad =\dfrac{4at+4a+2b}{2}=2at+2a+b$

조건 (가)에서

$\lim\limits_{t \to \infty}\dfrac{g(t)}{t}=\lim\limits_{t \to \infty}\dfrac{2at+2a+b}{t}=\lim\limits_{t \to \infty}\left(2a+\dfrac{2a+b}{t}\right)=2a$

즉, $2a=3$에서 $a=\dfrac{3}{2}$

이때 $f(t)=\dfrac{3}{2}t^2+bt$, $g(t)=3t+3+b$이므로

$g(f(t))=3f(t)+3+b$

조건 (나)에서 서로 다른 두 상수 t_1, t_2에 대하여

$g(f(t_1))=g(f(t_2))$이므로

$3f(t_1)+3+b=3f(t_2)+3+b$에서 $f(t_1)=f(t_2)$

$t_1+t_2=4$이고 이차함수 $y=f(x)$의 그래프의 대칭성에 의하여

$\dfrac{t_1+t_2}{2}=-\dfrac{b}{3}$이므로

$2=-\dfrac{b}{3}$, $b=-6$

즉, $f(x)=\dfrac{3}{2}x^2-6x$이고 $g(t)=3t-3$

또 t에 대한 방정식 $g(f(t))=0$에서

$3f(t)-3=0$, $f(t)=1$

즉, $\dfrac{3}{2}t^2-6t-1=0$

이 방정식의 서로 다른 두 실근이 t_1, t_2이므로 이차방정식의 근과 계수의 관계에 의하여

$t_1 \times t_2=-\dfrac{2}{3}$

따라서 $g(t_1 \times t_2)=g\left(-\dfrac{2}{3}\right)=3 \times \left(-\dfrac{2}{3}\right)-3=-5$　　　답 ③

05

함수 $f(x)$가 실수 전체의 집합에서 미분가능하므로 $x=-1$에서 미분가능하다.

함수 $f(x)$가 $x=-1$에서 연속이므로

$\lim\limits_{x \to -1-}f(x)=\lim\limits_{x \to -1+}f(x)=f(-1)$이어야 한다.

$\lim\limits_{x \to -1-}f(x)=\lim\limits_{x \to -1-}(x^3+ax+b)=-1-a+b$,

$\lim\limits_{x \to -1+}f(x)=\lim\limits_{x \to -1+}(-2x+3)=5$,

$f(-1)=-1-a+b$

이므로 $-1-a+b=5$에서

$a-b=-6$ ...... ㉠

함수 $f(x)$가 $x=-1$에서 미분가능하므로

$\lim\limits_{x \to -1-}\dfrac{f(x)-f(-1)}{x+1}=\lim\limits_{x \to -1+}\dfrac{f(x)-f(-1)}{x+1}$이어야 한다.

$\lim\limits_{x \to -1-}\dfrac{f(x)-f(-1)}{x+1}=\lim\limits_{x \to -1-}\dfrac{(x^3+ax+b)-(-1-a+b)}{x+1}$
$\qquad =\lim\limits_{x \to -1-}\dfrac{(x^3+1)+a(x+1)}{x+1}$
$\qquad =\lim\limits_{x \to -1-}\dfrac{(x+1)(x^2-x+1)+a(x+1)}{x+1}$
$\qquad =\lim\limits_{x \to -1-}\dfrac{(x+1)(x^2-x+1+a)}{x+1}$
$\qquad =\lim\limits_{x \to -1-}(x^2-x+1+a)$
$\qquad =3+a$

$\lim\limits_{x \to -1+}\dfrac{f(x)-f(-1)}{x+1}=\lim\limits_{x \to -1+}\dfrac{(-2x+3)-(-1-a+b)}{x+1}$
$\qquad =\lim\limits_{x \to -1+}\dfrac{(-2x+3)-5}{x+1}$
$\qquad =\lim\limits_{x \to -1+}\dfrac{-2(x+1)}{x+1}=-2$

이므로 $3+a=-2$에서 $a=-5$

㉠에서 $b=1$

따라서 $a+b=(-5)+1=-4$　　　답 ②

06

$f(x)=x^2+px+q$ (p, q는 상수)라 하자.

함수 $g(x)$가 실수 전체의 집합에서 미분가능하므로 $x=0$, $x=3$에서 미분가능하다.

함수 $g(x)$가 $x=0$에서 연속이므로

$\lim\limits_{x\to 0-}g(x)=\lim\limits_{x\to 0+}g(x)=g(0)$이어야 한다.

$\lim\limits_{x\to 0-}g(x)=\lim\limits_{x\to 0-}f(x)=\lim\limits_{x\to 0-}(x^2+px+q)=q$,

$\lim\limits_{x\to 0+}g(x)=\lim\limits_{x\to 0+}x=0$,

$g(0)=0$

이므로 $q=0$

그러므로 $f(x)=x^2+px$

함수 $g(x)$가 $x=0$에서 미분가능하므로

$\lim\limits_{x\to 0-}\dfrac{g(x)-g(0)}{x}=\lim\limits_{x\to 0+}\dfrac{g(x)-g(0)}{x}$이어야 한다.

$\lim\limits_{x\to 0-}\dfrac{g(x)-g(0)}{x}=\lim\limits_{x\to 0-}\dfrac{f(x)}{x}=\lim\limits_{x\to 0-}\dfrac{x^2+px}{x}$

$\qquad\qquad\qquad\qquad=\lim\limits_{x\to 0-}(x+p)=p$,

$\lim\limits_{x\to 0+}\dfrac{g(x)-g(0)}{x}=\lim\limits_{x\to 0+}\dfrac{x}{x}=1$

이므로 $p=1$

그러므로 $f(x)=x^2+x$이고,

$-f(x-a)+b=-\{(x-a)^2+(x-a)\}+b$

$\qquad\qquad\qquad=-x^2+(2a-1)x+(-a^2+a+b)$

함수 $g(x)$는 $x=3$에서 연속이므로

$\lim\limits_{x\to 3-}g(x)=\lim\limits_{x\to 3+}g(x)=g(3)$이어야 한다.

$\lim\limits_{x\to 3-}g(x)=\lim\limits_{x\to 3-}x=3$,

$\lim\limits_{x\to 3+}g(x)=\lim\limits_{x\to 3+}\{-x^2+(2a-1)x+(-a^2+a+b)\}$

$\qquad\qquad\qquad=-a^2+7a+b-12$,

$g(3)=3$

이므로 $-a^2+7a+b-12=3$에서

$b=a^2-7a+15$ $\qquad\cdots\cdots$ ㉠

함수 $g(x)$는 $x=3$에서 미분가능하므로

$\lim\limits_{x\to 3-}\dfrac{g(x)-g(3)}{x-3}=\lim\limits_{x\to 3+}\dfrac{g(x)-g(3)}{x-3}$이어야 한다.

$\lim\limits_{x\to 3-}\dfrac{g(x)-g(3)}{x-3}=\lim\limits_{x\to 3-}\dfrac{x-3}{x-3}=1$,

$\lim\limits_{x\to 3+}\dfrac{g(x)-g(3)}{x-3}$

$=\lim\limits_{x\to 3+}\dfrac{\{-x^2+(2a-1)x+(-a^2+a+b)\}-3}{x-3}$

$=\lim\limits_{x\to 3+}\dfrac{\{-x^2+(2a-1)x+(-a^2+a+a^2-7a+15)\}-3}{x-3}$

$=\lim\limits_{x\to 3+}\dfrac{-x^2+(2a-1)x-6(a-2)}{x-3}$

$=\lim\limits_{x\to 3+}\dfrac{-(x-3)(x-2a+4)}{x-3}$

$=\lim\limits_{x\to 3+}(-x+2a-4)$

$=-7+2a$

이므로 $-7+2a=1$에서 $a=4$

㉠에서 $b=3$

따라서 $a+b=4+3=7$ **답** ②

07

함수 $f(x)$가 실수 전체의 집합에서 연속이므로 $x=1$에서 연속이다.

즉, $\lim\limits_{x\to 1-}f(x)=\lim\limits_{x\to 1+}f(x)=f(1)$이어야 한다.

이때

$\lim\limits_{x\to 1-}f(x)=\lim\limits_{x\to 1-}(x^2+a)=1+a$,

$\lim\limits_{x\to 1+}f(x)=\lim\limits_{x\to 1+}(-3x^2+bx+c)=-3+b+c$,

$f(1)=-3+b+c$

이므로

$1+a=-3+b+c$에서

$a-b-c=-4$ $\qquad\cdots\cdots$ ㉠

함수 $|f(x)|$가 $x=3$에서만 미분가능하지 않으므로 함수 $|f(x)|$는 $x=1$에서 미분가능하다. 즉,

$\lim\limits_{x\to 1-}\dfrac{|f(x)|-|f(1)|}{x-1}=\lim\limits_{x\to 1+}\dfrac{|f(x)|-|f(1)|}{x-1}$이어야 한다.

이때 $f(1)=1+a>0$이므로

$\lim\limits_{x\to 1-}\dfrac{|f(x)|-|f(1)|}{x-1}=\lim\limits_{x\to 1-}\dfrac{f(x)-f(1)}{x-1}$

$\qquad\qquad\qquad\qquad=\lim\limits_{x\to 1-}\dfrac{(x^2+a)-(-3+b+c)}{x-1}$

$\qquad\qquad\qquad\qquad=\lim\limits_{x\to 1-}\dfrac{(x^2+a)-(1+a)}{x-1}$

$\qquad\qquad\qquad\qquad=\lim\limits_{x\to 1-}\dfrac{x^2-1}{x-1}$

$\qquad\qquad\qquad\qquad=\lim\limits_{x\to 1-}\dfrac{(x-1)(x+1)}{x-1}$

$\qquad\qquad\qquad\qquad=\lim\limits_{x\to 1-}(x+1)=2$

$\lim\limits_{x\to 1+}\dfrac{|f(x)|-|f(1)|}{x-1}=\lim\limits_{x\to 1+}\dfrac{f(x)-f(1)}{x-1}$

$\qquad\qquad\qquad\qquad=\lim\limits_{x\to 1+}\dfrac{(-3x^2+bx+c)-(-3+b+c)}{x-1}$

$\qquad\qquad\qquad\qquad=\lim\limits_{x\to 1+}\dfrac{-3(x^2-1)+b(x-1)}{x-1}$

$\qquad\qquad\qquad\qquad=\lim\limits_{x\to 1+}\dfrac{(x-1)(-3x-3+b)}{x-1}$

$\qquad\qquad\qquad\qquad=\lim\limits_{x\to 1+}(-3x-3+b)$

$\qquad\qquad\qquad\qquad=-6+b$

즉, $2=-6+b$에서 $b=8$

그러므로 $f(x)=\begin{cases} x^2+a & (x<1) \\ -3x^2+8x+c & (x\geq 1)\end{cases}$이고, ㉠에서

$a-c=4$ $\qquad\cdots\cdots$ ㉡

한편, 함수 $|f(x)|$가 $x=3$에서 미분가능하지 않으므로 $f(3)=0$이다.

$f(3)=-3+c=0$에서 $c=3$이므로

㉡에서 $a=7$

따라서 $a+b+c=7+8+3=18$ **답** ④

참고

$x \geq 1$에서 $f(x) = -3x^2 + 8x + 3$이므로

$$\lim_{x \to 3-} \frac{|f(x)| - |f(3)|}{x-3} = \lim_{x \to 3-} \frac{f(x)}{x-3} = \lim_{x \to 3-} \frac{-3x^2 + 8x + 3}{x-3}$$

$$= \lim_{x \to 3-} \frac{-(x-3)(3x+1)}{x-3}$$

$$= \lim_{x \to 3-} (-3x-1) = -10$$

$$\lim_{x \to 3+} \frac{|f(x)| - |f(3)|}{x-3} = \lim_{x \to 3+} \frac{-f(x)}{x-3} = \lim_{x \to 3+} \frac{3x^2 - 8x - 3}{x-3}$$

$$= \lim_{x \to 3+} \frac{(x-3)(3x+1)}{x-3}$$

$$= \lim_{x \to 3+} (3x+1) = 10$$

즉, 함수 $|f(x)|$는 $x=3$에서 미분가능하지 않다.

08

방정식 $f(x) = 3$의 해는 $x = 4$이므로 함수 $(f \circ f)(x)$는 다음과 같다.

$(f \circ f)(x) = f(f(x))$

$$= \begin{cases} 2f(x) - 4 & (f(x) < 3) \\ f(x) - 1 & (f(x) \geq 3) \end{cases}$$

$$= \begin{cases} 2(2x-4) - 4 & (x < 3) \\ 2(x-1) - 4 & (3 \leq x < 4) \\ (x-1) - 1 & (x \geq 4) \end{cases}$$

$$= \begin{cases} 4x - 12 & (x < 3) \\ 2x - 6 & (3 \leq x < 4) \\ x - 2 & (x \geq 4) \end{cases}$$

함수 $(f \circ f)(x)$는 실수 전체의 집합에서 연속이므로 함수 $g(x) \times (f \circ f)(x)$는 실수 전체의 집합에서 연속이다.

$h(x) = g(x) \times (f \circ f)(x)$로 놓으면 함수 $h(x)$가 실수 전체의 집합에서 미분가능하므로 $x=3$, $x=4$에서 미분가능하다.

함수 $h(x)$가 $x=3$에서 미분가능하므로

$$\lim_{x \to 3-} \frac{h(x) - h(3)}{x-3} = \lim_{x \to 3+} \frac{h(x) - h(3)}{x-3}$$이어야 한다.

$$\lim_{x \to 3-} \frac{h(x) - h(3)}{x-3} = \lim_{x \to 3-} \frac{g(x)(4x-12) - g(3) \times 0}{x-3}$$

$$= \lim_{x \to 3-} \frac{4g(x)(x-3)}{x-3}$$

$$= \lim_{x \to 3-} 4g(x)$$

$$= 4g(3),$$

$$\lim_{x \to 3+} \frac{h(x) - h(3)}{x-3} = \lim_{x \to 3+} \frac{g(x)(2x-6) - g(3) \times 0}{x-3}$$

$$= \lim_{x \to 3+} \frac{2g(x)(x-3)}{x-3}$$

$$= \lim_{x \to 3+} 2g(x)$$

$$= 2g(3)$$

이므로 $4g(3) = 2g(3)$에서

$g(3) = 0$ ······ ㉠

함수 $h(x)$가 $x=4$에서 미분가능하므로

$$\lim_{x \to 4-} \frac{h(x) - h(4)}{x-4} = \lim_{x \to 4+} \frac{h(x) - h(4)}{x-4}$$이어야 한다.

$$\lim_{x \to 4-} \frac{h(x) - h(4)}{x-4} = \lim_{x \to 4-} \frac{g(x)(2x-6) - g(4) \times 2}{x-4}$$

$$= \lim_{x \to 4-} \frac{2\{g(x)(x-4+1) - g(4)\}}{x-4}$$

$$= \lim_{x \to 4-} \frac{2\{(x-4)g(x) + g(x) - g(4)\}}{x-4}$$

$$= \lim_{x \to 4-} 2\left\{g(x) + \frac{g(x) - g(4)}{x-4}\right\}$$

$$= 2\{g(4) + g'(4)\}$$

$$= 2g(4) + 2g'(4),$$

$$\lim_{x \to 4+} \frac{h(x) - h(4)}{x-4} = \lim_{x \to 4+} \frac{g(x)(x-2) - g(4) \times 2}{x-4}$$

$$= \lim_{x \to 4+} \frac{g(x)(x-4+2) - 2g(4)}{x-4}$$

$$= \lim_{x \to 4+} \frac{(x-4)g(x) + 2\{g(x) - g(4)\}}{x-4}$$

$$= \lim_{x \to 4+} \left\{g(x) + 2 \times \frac{g(x) - g(4)}{x-4}\right\}$$

$$= g(4) + 2g'(4)$$

이므로 $2g(4) + 2g'(4) = g(4) + 2g'(4)$에서

$g(4) = 0$ ······ ㉡

함수 $g(x)$는 최고차항의 계수가 1인 이차함수이므로 ㉠, ㉡에 의하여

$g(x) = (x-3)(x-4)$

따라서 $g(0) = (-3) \times (-4) = 12$ **답** 12

09

$f(x) = 2x^3 - 4x^2 + ax - 1$에서

$f'(x) = 6x^2 - 8x + a$

$\lim_{h \to 0} \dfrac{f(1+h) - f(1)}{h} = 2$에서 $f'(1) = 2$이므로

$f'(1) = 6 - 8 + a = 2$

따라서 $a = 4$ **답** ④

10

$g(x) = (x^2 + 3x)f(x)$ ······ ㉠

$g'(x) = (2x+3)f(x) + (x^2 + 3x)f'(x)$ ······ ㉡

점 $(-1, -8)$이 곡선 $y = g(x)$ 위의 점이므로

$g(-1) = -8$

㉠의 양변에 $x = -1$을 대입하면

$g(-1) = -2f(-1)$

즉, $-2f(-1) = -8$에서 $f(-1) = 4$

곡선 $y = g(x)$ 위의 점 $(-1, g(-1))$에서의 접선의 기울기가 3이므로

$g'(-1) = 3$

㉡의 양변에 $x = -1$을 대입하면

$g'(-1) = f(-1) - 2f'(-1)$

즉, $3 = 4 - 2f'(-1)$에서 $f'(-1) = \dfrac{1}{2}$ **답** ①

11

$f(x)=x^2+ax+b$ (a, b는 상수)로 놓으면

$f'(x)=2x+a$

$$\lim_{x\to\infty}\frac{f(x)-x^2}{x}=\lim_{x\to\infty}x\left\{f\left(1+\frac{2}{x}\right)-f(1)\right\} \quad\cdots\cdots\text{㉠}$$

$$\lim_{x\to\infty}\frac{f(x)-x^2}{x}=\lim_{x\to\infty}\frac{ax+b}{x}$$

$$=\lim_{x\to\infty}\left(a+\frac{b}{x}\right)=a$$

$$\lim_{x\to\infty}x\left\{f\left(1+\frac{2}{x}\right)-f(1)\right\}\text{에서}$$

$\dfrac{1}{x}=t$로 놓으면 $x\to\infty$일 때 $t\to 0+$이므로

$$\lim_{x\to\infty}x\left\{f\left(1+\frac{2}{x}\right)-f(1)\right\}=\lim_{t\to 0+}\frac{f(1+2t)-f(1)}{t}$$

$$=\lim_{t\to 0+}\left\{\frac{f(1+2t)-f(1)}{2t}\times 2\right\}$$

$$=2f'(1)=2(2+a)$$

$$=4+2a$$

㉠에서 $a=4+2a$, $a=-4$

즉, $f(x)=x^2-4x+b$이고 $f(2)=-1$이므로

$4-8+b=-1$, $b=3$

따라서 $f(x)=x^2-4x+3$이므로

$f(5)=25-20+3=8$ 답 ②

12

$f(x)$가 상수함수일 때, 즉 $f(x)=1$일 때 $f'(x)=0$이므로 주어진 등식을 만족시키지 않는다.

그러므로 $f(x)$는 최고차항의 계수가 1인 n차식($n\geq 1$)이고 이때 $f'(x)$는 최고차항의 계수가 n인 $(n-1)$차식이므로 $xf'(x)$는 최고차항의 계수가 n인 n차식이다.

$$\lim_{x\to\infty}\frac{f(x)}{xf'(x)}=\frac{1}{n}=\frac{1}{3}$$

에서 $n=3$

$f(x)=x^3+ax^2+bx+c$ (a, b, c는 상수)로 놓으면

$f'(x)=3x^2+2ax+b$

$$\lim_{x\to 0}\frac{f(x)}{xf'(x)}=\frac{1}{3} \quad\cdots\cdots\text{㉠}$$

㉠에서 $x\to 0$일 때 (분모)$\to 0$이고 극한값이 존재하므로 (분자)$\to 0$이어야 한다.

즉, $\displaystyle\lim_{x\to 0}f(x)=0$에서 $f(0)=0$이므로 $c=0$

그러므로 $f(x)=x^3+ax^2+bx$이고 ㉠에서

$$\lim_{x\to 0}\frac{f(x)}{xf'(x)}=\lim_{x\to 0}\frac{x^3+ax^2+bx}{x(3x^2+2ax+b)}$$

$$=\lim_{x\to 0}\frac{x^2+ax+b}{3x^2+2ax+b} \quad\cdots\cdots\text{㉡}$$

이때 $b\neq 0$이면 ㉡에서 $\displaystyle\lim_{x\to 0}\frac{f(x)}{xf'(x)}=1$이 되어 조건을 만족시키지 않으므로 $b=0$

그러므로 $f(x)=x^3+ax^2$이고 ㉡에서

$$\lim_{x\to 0}\frac{f(x)}{xf'(x)}=\lim_{x\to 0}\frac{x^2+ax}{3x^2+2ax}$$

$$=\lim_{x\to 0}\frac{x+a}{3x+2a} \quad\cdots\cdots\text{㉢}$$

이때 $a\neq 0$이면 ㉢에서 $\displaystyle\lim_{x\to 0}\frac{f(x)}{xf'(x)}=\frac{1}{2}$이 되어 조건을 만족시키지 않으므로 $a=0$

그러므로 $f(x)=x^3$이고 ㉠에서

$$\lim_{x\to 0}\frac{f(x)}{xf'(x)}=\lim_{x\to 0}\frac{x^3}{3x^3}=\frac{1}{3}$$

이므로 조건을 만족시킨다.

따라서 $f(x)=x^3$이므로 $f(2)=8$ 답 8

13

$f(x)=x^3-4x^2+5$라 하면

$f'(x)=3x^2-8x$

이때 $f'(1)=3-8=-5$이므로 곡선 $y=f(x)$ 위의 점 $(1, 2)$에서의 접선의 방정식은

$y=-5(x-1)+2$

즉, $y=-5x+7$

따라서 이 접선의 y절편은 7이다. 답 ④

14

$f(x)=\dfrac{1}{3}x^3-x+2$라 하면

$f'(x)=x^2-1$

곡선 $y=f(x)$ 위의 점 $\left(t, \dfrac{1}{3}t^3-t+2\right)$에서의 접선의 방정식은

$$y-\left(\frac{1}{3}t^3-t+2\right)=(t^2-1)(x-t)$$

$$y=(t^2-1)x-\frac{2}{3}t^3+2$$

이 직선이 점 $(2, 0)$을 지나므로

$$0=2(t^2-1)-\frac{2}{3}t^3+2$$

$$\frac{2}{3}t^3-2t^2=0, \frac{2}{3}t^2(t-3)=0$$

$t=0$ 또는 $t=3$

따라서 두 접선의 기울기의 곱은

$f'(0)\times f'(3)=(-1)\times 8=-8$ 답 ②

15

$f(0)=0$이므로 $f(x)=ax^3+bx^2+cx$ (a, b, c는 상수, $a\neq 0$)으로 놓을 수 있다.

$$\lim_{x\to 0}\frac{f(x)}{g(x)}=6 \quad\cdots\cdots\text{㉠}$$

$f(0)=0$이므로 ㉠에서 $x\to 0$일 때 (분자)$\to 0$이고 0이 아닌 극한값이 존재하므로 (분모)$\to 0$이어야 한다.

즉, $\displaystyle\lim_{x\to 0}g(x)=g(0)=0$

직선 $y=g(x)$가 두 점 $(0, 0)$, $(-2, 4)$를 지나므로

$g(x)=-2x$

㉠에서

$$\lim_{x\to 0}\frac{x(ax^2+bx+c)}{-2x}=\lim_{x\to 0}\frac{ax^2+bx+c}{-2}=-\frac{c}{2}$$

즉, $-\dfrac{c}{2}=6$에서 $c=-12$

$f(x)=ax^3+bx^2-12x$이고, $f'(x)=3ax^2+2bx-12$

곡선 $y=f(x)$ 위의 점 $(-2, 4)$에서의 접선의 기울기가 -2이므로

$f(-2)=4$, $f'(-2)=-2$

$f(-2)=4$에서 $-8a+4b+24=4$

$2a-b=5$ ······ ㉡

$f'(-2)=-2$에서

$12a-4b-12=-2$

$6a-2b=5$ ······ ㉢

㉡, ㉢을 연립하여 풀면 $a=-\dfrac{5}{2}$, $b=-10$

따라서 $f'(x)=-\dfrac{15}{2}x^2-20x-12$이므로

$f'(-1)=-\dfrac{15}{2}+20-12=\dfrac{1}{2}$ 답 ①

16

$\overline{OC}=\dfrac{5}{2}$에서 $C\left(\dfrac{5}{2}, 0\right)$

삼각형 OBC가 $\overline{OC}=\overline{BC}$인 이등변삼각형이고, 점 A가 선분 OB의 중점이므로 직선 AC와 직선 OB는 서로 수직이다.

그러므로 직선 AC, 즉 곡선 $y=f(x)$ 위의 점 A에서의 접선의 기울기는 -2이고, 직선 AC의 방정식은

$y=-2\left(x-\dfrac{5}{2}\right)$, 즉 $y=-2x+5$ ······ ㉠

점 A는 직선 $y=\dfrac{1}{2}x$ 위의 점이므로 점 A의 좌표를 $\left(a, \dfrac{a}{2}\right)$ $(a>0)$

이라 하면 점 A가 직선 ㉠ 위의 점이므로

$\dfrac{a}{2}=-2a+5$에서 $a=2$

즉, $A(2, 1)$이고, $\overline{OA}=\overline{AB}$에서 $B(4, 2)$

그러므로 최고차항의 계수가 양수인 삼차함수 $f(x)$에 대하여 곡선 $y=f(x)$가 직선 $y=\dfrac{1}{2}x$와 만나는 세 점의 x좌표가 각각 $0, 2, 4$이다.

즉, 방정식 $f(x)-\dfrac{1}{2}x=0$의 세 실근은 $x=0$ 또는 $x=2$ 또는 $x=4$

이므로

$f(x)-\dfrac{1}{2}x=kx(x-2)(x-4)$ $(k>0)$

으로 놓을 수 있다.

$f(x)=k(x^3-6x^2+8x)+\dfrac{1}{2}x$에서

$f'(x)=k(3x^2-12x+8)+\dfrac{1}{2}$

㉠에서 $f'(2)=-2$이므로

$f'(2)=-4k+\dfrac{1}{2}=-2$, $k=\dfrac{5}{8}$

따라서 $f(x)=\dfrac{5}{8}x(x-2)(x-4)+\dfrac{1}{2}x$이므로

$f(6)=\dfrac{5}{8}\times 6\times 4\times 2+\dfrac{1}{2}\times 6=33$ 답 33

17

$f(x)=x^3+(a-2)x^2-3ax+4$에서

$f'(x)=3x^2+2(a-2)x-3a$

함수 $f(x)$가 실수 전체의 집합에서 증가하므로 모든 실수 x에 대하여 $f'(x)\geq 0$이어야 한다.

이차방정식 $3x^2+2(a-2)x-3a=0$의 판별식을 D라 하면 $D\leq 0$이어야 하므로

$$\frac{D}{4}=(a-2)^2+9a\leq 0$$

$a^2+5a+4\leq 0$, $(a+1)(a+4)\leq 0$

따라서 $-4\leq a\leq -1$이므로 실수 a의 최댓값은 -1이다. 답 ④

18

$f(x)=-x^3+ax^2+2ax$에서

$f'(x)=-3x^2+2ax+2a$

$(x_1-x_2)\{f(x_1)-f(x_2)\}<0$에서

$x_1>x_2$이면 $f(x_1)<f(x_2)$이고

$x_1<x_2$이면 $f(x_1)>f(x_2)$이므로

함수 $f(x)$는 실수 전체의 집합에서 감소한다.

즉, 모든 실수 x에 대하여 $f'(x)\leq 0$이어야 하므로

$-3x^2+2ax+2a\leq 0$

이차방정식 $-3x^2+2ax+2a=0$의 판별식을 D라 하면 $D\leq 0$이어야 하므로

$$\frac{D}{4}=a^2+6a\leq 0$$

$a(a+6)\leq 0$, $-6\leq a\leq 0$

따라서 모든 정수 a의 값은 $-6, -5, -4, \cdots, 0$이므로 그 개수는 7이다. 답 ③

19

$f(x)=\dfrac{1}{3}x^3+ax^2-3a^2x$에서

$f'(x)=x^2+2ax-3a^2$

함수 $f(x)$가 감소할 때 $f'(x)\leq 0$이므로

$x^2+2ax-3a^2\leq 0$

$(x+3a)(x-a)\leq 0$

$a>0$이므로 $-3a\leq x\leq a$

함수 $f(x)$가 열린구간 $(k, k+2)$에서 감소하므로

$-3a\leq k$이고 $k+2\leq a$

즉, $-3a\leq k\leq a-2$ ······ ㉠

㉠을 만족시키는 실수 k의 값이 존재해야 하므로

$-3a\leq a-2$에서 $a\geq \dfrac{1}{2}$

그러므로 a의 최솟값은 $\dfrac{1}{2}$이다.

이때 $f(x)=\dfrac{1}{3}x^3+\dfrac{1}{2}x^2-\dfrac{3}{4}x$이고 $k=-\dfrac{3}{2}$이므로

$f(2k)=f(-3)=-9+\dfrac{9}{2}+\dfrac{9}{4}=-\dfrac{9}{4}$ 답 ②

20

$$\lim_{x \to 0} \frac{|f(x) - 3x|}{x} \qquad \cdots\cdots \,\bigcirc$$

⊙에서 $x \to 0$일 때 (분모)$\to 0$이고 조건 (가)에 의하여 극한값이 존재하므로 (분자)$\to 0$이어야 한다.

즉, $\lim\limits_{x \to 0} |f(x) - 3x| = |f(0)| = 0$에서 $f(0) = 0$

함수 $f(x)$가 최고차항의 계수가 1인 삼차함수이므로

$f(x) = x^3 + ax^2 + bx$ (a, b는 상수)

로 놓을 수 있다.

⊙에서

$$\lim_{x \to 0} \frac{|f(x) - 3x|}{x} = \lim_{x \to 0} \frac{|x(x^2 + ax + b - 3)|}{x}$$
$$= \lim_{x \to 0} \frac{|x|\,|x^2 + ax + b - 3|}{x} \qquad \cdots\cdots \,\bigcirc$$

ⓛ의 극한값이 존재해야 하므로

$$\lim_{x \to 0-} \frac{|x|\,|x^2 + ax + b - 3|}{x} = \lim_{x \to 0+} \frac{|x|\,|x^2 + ax + b - 3|}{x}$$

이어야 한다.

이때

$$\lim_{x \to 0-} \frac{|x|\,|x^2 + ax + b - 3|}{x} = \lim_{x \to 0-} \frac{-x|x^2 + ax + b - 3|}{x}$$
$$= -\lim_{x \to 0-} |x^2 + ax + b - 3|$$
$$= -|b - 3|,$$
$$\lim_{x \to 0+} \frac{|x|\,|x^2 + ax + b - 3|}{x} = \lim_{x \to 0+} \frac{x|x^2 + ax + b - 3|}{x}$$
$$= \lim_{x \to 0+} |x^2 + ax + b - 3|$$
$$= |b - 3|$$

이므로 $|b - 3| = -|b - 3|$에서

$|b - 3| = 0$, $b = 3$

그러므로 $f(x) = x^3 + ax^2 + 3x$

조건 (나)에서 함수 $f(x)$가 실수 전체의 집합에서 증가하기 위해서는 모든 실수 x에 대하여 $f'(x) \geq 0$이어야 한다.

이때 $f'(x) = 3x^2 + 2ax + 3$이므로 이차방정식 $3x^2 + 2ax + 3 = 0$의 판별식을 D라 하면 $D \leq 0$이어야 한다.

$\dfrac{D}{4} = a^2 - 9 \leq 0$, $(a + 3)(a - 3) \leq 0$

$-3 \leq a \leq 3$ $\qquad \cdots\cdots \,\textcircled{c}$

이때 $f(2) = 4a + 14$이므로 ⓒ에 의해

$2 \leq 4a + 14 \leq 26$

따라서 $f(2)$의 최댓값과 최솟값의 합은

$26 + 2 = 28$ $\qquad$ 답 28

21

$f(x) = -x^3 + ax^2 + 6x - 3$에서

$f'(x) = -3x^2 + 2ax + 6$

함수 $f(x)$가 $x = -1$에서 극소이므로 $f'(-1) = 0$에서

$f'(-1) = -3 - 2a + 6 = 0$, $a = \dfrac{3}{2}$

그러므로 $f(x) = -x^3 + \dfrac{3}{2}x^2 + 6x - 3$

$f'(x) = -3x^2 + 3x + 6 = -3(x^2 - x - 2) = -3(x + 1)(x - 2)$

$f'(x) = 0$에서 $x = -1$ 또는 $x = 2$

함수 $f(x)$의 증가와 감소를 표로 나타내면 다음과 같다.

x	$\cdots$	-1	$\cdots$	2	$\cdots$
$f'(x)$	$-$	0	$+$	0	$-$
$f(x)$	$\searrow$	극소	$\nearrow$	극대	$\searrow$

따라서 함수 $f(x)$는 $x = 2$에서 극대이므로 함수 $f(x)$의 극댓값은

$f(2) = -8 + 6 + 12 - 3 = 7$ $\qquad$ 답 ④

22

$f(x) = x^4 - \dfrac{8}{3}x^3 - 2x^2 + 8x + k$에서

$f'(x) = 4x^3 - 8x^2 - 4x + 8$
$\qquad = 4(x + 1)(x - 1)(x - 2)$

$f'(x) = 0$에서 $x = -1$ 또는 $x = 1$ 또는 $x = 2$

함수 $f(x)$의 증가와 감소를 표로 나타내면 다음과 같다.

x	$\cdots$	-1	$\cdots$	1	$\cdots$	2	$\cdots$
$f'(x)$	$-$	0	$+$	0	$-$	0	$+$
$f(x)$	$\searrow$	극소	$\nearrow$	극대	$\searrow$	극소	$\nearrow$

함수 $f(x)$는 $x = -1$, $x = 2$에서 극솟값을 갖고, $x = 1$에서 극댓값을 갖는다.

$f(-1) = 1 + \dfrac{8}{3} - 2 - 8 + k = -\dfrac{19}{3} + k$

$f(1) = 1 - \dfrac{8}{3} - 2 + 8 + k = \dfrac{13}{3} + k$

$f(2) = 16 - \dfrac{64}{3} - 8 + 16 + k = \dfrac{8}{3} + k$

모든 극값이 서로 같지 않고 그 합이 1이므로

$f(-1) + f(1) + f(2) = \left(-\dfrac{19}{3} + k\right) + \left(\dfrac{13}{3} + k\right) + \left(\dfrac{8}{3} + k\right)$
$\qquad\qquad\qquad\qquad = \dfrac{2}{3} + 3k = 1$

에서 $3k = \dfrac{1}{3}$

따라서 $k = \dfrac{1}{9}$ $\qquad$ 답 ①

23

$f(x) = 3x^4 - 4ax^3 - 6x^2 + 12ax + 5$에서

$f'(x) = 12x^3 - 12ax^2 - 12x + 12a$
$\qquad = 12(x^3 - ax^2 - x + a)$
$\qquad = 12(x + 1)(x - 1)(x - a)$

$f'(x) = 0$에서 $x = -1$ 또는 $x = 1$ 또는 $x = a$

$a < -1$ 또는 $-1 < a < 1$ 또는 $a > 1$일 때, 함수 $f(x)$가 극값을 갖는 실수 x의 개수가 3이므로 조건 (가)를 만족시키지 않는다. 그러므로 조건 (가)를 만족시키는 실수 a의 값은 -1 또는 1이다.

(i) $a=-1$일 때

$f'(x)=12(x+1)^2(x-1)$이고

$f'(x)=0$에서 $x=-1$ 또는 $x=1$

함수 $f(x)$의 증가와 감소를 표로 나타내면 다음과 같다.

x	$\cdots$	-1	$\cdots$	1	$\cdots$
$f'(x)$	$-$	0	$-$	0	$+$
$f(x)$	$\searrow$		$\searrow$	극소	$\nearrow$

함수 $f(x)$가 극값을 갖는 실수 x의 값은 1뿐이므로 조건 (가)를 만족시킨다.

한편, $f(|x|)=\begin{cases} f(x) & (x\geq 0) \\ f(-x) & (x<0) \end{cases}$ 에서 $x<0$에서의 함수 $y=f(x)$의 그래프는 $x>0$에서의 함수 $y=f(x)$의 그래프를 y축에 대하여 대칭이동한 것과 같으므로 함수 $f(|x|)$의 증가와 감소를 표로 나타내면 다음과 같다.

x	$\cdots$	-1	$\cdots$	0	$\cdots$	1	$\cdots$
$f'(|x|)$	$-$	0	$+$		$-$	0	$+$
$f(|x|)$	$\searrow$	극소	$\nearrow$	극대	$\searrow$	극소	$\nearrow$

함수 $f(|x|)$는 $x=-1$, $x=1$에서 극소이고 $x=0$에서 극대이므로 조건 (나)를 만족시킨다.

(ii) $a=1$일 때

$f'(x)=12(x+1)(x-1)^2$이고

$f'(x)=0$에서 $x=-1$ 또는 $x=1$

함수 $f(x)$의 증가와 감소를 표로 나타내면 다음과 같다.

x	$\cdots$	-1	$\cdots$	1	$\cdots$
$f'(x)$	$-$	0	$+$	0	$+$
$f(x)$	$\searrow$	극소	$\nearrow$		$\nearrow$

함수 $f(x)$가 극값을 갖는 실수 x의 값은 -1뿐이므로 조건 (가)를 만족시킨다.

한편, $f(|x|)=\begin{cases} f(x) & (x\geq 0) \\ f(-x) & (x<0) \end{cases}$ 이므로 함수 $f(|x|)$의 증가와 감소를 표로 나타내면 다음과 같다.

x	$\cdots$	-1	$\cdots$	0	$\cdots$	1	$\cdots$
$f'(|x|)$	$-$	0	$-$		$+$	0	$+$
$f(|x|)$	$\searrow$		$\searrow$	극소	$\nearrow$		$\nearrow$

함수 $f(|x|)$가 극값을 갖는 실수 x의 값은 0뿐이므로 조건 (나)를 만족시키지 않는다.

(i), (ii)에서 $a=-1$이므로

$f(x)=3x^4+4x^3-6x^2-12x+5$

따라서 $f(2)=48+32-24-24+5=37$　　答 ④

24

$f(x)=x^3+\dfrac{1}{2}x^2+a|x|+2$

$=\begin{cases} x^3+\dfrac{1}{2}x^2-ax+2 & (x<0) \\ x^3+\dfrac{1}{2}x^2+ax+2 & (x\geq 0) \end{cases}$

이때

$$\lim_{h\to 0-}\frac{f(h)-f(0)}{h}=\lim_{h\to 0-}\frac{h^3+\frac{1}{2}h^2-ah}{h}$$

$$=\lim_{h\to 0-}\left(h^2+\frac{1}{2}h-a\right)$$

$$=-a$$

$$\lim_{h\to 0+}\frac{f(h)-f(0)}{h}=\lim_{h\to 0+}\frac{h^3+\frac{1}{2}h^2+ah}{h}$$

$$=\lim_{h\to 0+}\left(h^2+\frac{1}{2}h+a\right)$$

$$=a$$

이므로

$$\lim_{h\to 0-}\frac{f(h)-f(0)}{h}\times\lim_{h\to 0+}\frac{f(h)-f(0)}{h}=-4$$에서

$-a\times a=-4$

즉, $a^2=4$에서 $a>0$이므로 $a=2$

그러므로

$f(x)=\begin{cases} x^3+\dfrac{1}{2}x^2-2x+2 & (x<0) \\ x^3+\dfrac{1}{2}x^2+2x+2 & (x\geq 0) \end{cases}$

$x<0$에서

$f'(x)=3x^2+x-2=(x+1)(3x-2)$

$f'(x)=0$에서 $x<0$이므로

$x=-1$

$x>0$에서

$f'(x)=3x^2+x+2=3\left(x+\dfrac{1}{6}\right)^2+\dfrac{23}{12}>0$

함수 $f(x)$의 증가와 감소를 표로 나타내면 다음과 같다.

x	$\cdots$	-1	$\cdots$	0	$\cdots$
$f'(x)$	$+$	0	$-$		$+$
$f(x)$	$\nearrow$	극대	$\searrow$	극소	$\nearrow$

함수 $f(x)$는 $x=-1$에서 극대이고, $x=0$에서 극소이다.

따라서 함수 $f(x)$의 모든 극값의 합은

$f(-1)+f(0)=\left(-1+\dfrac{1}{2}+2+2\right)+2=\dfrac{11}{2}$　　答 ②

25

$f(x)=3x^4-8x^3-6x^2+24x$에서

$f'(x)=12x^3-24x^2-12x+24$

$\quad\quad\;=12(x+1)(x-1)(x-2)$

$f'(x)=0$에서 $x=-1$ 또는 $x=1$ 또는 $x=2$

함수 $f(x)$의 증가와 감소를 표로 나타내면 다음과 같다.

x	$\cdots$	-1	$\cdots$	1	$\cdots$	2	$\cdots$
$f'(x)$	$-$	0	$+$	0	$-$	0	$+$
$f(x)$	$\searrow$	극소	$\nearrow$	극대	$\searrow$	극소	$\nearrow$

$f(-1)=-19$, $f(1)=13$, $f(2)=8$이므로 함수 $y=f(x)$의 그래프는 그림과 같다.

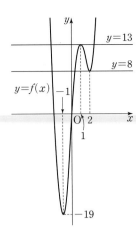

함수 $y=f(x)$의 그래프와 직선 $y=k$가 서로 다른 세 점에서 만나는 경우는 $k=8$, $k=13$일 때이다.

따라서 모든 실수 k의 값의 합은

$8+13=21$ 답 21

26

$0 \leq x \leq 2$일 때, $f'(x) \leq 0$이므로 $f(x)f'(x) \leq 0$에서 $f(x) \geq 0$이고 함수 $f(x)$는 감소한다.

함수 $f(x)$는 $x=2$에서 극솟값을 가지므로

$f(2)=0$인 경우 $f(4)$의 값이 최소가 된다.

$f(x)=x^3+ax^2+bx+c$ (a, b, c는 상수)라 하면

$f'(x)=3x^2+2ax+b$

$f'(0)=0$이므로 $b=0$

$f'(2)=0$이므로 $12+4a+b=0$에서 $12+4a+0=0$, $a=-3$

$f(2)=0$일 때 $8+4a+2b+c=0$에서

$8-12+0+c=0$, $c=4$

따라서 $f(2)=0$일 때 $f(x)=x^3-3x^2+4$이므로 $f(4)$의 최솟값은

$f(4)=64-48+4=20$ 답 ③

27

$f(x)=x^3-3x^2+8$에서

$f'(x)=3x^2-6x=3x(x-2)$

$f'(x)=0$에서 $x=0$ 또는 $x=2$

함수 $f(x)$의 증가와 감소를 표로 나타내면 다음과 같다.

x	$\cdots$	0	$\cdots$	2	$\cdots$
$f'(x)$	$+$	0	$-$	0	$+$
$f(x)$	↗	극대	↘	극소	↗

$f(0)=8$, $f(2)=4$이므로

$f(x)=x^3-3x^2+8=8$에서

$x^2(x-3)=0$

$x=0$ 또는 $x=3$

$f(x)=x^3-3x^2+8=4$에서

$x^3-3x^2+4=0$

$(x+1)(x-2)^2=0$

$x=-1$ 또는 $x=2$

따라서 함수 $y=f(x)$의 그래프는 그림과 같다.

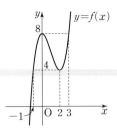

(ⅰ) $0<a<2$일 때

함수 $y=|f(x)-f(a)|$가 $x=a$에서 미분가능하지 않은 a의 값은 세 개가 존재하므로 조건을 만족시키지 않는다.

(ⅱ) $a=2$일 때

함수 $y=|f(x)-f(a)|$는 $x=-1$에서만 미분가능하지 않으므로 조건을 만족시키지 않는다.

(ⅲ) $2<a<3$일 때

함수 $y=|f(x)-f(a)|$가 $x=a$에서 미분가능하지 않은 a의 값은 세 개가 존재하므로 조건을 만족시키지 않는다.

(ⅳ) $a=3$일 때

함수 $y=|f(x)-f(a)|$는 $x=3$에서만 미분가능하지 않으므로 조건을 만족시킨다.

(ⅴ) $a>3$일 때

함수 $y=|f(x)-f(a)|$는 $x=a$에서만 미분가능하지 않으므로 조건을 만족시킨다.

(ⅰ)~(ⅴ)에서 $a \geq 3$이므로 양의 실수 a의 최솟값은 3이다.

따라서 $m=3$, $f(m)=f(3)=f(0)=8$이므로

$m+f(m)=3+8=11$ 답 11

28

함수 $y=f(x)$의 그래프는 그림과 같다.

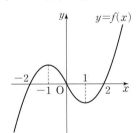

$x>0$일 때 $f(x)=f(x+1)$을 만족시키는 x의 값은

$x(x-2)=(x+1)(x-1)$에서

$x^2-2x=x^2-1$, $x=\dfrac{1}{2}$

(ⅰ) $t<-2$일 때

닫힌구간 $[t, t+1]$에서 함수 $f(x)$의 최댓값은 $f(t+1)$

(ⅱ) $-2 \leq t<-1$일 때

닫힌구간 $[t, t+1]$에서 함수 $f(x)$의 최댓값은 $f(-1)$

(ⅲ) $-1 \leq t<0$일 때

닫힌구간 $[t, t+1]$에서 함수 $f(x)$의 최댓값은 $f(t)$

(ⅳ) $0 \leq t<\dfrac{1}{2}$일 때

닫힌구간 $[t, t+1]$에서 함수 $f(x)$의 최댓값은 $f(t)$

(ⅴ) $t \geq \dfrac{1}{2}$일 때

닫힌구간 $[t,\,t+1]$에서 함수 $f(x)$의 최댓값은 $f(t+1)$

(ⅰ)~(ⅴ)에서 $g(t)=\begin{cases} -(t+1)(t+3) & (t<-2) \\ 1 & (-2\leq t<-1) \\ -t(t+2) & (-1\leq t<0) \\ t(t-2) & \left(0\leq t<\dfrac{1}{2}\right) \\ (t+1)(t-1) & \left(t\geq\dfrac{1}{2}\right) \end{cases}$

따라서 함수 $y=g(t)$의 그래프는 그림과 같다.

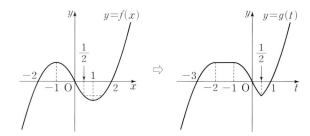

$\displaystyle\lim_{t\to-2-}\frac{g(t)-g(-2)}{t+2}=\lim_{t\to-2+}\frac{g(t)-g(-2)}{t+2}=0$

$\displaystyle\lim_{t\to-1-}\frac{g(t)-g(-1)}{t+1}=\lim_{t\to-1+}\frac{g(t)-g(-1)}{t+1}=0$

$\displaystyle\lim_{t\to0-}\frac{g(t)-g(0)}{t}=\lim_{t\to0+}\frac{g(t)-g(0)}{t}=-2$

$\displaystyle\lim_{t\to\frac{1}{2}-}\frac{g(t)-g\left(\frac{1}{2}\right)}{t-\frac{1}{2}}=\lim_{t\to\frac{1}{2}-}\frac{t(t-2)-\left(-\frac{3}{4}\right)}{t-\frac{1}{2}}$

$\qquad\qquad\qquad\quad=\displaystyle\lim_{t\to\frac{1}{2}-}\frac{\left(t-\frac{1}{2}\right)\left(t-\frac{3}{2}\right)}{t-\frac{1}{2}}$

$\qquad\qquad\qquad\quad=\displaystyle\lim_{t\to\frac{1}{2}-}\left(t-\frac{3}{2}\right)=-1$

$\displaystyle\lim_{t\to\frac{1}{2}+}\frac{g(t)-g\left(\frac{1}{2}\right)}{t-\frac{1}{2}}=\lim_{t\to\frac{1}{2}+}\frac{(t+1)(t-1)-\left(-\frac{3}{4}\right)}{t-\frac{1}{2}}$

$\qquad\qquad\qquad\quad=\displaystyle\lim_{t\to\frac{1}{2}+}\frac{\left(t+\frac{1}{2}\right)\left(t-\frac{1}{2}\right)}{t-\frac{1}{2}}$

$\qquad\qquad\qquad\quad=\displaystyle\lim_{t\to\frac{1}{2}+}\left(t+\frac{1}{2}\right)=1$

즉, 함수 $g(t)$는 $t=\dfrac{1}{2}$에서만 미분가능하지 않으므로 $\alpha=\dfrac{1}{2}$

따라서 $g(\alpha)=g\left(\dfrac{1}{2}\right)=-\dfrac{3}{4}$　　　　　달 ④

29

주어진 조건을 만족시키려면

(함수 $f(x)$의 최솟값) $\geq$ (함수 $g(x)$의 최댓값)

이어야 한다.

$f(x)=x^4-2x^2$에서

$f'(x)=4x^3-4x=4x(x+1)(x-1)$

$f'(x)=0$에서 $x=-1$ 또는 $x=0$ 또는 $x=1$

함수 $f(x)$의 증가와 감소를 표로 나타내면 다음과 같다.

x	$\cdots$	-1	$\cdots$	0	$\cdots$	1	$\cdots$
$f'(x)$	$-$	0	$+$	0	$-$	0	$+$
$f(x)$	$\searrow$	극소	$\nearrow$	극대	$\searrow$	극소	$\nearrow$

$f(-1)=-1$, $f(0)=0$, $f(1)=-1$이므로 함수 $f(x)$의 최솟값은 -1이다.

$g(x)=-x^2+4x+k=-(x-2)^2+4+k$

에서 함수 $g(x)$의 최댓값은 $4+k$이다.

$4+k\leq-1$에서 $k\leq-5$

따라서 실수 k의 최댓값은 -5이다.　　　　　달 ⑤

30

$f(t)=t^2+(-t^2+4)^2=t^4-7t^2+16$이므로

$f'(t)=4t^3-14t=2t(2t^2-7)$

닫힌구간 $[0,\,2]$에서 $f'(t)=0$인 t의 값은 0과 $\dfrac{\sqrt{14}}{2}$이다.

$f(0)=16$, $f\left(\dfrac{\sqrt{14}}{2}\right)=\dfrac{49}{4}-\dfrac{49}{2}+16=\dfrac{15}{4}$,

$f(2)=16-28+16=4$

이므로 $M=16$, $m=\dfrac{15}{4}$

따라서 $M\times m=16\times\dfrac{15}{4}=60$　　　　　달 60

31

점 P의 좌표는 $(t,\,t)$이다.

점 Q의 좌표를 $(x,\,t)$라 하면

$\sqrt{-x+2}=t$에서 $-x+2=t^2$, $x=-t^2+2$이므로

$\mathrm{Q}(-t^2+2,\,t)$, $\mathrm{H}(-t^2+2,\,0)$

$\overline{\mathrm{PQ}}=-t^2+2-t$, $\overline{\mathrm{OH}}=-t^2+2$, $\overline{\mathrm{QH}}=t$이므로

$S(t)=\dfrac{1}{2}\times(\overline{\mathrm{OH}}+\overline{\mathrm{PQ}})\times\overline{\mathrm{QH}}$

$\qquad=\dfrac{1}{2}\times(-2t^2-t+4)\times t$

$\qquad=\dfrac{1}{2}\times(-2t^3-t^2+4t)$

$\qquad=-t^3-\dfrac{1}{2}t^2+2t$

$S'(t)=-3t^2-t+2=-(3t^2+t-2)=-(3t-2)(t+1)$

$0<t<1$이므로 $S'(t)=0$에서 $t=\dfrac{2}{3}$

$t=\dfrac{2}{3}$의 좌우에서 $S'(t)$의 부호가 양에서 음으로 바뀌므로 $S(t)$는

$t=\dfrac{2}{3}$에서 극대이면서 최댓값을 갖는다.

따라서 $S(t)$의 최댓값은

$S\left(\dfrac{2}{3}\right)=-\left(\dfrac{2}{3}\right)^3-\dfrac{1}{2}\times\left(\dfrac{2}{3}\right)^2+2\times\dfrac{2}{3}=\dfrac{22}{27}$　　　달 ②

32

$f(x)=x^3+3x^2-9x$라 하면

$f'(x)=3x^2+6x-9=3(x+3)(x-1)$

$f'(x)=0$에서 $x=-3$ 또는 $x=1$

함수 $f(x)$의 증가와 감소를 표로 나타내면 다음과 같다.

x	$\cdots$	-3	$\cdots$	1	$\cdots$
$f'(x)$	$+$	0	$-$	0	$+$
$f(x)$	↗	극대	↘	극소	↗

$f(-3)=27$, $f(1)=-5$이므로 함수 $y=f(x)$의 그래프와 직선 $y=k$는 그림과 같다.

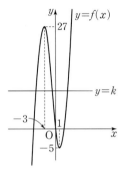

곡선 $y=f(x)$와 직선 $y=k$가 서로 다른 두 점에서 만나야 하므로

$k=27$ 또는 $k=-5$이어야 한다.

따라서 모든 실수 k의 값의 합은

$27+(-5)=22$ 탑 22

33

$f(x)=-x^3+12x-11$이라 하면

$f'(x)=-3x^2+12$

$\qquad =-3(x+2)(x-2)$

$f'(x)=0$에서 $x=-2$ 또는 $x=2$

함수 $f(x)$의 증가와 감소를 표로 나타내면 다음과 같다.

x	$\cdots$	-2	$\cdots$	2	$\cdots$
$f'(x)$	$-$	0	$+$	0	$-$
$f(x)$	↘	극소	↗	극대	↘

$f(-2)=-27$, $f(2)=5$이므로 함수 $y=f(x)$의 그래프와 직선 $y=k$는 그림과 같다.

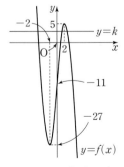

따라서 방정식 $-x^3+12x-11=k$가 서로 다른 양의 실근 2개와 음의 실근 1개를 갖도록 하는 정수 k의 값은 -10, -9, -8, $\cdots$, 4이므로 그 개수는 15이다.   탑 ③

34

$x^3-3x^2+6-n=0$에서 $x^3-3x^2+6=n$

$f(x)=x^3-3x^2+6$이라 하면

$f'(x)=3x^2-6x=3x(x-2)$

$f'(x)=0$에서 $x=0$ 또는 $x=2$

함수 $f(x)$의 증가와 감소를 표로 나타내면 다음과 같다.

x	$\cdots$	0	$\cdots$	2	$\cdots$
$f'(x)$	$+$	0	$-$	0	$+$
$f(x)$	↗	극대	↘	극소	↗

$f(0)=6$, $f(2)=2$이므로 함수 $y=f(x)$의 그래프와 직선 $y=n$은 그림과 같다.

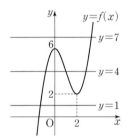

$a_1=1$, $a_2=2$, $a_3=a_4=a_5=3$, $a_6=2$, $a_7=a_8=a_9=a_{10}=1$이므로

$\sum\limits_{k=1}^{10} a_k=1+2+3\times3+2+1\times4=18$ 탑 18

35

$g(x)=x^3+3x^2-27$이라 하면

$g'(x)=3x^2+6x=3x(x+2)$

$g'(x)=0$에서 $x=0$ 또는 $x=-2$

함수 $g(x)$의 증가와 감소를 표로 나타내면 다음과 같다.

x	$\cdots$	-2	$\cdots$	0	$\cdots$
$g'(x)$	$+$	0	$-$	0	$+$
$g(x)$	↗	극대	↘	극소	↗

$g(-2)=-23$, $g(0)=-27$이므로 함수 $y=g(x)$의 그래프와 직선 $y=tx$는 그림과 같다.

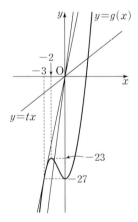

원점에서 곡선 $y=g(x)$에 그은 접선의 접점을 $(s, g(s))$라 하면

$g'(s)=3s^2+6s$이므로 접선의 방정식은

$y=(3s^2+6s)(x-s)+s^3+3s^2-27$

이 접선이 원점 $(0, 0)$을 지나므로

$0=(3s^2+6s)(0-s)+s^3+3s^2-27$

$-2s^3-3s^2-27=0$

$2s^3+3s^2+27=0$

$(s+3)(2s^2-3s+9)=0$

s는 실수이므로 $s=-3$

이때 접선의 기울기는

$g'(-3)=27-18=9$

$0<t<9$일 때 $f(t)=1$

$t=9$일 때 $f(t)=2$

$t>9$일 때 $f(t)=3$

따라서 $\lim\limits_{t\to a+}f(t)\neq\lim\limits_{t\to a-}f(t)$를 만족시키는 양의 실수 a의 값은 9이다.

답 ④

36

$3x^4+4x^3-6x^2-12x\geq a$에서

$f(x)=3x^4+4x^3-6x^2-12x$라 하면

$f'(x)=12x^3+12x^2-12x-12$

$\qquad=12(x+1)^2(x-1)$

$f'(x)=0$에서 $x=-1$ 또는 $x=1$

함수 $f(x)$의 증가와 감소를 표로 나타내면 다음과 같다.

x	$\cdots$	-1	$\cdots$	1	$\cdots$
$f'(x)$	$-$	0	$-$	0	$+$
$f(x)$	$\searrow$		$\searrow$	극소	$\nearrow$

함수 $f(x)$는 $x=1$에서 극소이면서 최솟값을 갖는다.

$f(1)=-11$이므로 모든 실수 x에 대하여 부등식 $f(x)\geq a$가 성립하려면 $a\leq-11$이어야 한다.

따라서 실수 a의 최댓값은 -11이다.

답 ①

37

$h(x)=g(x)-f(x)$라 하자.

$h(x)=x^4-4x^3-8x^2+a$에서

$h'(x)=4x^3-12x^2-16x=4x(x+1)(x-4)$

$h'(x)=0$에서 $x=-1$ 또는 $x=0$ 또는 $x=4$

함수 $h(x)$의 증가와 감소를 표로 나타내면 다음과 같다.

x	$\cdots$	-1	$\cdots$	0	$\cdots$	4	$\cdots$
$h'(x)$	$-$	0	$+$	0	$-$	0	$+$
$h(x)$	$\searrow$	극소	$\nearrow$	극대	$\searrow$	극소	$\nearrow$

$h(-1)=a-3$, $h(4)=a-128$이고

모든 실수 x에 대하여 부등식 $f(x)\leq g(x)$가 항상 성립하려면

모든 실수 x에 대하여 부등식 $h(x)\geq 0$이 성립해야 하므로

$a-3\geq 0$이고 $a-128\geq 0$

따라서 $a\geq 128$이므로 실수 a의 최솟값은 128이다.

답 128

38

(i) $f(x)\leq 4x^3+a$에서

$-x^4-4x^2-5\leq 4x^3+a$

$x^4+4x^3+4x^2+a+5\geq 0$ $\quad\cdots\cdots$ ㉠

$g(x)=x^4+4x^3+4x^2+a+5$라 하면

$g'(x)=4x^3+12x^2+8x$

$\qquad=4x(x+1)(x+2)$

$g'(x)=0$에서 $x=-2$ 또는 $x=-1$ 또는 $x=0$

함수 $g(x)$의 증가와 감소를 표로 나타내면 다음과 같다.

x	$\cdots$	-2	$\cdots$	-1	$\cdots$	0	$\cdots$
$g'(x)$	$-$	0	$+$	0	$-$	0	$+$
$g(x)$	$\searrow$	극소	$\nearrow$	극대	$\searrow$	극소	$\nearrow$

$g(-2)=16-32+16+a+5=a+5$

$g(0)=a+5$

모든 실수 x에 대하여 부등식 ㉠이 성립하려면 $a+5\geq 0$에서

$a\geq -5$

(ii) $4x^3+a\leq -f(x)$에서

$4x^3+a\leq x^4+4x^2+5$

$x^4-4x^3+4x^2+5-a\geq 0$ $\quad\cdots\cdots$ ㉡

$h(x)=x^4-4x^3+4x^2+5-a$라 하면

$h'(x)=4x^3-12x^2+8x$

$\qquad=4x(x-1)(x-2)$

$h'(x)=0$에서 $x=0$ 또는 $x=1$ 또는 $x=2$

함수 $h(x)$의 증가와 감소를 표로 나타내면 다음과 같다.

x	$\cdots$	0	$\cdots$	1	$\cdots$	2	$\cdots$
$h'(x)$	$-$	0	$+$	0	$-$	0	$+$
$h(x)$	$\searrow$	극소	$\nearrow$	극대	$\searrow$	극소	$\nearrow$

$h(0)=5-a$

$h(2)=16-32+16+5-a=5-a$

모든 실수 x에 대하여 부등식 ㉡이 성립하려면 $5-a\geq 0$에서

$a\leq 5$

(i), (ii)에서 $-5\leq a\leq 5$

따라서 구하는 정수 a의 값은 -5, -4, -3, $\cdots$, 5이므로 그 개수는 11이다.

답 ①

39

$f(x)=2x^3-3(a+1)x^2+6ax+a^3-120$이라 하자.

(i) $x\geq 0$에서 부등식 $f(x)\geq 0$이 항상 성립하려면

$f(0)=a^3-120\geq 0$이어야 한다.

즉, $a^3\geq 120$이므로 a는 5 이상의 자연수이다.

(ii) $f'(x)=6x^2-6(a+1)x+6a$

$\qquad=6(x-1)(x-a)$

$f'(x)=0$에서 $x=1$ 또는 $x=a$

$a\geq 5$이므로 $x=a$의 좌우에서 $f'(x)$의 부호는 음에서 양으로 바뀐다.

즉, 함수 $f(x)$는 $x=a$에서 극솟값을 갖는다.

그러므로 $x \geq 0$에서 부등식 $f(x) \geq 0$이 항상 성립하려면 $f(a) \geq 0$이
어야 한다.

$$f(a) = 2a^3 - 3a^3 - 3a^2 + 6a^2 + a^3 - 120$$
$$= 3a^2 - 120 \geq 0$$

에서 $a^2 \geq 40$이므로 a는 7 이상의 자연수이다.

(i), (ii)에서 a는 7 이상의 자연수이므로 자연수 a의 최솟값은 7이다.

답 ④

40

$$x = t^3 - t^2 - 2t = t(t+1)(t-2)$$

$t > 0$에서 점 P가 원점을 지나는 시각은

$x = 0$에서 $t = 2$

점 P의 시각 t에서의 속도를 v라 하면

$$v = \frac{dx}{dt} = 3t^2 - 2t - 2$$

따라서 시각 $t = 2$에서의 점 P의 속도는

$12 - 4 - 2 = 6$

답 ①

41

점 P의 시각 t에서의 속도를 v라 하면

$$v = \frac{dx}{dt} = 6t^2 - 6t - 12$$

$v = 0$에서

$6t^2 - 6t - 12 = 0$

$t^2 - t - 2 = 0$, $(t+1)(t-2) = 0$

$t_1 > 0$이므로 시각 $t = 2$에서 점 P는 운동 방향을 바꾼다. 즉, $t_1 = 2$

점 P의 시각 t에서의 가속도를 a라 하면

$$a = \frac{dv}{dt} = 12t - 6$$

따라서 점 P의 시각 $t = 2t_1$, 즉 $t = 4$에서의 가속도는

$12 \times 4 - 6 = 42$

답 ②

42

두 점 P, Q의 시각 t에서의 속도를 각각 v_1, v_2라 하면

$$v_1 = \frac{dx_1}{dt}, \ v_2 = \frac{dx_2}{dt}$$

$x_2 = x_1 + t^3 - 3t^2 - 9t$ ······ ㉠

㉠의 양변을 t에 대하여 미분하면

$v_2 = v_1 + 3t^2 - 6t - 9$

두 점 P, Q의 속도가 같아지는 순간 $v_1 = v_2$이므로

$3t^2 - 6t - 9 = 0$

$t^2 - 2t - 3 = 0$

$(t-3)(t+1) = 0$

$t \geq 0$이므로 $t = 3$

$t = 3$일 때 ㉠에서 $x_2 = x_1 - 27$

따라서 두 점 P, Q 사이의 거리는

$|x_1 - x_2| = 27$

답 27

43

점 P의 시각 t에서의 속도를 v, 가속도를 a라 하면

$$v = \frac{dx}{dt} = -4t^3 + 12t^2 + 2kt$$

$$a = \frac{dv}{dt} = -12t^2 + 24t + 2k$$

$$= -12(t-1)^2 + 2k + 12$$

점 P의 가속도 a는 $t = 1$일 때 최댓값 $2k + 12$를 가지므로

$2k + 12 = 48$에서 $k = 18$

$v = -4t^3 + 12t^2 + 36t$

$$a = \frac{dv}{dt} = -12t^2 + 24t + 36 = -12(t+1)(t-3)$$

$t \geq 0$이고 $t = 3$의 좌우에서 a의 부호가 양에서 음으로 바뀌므로 $t = 3$
일 때 v는 극대이면서 최댓값을 갖는다.

따라서 점 P의 속도의 최댓값은 $t = 3$일 때

$-4 \times 27 + 12 \times 9 + 36 \times 3 = 108$

답 ④

06 다항함수의 적분법

본문 61~69쪽

01 12	**02** 14	**03** ④	**04** ③	**05** 29
06 ②	**07** 19	**08** ①	**09** 16	**10** 23
11 64	**12** ①	**13** ③	**14** ④	**15** 29
16 ②	**17** 17	**18** ①	**19** 10	**20** ②
21 ⑤	**22** ③	**23** ④	**24** 5	**25** 6
26 ②	**27** ①	**28** ③	**29** ③	**30** 22
31 ③	**32** ②	**33** ⑤	**34** ③	**35** ①

01

$f(x)=\int(3x^2-4x)dx$에서

$f(x)=x^3-2x^2+C$ (단, C는 적분상수)

$f(1)=1-2+C$

$\quad\quad=C-1$

$C-1=2$에서 $C=3$

따라서 $f(x)=x^3-2x^2+3$이므로

$f(3)=27-18+3=12$ 답 12

02

$f(x)=\int(x^2+x+a)dx-\int(x^2-3x)dx$

$\quad\quad=\int(4x+a)dx$

$\quad\quad=2x^2+ax+C$ (단, C는 적분상수)

$f'(x)=4x+a$

$\lim\limits_{x\to2}\dfrac{f(x)}{x-2}=3$에서 $x\to2$일 때 (분모) $\to0$이고 극한값이 존재하므로 (분자) $\to0$이어야 한다.

즉, $\lim\limits_{x\to2}f(x)=f(2)=0$

$\lim\limits_{x\to2}\dfrac{f(x)}{x-2}=\lim\limits_{x\to2}\dfrac{f(x)-f(2)}{x-2}=f'(2)$

이므로 $f'(2)=3$

$f(x)=2x^2+ax+C$에 $x=2$를 대입하면

$8+2a+C=0$ …… ㉠

$f'(x)=4x+a$에 $x=2$를 대입하면

$8+a=3$에서 $a=-5$

$a=-5$를 ㉠에 대입하면 $C=2$

따라서 $f(x)=2x^2-5x+2$이므로

$f(4)=32-20+2=14$ 답 14

03

(i) $x<1$일 때

$\quad f'(x)=3x^2-4$이므로

$\quad f(x)=\int(3x^2-4)dx=x^3-4x+C_1$ (단, C_1은 적분상수)

$\quad f(0)=0$이므로 $C_1=0$

$\quad$즉, $f(x)=x^3-4x$

(ii) $x\ge1$일 때

$\quad f'(x)=-4x+3$이므로

$\quad f(x)=\int(-4x+3)dx=-2x^2+3x+C_2$ (단, C_2는 적분상수)

함수 $f(x)$는 $x=1$에서 연속이므로

$\lim\limits_{x\to1-}f(x)=\lim\limits_{x\to1+}f(x)=f(1)$이어야 한다.

$\lim\limits_{x\to1-}f(x)=\lim\limits_{x\to1-}(x^3-4x)=-3$,

$\lim\limits_{x\to1+}f(x)=\lim\limits_{x\to1+}(-2x^2+3x+C_2)=1+C_2$,

$f(1)=1+C_2$

이므로 $-3=1+C_2$에서 $C_2=-4$이고, 이때 $f(1)=-3$

$x\ge1$일 때, $f(x)=-2x^2+3x-4$이므로

$f(2)=-8+6-4=-6$

따라서 $f(1)+f(2)=-3+(-6)=-9$ 답 ④

04

$2F(x)=(2x+1)f(x)-3x^4-2x^3+x^2+x+4$의 양변을 x에 대하여 미분하면

$2f(x)=2f(x)+(2x+1)f'(x)-12x^3-6x^2+2x+1$

$(2x+1)f'(x)=12x^3+6x^2-2x-1$

$\quad\quad\quad\quad\quad\quad=6x^2(2x+1)-(2x+1)$

$\quad\quad\quad\quad\quad\quad=(6x^2-1)(2x+1)$

$f(x)$는 다항함수이므로

$f'(x)=6x^2-1$

$f(x)=\int(6x^2-1)dx=2x^3-x+C_1$ (단, C_1은 적분상수)

$f(0)=C_1=0$이므로

$f(x)=2x^3-x$

또한 $2F(x)=(2x+1)f(x)-3x^4-2x^3+x^2+x+4$의 양변에 $x=0$을 대입하면

$2F(0)=f(0)+4=4$에서

$F(0)=2$

$F(x)=\int f(x)dx=\int(2x^3-x)dx$

$\quad\quad=\dfrac{1}{2}x^4-\dfrac{1}{2}x^2+C_2$ (단, C_2는 적분상수)

$F(0)=2$이므로 $C_2=2$

따라서 $F(x)=\dfrac{1}{2}x^4-\dfrac{1}{2}x^2+2$이므로

$F(2)=8-2+2=8$ 답 ③

05

$f(x)=|6x(x-1)|$이라 하면

$0\le x\le1$에서

$f(x)=-6x(x-1)=-6x^2+6x$

$1\le x\le3$에서

$f(x)=6x(x-1)=6x^2-6x$

따라서

$\displaystyle\int_0^3|6x(x-1)|dx$

$=\displaystyle\int_0^1(-6x^2+6x)dx+\int_1^3(6x^2-6x)dx$

$$=\left[-2x^3+3x^2\right]_0^1+\left[2x^3-3x^2\right]_1^3$$
$$=(-2+3)+(54-27)-(2-3)=29 \qquad \boxed{답}\ 29$$

06

$$\int_{-1}^{\sqrt{2}}(x^3-2x)dx+\int_{-1}^{\sqrt{2}}(-x^3+3x^2)dx+\int_{\sqrt{2}}^{2}(3x^2-2x)dx$$
$$=\int_{-1}^{\sqrt{2}}\{(x^3-2x)+(-x^3+3x^2)\}dx+\int_{\sqrt{2}}^{2}(3x^2-2x)dx$$
$$=\int_{-1}^{\sqrt{2}}(3x^2-2x)dx+\int_{\sqrt{2}}^{2}(3x^2-2x)dx$$
$$=\int_{-1}^{2}(3x^2-2x)dx$$
$$=\left[x^3-x^2\right]_{-1}^{2}$$
$$=(8-4)-(-1-1)$$
$$=6 \qquad \boxed{답}\ ②$$

07

$f(x)=3x^2+ax+b\ (a,\ b$는 상수)로 놓으면
$$\int_0^1 f(x)dx=\int_0^1 (3x^2+ax+b)dx$$
$$=\left[x^3+\frac{a}{2}x^2+bx\right]_0^1$$
$$=1+\frac{a}{2}+b$$
$f(1)=3+a+b$이므로
$1+\frac{a}{2}+b=3+a+b$에서 $a=-4$
$$\int_0^2 f(x)dx=\int_0^2 (3x^2+ax+b)dx$$
$$=\left[x^3+\frac{a}{2}x^2+bx\right]_0^2$$
$$=8+2a+2b$$
$f(2)=12+2a+b$이므로
$8+2a+2b=12+2a+b$에서 $b=4$
따라서 $f(x)=3x^2-4x+4$이므로
$f(3)=27-12+4=19 \qquad \boxed{답}\ 19$

08

$0\le x\le 1$에서 $f'(x)\ge 0$,
$1\le x\le 2$에서 $f'(x)\le 0$,
$2\le x\le 3$에서 $f'(x)\ge 0$
이므로
$$\int_0^3 |f'(x)|dx$$
$$=\int_0^1 f'(x)dx+\int_1^2 \{-f'(x)\}dx+\int_2^3 f'(x)dx$$
$$=\left[f(x)\right]_0^1+\left[-f(x)\right]_1^2+\left[f(x)\right]_2^3$$
$$=f(1)-f(0)-\{f(2)-f(1)\}+f(3)-f(2)$$
$$=f(3)-f(0)-2\{f(2)-f(1)\}$$

$f(3)-f(0)-2\{f(2)-f(1)\}=f(3)-f(0)+4$에서
$-2\{f(2)-f(1)\}=4$
따라서 $f(2)-f(1)=-2 \qquad \boxed{답}\ ①$

09

최고차항의 계수가 1인 이차함수 $f(x)$가 모든 실수 x에 대하여
$f(-x)=f(x)$를 만족시키므로
$f(x)=x^2+k\ (k$는 상수)로 놓을 수 있다.
$$\int_{-3}^{3} f(x)dx=\int_{-3}^{3}(x^2+k)dx$$
$$=2\int_0^3 (x^2+k)dx$$
$$=2\times \left[\frac{1}{3}x^3+kx\right]_0^3$$
$$=2(9+3k)$$
$2(9+3k)=60$에서 $k=7$
따라서 $f(x)=x^2+7$이므로
$f(3)=9+7=16 \qquad \boxed{답}\ 16$

10

함수 $y=f(x+1)$의 그래프는 함수 $y=f(x)$의 그래프를 x축의 방향
으로 -1만큼 평행이동한 그래프이므로
$$\int_1^3 f(x)dx=5$$에서
$$\int_0^2 f(x+1)dx=\int_1^3 f(x)dx=5$$
따라서
$$\int_0^2 \{3f(x+1)+4\}dx=3\times \int_0^2 f(x+1)dx+\int_0^2 4\,dx$$
$$=3\times 5+\left[4x\right]_0^2$$
$$=15+8$$
$$=23 \qquad \boxed{답}\ 23$$

11

$f(x)=ax+b\ (a,\ b$는 상수, $a\ne 0)$으로 놓으면
$$\int_{-1}^{1} f(x)dx=\int_{-1}^{1}(ax+b)dx$$
$$=2\int_0^1 b\,dx$$
$$=2\left[bx\right]_0^1=2b$$
$2b=12$에서 $b=6$
$$\int_{-1}^{1} xf(x)dx=\int_{-1}^{1}(ax^2+bx)dx$$
$$=2\int_0^1 ax^2\,dx$$
$$=2\left[\frac{a}{3}x^3\right]_0^1=\frac{2a}{3}$$

$\dfrac{2a}{3}=8$에서 $a=12$

따라서 $f(x)=12x+6$이므로

$$\int_0^2 x^2 f(x)dx=\int_0^2 x^2(12x+6)dx$$

$$=\int_0^2 (12x^3+6x^2)dx$$

$$=\left[3x^4+2x^3\right]_0^2$$

$$=3\times16+2\times8=64$$

目 64

12

모든 실수 x에 대하여 $f(-x)=-f(x)$이므로

$f(x)=x^3+ax$ (a는 상수)로 놓을 수 있다.

$$\int_{-1}^1 (x+5)^2 f(x)dx=\int_{-1}^1 (x^2+10x+25)f(x)dx \quad \cdots\cdots \text{㉠}$$

함수 $y=f(x)$의 그래프가 원점에 대하여 대칭일 때, 함수 $y=x^2 f(x)$의 그래프는 원점에 대하여 대칭이고, 함수 $y=xf(x)$의 그래프는 y축에 대하여 대칭이므로

$$\int_{-1}^1 x^2 f(x)dx=0, \int_{-1}^1 f(x)dx=0$$

$$\int_{-1}^1 xf(x)dx=2\int_0^1 xf(x)dx$$

㉠을 정리하면

$$\int_{-1}^1 x^2 f(x)dx+10\int_{-1}^1 xf(x)dx+25\int_{-1}^1 f(x)dx$$

$$=20\int_0^1 x(x^3+ax)dx$$

$$=20\int_0^1 (x^4+ax^2)dx$$

$$=20\left[\dfrac{1}{5}x^5+\dfrac{a}{3}x^3\right]_0^1$$

$$=20\left(\dfrac{1}{5}+\dfrac{a}{3}\right)$$

$20\left(\dfrac{1}{5}+\dfrac{a}{3}\right)=64$에서 $a=9$

따라서 $f(x)=x^3+9x$이므로

$$\int_1^2 \dfrac{f(x)}{x}dx=\int_1^2 \dfrac{x^3+9x}{x}dx$$

$$=\int_1^2 (x^2+9)dx$$

$$=\left[\dfrac{1}{3}x^3+9x\right]_1^2$$

$$=\left(\dfrac{8}{3}+18\right)-\left(\dfrac{1}{3}+9\right)$$

$$=\dfrac{34}{3}$$

目 ①

참고

함수 $y=f(x)$의 그래프가 원점에 대하여 대칭이면 모든 실수 x에 대하여

$f(-x)=-f(x)$

$g(x)=x^2 f(x)$이면

$g(-x)=(-x)^2 f(-x)=-x^2 f(x)=-g(x)$

$h(x)=xf(x)$이면

$h(-x)=-xf(-x)=xf(x)=h(x)$

13

$\displaystyle\int_0^2 f(t)dt=k$ (k는 상수)라 하면

$f(x)=3x^2+kx$이므로

$$\int_0^2 f(t)dt=\int_0^2 (3t^2+kt)dt$$

$$=\left[t^3+\dfrac{k}{2}t^2\right]_0^2$$

$$=8+2k$$

$8+2k=k$에서 $k=-8$

따라서 $f(x)=3x^2-8x$이므로

$f(4)=48-32=16$

目 ③

14

$\displaystyle\int_1^1 f(t)dt=0$이므로

$\displaystyle\int_1^x f(t)dt=x^3+ax^2+bx$의 양변에 $x=1$을 대입하면

$0=1+a+b$에서

$a+b=-1 \quad \cdots\cdots \text{㉠}$

$\displaystyle\int_1^x f(t)dt=x^3+ax^2+bx$의 양변을 x에 대하여 미분하면

$f(x)=3x^2+2ax+b$이므로

$f(1)=3+2a+b$

$f(1)=4$이므로 $3+2a+b=4$에서

$2a+b=1 \quad \cdots\cdots \text{㉡}$

㉠, ㉡을 연립하여 풀면

$a=2$, $b=-3$

따라서 $f(x)=3x^2+4x-3$이므로

$f(a+b)=f(-1)=3-4-3=-4$

目 ④

15

$\displaystyle\int_{-1}^2 f(t)dt=a$ (a는 상수)라 하면

$\displaystyle\int_{-1}^x f(t)dt+a(x+1)=4x^2-4$에서

$\displaystyle\int_{-1}^x f(t)dt=4x^2-ax-a-4 \quad \cdots\cdots \text{㉠}$

㉠의 양변을 x에 대하여 미분하면

$f(x)=8x-a$

$$\int_{-1}^2 f(t)dt=\int_{-1}^2 (8t-a)dt$$

$$=\left[4t^2-at\right]_{-1}^2$$

$$=(16-2a)-(4+a)$$

$$=12-3a$$

$12-3a=a$에서 $a=3$

따라서 $f(x)=8x-3$이므로
$f(4)=29$

$\boxed{\text{답}}$ 29

다른 풀이

$$\int_{-1}^{x}f(t)dt+(x+1)\int_{-1}^{2}f(t)dt=4x^2-4 \quad \cdots\cdots \ \text{㉠}$$

㉠의 양변에 $x=2$를 대입하면

$$\int_{-1}^{2}f(t)dt+3\int_{-1}^{2}f(t)dt=12$$

$$4\int_{-1}^{2}f(t)dt=12$$

$$\int_{-1}^{2}f(t)dt=3$$

이 값을 ㉠에 대입하면

$$\int_{-1}^{x}f(t)dt+3(x+1)=4x^2-4$$

$$\int_{-1}^{x}f(t)dt=4x^2-3x-7 \quad \cdots\cdots \ \text{㉡}$$

㉡의 양변을 x에 대하여 미분하면 $f(x)=8x-3$이므로
$f(4)=29$

16

$$x^2\int_{1}^{x}f(t)dt=\int_{1}^{x}t^2f(t)dt+x^4+ax^3+bx^2 \quad \cdots\cdots \ \text{㉠}$$

㉠의 양변에 $x=1$을 대입하면

$$\int_{1}^{1}f(t)dt=0, \ \int_{1}^{1}t^2f(t)dt=0$$이므로

$0=0+1+a+b$에서

$$a+b=-1 \quad \cdots\cdots \ \text{㉡}$$

㉠의 양변을 x에 대하여 미분하면

$$2x\int_{1}^{x}f(t)dt+x^2f(x)=x^2f(x)+4x^3+3ax^2+2bx$$

$$2x\int_{1}^{x}f(t)dt=4x^3+3ax^2+2bx$$

$$\int_{1}^{x}f(t)dt=2x^2+\frac{3a}{2}x+b \quad \cdots\cdots \ \text{㉢}$$

㉢의 양변에 $x=1$을 대입하면

$0=2+\dfrac{3a}{2}+b$에서

$$3a+2b=-4 \quad \cdots\cdots \ \text{㉣}$$

㉡, ㉣을 연립하여 풀면

$a=-2$, $b=1$

㉢에서

$$\int_{1}^{x}f(t)dt=2x^2-3x+1 \quad \cdots\cdots \ \text{㉤}$$

㉤의 양변을 x에 대하여 미분하면 $f(x)=4x-3$이므로
$f(a+b)=f(-1)=-7$

$\boxed{\text{답}}$ ②

17

$$\lim_{x\to1}\frac{1}{x-1}\int_{1}^{x}f(t)dt=f(1)=1+a+b$$이므로

$1+a+b=3$에서

$a+b=2 \quad \cdots\cdots \ \text{㉠}$

$tf(t)$의 한 부정적분을 $G(t)$라 하면

$$\lim_{h\to0}\frac{1}{h}\int_{2-h}^{2+h}tf(t)dt$$

$$=\lim_{h\to0}\frac{1}{h}\Big[G(t)\Big]_{2-h}^{2+h}$$

$$=\lim_{h\to0}\frac{G(2+h)-G(2-h)}{h}$$

$$=\lim_{h\to0}\frac{G(2+h)-G(2)}{h}+\lim_{h\to0}\frac{G(2-h)-G(2)}{-h}$$

$$=2G'(2)=2\times2f(2)$$

$$=4f(2)$$

$4f(2)=36$에서 $f(2)=9$이므로

$4+2a+b=9$에서

$2a+b=5 \quad \cdots\cdots \ \text{㉡}$

㉠, ㉡을 연립하여 풀면

$a=3$, $b=-1$

따라서 $f(x)=x^2+3x-1$이므로

$f(3)=9+9-1=17$

$\boxed{\text{답}}$ 17

18

$f(x)=\displaystyle\int_{-1}^{x}(t-1)(t-2)dt$에서

$f'(x)=(x-1)(x-2)$

$f'(x)=0$에서 $x=1$ 또는 $x=2$

함수 $f(x)$의 증가와 감소를 표로 나타내면 다음과 같다.

x	$\cdots$	1	$\cdots$	2	$\cdots$
$f'(x)$	$+$	0	$-$	0	$+$
$f(x)$	↗	극대	↘	극소	↗

함수 $f(x)$는 $x=2$에서 극소이므로 함수 $f(x)$의 극솟값은

$$f(2)=\int_{-1}^{2}(t-1)(t-2)dt$$

$$=\int_{-1}^{2}(t^2-3t+2)dt$$

$$=\Big[\frac{1}{3}t^3-\frac{3}{2}t^2+2t\Big]_{-1}^{2}$$

$$=\Big(\frac{8}{3}-6+4\Big)-\Big(-\frac{1}{3}-\frac{3}{2}-2\Big)$$

$$=\frac{9}{2}$$

$\boxed{\text{답}}$ ③

19

$f(x)=x^2+ax+b$ (a, b는 상수)라 하자.

$g'(x)=f(x)$이고 함수 $g(x)$가 $x=2$에서 극솟값 $-\dfrac{10}{3}$을 가지므로

$$g'(2)=f(2)=0, \ g(2)=-\frac{10}{3}$$

$f(2)=4+2a+b=0$에서

$b=-2a-4$

즉, $f(x)=x^2+ax-2a-4$이므로

$$g(2) = \int_0^2 f(t)dt$$
$$= \int_0^2 (t^2 + at - 2a - 4)dt$$
$$= \left[\frac{1}{3}t^3 + \frac{a}{2}t^2 - 2at - 4t \right]_0^2$$
$$= \frac{8}{3} + 2a - 4a - 8$$
$$= -2a - \frac{16}{3}$$

$-2a - \frac{16}{3} = -\frac{10}{3}$에서

$2a = -2$, $a = -1$

따라서 $f(x) = x^2 - x - 2$이므로

$g'(4) = f(4) = 16 - 4 - 2 = 10$ 답 10

20

$g(x) = x\int_1^x f(t)dt - \int_1^x tf(t)dt$ ······ ㉠

㉠의 양변을 x에 대하여 미분하면

$g'(x) = \int_1^x f(t)dt + xf(x) - xf(x)$에서

$g'(x) = \int_1^x f(t)dt$ ······ ㉡

㉠의 양변에 $x = 1$을 대입하면

$g(1) = 0$

㉡의 양변에 $x = 1$을 대입하면

$g'(1) = 0$

조건 (가)에서 $\lim\limits_{x \to \infty} \dfrac{g'(x) - 4x^3}{x^2 + x + 1} = 3$이므로

$g'(x) - 4x^3 = 3x^2 + ax + b$ (a, b는 상수)로 놓으면

$g'(x) = 4x^3 + 3x^2 + ax + b$이고, ㉡에서

$\int_1^x f(t)dt = 4x^3 + 3x^2 + ax + b$ ······ ㉢

㉢의 양변에 $x = 1$을 대입하면 $0 = 4 + 3 + a + b$에서

$b = -a - 7$

㉢의 양변을 x에 대하여 미분하면

$f(x) = 12x^2 + 6x + a$

조건 (나)에서

$\lim\limits_{x \to 1} \dfrac{g(x) + (x-1)f(x)}{x-1} = \int_1^3 f(x)dx$

$g(1) = 0$이므로

$\lim\limits_{x \to 1} \dfrac{g(x) + (x-1)f(x)}{x-1} = \lim\limits_{x \to 1} \dfrac{g(x) - g(1) + (x-1)f(x)}{x-1}$
$$= \lim\limits_{x \to 1} \frac{g(x) - g(1)}{x-1} + \lim\limits_{x \to 1} f(x)$$
$$= g'(1) + f(1)$$
$$= 0 + (18 + a)$$
$$= 18 + a$$

㉡에서

$\int_1^3 f(x)dx = g'(3) = 108 + 27 + 3a + b$
$$= 135 + 3a + (-a - 7)$$
$$= 128 + 2a$$

$18 + a = 128 + 2a$에서 $a = -110$

$b = -a - 7 = 110 - 7 = 103$

㉢에서 $\int_1^x f(t)dt = 4x^3 + 3x^2 - 110x + 103$

이므로 양변에 $x = 0$을 대입하면

$\int_1^0 f(t)dt = 103$

따라서 $\int_0^1 f(x)dx = -103$ 답 ②

21

평행이동을 생각하면 곡선 $y = (x-10)(x-13)$과 x축으로 둘러싸인 부분의 넓이는 곡선 $y = x(x-3)$과 x축으로 둘러싸인 부분의 넓이와 같다.

$0 \le x \le 3$에서 $x(x-3) \le 0$이므로 곡선 $y = x(x-3)$과 x축으로 둘러싸인 부분의 넓이는

$\int_0^3 \{-x(x-3)\}dx = \int_0^3 (-x^2 + 3x)dx$
$$= \left[-\frac{1}{3}x^3 + \frac{3}{2}x^2 \right]_0^3$$
$$= -9 + \frac{27}{2} = \frac{9}{2}$$ 답 ⑤

22

$f(x) = x^3 - ax^2 = x^2(x-a)$이므로

$f(x) = 0$에서 $x = 0$ 또는 $x = a$

$0 \le x \le a$에서 $f(x) \le 0$이므로 곡선 $y = f(x)$와 x축으로 둘러싸인 부분의 넓이는

$\int_0^a |f(x)|dx = \int_0^a (-x^3 + ax^2)dx$
$$= \left[-\frac{1}{4}x^4 + \frac{a}{3}x^3 \right]_0^a$$
$$= -\frac{a^4}{4} + \frac{a^4}{3} = \frac{a^4}{12}$$

$\dfrac{a^4}{12} = 108$에서 $a^4 = 6^4$

$a > 0$이므로 $a = 6$ 답 ③

23

조건 (가)에서 $f(0) = 0$, $f'(0) = 9$이고

조건 (나)에서 $f(3) = 0$, $f'(3) = 0$이다.

$f(0) = 0$, $f(3) = 0$이므로

$f(x) = ax(x-3)(x+k)$ (k는 상수, a는 0이 아닌 상수)로 놓으면

$f'(x) = a(x-3)(x+k) + ax(x+k) + ax(x-3)$

$f'(3) = a \times 3 \times (3+k) = 0$에서 $k = -3$

따라서 $f(x) = ax(x-3)^2 = ax^3 - 6ax^2 + 9ax$이므로

$f'(x) = 3ax^2 - 12ax + 9a$

$f'(0) = 9a = 9$에서 $a = 1$이므로

$f(x) = x^3 - 6x^2 + 9x = x(x-3)^2$

$0 \le x \le 3$에서 $f(x) \ge 0$이므로

곡선 $y = f(x)$와 x축으로 둘러싸인 부분의 넓이는

$$\int_0^3 f(x)dx=\int_0^3 (x^3-6x^2+9x)dx$$

$$=\left[\frac{1}{4}x^4-2x^3+\frac{9}{2}x^2\right]_0^3$$

$$=\frac{81}{4}-54+\frac{81}{2}$$

$$=\frac{27}{4}$$

답 ④

24

함수 $y=f(-x)$의 그래프는 함수 $y=f(x)$의 그래프를 y축에 대하여 대칭이동한 그래프이고, 함수 $y=f(-x)$의 그래프와 x축의 교점의 x좌표는 $-b$, $-a$, b이므로

$$\int_{-b}^b f(x)dx=\int_{-b}^b f(-x)dx$$

$\int_{-b}^b \{f(x)+f(-x)\}dx=54$이므로

$$\int_{-b}^b f(x)dx=27 \qquad \cdots\cdots \text{㉠}$$

이때 $\int_{-b}^b f(x)dx>0$이고

$f(x)$의 최고차항의 계수는 양수이므로

$-b<x<a$일 때 $f(x)>0$이고

$a<x<b$일 때 $f(x)<0$이다.

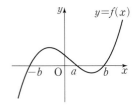

$$\int_{-b}^b \{f(x)+|f(x)|\}dx$$

$$=\int_{-b}^a \{f(x)+|f(x)|\}dx+\int_a^b \{f(x)+|f(x)|\}dx$$

$$=\int_{-b}^a \{f(x)+f(x)\}dx+\int_a^b \{f(x)-f(x)\}dx$$

$$=2\int_{-b}^a f(x)dx$$

$2\int_{-b}^a f(x)dx=64$에서

$$\int_{-b}^a f(x)dx=32 \qquad \cdots\cdots \text{㉡}$$

㉠, ㉡에서

$$\int_a^b f(x)dx=\int_{-b}^b f(x)dx-\int_{-b}^a f(x)dx$$

$$=27-32=-5$$

따라서 닫힌구간 $[a, b]$에서 곡선 $y=f(x)$와 x축으로 둘러싸인 부분의 넓이는

$$\int_a^b |f(x)|dx=\int_a^b \{-f(x)\}dx$$

$$=-\int_a^b f(x)dx$$

$$=-(-5)=5$$

답 5

25

$ax^2=a(x+2)$에서

$$x^2-x-2=0$$

$$(x-2)(x+1)=0$$

$$x=2 \text{ 또는 } x=-1$$

즉, 곡선 $y=ax^2$과 직선 $y=a(x+2)$의 교점의 x좌표는 -1, 2이고 $a>0$이므로

$-1\le x\le 2$에서 $a(x+2)\ge ax^2$

곡선 $y=ax^2$과 직선 $y=a(x+2)$로 둘러싸인 부분의 넓이는

$$\int_{-1}^2 \{a(x+2)-ax^2\}dx=\int_{-1}^2 a(-x^2+x+2)dx$$

$$=a\left[-\frac{1}{3}x^3+\frac{1}{2}x^2+2x\right]_{-1}^2$$

$$=a\left\{\left(-\frac{8}{3}+2+4\right)-\left(\frac{1}{3}+\frac{1}{2}-2\right)\right\}$$

$$=\frac{9}{2}a$$

따라서 $\frac{9}{2}a=27$에서

$$a=6$$

답 6

26

$f(x)=x^3+x^2$에서 $f'(x)=3x^2+2x$

접점의 좌표를 (t, t^3+t^2)이라 하면 접선의 방정식은

$$y=(3t^2+2t)(x-t)+t^3+t^2$$

이 접선이 점 $(0, -3)$을 지나므로

$$-3=(3t^2+2t)(0-t)+t^3+t^2$$

$$-3=-3t^3-2t^2+t^3+t^2$$

$$2t^3+t^2-3=0$$

$$(t-1)(2t^2+3t+3)=0$$

t는 실수이므로 $t=1$

따라서 점 $(0, -3)$에서 곡선 $y=f(x)$에 그은 접선의 방정식은

$y=5(x-1)+2=5x-3$이므로

$$g(x)=5x-3$$

한편, $f(x)=g(x)$에서

$$x^3+x^2=5x-3$$

$$x^3+x^2-5x+3=0$$

$$(x-1)^2(x+3)=0$$

$$x=-3 \text{ 또는 } x=1$$

$-3\le x\le 1$에서 $f(x)\ge g(x)$이므로 곡선 $y=f(x)$와 직선 $y=g(x)$로 둘러싸인 부분의 넓이는

$$\int_{-3}^1 \{f(x)-g(x)\}dx=\int_{-3}^1 (x^3+x^2-5x+3)dx$$

$$=\left[\frac{1}{4}x^4+\frac{1}{3}x^3-\frac{5}{2}x^2+3x\right]_{-3}^1$$

$$=\left(\frac{1}{4}+\frac{1}{3}-\frac{5}{2}+3\right)-\left(\frac{81}{4}-9-\frac{45}{2}-9\right)$$

$$=\frac{64}{3}$$

답 ②

27

$f(x)=x^3+ax^2+bx+c$ (a, b, c는 상수)로 놓으면

$f'(x)=3x^2+2ax+b$

조건 (가)에서 $f(0)=c=2$, $f'(0)=b=2$이므로

$f(x)=x^3+ax^2+2x+2$, $f'(x)=3x^2+2ax+2$

조건 (나)에서 $f(3)=27+9a+6+2=9a+35$,

$f'(3)=27+6a+2=6a+29$이므로

$9a+35=6a+29$에서 $3a=-6$, $a=-2$

즉, $f(x)=x^3-2x^2+2x+2$, $f'(x)=3x^2-4x+2$

$f(x)=f'(x)$에서 $f(x)-f'(x)=0$이므로

$x^3-5x^2+6x=0$, $x(x-2)(x-3)=0$

$x=0$ 또는 $x=2$ 또는 $x=3$

$0 \le x \le 2$에서 $f(x) \ge f'(x)$이고 $2 \le x \le 3$에서 $f(x) \le f'(x)$이므로

두 곡선 $y=f(x)$, $y=f'(x)$로 둘러싸인 부분의 넓이는

$\displaystyle\int_0^3 |f(x)-f'(x)|\,dx$

$=\displaystyle\int_0^2 (x^3-5x^2+6x)\,dx+\int_2^3 (-x^3+5x^2-6x)\,dx$

$=\left[\dfrac{1}{4}x^4-\dfrac{5}{3}x^3+3x^2\right]_0^2+\left[-\dfrac{1}{4}x^4+\dfrac{5}{3}x^3-3x^2\right]_2^3$

$=\left(4-\dfrac{40}{3}+12\right)-0+\left(-\dfrac{81}{4}+45-27\right)-\left(-4+\dfrac{40}{3}-12\right)$

$=\dfrac{37}{12}$

답 ①

28

$f(x)-g(x)=(x-4)^2-(-2x+k)=x^2-6x+16-k$

$\qquad\qquad\quad =(x-3)^2+7-k$

이므로 함수 $y=f(x)-g(x)$의 그래프는 직선 $x=3$에 대하여 대칭이

다. $7<k<16$에서 $7-k<0$이고 $16-k>0$이므로 이차방정식

$f(x)-g(x)=0$의 두 근을 α, β ($\alpha<\beta$)라 하면

$0<\alpha<\beta$이고 $\dfrac{\alpha+\beta}{2}=3$이다.

$S_1=\displaystyle\int_0^\alpha \{f(x)-g(x)\}\,dx$

$S_2=\displaystyle\int_\alpha^\beta \{g(x)-f(x)\}\,dx=2\int_\alpha^3 \{g(x)-f(x)\}\,dx$

$S_2=2S_1$이므로 $2\displaystyle\int_\alpha^3 \{g(x)-f(x)\}\,dx=2\int_0^\alpha \{f(x)-g(x)\}\,dx$

$\displaystyle\int_0^\alpha \{f(x)-g(x)\}\,dx=\int_\alpha^3 \{g(x)-f(x)\}\,dx$

$\displaystyle\int_0^\alpha \{f(x)-g(x)\}\,dx+\int_\alpha^3 \{f(x)-g(x)\}\,dx=0$

$\displaystyle\int_0^3 \{f(x)-g(x)\}\,dx=0$

$\displaystyle\int_0^3 \{f(x)-g(x)\}\,dx=\int_0^3 (x^2-6x+16-k)\,dx$

$\qquad\qquad\qquad =\left[\dfrac{1}{3}x^3-3x^2+(16-k)x\right]_0^3$

$\qquad\qquad\qquad =9-27+3(16-k)=30-3k$

따라서 $30-3k=0$에서 $k=10$

답 ③

29

$a>0$이므로 함수 $f(x)$는 $x \ge -1$에서 증가하는 함수이다.

두 곡선 $y=f(x)$와 $y=g(x)$의 교점은 곡선 $y=f(x)$와 직선 $y=x$의

교점과 같다.

방정식 $a(x+1)^2+b=x$의 두 근은 $x=0$, $x=2$이므로

$x=0$을 대입하면

$a+b=0$ ...... ㉠

$x=2$를 대입하면

$9a+b=2$ ...... ㉡

㉠, ㉡을 연립하여 풀면

$a=\dfrac{1}{4}$, $b=-\dfrac{1}{4}$

$f(x)=\dfrac{1}{4}(x+1)^2-\dfrac{1}{4}$

두 곡선 $y=f(x)$, $y=g(x)$는 직선 $y=x$에 대하여 대칭이고

$0 \le x \le 2$에서 $g(x) \ge f(x)$이다.

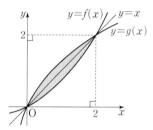

따라서 두 곡선 $y=f(x)$, $y=g(x)$로 둘러싸인 부분의 넓이는

$\displaystyle\int_0^2 \{g(x)-f(x)\}\,dx$

$=2\displaystyle\int_0^2 \{x-f(x)\}\,dx$

$=2\displaystyle\int_0^2 \left\{x-\dfrac{1}{4}(x+1)^2+\dfrac{1}{4}\right\}\,dx$

$=2\displaystyle\int_0^2 \left(-\dfrac{1}{4}x^2+\dfrac{1}{2}x\right)\,dx$

$=2\left[-\dfrac{1}{12}x^3+\dfrac{1}{4}x^2\right]_0^2$

$=2\left(-\dfrac{8}{12}+1\right)=\dfrac{2}{3}$

답 ③

30

모든 실수 x에 대하여 $f(x+3)=f(x)$이므로

$\displaystyle\int_2^4 f(x)\,dx=\int_{-1}^1 f(x)\,dx$에서

$\displaystyle\int_2^4 f(x)\,dx=1$ ...... ㉠

$\displaystyle\int_1^4 \{f(x)+1\}\,dx=\int_1^4 f(x)\,dx+\int_1^4 1\,dx=\int_1^4 f(x)\,dx+\left[x\right]_1^4$

$\qquad\qquad\qquad\qquad =\displaystyle\int_1^4 f(x)\,dx+3$

이므로 $\displaystyle\int_1^4 f(x)\,dx+3=6$에서

$\displaystyle\int_1^4 f(x)\,dx=3$ ...... ㉡

$\displaystyle\int_1^4 f(x)\,dx=\int_1^2 f(x)\,dx+\int_2^4 f(x)\,dx$에서 ㉠, ㉡에 의하여

$$3=\int_1^2 f(x)dx+1$$

$$\int_1^2 f(x)dx=2 \qquad \cdots\cdots ㉢$$

$$\int_1^8 \{f(x)+2\}dx=\int_1^8 f(x)dx+\int_1^8 2\,dx$$

$$=\int_1^8 f(x)dx+\Big[2x\Big]_1^8$$

$$=\int_1^8 f(x)dx+14 \qquad \cdots\cdots ㉣$$

모든 실수 x에 대하여 $f(x+3)=f(x)$이므로

$$\int_1^8 f(x)dx=\int_1^4 f(x)dx+\int_4^7 f(x)dx+\int_7^8 f(x)dx$$

$$=2\int_1^4 f(x)dx+\int_1^2 f(x)dx$$

㉡, ㉢에 의하여

$$\int_1^8 f(x)dx=2\times 3+2=8 \qquad \cdots\cdots ㉤$$

㉤을 ㉣에 대입하면

$$\int_1^8 \{f(x)+2\}dx=8+14=22 \qquad \boxed{답}\ 22$$

31

$$S(t)=\int_t^{t+1} f(x)dx=\int_t^1 4x^2 dx+\int_1^{t+1}(x-3)^2 dx$$

$$=-\int_1^t 4x^2 dx+\int_0^t (x-2)^2 dx$$

$$S'(t)=-4t^2+(t-2)^2=-3t^2-4t+4$$

$$=-(3t^2+4t-4)=-(t+2)(3t-2)$$

$S'(t)=0$에서 $0<t<1$이므로 $t=\dfrac{2}{3}$

$t=\dfrac{2}{3}$의 좌우에서 $S'(t)$의 부호가 양에서 음으로 바뀌므로 함수

$S(t)$는 $t=\dfrac{2}{3}$에서 극대이면서 최대이다. $\qquad \boxed{답}\ ③$

32

점 P의 운동 방향이 바뀔 때, 속도가 0이므로

$v(t)=-2t+4=0$에서 $t=2$

따라서 점 P가 시각 $t=0$일 때부터 운동 방향이 바뀔 때까지 움직인 거리는

$$\int_0^2 |-2t+4|dt=\int_0^2(-2t+4)dt=\Big[-t^2+4t\Big]_0^2$$

$$=-4+8=4 \qquad \boxed{답}\ ②$$

33

시각 $t=3$에서의 점 P의 속도는 2이므로

$v(3)=-6+k=2$에서 $k=8$

그러므로 $v(t)=-2t+8$

시각 t에서의 점 P의 위치를 $x(t)$라 하면 시각 $t=3$에서의 점 P의 위치는

$$x(3)=x(0)+\int_0^3 v(t)dt$$

$$10=x(0)+\int_0^3(-2t+8)dt=x(0)+\Big[-t^2+8t\Big]_0^3$$

$$=x(0)+(-9+24)-0$$

에서 $x(0)=-5$

따라서 시각 $t=0$에서의 점 P의 위치는 -5이다. $\qquad \boxed{답}\ ⑤$

34

$t\geq 0$에서 함수 $y=v(t)$의 그래프는 그림과 같다.

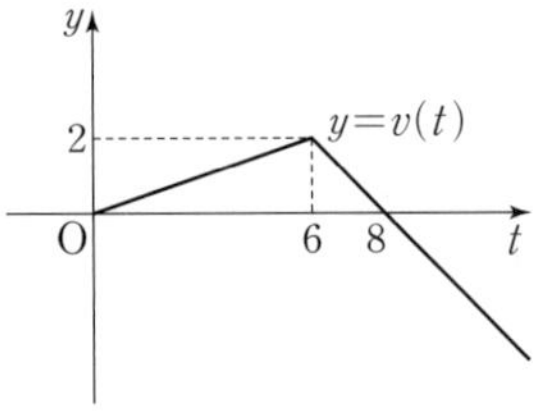

$0\leq t\leq 8$에서 $v(t)\geq 0$이므로

점 P가 원점을 출발하여 양의 방향으로 움직인 거리는

$$\int_0^8 v(t)dt=\int_0^6 \frac{1}{3}t\,dt+\int_6^8(-t+8)dt$$

$$=\Big[\frac{1}{6}t^2\Big]_0^6+\Big[-\frac{1}{2}t^2+8t\Big]_6^8$$

$$=6-0+(-32+64)-(-18+48)$$

$$=8$$

$8\leq t\leq k$에서 점 P가 음의 방향으로 움직인 거리가 8이므로

$$\int_8^k (-t+8)dt=\Big[-\frac{1}{2}t^2+8t\Big]_8^k=-\frac{1}{2}k^2+8k-(-32+64)$$

$$=-\frac{1}{2}k^2+8k-32=-8$$

$$k^2-16k+48=0$$

$$(k-4)(k-12)=0$$

$k>8$이므로 $k=12$ $\qquad \boxed{답}\ ③$

35

두 점 P, Q의 속도가 같을 때,

$v_1(t)=v_2(t)$에서 $v_1(t)-v_2(t)=0$

주어진 조건에서 $v_1(t)-v_2(t)=-3t^2+3t+6$이므로

$-3t^2+3t+6=0$에서

$t^2-t-2=0$, $(t-2)(t+1)=0$

$t\geq 0$이므로 $t=2$, 즉 $k=2$

$$x_1(2)=x_1(0)+\int_0^2 v_1(t)dt,$$

$$x_2(2)=x_2(0)+\int_0^2 v_2(t)dt$$이고

$x_1(0)=x_2(0)=0$이므로

$$x_1(2)-x_2(2)=\int_0^2 v_1(t)dt-\int_0^2 v_2(t)dt$$

$$=\int_0^2 \{v_1(t)-v_2(t)\}dt$$

$$=\int_0^2(-3t^2+3t+6)dt$$

$$=\Big[-t^3+\frac{3}{2}t^2+6t\Big]_0^2$$

$$=(-8+6+12)-0$$

$$=10 \qquad \boxed{답}\ ①$$

07 경우의 수
본문 72~79쪽

01 ③	02 ④	03 15	04 ②	05 ②
06 ②	07 242	08 ①	09 ④	10 ⑤
11 ③	12 ①	13 ③	14 ④	15 ②
16 ①	17 ③	18 ④	19 ④	20 ①
21 ④	22 ④	23 ③	24 168	25 420
26 ③	27 ②	28 ④	29 424	

01

여학생 2명이 이웃해야 하므로 여학생 2명을 한 명으로 묶어 생각하고 남학생 4명을 포함한 5명이 원형의 탁자에 둘러앉는 경우의 수는
$(5-1)!=4!=24$
여학생 2명이 서로 자리를 바꾸는 경우의 수는
$2!=2$
따라서 구하는 경우의 수는
$24\times2=48$ 目 ③

02

1부터 6까지의 자연수가 하나씩 적혀 있는 6장의 카드를 일정한 간격을 두고 원형으로 모두 배열하는 경우의 수는
$(6-1)!=5!=120$
이고, 이 중에서 서로 이웃한 2장의 카드에 적혀 있는 수의 곱이 모두 짝수인 경우의 수를 빼면 된다. 이때 서로 이웃한 2장의 카드에 적혀 있는 수의 곱이 짝수가 되려면 홀수가 적혀 있는 카드가 서로 이웃하지 않아야 한다.
먼저 짝수가 적혀 있는 3장의 카드를 원형으로 배열한 다음 그 사이사이에 홀수가 적혀 있는 3장의 카드를 한 장씩 배열하면 되므로
$(3-1)!\times3!=2!\times3!=12$
따라서 구하는 경우의 수는
$120-12=108$ 目 ④

다른 풀이

서로 이웃한 2장의 카드에 적혀 있는 수의 곱이 홀수가 되는 경우는 홀수가 적혀 있는 카드끼리 서로 이웃하는 경우이다.
(i) 홀수가 적혀 있는 2장의 카드만 이웃하는 경우
1, 3, 5가 적혀 있는 카드 중 이웃할 2장의 카드를 선택하는 경우의 수는
$_3C_2=_3C_1=3$
이때 선택된 2장의 홀수가 적혀 있는 카드만 이웃하는 경우의 수는 선택된 2장의 홀수가 적혀 있는 카드를 한 묶음으로 보고 원형으로 배열하는 경우의 수에서 나머지 1장의 홀수가 적혀 있는 카드가 선택된 2장의 홀수가 적혀 있는 카드 묶음의 양 옆에 이웃하는 경우를 제외하면 되므로
$(5-1)!\times2!-2!\times2\times3!=24\times2-24=24$
그러므로 2장의 홀수가 적혀 있는 카드만 이웃하는 경우의 수는
$3\times24=72$

(ii) 홀수가 적혀 있는 3장의 카드가 모두 이웃하는 경우
3장의 홀수가 적혀 있는 카드를 한 묶음으로 보고 원형으로 배열하는 경우의 수는
$(4-1)!\times3!=3!\times3!=36$
(i), (ii)에 의하여 구하는 경우의 수는
$72+36=108$

03

10가지 색을 모두 사용하므로 6개의 정삼각형에 칠하는 6가지 색, 6개의 정삼각형이 아닌 이등변삼각형에 칠하는 3가지 색, 가운데 정육각형에 칠하는 1가지 색은 모두 다르다.
가운데 정육각형에 색칠하는 경우의 수는
$_{10}C_1=10$
6개의 정삼각형에 색칠하는 경우의 수는 남은 9가지 색 중 6가지 색을 선택한 다음 6곳에 색칠하는 원순열의 수이므로
$_9C_6\times(6-1)!=_9C_3\times5!$
6개의 이등변삼각형에 칠하는 서로 다른 3가지 색을 a, b, c라 하면 마주 보는 이등변삼각형에 같은 색을 칠하므로 시계방향으로 a, b, c, a, b, c의 순으로 색칠하면 된다.
그러므로 6개의 이등변삼각형에 색칠하는 경우의 수는 남은 3가지 색을 일렬로 나열하는 순열의 수와 같으므로
$3!$
따라서 구하는 경우의 수는
$10\times_9C_3\times5!\times3!$
$=10\times\dfrac{9\times8\times7}{3\times2\times1}\times5!\times3!$
$=15\times8!$
이므로 $a=15$ 目 15

04

주사위의 눈의 수 중 3의 배수는 3, 6이고 구하는 경우의 수는 3, 6 중에서 중복을 허락하여 4개를 택하는 중복순열의 수와 같으므로
$_2\Pi_4=2^4=16$ 目 ②

05

네 자리의 자연수가 홀수가 되어야 하므로 일의 자리의 수가 될 수 있는 수는 1, 3, 5로 3가지이다. 천의 자리, 백의 자리, 십의 자리의 수에는 1, 2, 3, 4, 5에서 중복을 허락하여 3개를 택해 일렬로 나열하면 된다.
따라서 구하는 자연수의 개수는
$3\times_5\Pi_3=3\times5^3=3\times125=375$ 目 ②

06

집합 X의 원소 중 소수인 것은 2, 3, 5이고 집합 Y의 원소 중 소수는 2, 3이다. 그러므로 조건 (가)를 만족시키는 경우의 수는 2, 3 중에서 중복을 허락하여 3개를 택하는 중복순열의 수와 같으므로

$_2\Pi_3 = 2^3 = 8$

집합 X의 원소 중 소수가 아닌 것은 1, 4이고 집합 Y의 원소 중 4의 약수는 1, 2, 4이다. 그러므로 조건 (나)를 만족시키는 경우의 수는 1, 2, 4 중에서 중복을 허락하여 2개를 택하는 중복순열의 수와 같으므로

$_3\Pi_2 = 3^2 = 9$

따라서 구하는 함수의 개수는

$8 \times 9 = 72$

답 ②

07

$A \cap C = \varnothing$이므로 세 집합 A, B, C를 벤다이어그램으로 나타내면 다음과 같다.

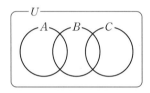

집합 $A \cup B$의 원소를 정하는 경우의 수는

$U = \{2, 3, 5, 7\}$, $n(A \cup B) = 3$에서

$_4C_3 = 4$

집합 $A \cup B$의 세 원소는 각각 네 집합 $A \cap B^C$, $A \cap B$, $A^C \cap B \cap C^C$, $B \cap C$ 중 하나의 원소이므로 이 집합을 정하는 경우의 수는

$_4\Pi_3 = 4^3 = 64$

집합 $(A \cup B)^C$의 원소는 두 집합 $B^C \cap C$, $(A \cup B \cup C)^C$ 중 하나의 원소이므로 이 집합을 정하는 경우의 수는

$_2\Pi_1 = 2^1 = 2$

그러므로 조건 (가)를 만족시키는 모든 순서쌍 (A, B, C)의 개수는

$4 \times 64 \times 2 = 512$

이 중 조건 (나)를 만족시키지 않는 경우는

$B \cap C = \varnothing$이거나 $B \cap C = \{2\}$인 경우이다.

(i) $B \cap C = \varnothing$인 경우

집합 $A \cup B$의 원소를 정하는 경우의 수는

$_4C_3 = 4$

집합 $A \cup B$의 세 원소는 각각 세 집합 $A \cap B^C$, $A \cap B$, $A^C \cap B \cap C^C$ 중 하나의 원소이므로 그 집합을 정하는 경우의 수는

$_3\Pi_3 = 3^3 = 27$

집합 $(A \cup B)^C$의 원소는 두 집합 $B^C \cap C$, $(A \cup B \cup C)^C$ 중 하나의 원소이므로 그 집합을 정하는 경우의 수는

$_2\Pi_1 = 2^1 = 2$

따라서 $B \cap C = \varnothing$이고, 조건 (가)를 만족시키는 모든 순서쌍 (A, B, C)의 개수는

$4 \times 27 \times 2 = 216$

(ii) $B \cap C = \{2\}$인 경우

집합 $A \cup B$의 원소를 정하는 경우의 수는 먼저 2를 원소로 선택하고 나머지 3개의 원소 중 2개를 선택해야 하므로

$_3C_2 = 3$

집합 $A \cup B$의 2가 아닌 두 원소는 각각 세 집합 $A \cap B^C$, $A \cap B$, $A^C \cap B \cap C^C$ 중 하나의 원소이므로 그 집합을 정하는 경우의 수는

$_3\Pi_2 = 3^2 = 9$

집합 $(A \cup B)^C$의 원소는 두 집합 $B^C \cap C$, $(A \cup B \cup C)^C$ 중 하나의 원소이므로 그 집합을 정하는 경우의 수는

$_2\Pi_1 = 2^1 = 2$

따라서 $B \cap C = \{2\}$이고, 조건 (가)를 만족시키는 모든 순서쌍 (A, B, C)의 개수는

$3 \times 9 \times 2 = 54$

(i), (ii)에 의하여 조건 (나)를 만족시키지 않으면서 조건 (가)를 만족시키는 모든 순서쌍 (A, B, C)의 개수는

$216 + 54 = 270$

따라서 구하는 모든 순서쌍 (A, B, C)의 개수는

$512 - 270 = 242$

답 242

08

5개의 숫자 중 1이 3개, 2가 2개 있으므로 이들을 모두 일렬로 나열하는 경우의 수는

$\dfrac{5!}{3! \times 2!} = \dfrac{5 \times 4 \times 3 \times 2 \times 1}{3 \times 2 \times 1 \times 2 \times 1} = 10$

답 ①

09

6장의 이용권 중 5장을 택하는 경우의 수는 놀이기구 A, B, C의 이용권 중 한 가지만 1장을 선택하면 되므로 이 경우의 수는 $_3C_1 = 3$이다.

1장을 선택하는 이용권이 놀이기구 A의 이용권이라 하면 놀이기구 B의 이용권과 놀이기구 C의 이용권은 각각 2장이므로 이 이용권을 5명의 학생에게 1장씩 나누어 주는 경우의 수는 A, B, B, C, C를 일렬로 나열하는 경우의 수와 같다.

따라서 구하는 경우의 수는

$3 \times \dfrac{5!}{2! \times 2!} = 90$

답 ④

10

8개의 문자 G, O, R, G, E, O, U, S 중 자음은 G, G, R, S로 4개이고, 모음은 O, O, E, U로 4개이다. E는 U보다는 앞에 나열하여야 하므로 두 문자를 모두 X, X로 놓고 나열한 다음 앞에 있는 X자리에 E를, 뒤에 있는 X자리에 U를 놓으면 된다. 이때 양 끝에 모두 자음이 오도록 나열하는 경우는 다음과 같다.

(i) 양 끝에 G, G를 나열하는 경우

양 끝에 G, G를 나열하고, 그 사이에 R, S, O, O, X, X를 나열하는 경우의 수는

$$\frac{6!}{2!\times2!}=180$$

(ii) 양 끝에 G, R 또는 G, S를 나열하는 경우

양 끝에 G, R(S)를 나열하고, 그 사이에 G, S(R), O, O, X, X를 나열하는 경우의 수는

$$2\times2!\times\frac{6!}{2!\times2!}=720$$

(iii) 양 끝에 R, S를 나열하는 경우

양 끝에 R, S를 나열하고, 그 사이에 G, G, O, O, X, X를 나열하는 경우의 수는

$$2!\times\frac{6!}{2!\times2!\times2!}=180$$

(i), (ii), (iii)에 의하여 구하는 경우의 수는

$180+720+180=1080$　　　　　　　　답 ⑤

11

사과를 a, 귤을 b, 감을 c라 하면

$a, a, a, a, a, b, b, b, b, c, c, c$를 일렬로 나열하여 순서대로 5개, 4개, 3개를 첫째 날, 둘째 날, 셋째 날의 간식으로 정할 때 모든 과일을 적어도 하나씩은 포함하여야 하므로 과일을 나누는 경우는 다음의 2가지 경우가 있다.

$(a, a, a, b, c), (a, b, b, c), (a, b, c)$ 또는

$(a, a, b, b, c), (a, a, b, c), (a, b, c)$

이때 과일을 일렬로 나열하는 경우의 수는

$$\frac{5!}{3!}\times\frac{4!}{2!}\times3!+\frac{5!}{2!\times2!}\times\frac{4!}{2!}\times3!$$

$=20\times12\times6+30\times12\times6$

$=50\times12\times6$

$=3600$　　　　　　　　　　　답 ③

12

A지점에서 P지점까지 최단거리로 가려면 오른쪽으로 2칸, 위쪽으로 2칸 가야 한다. 이 경우의 수는 오른쪽으로 한 칸 이동하는 것을 a, 위쪽으로 한 칸 이동하는 것을 b라 할 때, 4개의 문자 a, a, b, b를 일렬로 나열하는 경우의 수와 같으므로

$$\frac{4!}{2!\times2!}=6$$

P지점에서 B지점까지 최단거리로 가려면 오른쪽으로 3칸, 위쪽으로 2칸 가야 한다. 이 경우의 수는 5개의 문자 a, a, a, b, b를 일렬로 나열하는 경우의 수와 같으므로

$$\frac{5!}{3!\times2!}=10$$

따라서 구하는 경우의 수는

$6\times10=60$　　　　　　　　　　답 ①

13

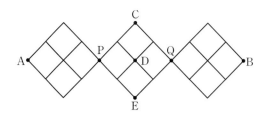

갑과 을이 동시에 출발하여 서로 같은 속력으로 이동할 때, 두 사람은 C지점 또는 D지점 또는 E지점에서 만날 수 있다. 그림과 같이 정사각형 모양의 도로가 연결된 지점을 각각 P, Q라 하자.

(i) C지점 또는 E지점에서 만나는 경우

갑과 을이 C지점에서 만나는 경우의 수는 갑이 A지점에서 P지점을 거쳐 C지점으로 이동하고, 을이 B지점에서 Q지점을 거쳐 C지점으로 이동하는 경우이므로

$$\left(\frac{4!}{2!\times2!}\times1\right)^2=6^2=36$$

갑과 을이 E지점에서 만나는 경우의 수는 갑이 A지점에서 P지점을 거쳐 E지점으로 이동하고, 을이 B지점에서 Q지점을 거쳐 E지점으로 이동하는 경우이므로

$$\left(\frac{4!}{2!\times2!}\times1\right)^2=6^2=36$$

(ii) D지점에서 만나는 경우

갑과 을이 D지점에서 만나는 경우의 수는 갑이 A지점에서 P지점을 거쳐 D지점으로 이동하고, 을이 B지점에서 Q지점을 거쳐 D지점으로 이동하는 경우이므로

$$\left(\frac{4!}{2!\times2!}\times2!\right)^2=12^2=144$$

(i), (ii)에 의하여 구하는 경우의 수는

$(36+36)+144=216$　　　　　　　답 ③

14

색칠된 정사각형을 그림과 같이 정사각형 CDEF라 하면 A지점에서 출발하여 B지점까지 최단거리로 갈 때, 조건을 만족시키려면 D지점 또는 F지점 중 한 지점을 지나야 한다.

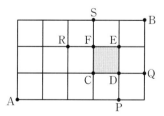

(i) D지점을 지나는 경우

A → D → B 순으로 가는 경우 중 정사각형 CDEF의 변을 지나지 않는 경우는

A → P → D → Q → B 순으로 지나는 1가지 경우이므로

$$\frac{5!}{4!}\times\frac{3!}{2!}-1=15-1=14$$

(ii) F지점을 지나는 경우

A → F → B 순으로 가는 경우 중 정사각형 CDEF의 변을 지나지 않는 경우는

$A \rightarrow R \rightarrow F \rightarrow S \rightarrow B$ 순으로 지나는 경우이므로

$$\frac{5!}{3! \times 2!} \times \frac{3!}{2!} - \frac{4!}{2! \times 2!} \times 1 \times 1 \times 1 = 30 - 6 = 24$$

D지점과 F지점을 모두 지날 수는 없으므로

(i), (ii)에 의하여 구하는 경우의 수는

$14 + 24 = 38$　　　　　　　　　　　　　　閏 ④

다른 풀이

A지점에서 출발하여 B지점까지 최단거리로 가는 경우의 수는

$$\frac{8!}{5! \times 3!} = 56$$

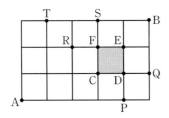

이때 색칠된 정사각형의 변을 지나지 않는 경우의 수는

(i) T지점을 지나는 경우

　$A \rightarrow T \rightarrow B$ 순으로 지나는 경우이므로

　$\dfrac{4!}{3!} \times 1 = 4$

(ii) R지점을 지나는 경우

　$A \rightarrow R \rightarrow S \rightarrow B$ 순으로 지나는 경우이므로

　$\dfrac{4!}{2! \times 2!} \times 2! \times 1 = 12$

(iii) C지점을 지나는 경우

　색칠된 정사각형의 변을 반드시 지나므로 이 경우의 수는 0

(iv) P지점을 지나는 경우

　$A \rightarrow P \rightarrow Q \rightarrow B$ 순으로 지나는 경우이므로

　$1 \times 2! \times 1 = 2$

(i)~(iv)에 의하여 구하는 경우의 수는

$56 - (4 + 12 + 0 + 2) = 38$

15

$_2\Pi_4 = 2^4 = 16$

$_3H_2 = {}_{3+2-1}C_2 = {}_4C_2 = \dfrac{4 \times 3}{2 \times 1} = 6$

따라서 $_2\Pi_4 + {}_3H_2 = 16 + 6 = 22$　　　　　閏 ②

16

구하는 경우의 수는 서로 다른 3개에서 5개를 택하는 중복조합의 수와 같으므로

$_3H_5 = {}_{3+5-1}C_5 = {}_7C_5 = {}_7C_2 = \dfrac{7 \times 6}{2 \times 1} = 21$　　閏 ①

17

빨간 공, 파란 공, 노란 공의 3종류 공이 각각 8개 이상씩 있다고 가정하고 이 중에서 중복을 허락하여 8개를 선택하는 경우의 수에서 한 가지 색의 공을 8개 모두 선택하는 경우의 수 $_3C_1$과 두 가지 색의 공을 각각 7개, 1개 선택하는 경우의 수 $_3C_2 \times 2$를 빼면 되므로

$_3H_8 - ({}_3C_1 + {}_3C_2 \times 2) = {}_{3+8-1}C_8 - (3+6)$

$\qquad = {}_{10}C_8 - 9$

$\qquad = {}_{10}C_2 - 9$

$\qquad = \dfrac{10 \times 9}{2 \times 1} - 9$

$\qquad = 45 - 9 = 36$　　　　　　　　　　　閏 ⑧

18

각 상자에 도시락을 먼저 한 개씩 넣고, 남은 3개의 도시락을 서로 다른 4개의 상자에 남김없이 나누어 넣는 경우의 수는 서로 다른 4개에서 3개를 택하는 중복조합의 수와 같으므로

$_4H_3 = {}_{4+3-1}C_3 = {}_6C_3 = \dfrac{6 \times 5 \times 4}{3 \times 2 \times 1} = 20$

각 상자에 넣는 음료수의 개수는 도시락의 개수보다 크거나 같아야 하므로 각 상자에 넣은 도시락의 개수만큼 음료수를 먼저 넣고 남은 2개의 음료수를 서로 다른 4개의 상자에 남김없이 나누어 넣는 경우의 수는 서로 다른 4개에서 2개를 택하는 중복조합의 수와 같으므로

$_4H_2 = {}_{4+2-1}C_2 = {}_5C_2 = \dfrac{5 \times 4}{2 \times 1} = 10$

초콜릿 4개를 각 상자에 2개 이하로 넣는 경우의 수는

$2+2+0+0 = 2+1+1+0 = 1+1+1+1$에서 각 개수의 초콜릿을 넣을 상자를 선택하면 되므로

$_4C_2 + {}_4C_1 \times {}_3C_2 + 1 = \dfrac{4 \times 3}{2 \times 1} + 4 \times 3 + 1 = 19$

따라서 구하는 경우의 수는

$20 \times 10 \times 19 = 3800$　　　　　　　　　閏 ④

19

$x + y + z + 3w = 5$ 　　　…… ㉠

에서 x, y, z, w는 음이 아닌 정수이므로 다음 경우로 나누어 생각할 수 있다.

(i) $w = 0$인 경우

　㉠에서 $x + y + z = 5$

　이 방정식을 만족시키는 음이 아닌 정수 x, y, z의 모든 순서쌍 (x, y, z)의 개수는 서로 다른 3개에서 5개를 택하는 중복조합의 수와 같으므로

　$_3H_5 = {}_{3+5-1}C_5 = {}_7C_5 = {}_7C_2 = \dfrac{7 \times 6}{2 \times 1} = 21$

(ii) $w = 1$인 경우

　㉠에서 $x + y + z + 3 = 5$

　$x + y + z = 2$

　이 방정식을 만족시키는 음이 아닌 정수 x, y, z의 모든 순서쌍 (x, y, z)의 개수는 서로 다른 3개에서 2개를 택하는 중복조합의 수와 같으므로

　$_3H_2 = {}_{3+2-1}C_2 = {}_4C_2 = \dfrac{4 \times 3}{2 \times 1} = 6$

(i), (ii)에 의하여 구하는 순서쌍의 개수는

$21 + 6 = 27$　　　　　　　　　　　　　　閏 ④

20

(ⅰ) $z=1$인 경우

$1 \leq x \leq y \leq 1^2 \leq 10$을 만족시키는 x, y는

$x=1$, $y=1$이므로 순서쌍 (x, y, z)의 개수는 1

(ⅱ) $z=3$인 경우

$z^2=9$이므로 $1 \leq x \leq y \leq 3^2 \leq 10$을 만족시키는 홀수 x, y는

1, 3, 5, 7, 9에서 중복을 허락하여 2개를 택하여 크지 않은 순서대로

x, y를 정하면 되므로 순서쌍 (x, y, z)의 개수는

$_5H_2=_{5+2-1}C_2$

$\qquad =_6C_2$

$\qquad =\dfrac{6 \times 5}{2 \times 1}=15$

(ⅰ), (ⅱ)에 의하여 구하는 순서쌍의 개수는

$1+15=16$　　　　　　　　　　　　　　　　　답 ①

21

4명의 학생에게 나누어 주는 빵의 개수를 각각 a, b, c, d라 하면

a, b, c, d는 1 이상 6 이하의 자연수이고,

$a+b+c+d \leq 10$

이다.

$a=a'+1$, $b=b'+1$, $c=c'+1$, $d=d'+1$

이라 하면 a', b', c', d'은 5 이하의 음이 아닌 정수이고

$a+b+c+d \leq 10$에서

$(a'+1)+(b'+1)+(c'+1)+(d'+1) \leq 10$

$a'+b'+c'+d' \leq 6$

$6-(a'+b'+c'+d')=e$라 하면 e는 6 이하의 음이 아닌 정수이고

$a'+b'+c'+d'+e=6$　　　　　…… ㉠

㉠을 만족시키는 a', b', c', d', e의 모든 순서쌍 (a', b', c', d', e)의 개수는 서로 다른 5개에서 6개를 택하는 중복조합의 수에서 a', b', c', d' 중 하나가 6인 순서쌍의 개수 $_4C_1$을 뺀 것과 같다.

따라서 구하는 경우의 수는

$_5H_6-_4C_1=_{5+6-1}C_6-4$

$\qquad =_{10}C_6-4$

$\qquad =_{10}C_4-4$

$\qquad =\dfrac{10 \times 9 \times 8 \times 7}{4 \times 3 \times 2 \times 1}-4$

$\qquad =210-4$

$\qquad =206$　　　　　　　　　　　　　　　답 ④

[참고]

부등식 $a'+b'+c'+d' \leq 6$의 해는 방정식 $a'+b'+c'+d'=k$ ($k=0$, 1, 2, $\cdots$, 6)의 모든 해와 같으므로 그 해의 개수는

$_4H_0+_4H_1+_4H_2+_4H_3+_4H_4+_4H_5+(_4H_6-_4C_1)$

$=_3C_0+_4C_1+_5C_2+_6C_3+_7C_4+_8C_5+(_9C_6-4)$

$=1+4+10+20+35+56+80$

$=206$

22

다항식 $(2x+1)^5$의 전개식의 일반항은

$_5C_r(2x)^{5-r} \times 1^r=_5C_r \times 2^{5-r} \times x^{5-r}$ ($r=0$, 1, 2, 3, 4, 5)

따라서 x^2의 계수는 $r=3$일 때

$_5C_3 \times 2^2=_5C_2 \times 4=10 \times 4=40$　　　　　답 ④

23

$\left(3x-\dfrac{a}{x}\right)^5$의 전개식의 일반항은

$_5C_r(3x)^{5-r}\left(-\dfrac{a}{x}\right)^r=_5C_r \times 3^{5-r} \times (-a)^r \times x^{5-2r}$

$\qquad\qquad\qquad\qquad\qquad\qquad (r=0$, 1, 2, 3, 4, 5)

x^3의 계수는 $r=1$일 때

$_5C_1 \times 3^4 \times (-a)$

이고 x의 계수는 $r=2$일 때

$_5C_2 \times 3^3 \times (-a)^2$

이므로

$_5C_1 \times 3^4 \times (-a)+_5C_2 \times 3^3 \times (-a)^2=0$

에서

$-3a+2a^2=0$

$a(2a-3)=0$

$a>0$이므로

$a=\dfrac{3}{2}$　　　　　　　　　　　　　　　　　답 ③

24

$\left(x+\dfrac{2}{x^2}\right)^6=\left(\dfrac{2}{x^2}+x\right)^6$의 전개식의 일반항은

$_6C_r \times \left(\dfrac{2}{x^2}\right)^{6-r} \times x^r=_6C_r \times 2^{6-r} \times x^{3r-12}$ ($r=0$, 1, 2, $\cdots$, 6)

$\left(3x^2-\dfrac{1}{x}\right)\left(x+\dfrac{2}{x^2}\right)^6$의 전개식에서 x^2항은 $\left(x+\dfrac{2}{x^2}\right)^6$의 전개식에서의 x^3항과 $\left(3x^2-\dfrac{1}{x}\right)$에서의 $-\dfrac{1}{x}$의 곱과, $\left(x+\dfrac{2}{x^2}\right)^6$의 전개식에서의 상수항과 $\left(3x^2-\dfrac{1}{x}\right)$에서의 $3x^2$의 곱의 합과 같다.

(ⅰ) $\left(x+\dfrac{2}{x^2}\right)^6$의 전개식에서 x^3의 계수는

$3r-12=3$에서 $r=5$일 때이므로

$_6C_5 \times 2^{6-5}=_6C_1 \times 2=6 \times 2=12$

이때 $\left(3x^2-\dfrac{1}{x}\right)\left(x+\dfrac{2}{x^2}\right)^6$에서 x^2의 계수는

$-1 \times 12=-12$

(ⅱ) $\left(x+\dfrac{2}{x^2}\right)^6$의 전개식에서 상수항은

$3r-12=0$에서 $r=4$일 때이므로

$_6C_4 \times 2^{6-4}=_6C_2 \times 2^2=15 \times 4=60$

이때 $\left(3x^2-\dfrac{1}{x}\right)\left(x+\dfrac{2}{x^2}\right)^6$에서 x^2의 계수는

$3 \times 60=180$

(ⅰ), (ⅱ)에서 x^2의 계수는

$-12+180=168$　　　　　　　　　　　　　답 168

25

$$(1+ax)+(1+ax)^2+(1+ax)^3+\cdots+(1+ax)^9$$
$$=\frac{(1+ax)\{(1+ax)^9-1\}}{(1+ax)-1}$$
$$=\frac{(1+ax)^{10}-(1+ax)}{ax} \qquad \cdots\cdots\ \text{㉠}$$

에서 x^6의 계수는 분자의 $(1+ax)^{10}$의 전개식에서 x^7의 계수로부터 구할 수 있다.

$(1+ax)^{10}$의 전개식의 일반항은

$$_{10}C_r\times1^{10-r}\times(ax)^r={}_{10}C_r\times a^r\times x^r\ (r=0,\ 1,\ 2,\ \cdots,\ 10) \qquad \cdots\cdots\ \text{㉡}$$

이때 x^7의 계수는 $r=7$일 때

$_{10}C_7\times a^7={}_{10}C_3a^7=120a^7$이므로

㉠에서 x^6의 계수는

$$\frac{120a^7}{a}=120a^6=480$$

$$a^6=4$$

$a>0$이므로 $a^3=2$

㉠에서 x^3의 계수는 $(1+ax)^{10}$의 전개식에서 x^4의 계수로부터 구할 수 있다.

$(1+ax)^{10}$의 전개식에서 x^4의 계수는 ㉡에서 $r=4$일 때

$_{10}C_4\times a^4=210a^4$

이므로 ㉠에서 x^3의 계수는

$$\frac{210a^4}{a}=210a^3=210\times2=420$$

$\boxed{답}\ 420$

26

$$_8C_1+{}_8C_2+{}_8C_3+{}_8C_4+{}_8C_5+{}_8C_6+{}_8C_7+{}_8C_8$$
$$=({}_8C_0+{}_8C_1+{}_8C_2+{}_8C_3+{}_8C_4+{}_8C_5+{}_8C_6+{}_8C_7+{}_8C_8)-{}_8C_0$$
$$=2^8-1$$
$$=256-1$$
$$=255$$

$\boxed{답}\ ③$

27

이항계수의 성질에 의하여

$$_7C_1+{}_7C_3+{}_7C_5+{}_7C_7=2^{7-1}=2^6$$

이때 $_m\Pi_3=m^3$이므로

$$m^3=2^6=(2^2)^3=4^3$$

m이 자연수이므로

$$m=4$$

$\boxed{답}\ ②$

28

이항계수의 성질에 의하여

$$_{2n+1}C_0+{}_{2n+1}C_1+{}_{2n+1}C_2+\cdots+{}_{2n+1}C_{2n+1}=2^{2n+1}$$

자연수 n과 음이 아닌 정수 $r\ (0\le r\le n)$에 대하여

$_nC_r={}_nC_{n-r}$이므로

$$_{2n+1}C_0={}_{2n+1}C_{2n+1}$$
$$_{2n+1}C_1={}_{2n+1}C_{2n}$$
$$\vdots$$
$$_{2n+1}C_n={}_{2n+1}C_{n+1}$$

에서

$$a_n={}_{2n+1}C_0+{}_{2n+1}C_1+{}_{2n+1}C_2+\cdots+{}_{2n+1}C_n$$
$$=\frac{2^{2n+1}}{2}=2^{2n}$$

따라서

$$\log_4 a_9=\log_4 2^{18}=18$$

$\boxed{답}\ ④$

29

조건 (나)에서 $C\neq\varnothing$이므로

조건 (가)를 만족시키는 집합 C의 개수는

$$_{10}C_2+{}_{10}C_4+{}_{10}C_6+{}_{10}C_8+{}_{10}C_{10}=2^{10-1}-{}_{10}C_0=2^9-1=511$$

에서 $A\cap C=\varnothing$ 또는 $B\cap C=\varnothing$인 것은 제외하면 된다.

(i) $A\cap C=\varnothing$인 집합 C의 개수

집합 $A^C=\{1,\ 3,\ 5,\ 7,\ 9,\ 10\}$의 공집합이 아닌 부분집합 중 원소의 개수가 짝수인 집합의 개수는

$$_6C_2+{}_6C_4+{}_6C_6=2^{6-1}-{}_6C_0=2^5-1=31$$

(ii) $B\cap C=\varnothing$인 집합 C의 개수

집합 $B^C=\{1,\ 2,\ 4,\ 5,\ 7,\ 8,\ 10\}$의 공집합이 아닌 부분집합 중 원소의 개수가 짝수인 집합의 개수는

$$_7C_2+{}_7C_4+{}_7C_6=2^{7-1}-{}_7C_0=2^6-1=63$$

(iii) $A\cap C=\varnothing$이고 $B\cap C=\varnothing$인 집합 C의 개수

집합 $A^C\cap B^C=\{1,\ 5,\ 7,\ 10\}$의 공집합이 아닌 부분집합 중 원소의 개수가 짝수인 집합의 개수는

$$_4C_2+{}_4C_4=2^{4-1}-{}_4C_0=2^3-1=7$$

(i), (ii), (iii)에 의하여 구하는 집합 C의 개수는

$$511-(31+63-7)=424$$

$\boxed{답}\ 424$

08 확률
본문 82~90쪽

01 ③	02 ②	03 ④	04 ②	05 ④
06 ①	07 ①	08 ④	09 ④	10 ②
11 ②	12 ④	13 ①	14 ①	15 ④
16 ②	17 ④	18 ④	19 ③	20 ④
21 ③	22 ④	23 ③	24 ③	25 ③
26 ①	27 ①	28 ④	29 ④	30 6
31 ②	32 ①	33 ④	34 ①	

01

20 이하의 짝수인 자연수의 개수는 10이다.

20의 약수는 1, 2, 4, 5, 10, 20이므로 20의 약수 중 짝수는 2, 4, 10, 20으로 그 개수는 4이다.

따라서 구하는 확률은

$$\frac{4}{10}=\frac{2}{5}$$

답 ③

02

한 개의 주사위를 두 번 던져서 나오는 눈의 수를 차례로 a, b라 하자.

두 수 a, b의 모든 순서쌍 (a, b)의 개수는

$6 \times 6 = 36$

순서쌍 (a, b) 중에서 ab가 4의 배수이지만 8의 배수가 아닌 것은

$(1, 4), (2, 2), (2, 6), (3, 4), (4, 1), (4, 3), (4, 5), (5, 4), (6, 2), (6, 6)$

으로 그 개수는 10이다.

따라서 구하는 확률은

$$\frac{10}{36}=\frac{5}{18}$$

답 ②

03

주머니에서 임의로 두 개의 공을 동시에 꺼내어 꺼낸 두 개의 공에 적혀 있는 수 중 작은 수가 a, 큰 수가 b이므로 a, b의 모든 순서쌍 (a, b)의 개수는

$$_{10}C_2 = \frac{10 \times 9}{2 \times 1} = 45$$

10 이하의 3의 배수는 3, 6, 9이므로

a보다 크고 b보다 작은 3의 배수의 개수가 2이려면

a보다 크고 b보다 작은 3의 배수가 3과 6이거나 6과 9이어야 한다.

a보다 크고 b보다 작은 3의 배수가 3과 6이 되도록 하는 a, b의 모든 순서쌍 (a, b)는

$(1, 7), (1, 8), (1, 9), (2, 7), (2, 8), (2, 9)$

로 그 개수는 6이고,

a보다 크고 b보다 작은 3의 배수가 6과 9가 되도록 하는 a, b의 모든 순서쌍 (a, b)는

$(3, 10), (4, 10), (5, 10)$

으로 그 개수는 3이다.

따라서 구하는 확률은

$$\frac{6+3}{45}=\frac{1}{5}$$

답 ④

04

세 주머니 A, B, C에서 임의로 각각 1개의 공을 꺼내는 경우의 수는

$4 \times 4 \times 5 = 80$

주머니 C에 있는 흰 공에는 모두 홀수가 적혀 있고, 검은 공에는 모두 짝수가 적혀 있으므로 주머니 C에서 흰 공을 꺼낸 경우와 검은 공을 꺼낸 경우로 나누어 생각할 수 있다.

세 주머니 A, B, C에서 꺼낸 공에 적혀 있는 수를 각각 a, b, c라 하자.

(i) 주머니 C에서 흰 공을 꺼낸 경우

조건 (가)에 의하여 c가 홀수이므로 $a+b$는 짝수이어야 하고, 이를 만족시키는 순서쌍 (a, b, c)는

$(1, 3, 1), (1, 3, 3), (1, 3, 5), (2, 2, 1), (2, 2, 3), (2, 2, 5)$

로 그 개수는 6이다.

이 각각의 경우에 대하여

주머니 A에서 흰 공, 주머니 B에서 검은 공을 꺼내거나

주머니 A에서 검은 공, 주머니 B에서 흰 공을 꺼내거나

주머니 A와 B에서 모두 검은 공을 꺼내면 조건 (나)를 만족시키므로 주어진 조건을 만족시키는 경우의 수는

$6 \times 3 = 18$

(ii) 주머니 C에서 검은 공을 꺼낸 경우

조건 (가)에 의하여 c가 짝수이므로 $a+b$는 홀수이어야 하고, 이를 만족시키는 순서쌍 (a, b, c)는

$(1, 2, 2), (1, 2, 4), (2, 3, 2), (2, 3, 4)$

로 그 개수는 4이다.

이 각각의 경우에 대하여

주머니 A에서 흰 공, 주머니 B에서 검은 공을 꺼내거나

주머니 A에서 검은 공, 주머니 B에서 흰 공을 꺼내거나

주머니 A와 B에서 모두 흰 공을 꺼내면 조건 (나)를 만족시키므로 주어진 조건을 만족시키는 경우의 수는

$4 \times 3 = 12$

(i), (ii)에 의하여 구하는 확률은

$$\frac{18+12}{80}=\frac{30}{80}=\frac{3}{8}$$

답 ②

05

주머니에 들어 있는 6개의 공 중에서 2개의 공을 꺼내는 경우의 수는

$$_6C_2 = \frac{6 \times 5}{2 \times 1} = 15$$

이때 흰 공이 4개 들어 있으므로 흰 공 2개를 꺼내는 경우의 수는

$$_4C_2 = \frac{4 \times 3}{2 \times 1} = 6$$

따라서 구하는 확률은

$$\frac{6}{15}=\frac{2}{5}$$

답 ④

06

두 집합 A, B의 모든 순서쌍 (A, B)의 개수는

$$_{15}P_2 = 15 \times 14 = 210$$

$n(A) = n(B) = 1$이고 두 집합 A와 B가 서로소인 경우

집합 $\{a\}$, $\{b\}$, $\{c\}$, $\{d\}$에서 두 집합을 선택하여 나열한 것을 차례로 A, B라 하면 두 집합 A와 B는 서로소이므로 이를 만족시키는 두 집합 A, B의 모든 순서쌍 (A, B)의 개수는

$$_4P_2 = 4 \times 3 = 12$$

$n(A) = n(B) = 2$이고 두 집합 A와 B가 서로소인 경우

집합 $\{a, b\}$, $\{a, c\}$, $\{a, d\}$, $\{b, c\}$, $\{b, d\}$, $\{c, d\}$에서 선택한 한 집합을 A라 하면 집합 A와 서로소인 집합 B는 유일하므로 이를 만족시키는 두 집합 A, B의 모든 순서쌍 (A, B)의 개수는

$$_6C_1 = 6$$

$n(A) = n(B) = 3$이면 두 집합 A와 B가 서로소일 수 없고,

$n(A) = n(B) = 4$일 수 없다.

따라서 구하는 확률은

$$\frac{12 + 6}{210} = \frac{3}{35}$$

目 ①

07

한 상자에 하나의 공이 들어가도록 5개의 공을 넣는 경우의 수는

$$5! = 120$$

상자에 적혀 있는 수와 상자에 들어 있는 공에 적혀 있는 수의 합이 홀수인 상자의 개수가 2이려면

홀수가 적혀 있는 상자에 들어가는 짝수가 적혀 있는 공의 개수와 짝수가 적혀 있는 상자에 들어가는 홀수가 적혀 있는 공의 개수의 합이 2이어야 한다.

(i) 짝수가 적혀 있는 상자 2개에 각각 홀수가 적혀 있는 공이 들어가는 경우

　홀수가 적혀 있는 상자 2개에 각각 짝수가 적혀 있는 공이 들어갈 수밖에 없으므로 홀수가 적혀 있는 상자에 들어가는 짝수가 적혀 있는 공의 개수와 짝수가 적혀 있는 상자에 들어가는 홀수가 적혀 있는 공의 개수의 합이 2가 될 수 없다.

(ii) 짝수가 적혀 있는 상자 2개에 각각 짝수가 적혀 있는 공이 들어가는 경우

　홀수가 적혀 있는 상자 3개에 각각 홀수가 적혀 있는 공이 들어갈 수밖에 없으므로 홀수가 적혀 있는 상자에 들어가는 짝수가 적혀 있는 공의 개수와 짝수가 적혀 있는 상자에 들어가는 홀수가 적혀 있는 공의 개수의 합이 2가 될 수 없다.

(iii) 짝수가 적혀 있는 상자 2개 중 한 상자에만 홀수가 적혀 있는 공이 들어가는 경우

　홀수가 적혀 있는 상자 3개 중 한 상자에만 짝수가 적혀 있는 공이 들어가므로 홀수가 적혀 있는 상자에 들어가는 짝수가 적혀 있는 공의 개수와 짝수가 적혀 있는 상자에 들어가는 홀수가 적혀 있는 공의 개수의 합이 2가 된다.

　홀수가 적혀 있는 공이 들어갈 짝수가 적혀 있는 상자를 택하는 경우의 수는

$$_2C_1 = 2$$

　이 상자에 들어갈 홀수가 적혀 있는 공을 택하는 경우의 수는

$$_3C_1 = 3$$

　짝수가 적혀 있는 다른 상자에 들어갈 짝수가 적혀 있는 공을 택하는 경우의 수는

$$_2C_1 = 2$$

　남은 3개의 공을 홀수가 적혀 있는 3개의 상자에 하나씩 넣는 경우의 수는

$$3! = 6$$

(i), (ii), (iii)에 의하여 구하는 확률은

$$\frac{2 \times 3 \times 2 \times 6}{120} = \frac{3}{5}$$

目 ①

08

딸기 맛 사탕, 포도 맛 사탕, 레몬 맛 사탕을 꺼내는 것을 각각 a, b, c라 하면 딸기 맛 사탕 2개, 포도 맛 사탕 2개, 레몬 맛 사탕 3개 총 7개의 사탕을 상자에서 임의로 하나씩 모두 꺼내는 경우의 수는 a, a, b, b, c, c, c를 일렬로 나열하는 경우의 수와 같으므로

$$\frac{7!}{2! \, 2! \, 3!} = 210$$

딸기 맛 사탕을 모두 꺼내기 전에는 포도 맛 사탕을 하나도 꺼내지 않는 경우의 수는

a, a, b, b, c, c, c를 왼쪽부터 오른쪽으로 일렬로 나열하되 2개의 a를 모두 2개의 b보다 왼쪽에 나열하는 경우의 수와 같고 이는 X, X, X, X, c, c, c를 왼쪽부터 오른쪽으로 일렬로 나열한 뒤 왼쪽부터 두 번째 X까지 a로 바꾸고 나머지 X를 b로 바꾸는 경우의 수와 같으므로

$$\frac{7!}{4! \, 3!} = 35$$

따라서 구하는 확률은

$$\frac{35}{210} = \frac{1}{6}$$

目 ④

09

집합 X에서 X로의 모든 함수 f의 개수는 1, 2, 3, 4 중에서 중복을 허락하여 4개를 택하여 일렬로 나열하는 경우의 수와 같으므로

$$_4\Pi_4 = 4^4 = 256$$

집합 X의 임의의 서로 다른 두 원소 x_1, x_2에 대하여 $f(x_1) \times f(x_2)$의 값이 짝수이려면

$f(1)$, $f(2)$, $f(3)$, $f(4)$의 값이 모두 짝수이거나

$f(1)$, $f(2)$, $f(3)$, $f(4)$의 값 중 3개가 짝수이어야 한다.

$f(1)$, $f(2)$, $f(3)$, $f(4)$의 값이 모두 짝수이면 함수 f의 치역의 원소의 개수가 3이 될 수 없으므로 함수 f의 치역의 원소의 개수가 3이려면 $f(1)$, $f(2)$, $f(3)$, $f(4)$의 값 중 3개는 짝수, 1개는 홀수이면서 2와 4는 함수 f의 치역의 원소이어야 한다.

(i) 함수 f의 치역이 $\{1,\ 2,\ 4\}$인 경우

$f(1)$, $f(2)$, $f(3)$, $f(4)$의 값 중에서 1개는 1, 1개는 2, 2개는 4인 경우의 수는 1, 2, 4, 4를 일렬로 나열하여 차례로 $f(1)$, $f(2)$, $f(3)$, $f(4)$의 값으로 정하는 경우의 수와 같으므로

$$\frac{4!}{2!}=12$$

$f(1)$, $f(2)$, $f(3)$, $f(4)$의 값 중에서 1개는 1, 2개는 2, 1개는 4인 경우의 수는 1, 2, 2, 4를 일렬로 나열하여 차례로 $f(1)$, $f(2)$, $f(3)$, $f(4)$의 값으로 정하는 경우의 수와 같으므로

$$\frac{4!}{2!}=12$$

그러므로 치역이 $\{1,\ 2,\ 4\}$이면서 주어진 조건을 만족시키는 함수 f의 개수는

$$12+12=24$$

(ii) 함수 f의 치역이 $\{2,\ 3,\ 4\}$인 경우

(i)과 같은 방법으로 구하면 주어진 조건을 만족시키는 함수 f의 개수는

$$12+12=24$$

(i), (ii)에 의하여 조건을 만족시키는 함수 f의 개수는

$$24+24=48$$

따라서 구하는 확률은

$$\frac{48}{256}=\frac{3}{16}$$

답 ④

10

상자에서 임의로 4장의 카드를 동시에 꺼내어 꺼낸 모든 카드를 임의로 일렬로 나열하는 경우의 수는

첫 번째 자리에 나열되는 카드에 적혀 있는 수를 a_1,

두 번째 자리에 나열되는 카드에 적혀 있는 수를 a_2,

세 번째 자리에 나열되는 카드에 적혀 있는 수를 a_3,

네 번째 자리에 나열되는 카드에 적혀 있는 수를 a_4라 할 때, 네 자연수 a_1, a_2, a_3, a_4의 모든 순서쌍 $(a_1,\ a_2,\ a_3,\ a_4)$의 개수와 같으므로

$${}_8\mathrm{P}_4=8\times7\times6\times5=1680$$

이때 서로 이웃한 2장의 카드에 적혀 있는 수의 곱이 모두 6의 배수이려면 $a_1\times a_2$, $a_2\times a_3$, $a_3\times a_4$가 모두 6의 배수이어야 한다.

(i) $a_1=6$ 또는 $a_4=6$인 경우

$a_1=6$이면 $a_1\times a_2$는 6의 배수이므로

$a_2\times a_3$, $a_3\times a_4$가 모두 6의 배수이려면

a_3이 2의 배수이고, a_2, a_4가 3의 배수이거나

a_3이 3의 배수이고, a_2, a_4가 2의 배수이어야 한다.

그러므로 이를 만족시키는 네 자연수 a_1, a_2, a_3, a_4의 모든 순서쌍 $(a_1,\ a_2,\ a_3,\ a_4)$의 개수는

$${}_3\mathrm{P}_1\times{}_2\mathrm{P}_2+{}_2\mathrm{P}_1\times{}_3\mathrm{P}_2=3\times2+2\times6=18$$

$a_4=6$인 경우도 같은 방법으로 구하면 모든 순서쌍 $(a_1,\ a_2,\ a_3,\ a_4)$의 개수는 18

그러므로 구하는 모든 순서쌍 $(a_1,\ a_2,\ a_3,\ a_4)$의 개수는

$$18+18=36$$

(ii) $a_2=6$ 또는 $a_3=6$인 경우

$a_2=6$이면 $a_1\times a_2$, $a_2\times a_3$은 모두 6의 배수이므로 $a_3\times a_4$가 6의 배수이려면 a_3, a_4 중 1개는 2의 배수이고, 1개는 3의 배수이어야 한다.

이때 a_1은 6, a_3, a_4가 아닌 다른 수이면 된다.

그러므로 이를 만족시키는 네 자연수 a_1, a_2, a_3, a_4의 모든 순서쌍 $(a_1,\ a_2,\ a_3,\ a_4)$의 개수는

$$2\times{}_3\mathrm{P}_1\times{}_2\mathrm{P}_1\times{}_5\mathrm{P}_1=2\times3\times2\times5=60$$

$a_3=6$인 경우도 같은 방법으로 구하면 모든 순서쌍 $(a_1,\ a_2,\ a_3,\ a_4)$의 개수는 60

그러므로 구하는 모든 순서쌍 $(a_1,\ a_2,\ a_3,\ a_4)$의 개수는

$$60+60=120$$

(iii) a_1, a_2, a_3, a_4의 값이 모두 6이 아닌 경우

$a_1\times a_2$, $a_2\times a_3$, $a_3\times a_4$가 모두 6의 배수이려면

a_1, a_3이 2의 배수이고, a_2, a_4가 3의 배수이거나

a_1, a_3이 3의 배수이고, a_2, a_4가 2의 배수이어야 한다.

그러므로 이를 만족시키는 네 자연수 a_1, a_2, a_3, a_4의 모든 순서쌍 $(a_1,\ a_2,\ a_3,\ a_4)$의 개수는

$${}_3\mathrm{P}_2\times{}_2\mathrm{P}_2+{}_2\mathrm{P}_2\times{}_3\mathrm{P}_2=6\times2+2\times6=24$$

(i), (ii), (iii)에 의하여 구하는 확률은

$$\frac{36+120+24}{1680}=\frac{180}{1680}=\frac{3}{28}$$

답 ②

11

$\mathrm{P}(A)=\dfrac{1}{3}$, $\mathrm{P}(B)=\dfrac{1}{6}$이고 $\mathrm{P}(A\cap B)=\dfrac{1}{12}$이므로

확률의 덧셈정리에 의하여

$$\begin{aligned}\mathrm{P}(A\cup B)&=\mathrm{P}(A)+\mathrm{P}(B)-\mathrm{P}(A\cap B)\\&=\frac{1}{3}+\frac{1}{6}-\frac{1}{12}\\&=\frac{5}{12}\end{aligned}$$

답 ②

12

6명의 학생이 원 모양의 탁자에 일정한 간격을 두고 모두 둘러앉는 경우의 수는

$(6-1)!=5!$

1학년 학생끼리 서로 이웃하는 사건을 A라 하면

1학년 학생을 한 사람으로 보고 5명을 배열하는 원순열의 수는

$(5-1)!=4!$

이 각각의 경우에 대하여 1학년 학생 2명의 자리를 정하는 경우의 수는
2!이므로
$$P(A)=\frac{4!\times 2!}{5!}=\frac{2}{5}$$
2학년 학생끼리 서로 이웃하는 사건을 B라 하고 $P(A)$를 구하는 방법과 같은 방법으로 구하면
$$P(B)=\frac{4!\times 2!}{5!}=\frac{2}{5}$$
1학년 학생끼리 서로 이웃하고 2학년 학생끼리 서로 이웃하는 사건은 $A\cap B$이다.
1학년 학생 2명과 2학년 학생 2명을 각각 한 사람으로 보고 4명을 배열하는 원순열의 수는
$$(4-1)!=3!$$
이 각각의 경우에 대하여 1학년 학생 2명과 2학년 학생 2명의 자리를 정하는 경우의 수는
$$2!\times 2!$$
이므로
$$P(A\cap B)=\frac{3!\times 2!\times 2!}{5!}=\frac{1}{5}$$
따라서 구하는 확률은 확률의 덧셈정리에 의하여
$$P(A\cup B)=P(A)+P(B)-P(A\cap B)$$
$$=\frac{2}{5}+\frac{2}{5}-\frac{1}{5}$$
$$=\frac{3}{5}$$
달 ④

13

20개의 구슬이 들어 있는 주머니에서 임의로 두 개의 구슬을 동시에 꺼내는 경우의 수는
$$_{20}C_2=\frac{20\times 19}{2\times 1}=190$$
꺼낸 두 개의 구슬에 적혀 있는 두 수가 모두 12의 약수인 사건을 A라 하면 12의 약수 1, 2, 3, 4, 6, 12 중 2개를 택하는 경우의 수가
$$_6C_2=\frac{6\times 5}{2\times 1}=15$$
이므로
$$P(A)=\frac{15}{190}=\frac{3}{38}$$
꺼낸 두 개의 구슬에 적혀 있는 두 수가 모두 16의 약수인 사건을 B라 하면 16의 약수 1, 2, 4, 8, 16 중 2개를 택하는 경우의 수가
$$_5C_2=\frac{5\times 4}{2\times 1}=10$$
이므로
$$P(B)=\frac{10}{190}=\frac{1}{19}$$
꺼낸 두 개의 구슬에 적혀 있는 두 수가 모두 12의 약수이면서 모두 16의 약수인 사건은 $A\cap B$이고, 12와 16의 최대공약수가 4이다.
4의 약수 1, 2, 4 중 2개를 택하는 경우의 수가
$$_3C_2=\frac{3\times 2}{2\times 1}=3$$

이므로
$$P(A\cap B)=\frac{3}{190}$$
따라서 구하는 확률은 확률의 덧셈정리에 의하여
$$P(A\cup B)=P(A)+P(B)-P(A\cap B)$$
$$=\frac{3}{38}+\frac{1}{19}-\frac{3}{190}$$
$$=\frac{11}{95}$$
달 ①

14

세 수 a, b, c의 모든 순서쌍 (a, b, c)의 개수는
$$6\times 6\times 6=216$$
(i) $a\leq b\leq c$인 경우
   $1\leq a\leq b\leq c\leq 6$을 만족시키는 세 자연수 a, b, c의 모든 순서쌍 (a, b, c)의 개수는 1부터 6까지의 자연수 중에서 3개를 택하는 중복조합의 수와 같다.
$$_6H_3=_{6+3-1}C_3$$
$$=_8C_3$$
$$=\frac{8\times 7\times 6}{3\times 2\times 1}=56$$
   이므로 이때의 확률은
$$\frac{56}{216}=\frac{7}{27}$$
(ii) $a+b+c=8$인 경우
   a, b, c는 6 이하의 자연수이므로
   $a=a'+1$, $b=b'+1$, $c=c'+1$이라 하면 a', b', c'은 5 이하의 음이 아닌 정수이고
   $(a'+1)+(b'+1)+(c'+1)=8$에서
$$a'+b'+c'=5$$
   이 방정식을 만족시키는 모든 순서쌍 (a', b', c')의 개수는 서로 다른 3개에서 5개를 택하는 중복조합의 수와 같다.
$$_3H_5=_{3+5-1}C_5$$
$$=_7C_5=_7C_2$$
$$=\frac{7\times 6}{2\times 1}=21$$
   이므로 이때의 확률은
$$\frac{21}{216}=\frac{7}{72}$$
(iii) $a\leq b\leq c$이고 $a+b+c=8$인 경우
   $a\leq b\leq c$이고 $a+b+c=8$을 만족시키는 6 이하의 자연수 a, b, c의 모든 순서쌍 (a, b, c)는
   $(1, 1, 6)$, $(1, 2, 5)$, $(1, 3, 4)$, $(2, 2, 4)$, $(2, 3, 3)$
   으로 그 개수는 5이고, 이때의 확률은
$$\frac{5}{216}$$
(i), (ii), (iii)에 의하여 구하는 확률은 확률의 덧셈정리에 의하여
$$\frac{7}{27}+\frac{7}{72}-\frac{5}{216}=\frac{72}{216}=\frac{1}{3}$$
달 ①

15

집합 X에서 집합 Y로의 일대일대응인 함수 f의 개수는

$6!=720$

$f(1) \times f(2) \times f(3)$은 10의 배수가 아니고,

$f(1) \times f(2) \times f(3) \times f(4)$는 10의 배수이려면

$f(1)$, $f(2)$, $f(3)$의 값 중 적어도 1개는 짝수이면서 $f(4)=5$이거나

$f(1)$, $f(2)$, $f(3)$의 값 중 1개가 5, 나머지 2개는 모두 홀수이면서 $f(4)$의 값은 짝수이어야 한다.

(i) $f(1)$, $f(2)$, $f(3)$의 값 중 적어도 1개는 짝수이면서 $f(4)=5$인 경우

　① $f(1)$, $f(2)$, $f(3)$의 값 중 짝수가 1개인 경우

　　$f(1)$, $f(2)$, $f(3)$의 값이 될 짝수 1개와 홀수 2개를 선택하고, $f(1)$, $f(2)$, $f(3)$의 값을 정하는 경우의 수는

　　$_2C_1 \times _3C_2 \times 3! = _2C_1 \times _3C_1 \times 6 = 2 \times 3 \times 6 = 36$

　　이 각각의 경우에 대하여 $f(5)$, $f(6)$의 값을 정하는 경우의 수는

　　$2!=2$

　　그러므로 $f(1)$, $f(2)$, $f(3)$의 값 중 짝수가 1개이고 $f(4)=5$인 함수의 개수는

　　$36 \times 2 = 72$

　② $f(1)$, $f(2)$, $f(3)$의 값 중 짝수가 2개인 경우

　　$f(1)$, $f(2)$, $f(3)$의 값이 될 짝수 2개와 홀수 1개를 선택하고, $f(1)$, $f(2)$, $f(3)$의 값을 정하는 경우의 수는

　　$_2C_2 \times _3C_1 \times 3! = 1 \times 3 \times 6 = 18$

　　이 각각의 경우에 대하여 $f(5)$, $f(6)$의 값을 정하는 경우의 수는

　　$2!=2$

　　그러므로 $f(1)$, $f(2)$, $f(3)$의 값 중 짝수가 2개이고 $f(4)=5$인 함수의 개수는

　　$18 \times 2 = 36$

　①, ②에 의하여 $f(1)$, $f(2)$, $f(3)$의 값 중 적어도 1개는 짝수이면서 $f(4)=5$인 함수의 개수는

　$72+36=108$

　이고, 이때의 확률은

　$\dfrac{108}{720} = \dfrac{3}{20}$

(ii) $f(1)$, $f(2)$, $f(3)$의 값 중 1개가 5, 나머지 2개는 모두 홀수이면서 $f(4)$의 값은 짝수인 경우

　$f(1)$, $f(2)$, $f(3)$의 값이 될 5가 아닌 홀수 2개를 선택하고, $f(1)$, $f(2)$, $f(3)$의 값을 정하는 경우의 수는

　$_3C_2 \times 3! = _3C_1 \times 6 = 3 \times 6 = 18$

　이 각각의 경우에 대하여 $f(4)$의 값이 될 짝수를 선택하는 경우의 수는

　$_2C_1 = 2$

　이 각각의 경우에 대하여 $f(5)$, $f(6)$의 값을 정하는 경우의 수는

　$2!=2$

　그러므로 $f(1)$, $f(2)$, $f(3)$의 값 중 1개가 5, 나머지 2개는 모두 홀수이면서 $f(4)$의 값은 짝수인 함수의 개수는

　$18 \times 2 \times 2 = 72$

　이고, 이때의 확률은

　$\dfrac{72}{720} = \dfrac{1}{10}$

(i)과 (ii)는 서로 배반사건이므로 구하는 확률은

$\dfrac{3}{20} + \dfrac{1}{10} = \dfrac{1}{4}$　　　　　　　　　　**답 ④**

16

한 개의 주사위를 두 번 던질 때, 3의 배수인 눈이 적어도 한 번 나오는 사건을 A라 하면 A의 여사건 A^C은 3의 배수인 눈이 한 번도 나오지 않는 사건이다.

주사위를 한 번 던질 때, 3의 배수가 아닌 눈이 나올 확률은 $\dfrac{2}{3}$이므로

$P(A^C) = \left(\dfrac{2}{3}\right)^2 = \dfrac{4}{9}$

따라서 구하는 확률은

$P(A) = 1 - P(A^C)$

$\qquad = 1 - \dfrac{4}{9}$

$\qquad = \dfrac{5}{9}$　　　　　　　　　　**답 ②**

17

두 사건 A와 B가 서로 배반사건이므로 $A \subset B^C$이고,

$P(A \cap B^C) = P(A) = \dfrac{1}{6}$

$P(A^C) = 1 - P(A) = 1 - \dfrac{1}{6} = \dfrac{5}{6}$

이므로 $P(A^C) + P(B) = \dfrac{4}{3}$에서

$P(B) = \dfrac{4}{3} - \dfrac{5}{6} = \dfrac{1}{2}$

따라서

$P(A \cup B) = P(A) + P(B)$

$\qquad\qquad = \dfrac{1}{6} + \dfrac{1}{2}$

$\qquad\qquad = \dfrac{2}{3}$　　　　　　　　　　**답 ④**

18

7장의 카드를 모두 일렬로 나열하는 경우의 수는

$\dfrac{7!}{3! \times 2!} = 420$

맨 앞에 나열되는 카드에 적혀 있는 문자와 맨 뒤에 나열되는 카드에 적혀 있는 문자가 서로 다른 사건을 X라 하면 사건 X^C은 맨 앞에 나열되는 카드에 적혀 있는 문자와 맨 뒤에 나열되는 카드에 적혀 있는 문자가 서로 같은 사건이다.

(i) 맨 앞에 나열되는 카드에 적혀 있는 문자와 맨 뒤에 나열되는 카드에 적혀 있는 문자가 모두 A인 경우

A, B, B, C, D가 적혀 있는 5장의 카드를 일렬로 나열하는 경우의 수는

$$\frac{5!}{2!}=60$$

이므로 이때의 확률은

$$\frac{60}{420}=\frac{1}{7}$$

(ii) 맨 앞에 나열되는 카드에 적혀 있는 문자와 맨 뒤에 나열되는 카드에 적혀 있는 문자가 모두 B인 경우

A, A, A, C, D가 적혀 있는 5장의 카드를 일렬로 나열하는 경우의 수는

$$\frac{5!}{3!}=20$$

이므로 이때의 확률은

$$\frac{20}{420}=\frac{1}{21}$$

(i), (ii)에 의하여

$$P(X^C)=\frac{1}{7}+\frac{1}{21}=\frac{4}{21}$$

따라서 구하는 확률은

$$P(X)=1-P(X^C)$$
$$=1-\frac{4}{21}$$
$$=\frac{17}{21}$$

답 ④

19

두 집합 $X=\{1, 2, 3\}$, $Y=\{1, 2, 3, 4, 5\}$에 대하여 X에서 Y로의 모든 일대일함수 f의 개수는

$_5P_3=5\times4\times3=60$

임의로 선택한 일대일함수 f가 $f(1)<f(2)+f(3)$을 만족시키는 사건을 A라 하면 A의 여사건 A^C은 $f(1)\geq f(2)+f(3)$을 만족시키는 사건이다.

이때 $f(1)=1$ 또는 $f(1)=2$이면 $f(1)\geq f(2)+f(3)$을 만족시킬 수 없다.

(i) $f(1)=3$인 경우

$f(1)\geq f(2)+f(3)$을 만족시키는 $f(1)$, $f(2)$, $f(3)$의 모든 순서쌍 $(f(1), f(2), f(3))$은

$(3, 1, 2)$, $(3, 2, 1)$

로 그 개수는 2이다.

(ii) $f(1)=4$인 경우

$f(1)\geq f(2)+f(3)$을 만족시키는 $f(1)$, $f(2)$, $f(3)$의 모든 순서쌍 $(f(1), f(2), f(3))$은

$(4, 1, 2)$, $(4, 2, 1)$, $(4, 1, 3)$, $(4, 3, 1)$

로 그 개수는 4이다.

(iii) $f(1)=5$인 경우

$f(1)\geq f(2)+f(3)$을 만족시키는 $f(1)$, $f(2)$, $f(3)$의 모든 순서쌍 $(f(1), f(2), f(3))$은

$(5, 1, 2)$, $(5, 2, 1)$, $(5, 1, 3)$, $(5, 3, 1)$ $(5, 1, 4)$, $(5, 4, 1)$, $(5, 2, 3)$, $(5, 3, 2)$

로 그 개수는 8이다.

(i), (ii), (iii)에서

$$P(A^C)=\frac{2+4+8}{60}=\frac{7}{30}$$

따라서 구하는 확률은

$$P(A)=1-P(A^C)$$
$$=1-\frac{7}{30}$$
$$=\frac{23}{30}$$

답 ③

20

이 학급 학생 중 임의로 선택한 1명의 학생이 과목 B를 선택한 학생인 사건을 X, 여학생인 사건을 Y라 하면 구하는 확률은

$$P(Y|X)=\frac{P(X\cap Y)}{P(X)}$$

이 학급 학생은 30명이고, 과목 B를 선택한 학생은 16명이므로

$$P(X)=\frac{16}{30}$$

과목 B를 선택한 여학생은 12명이므로

$$P(X\cap Y)=\frac{12}{30}$$

따라서 구하는 확률은

$$P(Y|X)=\frac{P(X\cap Y)}{P(X)}=\frac{\frac{12}{30}}{\frac{16}{30}}=\frac{12}{16}=\frac{3}{4}$$

답 ④

다른 풀이

$$P(Y|X)=\frac{n(X\cap Y)}{n(X)}=\frac{12}{16}=\frac{3}{4}$$

21

$a+b=5$인 사건을 A, $a=b+1$인 사건을 B라 하면 구하는 확률은

$$P(B|A)=\frac{P(A\cap B)}{P(A)}$$

a가 될 수 있는 수는 0, 1, 2, 3이고, b가 될 수 있는 수는 0, 1, 2, 3, 4이므로 $a+b=5$이려면

$a=1$이고 $b=4$ 또는 $a=2$이고 $b=3$ 또는 $a=3$이고 $b=2$이다.

(i) $a=1$이고 $b=4$인 경우

$a=1$이려면 한 개의 주사위를 던져 나온 눈의 수가 1 또는 5이어야 하므로 이때의 확률은

$$\frac{1}{3}\times\frac{_4C_4}{2^4}=\frac{1}{3}\times\frac{1}{16}=\frac{1}{48}$$

(ii) $a=2$이고 $b=3$인 경우

$a=2$이려면 한 개의 주사위를 던져 나온 눈의 수가 2 또는 6이어야

하므로 이때의 확률은

$$\frac{1}{3} \times \frac{{}_4 C_3}{2^4} = \frac{1}{3} \times \frac{1}{4} = \frac{1}{12}$$

(iii) $a=3$이고 $b=2$인 경우

$a=3$이려면 한 개의 주사위를 던져 나온 눈의 수가 3이어야 하므로

이때의 확률은

$$\frac{1}{6} \times \frac{{}_4 C_2}{2^4} = \frac{1}{6} \times \frac{3}{8} = \frac{1}{16}$$

(i), (ii), (iii)에 의하여

$$P(A) = \frac{1}{48} + \frac{1}{12} + \frac{1}{16} = \frac{1}{6}$$

이때 $a=3$이고 $b=2$이면 $a=b+1$이므로

$$P(A \cap B) = \frac{1}{16}$$

따라서 구하는 확률은

$$P(B|A) = \frac{P(A \cap B)}{P(A)} = \frac{\dfrac{1}{16}}{\dfrac{1}{6}} = \frac{3}{8}$$

답 ③

22

이 시행에서 꺼낸 3개의 공에 적힌 숫자의 합이 짝수인 사건을 A, 꺼낸
3개의 공이 모두 검은 공인 사건을 B라 하면 구하는 확률은 $P(B^C|A)$
이다.

9개의 공 중에서 3개를 택하는 경우의 수는

$${}_9 C_3 = 84$$

이 시행에서 꺼낸 3개의 공에 적힌 숫자의 합이 짝수인 경우는 다음과
같다.

(i) 짝수가 적힌 공을 3개 꺼내는 경우의 수는

$${}_4 C_3 = 4$$

(ii) 홀수가 적힌 공을 2개, 짝수가 적힌 공을 1개 꺼내는 경우의 수는

$${}_5 C_2 \times {}_4 C_1 = 10 \times 4 = 40$$

(i), (ii)에서

$$P(A) = \frac{4+40}{84} = \frac{44}{84} = \frac{11}{21}$$

이때 (i)에서 꺼낸 3개의 공이 모두 검은 공인 경우의 수는 0이고

(ii)에서 꺼낸 3개의 공이 모두 검은 공인 경우는

2, 4가 적힌 검은 공 중에서 1개,

1, 3, 5가 적힌 검은 공 중에서 2개를 꺼내야 하므로 그 경우의 수는

$${}_2 C_1 \times {}_3 C_2 = 2 \times 3 = 6$$

이므로 $P(A \cap B) = \dfrac{6}{84} = \dfrac{3}{42}$

그러므로

$$P(A \cap B^C) = P(A) - P(A \cap B)$$
$$= \frac{11}{21} - \frac{3}{42} = \frac{19}{42}$$

따라서 구하는 확률은

$$P(B^C|A) = \frac{P(A \cap B^C)}{P(A)} = \frac{\dfrac{19}{42}}{\dfrac{11}{21}} = \frac{19}{22}$$

답 ④

23

(i) 첫 번째 꺼낸 공과 두 번째 꺼낸 공이 모두 흰 공일 확률은

$$\frac{4}{9} \times \frac{3}{8} = \frac{1}{6}$$

(ii) 첫 번째 꺼낸 공은 검은 공이고 두 번째 꺼낸 공은 흰 공일 확률은

$$\frac{5}{9} \times \frac{4}{8} = \frac{5}{18}$$

(i), (ii)에 의하여 구하는 확률은

$$\frac{1}{6} + \frac{5}{18} = \frac{4}{9}$$

답 ③

참고

흰 공 4개, 검은 공 5개가 들어 있는 주머니에서 임의로 1개씩 공을 차

례로 꺼낼 때, $n \, (1 \le n \le 9)$번째로 꺼낸 공이 흰 공일 확률은 항상 $\dfrac{4}{9}$

이다.

24

(i) 2개의 주사위를 동시에 던져서 나온 눈의 수가 서로 같은 경우

2개의 주사위를 동시에 던져서 나온 눈의 수가 서로 같을 확률은

$$\frac{6}{36} = \frac{1}{6}$$

상자에서 임의로 3장의 카드를 동시에 꺼낼 때 7이 적혀 있는 카드

를 꺼내려면 7이 적혀 있는 카드와 나머지 6장의 카드 중에서 2장의

카드를 꺼내면 되므로 그 확률은

$$\frac{{}_6 C_2}{{}_7 C_3} = \frac{15}{35} = \frac{3}{7}$$

그러므로 이때의 확률은

$$\frac{1}{6} \times \frac{3}{7} = \frac{1}{14}$$

(ii) 2개의 주사위를 동시에 던져서 나온 눈의 수가 서로 다른 경우

2개의 주사위를 동시에 던져서 나온 눈의 수가 서로 다를 확률은

$$\frac{30}{36} = \frac{5}{6}$$

상자에서 임의로 4장의 카드를 동시에 꺼낼 때 7이 적혀 있는 카드

를 꺼내려면 7이 적혀 있는 카드와 나머지 6장의 카드 중에서 3장의

카드를 꺼내면 되므로 그 확률은

$$\frac{{}_6 C_3}{{}_7 C_4} = \frac{20}{35} = \frac{4}{7}$$

그러므로 이때의 확률은

$$\frac{5}{6} \times \frac{4}{7} = \frac{10}{21}$$

(i), (ii)에서 구하는 확률은

$$\frac{1}{14} + \frac{10}{21} = \frac{23}{42}$$

답 ③

25

(ⅰ) 첫 번째 꺼낸 공에 적혀 있는 문자가 A인 경우

두 번째 꺼낸 공에 적혀 있는 문자도 A이고 세 번째 꺼낸 공에 적혀 있는 문자는 A가 아니어야 하므로 이때의 확률은

$$\frac{6}{10} \times \frac{5}{9} \times \frac{4}{8} = \frac{1}{6}$$

(ⅱ) 첫 번째 꺼낸 공에 적혀 있는 문자가 B인 경우

두 번째 꺼낸 공에 적혀 있는 문자도 B이고 세 번째 꺼낸 공에 적혀 있는 문자는 B가 아니어야 하므로 이때의 확률은

$$\frac{3}{10} \times \frac{2}{9} \times \frac{7}{8} = \frac{7}{120}$$

(ⅲ) 첫 번째 꺼낸 공에 적혀 있는 문자가 C인 경우

두 번째 꺼낸 공에 적혀 있는 문자가 C일 수 없다.

(ⅰ), (ⅱ), (ⅲ)에 의하여 구하는 확률은

$$\frac{1}{6} + \frac{7}{120} = \frac{9}{40}$$ 답 ③

26

숫자 1과 3이 적혀 있는 공은 두 주머니 A와 B에 모두 들어 있으므로 첫 번째 꺼낸 공에 적혀 있는 숫자에 따라 나누어 생각할 수 있다.

(ⅰ) 주머니 A와 B에서 모두 숫자 1 또는 3이 적혀 있는 공을 꺼낸 경우

주머니 A에서 숫자 1이 적혀 있는 공을 꺼내고 주머니 B에서 숫자 3이 적혀 있는 공을 꺼내면 주머니 A에는 숫자 2, 3, 4가 적혀 있는 공이 남게 되고 주머니 B에는 숫자 1, 5, 7이 적혀 있는 공이 남게 되어 두 번째 꺼낸 두 공에 적혀 있는 숫자가 서로 같을 수 없다.

주머니 A에서 숫자 3이 적혀 있는 공을 꺼내고 주머니 B에서 숫자 1이 적혀 있는 공을 꺼내는 경우도 마찬가지로 두 번째 꺼낸 두 공에 적혀 있는 숫자가 서로 같을 수 없다.

(ⅱ) 주머니 A와 B 중 한 주머니에서만 숫자 1 또는 3이 적혀 있는 공을 꺼낸 경우

주머니 A에서 숫자 1 또는 3이 적혀 있는 공을 꺼내고 주머니 B에서 숫자 5 또는 7이 적혀 있는 공을 꺼내면 주머니 A와 B에는 같은 숫자가 적혀 있는 공이 1개씩 들어 있으므로 이때 주어진 조건을 만족시킬 확률은

$$\left(\frac{2}{4} \times \frac{2}{4}\right) \times \frac{1}{3} \times \frac{1}{3} = \frac{1}{36}$$

주머니 A에서 숫자 2 또는 4가 적혀 있는 공을 꺼내고 주머니 B에서 숫자 1 또는 3이 적혀 있는 공을 꺼내는 경우의 확률도 같은 방법으로 구하면

$$\frac{1}{36}$$

그러므로 이때의 확률은

$$\frac{1}{36} + \frac{1}{36} = \frac{1}{18}$$

(ⅲ) 주머니 A와 B에서 모두 숫자 1 또는 3이 적혀 있는 공이 아닌 다른 공을 꺼낸 경우

주머니 A와 B에는 모두 숫자 1이 적혀 있는 공과 숫자 3이 적혀 있는 공이 들어 있으므로 이때의 확률은

$$\left(\frac{2}{4} \times \frac{2}{4}\right) \times 2 \times \left(\frac{1}{3} \times \frac{1}{3}\right) = \frac{1}{18}$$

(ⅰ), (ⅱ), (ⅲ)에 의하여 구하는 확률은

$$\frac{1}{18} + \frac{1}{18} = \frac{1}{9}$$ 답 ①

27

$$P(A) = 1 - P(A^c)$$
$$= 1 - \frac{1}{4}$$
$$= \frac{3}{4}$$

이고, 두 사건 A와 B가 서로 독립이므로

$$P(A \cap B) = P(A)P(B)$$
$$= \frac{3}{4} \times \frac{1}{6}$$
$$= \frac{1}{8}$$ 답 ①

28

이 동아리 학생 중에서 임의로 선택한 1명이 남학생인 사건을 M, 프로젝트 A를 선택한 학생인 사건을 A라 하면

$$P(M) = \frac{16}{40} = \frac{2}{5}$$

$$P(A) = \frac{30}{40} = \frac{3}{4}$$

두 사건 M과 A가 서로 독립이므로

$$P(M \cap A) = P(M)P(A)$$에서

$$P(M \cap A) = \frac{2}{5} \times \frac{3}{4} = \frac{3}{10}$$

그러므로 이 동아리 학생 중에서 프로젝트 A를 선택한 남학생의 수는

$$40 \times \frac{3}{10} = 12$$

이고, 프로젝트 A를 선택한 여학생의 수는

$$30 - 12 = 18$$

따라서 프로젝트 B를 선택한 여학생의 수는

$$24 - 18 = 6$$ 답 ②

29

두 사건 A와 B가 서로 독립이므로

$$P(B|A) = P(B), \ P(A|B) = P(A)$$

$$P(A) = k$$라 하면

$$P(B) = 2P(A) = 2k$$

또한 두 사건 A와 B가 서로 독립이므로 두 사건 A^c과 B도 서로 독립이고

$$P(A^C \cap B) = P(A^C)P(B)$$
$$= \{1 - P(A)\}P(B)$$
$$= (1-k) \times 2k = \frac{4}{9}$$

에서

$$9k^2 - 9k + 2 = 0$$
$$(3k-1)(3k-2) = 0$$
$$k = \frac{1}{3} \ \text{또는} \ k = \frac{2}{3}$$

이때 $k = \frac{2}{3}$이면 $P(B) = 2k = \frac{4}{3}$가 되어 확률의 기본 성질을 만족시키지 않는다.

그러므로 $k = \frac{1}{3}$, 즉 $P(A) = \frac{1}{3}$이고

$$P(B) = 2P(A) = \frac{2}{3}$$

두 사건 A와 B가 서로 독립이므로

$$P(A \cap B) = P(A)P(B) = \frac{1}{3} \times \frac{2}{3} = \frac{2}{9}$$

따라서

$$P(A \cup B) = P(A) + P(B) - P(A \cap B)$$
$$= \frac{1}{3} + \frac{2}{3} - \frac{2}{9}$$
$$= \frac{7}{9}$$

답 ④

30

두 수 a, b의 모든 순서쌍 (a, b)의 개수는

$6 \times 6 = 36$

사건 A는 순서쌍 (a, b)가

$(1, 1)$, $(1, 3)$, $(1, 5)$, $(3, 1)$, $(3, 3)$, $(3, 5)$,
$(5, 1)$, $(5, 3)$, $(5, 5)$

인 경우이므로

$$P(A) = \frac{9}{36} = \frac{1}{4}$$

두 사건 A와 B가 서로 독립이려면 $P(B) > 0$이고

$P(A \cap B) = P(A)P(B)$, 즉

$$P(A) = \frac{P(A \cap B)}{P(B)} = \frac{n(A \cap B)}{n(B)} = \frac{1}{4}$$

을 만족시키면 된다.

$n(B) = 4 \times n(A \cap B)$에서 $n(B)$는 4의 배수이고, 5 이하의 자연수 n에 대하여 a와 b가 모두 n 이하인 모든 순서쌍 (a, b)의 개수는 n^2이므로 n^2이 4의 배수, 즉 $n=2$일 때와 $n=4$일 때에만 확인하면 된다.

(i) $n = 2$인 경우

사건 B는 순서쌍 (a, b)가 2 이하의 두 자연수 a, b의 모든 순서쌍 (a, b)인 경우이므로

$$P(B) = \frac{4}{36} = \frac{1}{9}$$

사건 $A \cap B$는 순서쌍 (a, b)가 $(1, 1)$인 경우이므로

$$P(A \cap B) = \frac{1}{36}$$

$P(A \cap B) = P(A)P(B)$이므로 두 사건 A와 B는 서로 독립이다.

(ii) $n = 4$인 경우

사건 B는 순서쌍 (a, b)가 4 이하의 두 자연수 a, b의 모든 순서쌍 (a, b)인 경우이므로

$$P(B) = \frac{16}{36} = \frac{4}{9}$$

사건 $A \cap B$는 순서쌍 (a, b)가

$(1, 1)$, $(1, 3)$, $(3, 1)$, $(3, 3)$

인 경우이므로

$$P(A \cap B) = \frac{4}{36} = \frac{1}{9}$$

$P(A \cap B) = P(A)P(B)$이므로 두 사건 A와 B는 서로 독립이다.

(i), (ii)에 의하여 구하는 모든 자연수 n의 값의 합은

$2 + 4 = 6$

답 6

31

배터리 3개 중 2개의 배터리만 수명이 10년 이상이고 1개의 배터리는 수명이 10년 미만이어야 하므로 구하는 확률은

$$_3C_2 \times \left(\frac{5}{6}\right)^2 \times \frac{1}{6} = \frac{25}{72}$$

답 ②

32

동전 2개를 동시에 던져 앞면이 나오지 않을 확률은 $\frac{1}{4}$이고,

앞면이 1개 이상 나올 확률은 $\frac{3}{4}$이다.

활동지 A를 선택한 학생의 수가 활동지 B를 선택한 학생의 수보다 많으려면 활동지 A를 선택한 학생이 4명이거나 활동지 A를 선택한 학생이 3명, 활동지 B를 선택한 학생이 1명이어야 한다.

활동지 A를 선택한 학생이 4명일 확률은

$$\left(\frac{1}{4}\right)^4 = \frac{1}{256}$$

활동지 A를 선택한 학생이 3명, 활동지 B를 선택한 학생이 1명일 확률은

$$_4C_3 \times \left(\frac{1}{4}\right)^3 \times \frac{3}{4} = \frac{3}{64}$$

따라서 구하는 확률은

$$\frac{1}{256} + \frac{3}{64} = \frac{13}{256}$$

답 ①

33

(i) A팀이 B팀에게 2승하고, C팀에게 1승 1패할 경우

B팀에게 2승할 확률은

$$\left(\frac{3}{5}\right)^2 = \frac{9}{25}$$

C팀에게 1승 1패할 확률은

$$_2C_1 \times \frac{2}{3} \times \frac{1}{3} = \frac{4}{9}$$

그러므로 이때의 확률은

$$\frac{9}{25} \times \frac{4}{9} = \frac{4}{25}$$

(ii) A팀이 B팀에게 1승 1패하고, C팀에게 2승할 경우

B팀에게 1승 1패할 확률은

$$_2C_1 \times \frac{3}{5} \times \frac{2}{5} = \frac{12}{25}$$

C팀에게 2승할 확률은

$$\left(\frac{2}{3}\right)^2 = \frac{4}{9}$$

그러므로 이때의 확률은

$$\frac{12}{25} \times \frac{4}{9} = \frac{16}{75}$$

(i), (ii)에 의하여 구하는 확률은

$$\frac{4}{25} + \frac{16}{75} = \frac{28}{75}$$

답 ④

(i), (ii), (iii)에 의하여 구하는 확률은

$$\frac{8}{243} + \frac{4}{81} + \frac{32}{243} = \frac{52}{243}$$

답 ①

34

(i) $a_1 + a_2 = 2$이고 $a_3 + a_4 + a_5 = 0$인 경우

$a_1 + a_2 = 2$이려면 $a_1 = a_2 = 1$이어야 하므로 확률은

$$\left(\frac{1}{3}\right)^2 = \frac{1}{9}$$

$a_3 + a_4 + a_5 = 0$이려면 $a_3 = a_4 = a_5 = 0$이어야 하므로 확률은

$$\left(\frac{2}{3}\right)^3 = \frac{8}{27}$$

그러므로 이때의 확률은

$$\frac{1}{9} \times \frac{8}{27} = \frac{8}{243}$$

(ii) $a_1 + a_2 = 2$이고 $a_3 + a_4 + a_5 = 1$인 경우

$a_1 + a_2 = 2$일 확률은

$$\left(\frac{1}{3}\right)^2 = \frac{1}{9}$$

$a_3 + a_4 + a_5 = 1$이려면 a_3, a_4, a_5 중에서 2개는 0, 1개는 1이어야 하므로 확률은

$$_3C_2 \times \left(\frac{2}{3}\right)^2 \times \frac{1}{3} = \frac{4}{9}$$

그러므로 이때의 확률은

$$\frac{1}{9} \times \frac{4}{9} = \frac{4}{81}$$

(iii) $a_1 + a_2 = 1$이고 $a_3 + a_4 + a_5 = 0$인 경우

$a_1 + a_2 = 1$이려면 a_1, a_2 중에서 1개는 0, 1개는 1이어야 하므로 확률은

$$_2C_1 \times \frac{2}{3} \times \frac{1}{3} = \frac{4}{9}$$

$a_3 + a_4 + a_5 = 0$일 확률은

$$\left(\frac{2}{3}\right)^3 = \frac{8}{27}$$

그러므로 이때의 확률은

$$\frac{4}{9} \times \frac{8}{27} = \frac{32}{243}$$

09 통계

본문 93~104쪽

01 ⑤	02 ③	03 ⑤	04 7	05 ④
06 ②	07 ④	08 ②	09 ②	10 ④
11 ⑤	12 47	13 17	14 ②	15 64
16 ④	17 ②	18 ④	19 ①	20 ③
21 ④	22 ⑤	23 ①	24 ③	25 ②
26 ③	27 ②	28 ②	29 27	30 ⑤
31 ②	32 ③	33 ③	34 ④	35 ③
36 ③	37 ④	38 ③	39 ⑤	40 ②
41 ④	42 ④	43 ④	44 385	

01

이산확률변수 X가 갖는 모든 값에 대한 확률의 합은 1이므로

$\dfrac{1}{2}k+\dfrac{3}{2}k+\dfrac{5}{2}k=1$에서

$\dfrac{9}{2}k=1$, $k=\dfrac{2}{9}$

따라서 $\mathrm{P}(X=3)=\dfrac{2}{9}\times\dfrac{5}{2}=\dfrac{5}{9}$　　　답 ⑤

02

이산확률변수 X가 갖는 모든 값에 대한 확률의 합은 1이므로

$\mathrm{P}(X\leq2)+\mathrm{P}(X\geq3)=1$

이때 $\mathrm{P}(X\leq2)=\mathrm{P}(X\geq3)$이므로

$\mathrm{P}(X\leq2)=\mathrm{P}(X\geq3)=\dfrac{1}{2}$

$\mathrm{P}(X\leq2)=\mathrm{P}(X=1)+\mathrm{P}(X=2)$

$\qquad\qquad=a+\dfrac{1}{6}=\dfrac{1}{2}$

에서 $a=\dfrac{1}{3}$

$\mathrm{P}(X=3)=a^2=\dfrac{1}{9}$

$\mathrm{P}(X\geq3)=\mathrm{P}(X=3)+\mathrm{P}(X=4)$

$\qquad\qquad=\dfrac{1}{9}+b=\dfrac{1}{2}$

에서 $b=\dfrac{1}{2}-\dfrac{1}{9}=\dfrac{7}{18}$

따라서 $\mathrm{P}(X=4)=\dfrac{7}{18}$　　　답 ③

03

주머니에서 2개의 공을 꺼내는 경우의 수는

$_{10}\mathrm{C}_2=\dfrac{10\times9}{2\times1}=45$

확률변수 X가 가질 수 있는 값은 1, 2, 3, 4, 5이므로

$\mathrm{P}(X\geq3)=1-\{\mathrm{P}(X=1)+\mathrm{P}(X=2)\}$

$X=1$이려면 숫자 1이 적혀 있는 공 2개를 꺼내야 하므로

$\mathrm{P}(X=1)=\dfrac{1}{45}$

$X=2$이려면 숫자 1과 숫자 2가 적혀 있는 공을 1개씩 꺼내거나 숫자 2가 적혀 있는 공 2개를 꺼내야 하므로

$\mathrm{P}(X=2)=\dfrac{2\times2+1}{45}=\dfrac{1}{9}$

따라서 구하는 확률은

$\mathrm{P}(X\geq3)=1-\left(\dfrac{1}{45}+\dfrac{1}{9}\right)$

$\qquad\qquad=\dfrac{13}{15}$　　　답 ⑤

04

(i) $X=1$인 경우

$(n+5)$개의 공 중에서 흰 공 2개와 검은 공 1개를 꺼내야 하므로

$\mathrm{P}(X=1)=\dfrac{_5\mathrm{C}_2\times{_n}\mathrm{C}_1}{_{n+5}\mathrm{C}_3}$

(ii) $X=3$인 경우

$(n+5)$개의 공 중에서 검은 공 3개를 꺼내야 하므로

$\mathrm{P}(X=3)=\dfrac{_n\mathrm{C}_3}{_{n+5}\mathrm{C}_3}$

$\mathrm{P}(X=1)=2\times\mathrm{P}(X=3)$이므로

$\dfrac{_5\mathrm{C}_2\times{_n}\mathrm{C}_1}{_{n+5}\mathrm{C}_3}=2\times\dfrac{_n\mathrm{C}_3}{_{n+5}\mathrm{C}_3}$

$_5\mathrm{C}_2\times{_n}\mathrm{C}_1=2\times{_n}\mathrm{C}_3$

$10n=2\times\dfrac{n(n-1)(n-2)}{6}$

$(n-1)(n-2)=30$

$n^2-3n-28=0$

$(n-7)(n+4)=0$

$n\geq3$이므로

$n=7$　　　답 7

05

$\mathrm{E}(X)=4$이고 $\mathrm{V}(X)=\{\sigma(X)\}^2=3^2=9$이므로

$\mathrm{V}(X)=\mathrm{E}(X^2)-\{\mathrm{E}(X)\}^2$에서

$\mathrm{E}(X^2)=\mathrm{V}(X)+\{\mathrm{E}(X)\}^2$

$\qquad\quad=9+16$

$\qquad\quad=25$　　　답 ④

06

세 수 a, b, c가 이 순서대로 등차수열을 이루므로 공차를 d라 하면

$a=b-d$, $c=b+d$

이산확률변수 X가 갖는 모든 값에 대한 확률의 합이 1이므로

$a+b+c=(b-d)+b+(b+d)=3b=1$에서

$b=\dfrac{1}{3}$

$a=\dfrac{1}{3}-d$, $c=\dfrac{1}{3}+d$이므로

$\mathrm{E}(X)=1\times\left(\dfrac{1}{3}-d\right)+2\times\dfrac{1}{3}+4\times\left(\dfrac{1}{3}+d\right)$

$\qquad\quad=\dfrac{7}{3}+3d$

$\dfrac{7}{3}+3d=\dfrac{8}{3}$에서

$d=\dfrac{1}{9}$

$a=b-d=\dfrac{1}{3}-\dfrac{1}{9}=\dfrac{2}{9}$

$c=b+d=\dfrac{1}{3}+\dfrac{1}{9}=\dfrac{4}{9}$

$\mathrm{E}(X^2)=1^2\times\dfrac{2}{9}+2^2\times\dfrac{1}{3}+4^2\times\dfrac{4}{9}=\dfrac{26}{3}$

따라서

$\mathrm{V}(X)=\mathrm{E}(X^2)-\{\mathrm{E}(X)\}^2$

$\qquad\quad=\dfrac{26}{3}-\left(\dfrac{8}{3}\right)^2$

$\qquad\quad=\dfrac{14}{9}$

답 ②

07

이산확률변수 X가 갖는 값이 1, 2, 3이므로

$\mathrm{P}(X\le 2)=\mathrm{P}(X=1)+\mathrm{P}(X=2)$,

$\mathrm{P}(X\ge 2)=\mathrm{P}(X=2)+\mathrm{P}(X=3)$이고,

$\mathrm{P}(X\le 2)=\mathrm{P}(X\ge 2)$에서

$\mathrm{P}(X=1)=\mathrm{P}(X=3)$

$\mathrm{P}(X=1)=a$라 하면 이산확률변수 X가 갖는 모든 값에 대한 확률의 합은 1이므로

$\mathrm{P}(X=2)=1-\mathrm{P}(X=1)-\mathrm{P}(X=3)$

$\qquad\qquad\quad=1-2a$

이산확률변수 X의 확률분포를 표로 나타내면 다음과 같다.

X	1	2	3	합계
$\mathrm{P}(X=x)$	a	$1-2a$	a	1

이때

$\mathrm{E}(X)=1\times a+2\times(1-2a)+3\times a$

$\qquad\quad=2$

$\mathrm{E}(X^2)=1^2\times a+2^2\times(1-2a)+3^2\times a$

$\qquad\quad=2a+4$

이므로

$\mathrm{V}(X)=\mathrm{E}(X^2)-\{\mathrm{E}(X)\}^2$

$\qquad\quad=(2a+4)-2^2$

$\qquad\quad=2a$

$2a=\dfrac{1}{3}$이므로 $a=\dfrac{1}{6}$

따라서 $\mathrm{P}(X=1)=\dfrac{1}{6}$

답 ④

08

상자 B에 들어 있는 모든 공에 적혀 있는 수의 곱이 6의 배수가 되려면 상자 A에서 숫자 2가 적혀 있는 공과 숫자 3이 적혀 있는 공을 각각 적어도 1개씩 꺼내야 하므로 확률변수 X가 가질 수 있는 값은 2, 3, 4이고 각각의 확률은 다음과 같다.

(i) $X=2$인 경우

두 번째까지 공을 꺼낼 때 숫자 2가 적혀 있는 공 1개와 숫자 3이 적혀 있는 공 1개를 꺼내야 하므로

$\mathrm{P}(X=2)=\dfrac{3\times 2+2\times 3}{5\times 4}=\dfrac{3}{5}$

(ii) $X=4$인 경우

세 번째까지 공을 꺼낼 때 숫자 2가 적혀 있는 공 3개를 꺼내야 하므로

$\mathrm{P}(X=4)=\dfrac{3\times 2\times 1}{5\times 4\times 3}=\dfrac{1}{10}$

(iii) $X=3$인 경우

전체 경우에서 (i), (ii)를 제외한 경우이므로

$\mathrm{P}(X=3)=1-\left(\dfrac{3}{5}+\dfrac{1}{10}\right)=\dfrac{3}{10}$

(i), (ii), (iii)에서 확률변수 X의 확률분포를 표로 나타내면 다음과 같다.

X	2	3	4	합계
$\mathrm{P}(X=x)$	$\dfrac{3}{5}$	$\dfrac{3}{10}$	$\dfrac{1}{10}$	1

$\mathrm{E}(X)=2\times\dfrac{3}{5}+3\times\dfrac{3}{10}+4\times\dfrac{1}{10}=\dfrac{5}{2}$

$\mathrm{E}(X^2)=2^2\times\dfrac{3}{5}+3^2\times\dfrac{3}{10}+4^2\times\dfrac{1}{10}=\dfrac{67}{10}$

따라서

$\mathrm{V}(X)=\mathrm{E}(X^2)-\{\mathrm{E}(X)\}^2$

$\qquad\quad=\dfrac{67}{10}-\left(\dfrac{5}{2}\right)^2$

$\qquad\quad=\dfrac{9}{20}$

답 ②

참고

$\mathrm{P}(X=3)$은 다음과 같은 방법으로도 구할 수 있다.

$X=3$인 경우

두 번째까지 공을 꺼낼 때 숫자 2가 적혀 있는 공 2개를 꺼내고 세 번째에 숫자 3이 적혀 있는 공을 꺼내거나 두 번째까지 공을 꺼낼 때 숫자 3이 적혀 있는 공 2개를 꺼내고 세 번째에 숫자 2가 적혀 있는 공을 꺼내야 하므로

$\mathrm{P}(X=3)=\dfrac{3\times 2\times 2}{5\times 4\times 3}+\dfrac{2\times 1\times 3}{5\times 4\times 3}=\dfrac{3}{10}$

09

한 개의 주사위를 세 번 던질 때 일어나는 모든 경우의 수는

$6^3=216$

확률변수 X가 갖는 값은 0, 1, 2, 3, 4이다.

(i) $X=4$인 경우

$a_1=4$, $a_2=6$, $a_3=4$ 또는 $a_1=5$, $a_2=5$, $a_3=5$ 또는

$a_1=6$, $a_2=4$, $a_3=6$

이므로

$P(X=4)=\dfrac{3}{216}=\dfrac{1}{72}$

(ii) $X=3$인 경우

$a_2=1$ 또는 $a_2=2$ 또는 $a_2=3$이면 $X=3$이 될 수 없다.

$a_2=4$일 때

$a_1=6$이고 $a_3=2$ 또는 $a_3=5$이거나

$a_1=2$ 또는 $a_1=5$이고 $a_3=6$이면 된다.

$a_2=5$ 또는 $a_2=6$일 때에도 마찬가지이므로

$P(X=3)=\dfrac{4\times3}{216}=\dfrac{12}{216}=\dfrac{1}{18}$

(iii) $X=2$인 경우

① 1점을 2번 얻는 경우

$a_2=1$일 때 $a_1=2$ 또는 $a_1=5$이고 $a_3=2$ 또는 $a_3=5$이면 된다.

$a_2=2$, $a_2=3$, $a_2=4$, $a_2=5$, $a_2=6$일 때에도 마찬가지이다.

② 2점을 1번 얻는 경우

$a_2=4$일 때

$a_1=6$이고 $a_3=1$ 또는 $a_3=3$ 또는 $a_3=4$이거나

$a_1=1$ 또는 $a_1=3$ 또는 $a_1=4$이고 $a_3=6$이면 된다.

$a_2=5$, $a_2=6$일 때에도 마찬가지이다.

①, ②에 의하여

$P(X=2)=\dfrac{4\times6+6\times3}{216}=\dfrac{42}{216}=\dfrac{7}{36}$

(iv) $X=1$인 경우

$a_2=1$일 때

$a_1=2$ 또는 $a_1=5$이고 $a_3=1$ 또는 $a_3=3$ 또는 $a_3=4$ 또는 $a_3=6$이거나 $a_1=1$ 또는 $a_1=3$ 또는 $a_1=4$ 또는 $a_1=6$이고 $a_3=2$ 또는 $a_3=5$이면 된다.

$a_2=2$, $a_2=3$일 때에도 마찬가지이다.

$a_2=4$일 때

$a_1=2$ 또는 $a_1=5$이고 $a_3=1$ 또는 $a_3=3$ 또는 $a_3=4$이거나 $a_1=1$ 또는 $a_1=3$ 또는 $a_1=4$이고 $a_3=2$ 또는 $a_3=5$이면 된다.

$a_2=5$, $a_2=6$일 때에도 마찬가지이다.

$P(X=1)=\dfrac{16\times3+12\times3}{216}=\dfrac{84}{216}=\dfrac{7}{18}$

(v) $X=0$인 경우

$P(X=0)=1-\{P(X=1)+P(X=2)+P(X=3)+P(X=4)\}$

이므로

$P(X=0)=1-\left(\dfrac{7}{18}+\dfrac{7}{36}+\dfrac{1}{18}+\dfrac{1}{72}\right)$

$=\dfrac{25}{72}$

(i)~(v)에 의하여

$E(X)=0\times\dfrac{25}{72}+1\times\dfrac{7}{18}+2\times\dfrac{7}{36}+3\times\dfrac{1}{18}+4\times\dfrac{1}{72}$

$=1$ 답 ②

10

$V\left(\dfrac{1}{3}X\right)=\left(\dfrac{1}{3}\right)^2V(X)=\dfrac{1}{9}V(X)=4$에서

$V(X)=36$

$\sigma(X)=\sqrt{V(X)}=\sqrt{36}=6$

따라서 $\sigma(3X)=3\sigma(X)=3\times6=18$ 답 ④

11

$E(2X+1)=9$에서

$2E(X)+1=9$, $2E(X)=8$

$E(X)=4$

$V(3X)=36$에서

$3^2V(X)=9V(X)=36$

$V(X)=4$

$V(X)=E(X^2)-\{E(X)\}^2$이므로

$E(X^2)=V(X)+\{E(X)\}^2$

$=4+16$

$=20$ 답 ⑤

12

이산확률변수 X의 확률질량함수가

$P(X=x)=\begin{cases} a & (x=0) \\ 2^{-x} & (x=1,\,2,\,3) \end{cases}$

이고, 이산확률변수 X가 갖는 모든 값에 대한 확률의 합은 1이므로

$P(X=0)+P(X=1)+P(X=2)+P(X=3)$

$=a+\dfrac{1}{2}+\dfrac{1}{4}+\dfrac{1}{8}=1$

$a+\dfrac{7}{8}=1$

$a=\dfrac{1}{8}$

이산확률변수 X의 확률분포를 표로 나타내면 다음과 같다.

X	0	1	2	3	합계
$P(X=x)$	$\dfrac{1}{8}$	$\dfrac{1}{2}$	$\dfrac{1}{4}$	$\dfrac{1}{8}$	1

$E(X)=0\times\dfrac{1}{8}+1\times\dfrac{1}{2}+2\times\dfrac{1}{4}+3\times\dfrac{1}{8}=\dfrac{11}{8}$

$E(X^2)=0^2\times\dfrac{1}{8}+1^2\times\dfrac{1}{2}+2^2\times\dfrac{1}{4}+3^2\times\dfrac{1}{8}=\dfrac{21}{8}$

이므로

$V(X)=E(X^2)-\{E(X)\}^2$

$=\dfrac{21}{8}-\left(\dfrac{11}{8}\right)^2$

$=\dfrac{168}{64}-\dfrac{121}{64}$

$=\dfrac{47}{64}$

따라서

$V\left(\dfrac{1}{a}X\right)=V(8X)$

$=8^2V(X)$

$=64\times\dfrac{47}{64}=47$ 답 47

13

6장의 카드를 모두 한 번씩 사용하여 일렬로 나열하는 경우의 수는

$\dfrac{6!}{3!\times2!}=60$

확률변수 X가 가질 수 있는 값은 1, 2, 4, 8이므로

$a=1+2+4+8=15$

(i) $X=1$인 경우

양 끝에 모두 숫자 1이 적혀 있는 카드를 놓는 경우의 수는 1이고 숫자 1, 2, 2, 4가 적혀 있는 4장의 카드를 일렬로 나열하는 경우의 수는 $\dfrac{4!}{2!}=12$이고

$$P(X=1)=\frac{1\times12}{60}=\frac{1}{5}$$

(ii) $X=2$인 경우

양 끝에 숫자 1, 2가 적혀 있는 카드를 놓는 경우의 수는 2이고 숫자 1, 1, 2, 4가 적혀 있는 4장의 카드를 일렬로 나열하는 경우의 수는 $\dfrac{4!}{2!}=12$이므로

$$P(X=2)=\frac{2\times12}{60}=\frac{2}{5}$$

(iii) $X=4$인 경우

양 끝에 숫자 1, 4가 적혀 있는 카드를 놓는 경우의 수는 2이고 숫자 1, 1, 2, 2가 적혀 있는 4장의 카드를 일렬로 나열하는 경우의 수는 $\dfrac{4!}{2!\times2!}=6$이며,

양 끝에 모두 숫자 2가 적혀 있는 카드를 놓는 경우의 수는 1이고 숫자 1, 1, 1, 4가 적혀 있는 4장의 카드를 일렬로 나열하는 경우의 수는 $\dfrac{4!}{3!}=4$이므로

$$P(X=4)=\frac{2\times6+1\times4}{60}=\frac{4}{15}$$

(iv) $X=8$인 경우

양 끝에 숫자 2, 4가 적혀 있는 카드를 놓는 경우의 수는 2이고 숫자 1, 1, 1, 2가 적혀 있는 4장의 카드를 일렬로 나열하는 경우의 수는 $\dfrac{4!}{3!}=4$이므로

$$P(X=8)=\frac{2\times4}{60}=\frac{2}{15}$$

$$E(X)=1\times\frac{1}{5}+2\times\frac{2}{5}+4\times\frac{4}{15}+8\times\frac{2}{15}=\frac{47}{15}$$

따라서

$$\begin{aligned}E(aX-2a)&=E(15X-30)\\&=15E(X)-30\\&=15\times\frac{47}{15}-30\\&=17\end{aligned}$$

답 17

14

확률변수 X가 이항분포 $B\left(100,\dfrac{2}{5}\right)$를 따르므로

$$V(X)=100\times\frac{2}{5}\times\frac{3}{5}=24$$

답 ②

15

확률변수 X가 이항분포 $B(n,p)$를 따르므로

$E(X)=np$, $V(X)=np(1-p)$

$E(X)=4V(X)$이므로

$np=4np(1-p)$에서

$$4(1-p)=1,\ 1-p=\frac{1}{4},\ p=\frac{3}{4}$$

$\sigma(X)=3$이므로

$$V(X)=\{\sigma(X)\}^2=3^2=9$$

$n\times\dfrac{3}{4}\times\dfrac{1}{4}=9$에서

$n=48$

따라서 $\dfrac{n}{p}=\dfrac{48}{\frac{3}{4}}=64$

답 64

16

확률변수 X가 이항분포 $B(6,p)$를 따르므로

$P(X=0)={_6}C_0\times(1-p)^6=(1-p)^6$

$P(X=1)={_6}C_1\times p\times(1-p)^5=6p(1-p)^5$

$P(X=3)={_6}C_3\times p^3\times(1-p)^3=20p^3(1-p)^3$

세 수 $(1-p)^6$, $6p(1-p)^5$, $20p^3(1-p)^3$이 이 순서대로 등비수열을 이루므로

$\{6p(1-p)^5\}^2=(1-p)^6\times20p^3(1-p)^3$

$36p^2(1-p)^{10}=20p^3(1-p)^9$

$9(1-p)=5p$

$14p=9$

$p=\dfrac{9}{14}$

따라서 $E(X)=6\times\dfrac{9}{14}=\dfrac{27}{7}$

답 ④

17

500원짜리 동전 2개와 100원짜리 동전 2개를 동시에 한 번 던질 때 모두 앞면이 나오거나 모두 뒷면이 나올 확률은

$$\left(\frac{1}{2}\right)^4+\left(\frac{1}{2}\right)^4=\frac{1}{16}+\frac{1}{16}=\frac{1}{8}$$

이고, 500원짜리 동전 1개만 앞면이 나오고 100원짜리 동전 1개만 앞면이 나올 확률은

$$\left({_2}C_1\times\frac{1}{2}\times\frac{1}{2}\right)\times\left({_2}C_1\times\frac{1}{2}\times\frac{1}{2}\right)=\frac{1}{2}\times\frac{1}{2}=\frac{1}{4}$$

이므로 500원짜리 동전 2개와 100원짜리 동전 2개를 동시에 한 번 던져서 앞면이 나온 500원짜리 동전의 개수와 앞면이 나온 100원짜리 동전의 개수가 서로 같게 될 확률은

$$\frac{1}{8}+\frac{1}{4}=\frac{3}{8}$$

동전 4개를 동시에 한 번 던져서 앞면이 나온 500원짜리 동전의 개수와 앞면이 나온 100원짜리 동전의 개수가 서로 같은 횟수를 확률변수 Y라 하면 서로 다른 횟수는 $32-Y$이므로 점수의 합 X는

$X=3Y-(32-Y)=4Y-32$

확률변수 Y는 이항분포 $\mathrm{B}\left(32,\dfrac{3}{8}\right)$을 따르므로

$\mathrm{E}(Y)=32\times\dfrac{3}{8}=12$

따라서

$\mathrm{E}(X)=\mathrm{E}(4Y-32)$
$\qquad=4\mathrm{E}(Y)-32$
$\qquad=4\times12-32$
$\qquad=16$

$\qquad\qquad\qquad\qquad\qquad\qquad\qquad$ 답 ②

18

연속확률변수 X의 확률밀도함수 $y=|kx|\ (-1\le x\le2)$의 그래프는 그림과 같다.

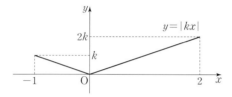

함수 $y=|kx|$의 그래프와 x축 및 두 직선 $x=-1$, $x=2$로 둘러싸인 부분의 넓이가 1이어야 하므로

$\dfrac{1}{2}\times1\times k+\dfrac{1}{2}\times2\times2k=1$

$\dfrac{5}{2}k=1$

따라서 $k=\dfrac{2}{5}$

$\qquad\qquad\qquad\qquad\qquad\qquad\qquad$ 답 ④

19

연속확률변수 X의 확률밀도함수 $y=f(x)\ (0\le x\le4)$의 그래프는 그림과 같다.

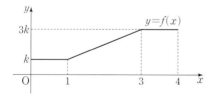

함수 $y=f(x)$의 그래프와 x축, y축 및 직선 $x=4$로 둘러싸인 부분의 넓이가 1이어야 하므로

$1\times k+\dfrac{1}{2}\times2\times(k+3k)+1\times3k=1$, $8k=1$

즉, $k=\dfrac{1}{8}$이므로

$f(x)=\begin{cases}\dfrac{1}{8} & (0\le x<1)\\[2mm]\dfrac{1}{8}x & (1\le x<3)\\[2mm]\dfrac{3}{8} & (3\le x\le4)\end{cases}$

따라서

$\mathrm{P}\left(4k\le X\le\dfrac{1}{4k}\right)=\mathrm{P}\left(\dfrac{1}{2}\le X\le2\right)$
$\qquad\qquad\qquad=\dfrac{1}{2}\times\dfrac{1}{8}+\dfrac{1}{2}\times1\times\left(\dfrac{1}{8}+\dfrac{1}{4}\right)$
$\qquad\qquad\qquad=\dfrac{1}{4}$

$\qquad\qquad\qquad\qquad\qquad\qquad\qquad$ 답 ①

20

a와 b가 양수이므로 연속확률변수 X의 확률밀도함수 $y=ax+b\ (0\le x\le4)$의 그래프는 그림과 같다.

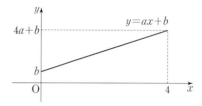

함수 $y=f(x)$의 그래프와 x축, y축 및 직선 $x=4$로 둘러싸인 부분의 넓이가 1이어야 하므로

$\dfrac{1}{2}\times4\times\{b+(4a+b)\}=2(4a+2b)=8a+4b=1$ ...... ㉠

$\mathrm{P}(0\le X\le1)+\mathrm{P}(2\le X\le4)=\dfrac{25}{32}$에서

$\mathrm{P}(1\le X\le2)=1-\{\mathrm{P}(0\le X\le1)+\mathrm{P}(2\le X\le4)\}$
$\qquad\qquad\qquad=1-\dfrac{25}{32}$
$\qquad\qquad\qquad=\dfrac{7}{32}$

이고,

$\mathrm{P}(1\le X\le2)=\dfrac{1}{2}\times1\times\{(a+b)+(2a+b)\}$
$\qquad\qquad\qquad=\dfrac{3}{2}a+b=\dfrac{7}{32}$ ...... ㉡

㉠, ㉡을 연립하여 풀면

$a=\dfrac{1}{16}$, $b=\dfrac{1}{8}$

따라서 $f(x)=\dfrac{1}{16}x+\dfrac{1}{8}$이므로

$f(3)=\dfrac{3}{16}+\dfrac{1}{8}=\dfrac{5}{16}$

$\qquad\qquad\qquad\qquad\qquad\qquad\qquad$ 답 ③

21

$0\le x\le3$인 모든 실수 x에 대하여 $f(-x)=f(x)$이므로 확률밀도함수 $y=f(x)$의 그래프는 y축에 대하여 대칭이다.

$\mathrm{P}(-3\le X\le-2)=a$, $\mathrm{P}(-2\le X\le-1)=b$라 하면

$\mathrm{P}(1\le X\le2)=b$, $\mathrm{P}(2\le X\le3)=a$이고

$\mathrm{P}(0\le X\le3)=\dfrac{1}{2}$이므로

$\mathrm{P}(0\le X\le1)=\mathrm{P}(-1\le X\le0)$
$\qquad\qquad\qquad=\dfrac{1}{2}-a-b$

$$P(1 \leq X \leq 3) = P(1 \leq X \leq 2) + P(2 \leq X \leq 3)$$
$$= a + b$$
$$P(-1 \leq X \leq 2) = P(-1 \leq X \leq 1) + P(1 \leq X \leq 2)$$
$$= 2 \times P(0 \leq X \leq 1) + P(1 \leq X \leq 2)$$
$$= 2\left(\frac{1}{2} - a - b\right) + b$$
$$= 1 - 2a - b$$

세 수 $P(-3 \leq X \leq -2)$, $P(1 \leq X \leq 3)$, $P(-1 \leq X \leq 2)$가 이 순서대로 등차수열을 이루므로 세 수 a, $a+b$, $1-2a-b$가 이 순서대로 등차수열을 이루고 이 등차수열의 공차는 b이다.

그러므로
$$(a+b) + b = 1 - 2a - b, \; 3a + 3b = 1$$
$$a + b = \frac{1}{3}$$
$$P(0 \leq X \leq 1) = \frac{1}{2} - (a+b) = \frac{1}{2} - \frac{1}{3} = \frac{1}{6}$$

따라서
$$P(0 \leq X \leq 2) = P(0 \leq X \leq 1) + P(1 \leq X \leq 2)$$
$$= \frac{1}{6} + b$$

이고, $b \geq \frac{1}{12}$이므로 $P(0 \leq X \leq 2)$의 최솟값은

$\frac{1}{6} + \frac{1}{12} = \frac{1}{4}$이다. 　　　　　　　　답 ④

22

확률변수 X가 정규분포 $N(12, 5^2)$을 따르므로 $Z = \frac{X-12}{5}$로 놓으면 확률변수 Z는 표준정규분포 $N(0, 1)$을 따른다.

따라서
$$P(X \leq 20) = P\left(\frac{X-12}{5} \leq \frac{20-12}{5}\right)$$
$$= P(Z \leq 1.6)$$
$$= 0.5 + P(0 \leq Z \leq 1.6)$$
$$= 0.5 + 0.4452$$
$$= 0.9452$$
　　　　　　　　답 ⑤

23

확률변수 Z가 표준정규분포를 따르고 $P(Z \geq a) = 0.14$이므로 $a > 0$이다.

따라서
$$P(|Z| \leq a) = P(-a \leq Z \leq a)$$
$$= 2 \times P(0 \leq Z \leq a)$$
$$= 2 \times \{0.5 - P(Z \geq a)\}$$
$$= 2 \times (0.5 - 0.14)$$
$$= 2 \times 0.36$$
$$= 0.72$$
　　　　　　　　답 ①

24

확률변수 X가 평균이 m, 표준편차가 2인 정규분포를 따르므로 $Z = \frac{X-m}{2}$으로 놓으면 확률변수 Z는 표준정규분포 $N(0, 1)$을 따른다.

$$P(X \leq 4) = P\left(\frac{X-m}{2} \leq \frac{4-m}{2}\right)$$
$$= P\left(Z \leq \frac{4-m}{2}\right)$$
$$= 0.5 - P\left(\frac{4-m}{2} \leq Z \leq 0\right)$$
$$= 0.5 - P\left(0 \leq Z \leq \frac{m-4}{2}\right)$$
$$= 0.0062$$

에서 $P\left(0 \leq Z \leq \frac{m-4}{2}\right) = 0.4938$이므로

$$\frac{m-4}{2} = 2.5, \; m = 9$$

따라서
$$P(6 \leq X \leq 15) = P\left(\frac{6-9}{2} \leq \frac{X-9}{2} \leq \frac{15-9}{2}\right)$$
$$= P(-1.5 \leq Z \leq 3)$$
$$= P(-1.5 \leq Z \leq 0) + P(0 \leq Z \leq 3)$$
$$= P(0 \leq Z \leq 1.5) + P(0 \leq Z \leq 3)$$
$$= 0.4332 + 0.4987$$
$$= 0.9319$$
　　　　　　　　답 ③

25

확률변수 X가 정규분포 $N(m, 4\sigma^2)$을 따르므로 $Z_1 = \frac{X-m}{2\sigma}$으로 놓으면 확률변수 Z_1은 표준정규분포 $N(0, 1)$을 따르고, 확률변수 Y가 정규분포 $N(2m, \sigma^2)$을 따르므로 $Z_2 = \frac{Y-2m}{\sigma}$으로 놓으면 확률변수 Z_2도 표준정규분포 $N(0, 1)$을 따른다.

$P(X \leq 6) = P(Y \geq 7)$에서
$$P\left(\frac{X-m}{2\sigma} \leq \frac{6-m}{2\sigma}\right) = P\left(\frac{Y-2m}{\sigma} \geq \frac{7-2m}{\sigma}\right)$$
$$P\left(Z_1 \leq \frac{6-m}{2\sigma}\right) = P\left(Z_2 \geq \frac{7-2m}{\sigma}\right)$$

즉, $\frac{6-m}{2\sigma} = -\frac{7-2m}{\sigma}$이므로
$$6 - m = 4m - 14$$
$$5m = 20, \; m = 4$$

확률변수 Y는 정규분포 $N(8, \sigma^2)$을 따르므로
$$P(Y \leq 11) = P\left(\frac{Y-8}{\sigma} \leq \frac{11-8}{\sigma}\right)$$
$$= P\left(Z_2 \leq \frac{3}{\sigma}\right)$$
$$= 0.5 + P\left(0 \leq Z_2 \leq \frac{3}{\sigma}\right)$$
$$= 0.9332$$

에서 $P\left(0 \leq Z_2 \leq \frac{3}{\sigma}\right) = 0.4332$

표준정규분포표에서 $P(0 \le Z \le 1.5) = 0.4332$이므로

$\dfrac{3}{\sigma} = 1.5$, $\sigma = 2$

확률변수 X는 정규분포 $N(4, 4^2)$을 따르므로

$P\left(\dfrac{m}{2} \le X \le 2m\right)$

$= P(2 \le X \le 8)$

$= P\left(\dfrac{2-4}{4} \le \dfrac{X-4}{4} \le \dfrac{8-4}{4}\right)$

$= P(-0.5 \le Z_1 \le 1)$

$= P(-0.5 \le Z_1 \le 0) + P(0 \le Z_1 \le 1)$

$= P(0 \le Z_1 \le 0.5) + P(0 \le Z_1 \le 1)$

$= 0.1915 + 0.3413$

$= 0.5328$

답 ②

26

두 확률변수 X와 Y의 표준편차가 서로 같으므로 곡선 $y = f(x)$를 x축의 방향으로 평행이동하면 곡선 $y = g(x)$와 일치한다.

$m_2 = m_1 + 12$이므로 $4 < m_1 < m_1 + 12 < 28$이고

두 곡선 $y = f(x)$, $y = g(x)$는 각각 직선 $x = m_1$, $x = m_1 + 12$에 대하여 대칭이다.

그러므로 $f(4) = g(28)$에서

$m_1 - 4 = 28 - (m_1 + 12)$

$2m_1 = 20$, $m_1 = 10$이고

$m_2 = 10 + 12 = 22$

확률변수 X는 정규분포 $N(10, \sigma^2)$을 따르므로 $Z_1 = \dfrac{X-10}{\sigma}$으로 놓으면 확률변수 Z_1은 표준정규분포 $N(0, 1)$을 따른다.

$P(X \le 4) = P\left(\dfrac{X-10}{\sigma} \le \dfrac{4-10}{\sigma}\right)$

$= P\left(Z_1 \le -\dfrac{6}{\sigma}\right)$

$= P\left(Z_1 \ge \dfrac{6}{\sigma}\right)$

$= 0.5 - P\left(0 \le Z_1 \le \dfrac{6}{\sigma}\right)$

$= 0.0668$

에서 $P\left(0 \le Z_1 \le \dfrac{6}{\sigma}\right) = 0.4332$이므로

$\dfrac{6}{\sigma} = 1.5$, $\sigma = 4$

확률변수 Y는 정규분포 $N(22, 4^2)$을 따르므로 $Z_2 = \dfrac{Y-22}{4}$로 놓으면 확률변수 Z_2는 표준정규분포 $N(0, 1)$을 따른다.

따라서

$P(2m_1 \le Y \le 3m_1) = P(20 \le Y \le 30)$

$= P\left(\dfrac{20-22}{4} \le \dfrac{Y-22}{4} \le \dfrac{30-22}{4}\right)$

$= P(-0.5 \le Z_2 \le 2)$

$= P(-0.5 \le Z_2 \le 0) + P(0 \le Z_2 \le 2)$

$= P(0 \le Z_2 \le 0.5) + P(0 \le Z_2 \le 2)$

$= 0.1915 + 0.4772$

$= 0.6687$

답 ③

27

이 농장에서 수확하는 당근 1개의 무게를 확률변수 X라 하면 X는 정규분포 $N(242, 3^2)$을 따르고, $Z = \dfrac{X-242}{3}$로 놓으면 확률변수 Z는 표준정규분포 $N(0, 1)$을 따른다.

따라서 구하는 확률은

$P(245 \le X \le 248) = P\left(\dfrac{245-242}{3} \le Z \le \dfrac{248-242}{3}\right)$

$= P(1 \le Z \le 2)$

$= P(0 \le Z \le 2) - P(0 \le Z \le 1)$

$= 0.4772 - 0.3413$

$= 0.1359$

답 ②

28

입사 시험 점수를 확률변수 X라 하면 X는 정규분포 $N(65, 5^2)$을 따른다. 면접 대상자가 되기 위한 입사 시험 점수의 최솟값을 a라 하면

$P(X \ge a) = 0.05$

$Z = \dfrac{X-65}{5}$로 놓으면 확률변수 Z는 표준정규분포 $N(0, 1)$을 따르므로

$P(X \ge a) = P\left(Z \ge \dfrac{a-65}{5}\right)$

$= P(Z \ge 0) - P\left(0 \le Z \le \dfrac{a-65}{5}\right)$

$= 0.5 - P\left(0 \le Z \le \dfrac{a-65}{5}\right) = 0.05$

$P\left(0 \le Z \le \dfrac{a-65}{5}\right) = 0.45$

이때 $P(0 \le Z \le 1.6) = 0.45$이므로

$\dfrac{a-65}{5} = 1.6$

$a - 65 = 8$

따라서 $a = 73$

답 ②

29

이 양계장에서 생산되는 계란 1개의 무게를 확률변수 X라 하면 X는 정규분포 $N(56, 5^2)$을 따르고, $Z = \dfrac{X-56}{5}$으로 놓으면 확률변수 Z는 표준정규분포 $N(0, 1)$을 따른다.

임의로 선택한 계란 1개가 판매용일 사건을 A, 특란일 사건을 B라 하면 구하는 확률은 $P(B|A)$이다.

무게가 50 g 이상인 계란을 판매용으로 분류하므로

$P(A) = P(X \ge 50)$

$= P\left(Z \ge \dfrac{50-56}{5}\right)$

$= P(Z \ge -1.2)$

$= P(-1.2 \le Z \le 0) + 0.5$

$= P(0 \le Z \le 1.2) + 0.5$

$= 0.38 + 0.5$

$= 0.88$

무게가 50 g 이상인 계란을 판매용으로 분류하고, 60 g 이상 68 g 미만인 경우 특란이므로

$P(A \cap B) = P(60 \leq X < 68)$

$\qquad = P\left(\dfrac{60-56}{5} \leq Z < \dfrac{68-56}{5}\right)$

$\qquad = P(0.8 \leq Z \leq 2.4)$

$\qquad = P(0 \leq Z \leq 2.4) - P(0 \leq Z \leq 0.8)$

$\qquad = 0.49 - 0.29$

$\qquad = 0.2$

그러므로 구하는 확률은

$P(B|A) = \dfrac{P(A \cap B)}{P(A)} = \dfrac{0.2}{0.88} = \dfrac{20}{88} = \dfrac{5}{22}$

따라서 $p=22$, $q=5$이므로

$p+q=22+5=27$

目 27

30

확률변수 X가 이항분포 $B\left(400, \dfrac{1}{2}\right)$을 따르므로

$E(X) = 400 \times \dfrac{1}{2} = 200$

$V(X) = 400 \times \dfrac{1}{2} \times \dfrac{1}{2} = 100$

이때 확률변수 X는 근사적으로 정규분포 $N(200, 10^2)$을 따르고,

$Z = \dfrac{X-200}{10}$으로 놓으면 확률변수 Z는 표준정규분포 $N(0, 1)$을 따른다.

따라서

$P(205 \leq X \leq 215)$

$= P\left(\dfrac{205-200}{10} \leq Z \leq \dfrac{215-200}{10}\right)$

$= P(0.5 \leq Z \leq 1.5)$

$= P(0 \leq Z \leq 1.5) - P(0 \leq Z \leq 0.5)$

$= 0.4332 - 0.1915$

$= 0.2417$

目 ⑤

31

이 주머니에서 임의로 3개의 공을 꺼낼 때 흰 공이 1개 이상 나오는 경우는 검은 공만 3개 나오는 경우를 제외하면 되므로 그 확률은 여사건의 확률에 의하여

$1 - \dfrac{{}_3C_3}{{}_5C_3} = 1 - \dfrac{{}_3C_3}{{}_5C_2} = 1 - \dfrac{1}{10} = \dfrac{9}{10}$

이때 100번의 시행에서 사건 A가 일어나는 횟수를 확률변수 X라 하면 X는 이항분포 $B\left(100, \dfrac{9}{10}\right)$를 따르고

$E(X) = 100 \times \dfrac{9}{10} = 90$

$V(X) = 100 \times \dfrac{9}{10} \times \dfrac{1}{10} = 9$

이때 확률변수 X는 근사적으로 정규분포 $N(90, 3^2)$을 따르고,

$Z = \dfrac{X-90}{3}$으로 놓으면 확률변수 Z는 표준정규분포 $N(0, 1)$을 따른다.

따라서 구하는 확률은

$P(87 \leq X \leq 96)$

$= P\left(\dfrac{87-90}{3} \leq Z \leq \dfrac{96-90}{3}\right)$

$= P(-1 \leq Z \leq 2)$

$= P(-1 \leq Z \leq 0) + P(0 \leq Z \leq 2)$

$= P(0 \leq Z \leq 1) + P(0 \leq Z \leq 2)$

$= 0.3413 + 0.4772$

$= 0.8185$

目 ②

32

조건 (가)에서 확률변수 X의 확률질량함수가

$P(X=x) = {}_nC_x \dfrac{3^x}{4^n}$ $(x=0, 1, 2, \cdots, n)$이므로

$P(X=x) = {}_nC_x \left(\dfrac{3}{4}\right)^x \left(\dfrac{1}{4}\right)^{n-x}$ $(x=0, 1, 2, \cdots, n)$에서 확률변수 X는 이항분포 $B\left(n, \dfrac{3}{4}\right)$을 따르고,

조건 (나)에서 $\displaystyle\sum_{k=0}^{n} k\, {}_nC_k \dfrac{3^k}{4^n} = 144$이므로

$E(X) = n \times \dfrac{3}{4} = 144$

에서 $n=192$

$V(X) = 192 \times \dfrac{3}{4} \times \dfrac{1}{4} = 36 = 6^2$

이때 확률변수 X는 근사적으로 정규분포 $N(144, 6^2)$을 따르고,

$Z = \dfrac{X-144}{6}$로 놓으면 확률변수 Z는 표준정규분포 $N(0, 1)$을 따른다.

따라서

$\displaystyle\sum_{k=135}^{n} {}_nC_k \dfrac{3^k}{4^n} = P(X \geq 135)$

$\qquad = P\left(Z \geq \dfrac{135-144}{6}\right)$

$\qquad = P(Z \geq -1.5)$

$\qquad = P(-1.5 \leq Z \leq 0) + P(Z \geq 0)$

$\qquad = P(0 \leq Z \leq 1.5) + 0.5$

$\qquad = 0.4332 + 0.5$

$\qquad = 0.9332$

目 ③

33

한 개의 주사위를 1800번 던질 때 3의 배수의 눈이 나오는 횟수를 확률변수 X라 하면 받게 되는 점수는

$3X + (1800 - X) = 2X + 1800$

이다.

한 개의 주사위를 한 번 던질 때 3의 배수의 눈이 나올 확률은 $\frac{1}{3}$이므로 확률변수 X는 이항분포 $B\left(1800, \frac{1}{3}\right)$을 따르고

$E(X)=1800\times\frac{1}{3}=600$

$V(X)=1800\times\frac{1}{3}\times\frac{2}{3}=400=20^2$

이때 확률변수 X는 근사적으로 정규분포 $N(600, 20^2)$을 따르고, $Z=\dfrac{X-600}{20}$으로 놓으면 확률변수 Z는 표준정규분포 $N(0, 1)$을 따른다.

$\begin{aligned} p_1 &= P(2X+1800\le2920)\\ &=P(X\le560)\\ &=P\left(Z\le\frac{560-600}{20}\right)\\ &=P(Z\le-2)\\ &=P(Z\ge2) \end{aligned}$

$\begin{aligned} p_2 &= P(2X+1800\le M)\\ &=P\left(X\le\frac{M-1800}{2}\right)\\ &=P\left(Z\le\frac{\frac{M-1800}{2}-600}{20}\right) \end{aligned}$

이때 $p_1+p_2=1$이므로

$\dfrac{\frac{M-1800}{2}-600}{20}=2$

$\dfrac{M-1800}{2}=640$

$M=3080$

〔답〕 ③

34

모집단의 확률변수를 X라 하면

$E(X)=12$

$V(X)=4^2=16$

이 모집단에서 크기가 8인 표본을 임의추출하여 구한 표본평균 $\overline{X}$에 대하여

$E(\overline{X})=E(X)=12$

$V(\overline{X})=\dfrac{V(X)}{8}=\dfrac{16}{8}=2$

따라서 $E(\overline{X})+V(\overline{X})=12+2=14$

〔답〕 ④

35

이 모집단에서 임의추출한 크기가 2인 표본을 (X_1, X_2)라 하면

$\overline{X}=\dfrac{X_1+X_2}{2}=3$

인 경우는 $(2, 4)$, $(3, 3)$, $(4, 2)$일 때이므로

$\begin{aligned} P(\overline{X}=3) &= \frac{1}{8}\times\frac{1}{3}+\frac{3}{8}\times\frac{3}{8}+\frac{1}{3}\times\frac{1}{8}\\ &=\frac{8+27+8}{192}\\ &=\frac{43}{192} \end{aligned}$

〔답〕 ③

36

확률변수 X는 이산확률변수이고, 이산확률변수 X가 갖는 모든 값에 대한 확률의 합이 1이므로

$\frac{1}{12}+\frac{1}{6}+a+b=1$에서

$a+b=\dfrac{3}{4}$ ······ ㉠

$E(4\overline{X}+3)=11$에서

$4E(\overline{X})+3=11$

$E(\overline{X})=2$

이때 $E(X)=E(\overline{X})=2$이므로

주어진 확률분포에서

$\begin{aligned} E(X) &= (-1)\times\frac{1}{12}+1\times\frac{1}{6}+2\times a+3\times b\\ &=2a+3b+\frac{1}{12}=2 \end{aligned}$

$2a+3b=\dfrac{23}{12}$ ······ ㉡

㉠, ㉡을 연립하여 풀면

$a=\dfrac{1}{3}$, $b=\dfrac{5}{12}$

이때

$\begin{aligned} V(X) &= (-1)^2\times\frac{1}{12}+1^2\times\frac{1}{6}+2^2\times\frac{1}{3}+3^2\times\frac{5}{12}-2^2\\ &=\frac{4}{3} \end{aligned}$

이고 $V(\overline{X})=\dfrac{V(X)}{8}=\dfrac{1}{6}$이므로

$\begin{aligned} V(4\overline{X}+3) &= 4^2V(\overline{X})\\ &=16\times\frac{1}{6}=\frac{8}{3} \end{aligned}$

〔답〕 ③

37

모집단의 확률변수를 X라 하면 X는 정규분포 $N(4, 2^2)$을 따른다. 크기가 16인 표본의 표본평균 $\overline{X}$에 대하여

$E(\overline{X})=E(X)=4$

$\sigma(\overline{X})=\dfrac{\sigma(X)}{\sqrt{16}}=\dfrac{2}{4}=\dfrac{1}{2}$

이므로 확률변수 $\overline{X}$는 정규분포 $N\left(4, \left(\dfrac{1}{2}\right)^2\right)$을 따른다.

$Z=\dfrac{\overline{X}-4}{\dfrac{1}{2}}$로 놓으면 확률변수 Z는 표준정규분포 $N(0, 1)$을 따르므로

$$P(3 \leq \overline{X} \leq 5) = P\left(\frac{3-4}{\frac{1}{2}} \leq Z \leq \frac{5-4}{\frac{1}{2}}\right)$$
$$= P(-2 \leq Z \leq 2)$$
$$= 2 \times P(0 \leq Z \leq 2)$$
$$= 2 \times 0.4772$$
$$= 0.9544 \qquad \qquad \boxed{\text{답}} \text{ ④}$$

38

모집단의 확률변수 X가 정규분포 $N(m, 6^2)$을 따르므로 크기가 n인 표본의 표본평균 $\overline{X}$는 정규분포 $N\left(m, \frac{6^2}{n}\right)$을 따른다. 또 두 확률변수 $Z_1 = \frac{X-m}{6}$, $Z_2 = \frac{\overline{X}-m}{\frac{6}{\sqrt{n}}}$은 모두 표준정규분포 $N(0, 1)$을 따른다.

조건 (가)에서 $P(X \geq 24) + P(\overline{X} \geq 24) = 1$이므로

$$P\left(Z_1 \geq \frac{24-m}{6}\right) + P\left(Z_2 \geq \frac{24-m}{\frac{6}{\sqrt{n}}}\right) = 1$$

에서

$$\frac{24-m}{6} = -\frac{24-m}{\frac{6}{\sqrt{n}}}$$

이므로

$$\frac{24-m}{6}(1 + \sqrt{n}) = 0$$

이때 $1 + \sqrt{n} > 0$이므로

$m = 24$

조건 (나)에서 $P(X \geq 30) + P(\overline{X} \geq 22) = 1$이므로

$$P\left(Z_1 \geq \frac{30-24}{6}\right) + P\left(Z_2 \geq \frac{22-24}{\frac{6}{\sqrt{n}}}\right) = 1$$

$$P(Z_1 \geq 1) + P\left(Z_2 \geq -\frac{\sqrt{n}}{3}\right) = 1$$

즉, $1 = \frac{\sqrt{n}}{3}$이므로

$\sqrt{n} = 3$

$n = 9$

따라서 $m + n = 24 + 9 = 33$ $\qquad \qquad \boxed{\text{답}} \text{ ③}$

39

이 농장에서 수확하는 토마토 1개의 무게를 확률변수 X라 하면 X는 정규분포 $N(m, 5^2)$을 따른다.

이 농장에서 수확한 토마토 중 n개를 임의추출하여 얻은 표본평균 $\overline{X}$는 정규분포 $N\left(m, \frac{5^2}{n}\right)$을 따르고, $Z = \frac{\overline{X}-m}{\frac{5}{\sqrt{n}}}$으로 놓으면 확률변수 Z는 표준정규분포 $N(0, 1)$을 따른다.

$$P(|\overline{X} - m| \leq 1) = P\left(\left|\frac{\overline{X}-m}{\frac{5}{\sqrt{n}}}\right| \leq \frac{1}{\frac{5}{\sqrt{n}}}\right)$$
$$= P\left(|Z| \leq \frac{\sqrt{n}}{5}\right) \geq 0.95$$

이때 $P(|Z| \leq 1.96) = 0.95$이므로 $\frac{\sqrt{n}}{5} \geq 1.96$이어야 한다.

$\sqrt{n} \geq 1.96 \times 5 = 9.8$

$n \geq 9.8^2 = 96.04$

따라서 자연수 n의 최솟값은 97이다. $\qquad \qquad \boxed{\text{답}} \text{ ⑤}$

40

이 공장에서 생산하는 음료수 1캔의 무게를 확률변수 X라 하면 X는 정규분포 $N(150, 8^2)$을 따르므로 크기가 4인 표본의 표본평균 $\overline{X}$는 정규분포 $N\left(150, \frac{8^2}{4}\right)$, 즉 $N(150, 4^2)$을 따른다.

$Z = \frac{\overline{X}-150}{4}$으로 놓으면 확률변수 Z는 표준정규분포 $N(0, 1)$을 따른다.

상자에 담긴 4캔의 음료수의 무게를 각각 X_1, X_2, X_3, X_4라 하면 4캔의 음료수를 담은 상자의 무게가 592 g 이상 632 g 이하일 확률은

$$P(592 \leq X_1 + X_2 + X_3 + X_4 \leq 632)$$
$$= P(592 \leq 4\overline{X} \leq 632)$$
$$= P(148 \leq \overline{X} \leq 158)$$
$$= P\left(\frac{148-150}{4} \leq Z \leq \frac{158-150}{4}\right)$$
$$= P(-0.5 \leq Z \leq 2)$$
$$= P(-0.5 \leq Z \leq 0) + P(0 \leq Z \leq 2)$$
$$= P(0 \leq Z \leq 0.5) + P(0 \leq Z \leq 2)$$
$$= 0.1915 + 0.4772$$
$$= 0.6687 \qquad \qquad \boxed{\text{답}} \text{ ②}$$

41

모표준편차가 18인 정규분포를 따르는 모집단에서 임의추출한 크기가 81인 표본의 표본평균의 값을 $\overline{x}$라 하면 모평균 m에 대한 신뢰도 95 %의 신뢰구간은

$$\overline{x} - 1.96 \times \frac{18}{\sqrt{81}} \leq m \leq \overline{x} + 1.96 \times \frac{18}{\sqrt{81}}$$

$$\overline{x} - 1.96 \times 2 \leq m \leq \overline{x} + 1.96 \times 2$$

이므로

$$b - a = 2 \times 1.96 \times 2 = 7.84 \qquad \qquad \boxed{\text{답}} \text{ ④}$$

42

이 빵집에서 판매하는 베이글 1개의 무게의 모평균 m에 대한 신뢰도 95 %의 신뢰구간은

$\overline{x} - 1.96 \times \dfrac{10}{\sqrt{n}} \leq m \leq \overline{x} + 1.96 \times \dfrac{10}{\sqrt{n}}$

$108.08 \leq m \leq 115.92$에서

$\overline{x} - 1.96 \times \dfrac{10}{\sqrt{n}} = 108.08 \quad \cdots\cdots \ \bigcirc$

$\overline{x} + 1.96 \times \dfrac{10}{\sqrt{n}} = 115.92 \quad \cdots\cdots \ \bigcirc$

$\bigcirc$, $\bigcirc$에서

$2\overline{x} = 224$, $\overline{x} = 112$

$2 \times 1.96 \times \dfrac{10}{\sqrt{n}} = 7.84$

$7.84 \times \sqrt{n} = 2 \times 1.96 \times 10$

$\sqrt{n} = 5$

$n = 25$

따라서 $n + \overline{x} = 25 + 112 = 137$ 답 ④

$n \geq 19.6^2 = 384.16$

따라서 자연수 n의 최솟값은 385이다. 답 385

43

모표준편차가 5인 정규분포를 따르는 모집단에서 임의추출한 크기가 n인 표본의 표본평균의 값을 $\overline{x}$라 하면 모평균 m에 대한 신뢰도 99 %의 신뢰구간은

$\overline{x} - 2.58 \times \dfrac{5}{\sqrt{n}} \leq m \leq \overline{x} + 2.58 \times \dfrac{5}{\sqrt{n}}$

이때 $b - a = 2 \times 2.58 \times \dfrac{5}{\sqrt{n}} \leq 2$에서

$\sqrt{n} \geq 2.58 \times 5 = 12.9$

$n \geq 166.41$

따라서 자연수 n의 최솟값은 167이다. 답 ④

44

모표준편차가 σ인 정규분포를 따르는 모집단에서 임의추출한 크기가 36인 표본의 표본평균의 값을 $\overline{x_1}$이라 하면 모평균 m에 대한 신뢰도 99 %의 신뢰구간은

$\overline{x_1} - 2.58 \times \dfrac{\sigma}{\sqrt{36}} \leq m \leq \overline{x_1} + 2.58 \times \dfrac{\sigma}{\sqrt{36}}$

이므로

$b - a = 2 \times 2.58 \times \dfrac{\sigma}{6} = 0.86\sigma$

이 모집단에서 임의추출한 크기가 n인 표본의 표본평균의 값을 $\overline{x_2}$라 하면 모평균 m에 대한 신뢰도 95 %의 신뢰구간은

$\overline{x_2} - 1.96 \times \dfrac{\sigma}{\sqrt{n}} \leq m \leq \overline{x_2} + 1.96 \times \dfrac{\sigma}{\sqrt{n}}$

이므로

$d - c = 2 \times 1.96 \times \dfrac{\sigma}{\sqrt{n}}$

$b - a \geq 4.3(d - c)$에서

$0.86\sigma \geq 4.3 \times 2 \times 1.96 \times \dfrac{\sigma}{\sqrt{n}}$

$\sqrt{n} \geq 5 \times 2 \times 1.96 = 19.6$

01

$$54^{\frac{1}{3}} \times \sqrt{\sqrt[3]{16}} = (2 \times 3^3)^{\frac{1}{3}} \times \sqrt[6]{2^4} = 2^{\frac{1}{3}} \times 3^{3 \times \frac{1}{3}} \times 2^{\frac{4}{6}}$$
$$= 2^{\frac{1}{3}+\frac{2}{3}} \times 3^1 = 2 \times 3 = 6$$

답 ②

02

$$\lim_{x \to -1} \frac{f(x)-f(-1)}{x+1} = \lim_{x \to -1} \frac{f(x)-f(-1)}{x-(-1)} = f'(-1)$$

$f(x)=x^3+x^2-2$에서 $f'(x)=3x^2+2x$이므로

$$f'(-1)=3-2=1$$

답 ①

03

$\cos\left(\theta-\dfrac{\pi}{2}\right)=\cos\left(\dfrac{\pi}{2}-\theta\right)=\sin\theta$이므로

$\cos^2\left(\theta-\dfrac{\pi}{2}\right)=\dfrac{1}{4}$에서 $\sin^2\theta=\dfrac{1}{4}$

$\pi<\theta<\dfrac{3}{2}\pi$에서 $\sin\theta<0$이므로

$$\sin\theta=-\frac{1}{2}$$

답 ③

04

함수 $f(x)$가 실수 전체의 집합에서 연속이므로 $x=1$에서도 연속이다.

즉, $\lim_{x \to 1} f(x)=f(1)$이어야 하므로

$$\lim_{x \to 1} \frac{x^2+3x-a}{x-1} = b \quad \cdots\cdots \ \text{㉠}$$

㉠에서 $x \to 1$일 때 (분모)$\to 0$이고 극한값이 존재하므로 (분자)$\to 0$
이어야 한다.

즉, $\lim_{x \to 1}(x^2+3x-a)=1+3-a=0$이므로 $a=4$

$a=4$를 ㉠의 좌변에 대입하면

$$\lim_{x \to 1} \frac{x^2+3x-4}{x-1} = \lim_{x \to 1} \frac{(x+4)(x-1)}{x-1} = \lim_{x \to 1}(x+4)=5$$

이므로 $b=5$

따라서 $a+b=4+5=9$

답 ③

05

$f'(x)=3x^2+a$이므로

$$f(3)-f(1)=\int_1^3 f'(x)dx=\int_1^3 (3x^2+a)dx=\Big[x^3+ax\Big]_1^3$$
$$=(27+3a)-(1+a)=26+2a$$

$26+2a=30$에서 $a=2$

따라서 $f'(x)=3x^2+2$이므로 $f'(1)=5$

답 ③

06

$\sum\limits_{k=1}^{10} 2a_k=14$에서 $\sum\limits_{k=1}^{10} a_k=7$

$\sum\limits_{k=1}^{10}(a_k+a_{k+1})=\sum\limits_{k=1}^{10} a_k+\sum\limits_{k=1}^{10} a_{k+1}=7+\sum\limits_{k=2}^{11} a_k=23$에서 $\sum\limits_{k=2}^{11} a_k=16$

따라서 $a_{11}-a_1=\sum\limits_{k=2}^{11} a_k-\sum\limits_{k=1}^{10} a_k=16-7=9$

답 ①

07

$f(x)=x^3-9x^2+24x+6$에서

$f'(x)=3x^2-18x+24=3(x-2)(x-4)$

함수 $f(x)$의 증가와 감소를 표로 나타내면 다음과 같다.

x	$\cdots$	2	$\cdots$	4	$\cdots$
$f'(x)$	+	0	$-$	0	+
$f(x)$	↗	극대	↘	극소	↗

함수 $f(x)$는 $x=2$에서 극대이므로 $a=2$이고

$f(a)=f(2)=8-36+48+6=26$

따라서 $a+f(a)=2+26=28$

답 ①

08

주어진 식의 양변을 x에 대하여 미분하면

$xf(x)=4x^3+6x^2-2x=x(4x^2+6x-2)$

함수 $f(x)$가 다항함수이므로

$f(x)=4x^2+6x-2$

따라서 $f(2)=16+12-2=26$

답 ②

09

함수 $f(x)=\sin x \ (0 \le x \le 4\pi)$의 그래프와 직선 $y=k$가 서로 다른
네 점에서만 만나기 위해서는 $-1<k<0$ 또는 $0<k<1$이다.

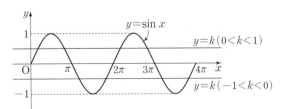

$-1<k<0$이면 $\dfrac{x_1+x_2}{2}=\dfrac{3}{2}\pi$, $\dfrac{x_3+x_4}{2}=\dfrac{7}{2}\pi$이므로

$x_1+x_2+x_3+x_4=10\pi$이고, 이는 주어진 조건을 만족시키지 않는다.

$0<k<1$이면 $\dfrac{x_1+x_2}{2}=\dfrac{\pi}{2}$, $\dfrac{x_3+x_4}{2}=\dfrac{5}{2}\pi$이므로

$x_1+x_2+x_3+x_4=6\pi$이고, 이는 주어진 조건을 만족시킨다.

$0<k<1$일 때, $0<x_1<\dfrac{\pi}{2}$, $x_4=3\pi-x_1$이므로

$\sin(x_4-x_1)=\sin(3\pi-2x_1)=\sin 2x_1=\dfrac{\sqrt{3}}{2}$

$0<2x_1<\pi$이므로

$2x_1=\dfrac{\pi}{3}$ 또는 $2x_1=\dfrac{2}{3}\pi$

즉, $x_1=\dfrac{\pi}{6}$ 또는 $x_1=\dfrac{\pi}{3}$

따라서 구하는 모든 x_1의 값의 합은 $\dfrac{\pi}{6}+\dfrac{\pi}{3}=\dfrac{\pi}{2}$ 🔲 ⑤

10

시각 $t=a$에서 두 점 P, Q의 속도가 같으므로

$a^2-4a+a=2a-b$

$a^2-5a=-b$ …… ㉠

또 시각 $t=0$에서 $t=a$까지 두 점 P, Q의 위치의 변화량은 각각

$\displaystyle\int_0^a (t^2-4t+a)dt=\left[\dfrac{1}{3}t^3-2t^2+at\right]_0^a=\dfrac{1}{3}a^3-a^2$,

$\displaystyle\int_0^a (2t-b)dt=\left[t^2-bt\right]_0^a=a^2-ab$

이고 시각 $t=0$에서 $t=a$까지 두 점 P, Q의 위치의 변화량이 같으므로

$\dfrac{1}{3}a^3-a^2=a^2-ab$, $\dfrac{1}{3}a^3-2a^2=-ab$

$a>0$이므로 양변을 a로 나누면

$\dfrac{1}{3}a^2-2a=-b$ …… ㉡

㉠, ㉡에서

$a^2-5a=\dfrac{1}{3}a^2-2a$, $\dfrac{2}{3}a^2=3a$

$a>0$이므로 양변을 a로 나누면 $\dfrac{2}{3}a=3$, $a=\dfrac{9}{2}$

$a=\dfrac{9}{2}$를 ㉠에 대입하면 $\dfrac{81}{4}-\dfrac{45}{2}=-b$, $b=\dfrac{9}{4}$

따라서 $a+b=\dfrac{9}{2}+\dfrac{9}{4}=\dfrac{27}{4}$ 🔲 ②

11

조건 (가)에서 $a_{2n-1}=n^2+2n$

$a_{2n+1}=(n+1)^2+2(n+1)=n^2+4n+3$

조건 (나)에서 $a_{2n+1}-a_{2n}=d\ (d>0)$이라 하면

모든 자연수 n에 대하여 $a_{2n}>a_{2n-1}$이므로

$a_{2n+1}-d>a_{2n-1}$

즉, $n^2+4n+3-d>n^2+2n$이므로

$d<2n+3$ …… ㉠

모든 자연수 n에 대하여 ㉠이 성립하고 d는 자연수이므로

$1\leq d\leq 4$ …… ㉡

$\displaystyle\sum_{n=1}^{16} a_n=\sum_{n=1}^{8} a_{2n-1}+\sum_{n=1}^{8} a_{2n}=\sum_{n=1}^{8} a_{2n-1}+\sum_{n=1}^{8}(a_{2n+1}-d)$

$\displaystyle =\sum_{n=1}^{8}(n^2+2n)+\sum_{n=1}^{8}(n^2+4n+3-d)$

$\displaystyle =\sum_{n=1}^{8}(2n^2+6n+3-d)$

$\displaystyle =2\sum_{n=1}^{8}n^2+6\sum_{n=1}^{8}n+(3-d)\sum_{n=1}^{8}1$

$=2\times\dfrac{8\times 9\times 17}{6}+6\times\dfrac{8\times 9}{2}+(3-d)\times 8$

$=648-8d$

d가 최대일 때 $\displaystyle\sum_{n=1}^{16} a_n$의 값이 최소이므로 ㉡에서 $d=4$이다.

따라서 $\displaystyle\sum_{n=1}^{16} a_n$의 최솟값은 $648-8\times 4=616$ 🔲 ⑤

12

조건 (가)에서 함수 $g(x)$가 실수 전체의 집합에서 연속이므로 $x=t$에서도 연속이다. 즉, $\lim\limits_{x\to t-}g(x)=\lim\limits_{x\to t+}g(x)=g(t)$이어야 한다. 이때

$\lim\limits_{x\to t-}g(x)=\lim\limits_{x\to t-}f(x)=f(t)$,

$\lim\limits_{x\to t+}g(x)=\lim\limits_{x\to t+}\{-f(x)\}=-f(t)$,

$g(t)=-f(t)$

이므로 $f(t)=-f(t)$에서 $f(t)=0$

따라서 $t(t-2)(t-3)=0$에서 $t=0$ 또는 $t=2$ 또는 $t=3$

(i) $t=0$일 때

$g(x)=\begin{cases} f(x) & (x<0) \\ -f(x) & (x\geq 0) \end{cases}$이므로

함수 $y=g(x)$의 그래프는 [그림 1]과 같고,

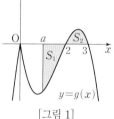

[그림 1]

$\displaystyle\int_0^2 g(x)dx=\int_0^2 \{-f(x)\}dx$

$\displaystyle =-\int_0^2 (x^3-5x^2+6x)dx$

$=-\left[\dfrac{1}{4}x^4-\dfrac{5}{3}x^3+3x^2\right]_0^2=-\dfrac{8}{3}$

$\displaystyle\int_2^3 g(x)dx=\int_2^3 \{-f(x)\}dx=-\int_2^3 (x^3-5x^2+6x)dx$

$=-\left[\dfrac{1}{4}x^4-\dfrac{5}{3}x^3+3x^2\right]_2^3=-\left(\dfrac{9}{4}-\dfrac{8}{3}\right)=\dfrac{5}{12}$

이때 $a\leq x\leq 2$에서 함수 $y=g(x)$의 그래프와 x축 및 직선 $x=a\ (0<a<2)$로 둘러싸인 부분의 넓이를 S_1, $2\leq x\leq 3$에서 함수 $y=g(x)$의 그래프와 x축으로 둘러싸인 부분의 넓이를 S_2라 하면 $S_1>S_2$가 되도록 하는 $0<a<2$인 실수 a가 존재한다.

즉, $\displaystyle\int_a^2 \{-g(x)\}dx>\int_2^3 g(x)dx$에서

$\displaystyle\int_a^2 g(x)dx+\int_2^3 g(x)dx=\int_a^3 g(x)dx<0$

이므로 조건 (나)를 만족시키지 않는다.

(ii) $t=2$일 때

$g(x)=\begin{cases} f(x) & (x<2) \\ -f(x) & (x\geq 2) \end{cases}$이므로

함수 $y=g(x)$의 그래프는 [그림 2]와 같다.

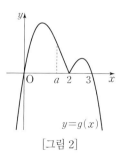

[그림 2]

$0<x<3$인 모든 실수 x에 대하여 $x\neq 2$일 때 $g(x)>0$이므로 $0<a<2$인 모든 실수 a에 대하여

$\displaystyle\int_a^3 g(x)dx>0$

이다. 즉, 조건 (나)를 만족시킨다.

따라서

$$\int_1^3 g(x)dx = \int_1^2 f(x)dx + \int_2^3 \{-f(x)\}dx$$

$$= \int_1^2 (x^3 - 5x^2 + 6x)dx - \int_2^3 (x^3 - 5x^2 + 6x)dx$$

$$= \left[\frac{1}{4}x^4 - \frac{5}{3}x^3 + 3x^2\right]_1^2 - \left[\frac{1}{4}x^4 - \frac{5}{3}x^3 + 3x^2\right]_2^3$$

$$= \left(\frac{8}{3} - \frac{19}{12}\right) - \left(\frac{9}{4} - \frac{8}{3}\right) = \frac{3}{2}$$

(iii) $t=3$일 때

$g(x) = \begin{cases} f(x) & (x<3) \\ -f(x) & (x \geq 3) \end{cases}$ 이므로

함수 $y=g(x)$의 그래프는 [그림 3]과 같고,

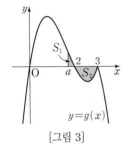

[그림 3]

$$\int_0^2 g(x)dx = \int_0^2 f(x)dx = \frac{8}{3}$$

$$\int_2^3 g(x)dx = \int_2^3 f(x)dx = -\frac{5}{12}$$

이때 $a \leq x \leq 2$에서 함수 $y=g(x)$의 그래프와 x축 및 직선 $x=a$ $(0<a<2)$로 둘러싸인 부분의 넓이를 S_1, $2 \leq x \leq 3$에서 함수 $y=g(x)$의 그래프와 x축으로 둘러싸인 부분의 넓이를 S_2라 하면 $S_1 < S_2$가 되도록 하는 $0<a<2$인 실수 a가 존재한다.

즉, $\int_a^2 g(x)dx < \int_2^3 \{-g(x)\}dx$에서

$$\int_a^2 g(x)dx + \int_2^3 g(x)dx = \int_a^3 g(x)dx < 0$$

이므로 조건 (나)를 만족시키지 않는다.

(i), (ii), (iii)에서

$$\int_1^3 g(x)dx = \frac{3}{2}$$

답 ⑤

13

$\angle ACB = \frac{\pi}{2}$이므로

$\overline{BC} = \overline{AB}\cos(\angle CBA) = 8 \times \frac{3}{4} = 6$

점 D는 선분 AB를 1 : 3으로 외분하는 점이므로

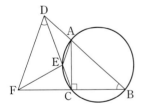

$\overline{BD} = \frac{3}{2} \times \overline{AB} = \frac{3}{2} \times 8 = 12$

$\overline{AD} = \frac{1}{2} \times \overline{AB} = \frac{1}{2} \times 8 = 4$

삼각형 BDC에서 코사인법칙에 의하여

$\overline{CD}^2 = \overline{BC}^2 + \overline{BD}^2 - 2 \times \overline{BC} \times \overline{BD} \times \cos(\angle CBD)$

$= 6^2 + 12^2 - 2 \times 6 \times 12 \times \frac{3}{4}$

$= 72$

이므로 $\overline{CD} = 6\sqrt{2}$

$\angle CDF = \angle BDF$이고 $\angle DFC$는 공통이므로

두 삼각형 DFC와 BFD는 서로 닮음이고 닮음비는

$\overline{CD} : \overline{DB} = 6\sqrt{2} : 12 = 1 : \sqrt{2}$

이때 $\overline{CF} = x$ $(x>0)$이라 하면 $\overline{DF} = \sqrt{2}x$

또 $\overline{DF} : \overline{BF} = 1 : \sqrt{2}$이므로

$\overline{BF} = \sqrt{2} \times \overline{DF} = \sqrt{2} \times \sqrt{2}x = 2x$

$\overline{BF} = \overline{BC} + \overline{CF} = 6 + x$에서

$6 + x = 2x$

즉, $x=6$이므로 $\overline{CF} = 6$, $\overline{DF} = 6\sqrt{2}$

$\angle AED = \pi - \angle AEC = \angle CBA$이고 $\angle ADE$가 공통이므로

두 삼각형 EAD와 BCD는 서로 닮음이다.

$\overline{AD} : \overline{CD} = \overline{ED} : \overline{BD}$에서

$\overline{ED} = \frac{\overline{AD} \times \overline{BD}}{\overline{CD}} = \frac{4 \times 12}{6\sqrt{2}} = 4\sqrt{2}$

$\overline{CE} = \overline{CD} - \overline{ED} = 6\sqrt{2} - 4\sqrt{2} = 2\sqrt{2}$

삼각형 DFC가 $\overline{CD} = \overline{DF}$인 이등변삼각형이므로

$\cos(\angle DCF) = \frac{\frac{1}{2}\overline{CF}}{\overline{CD}} = \frac{\frac{1}{2} \times 6}{6\sqrt{2}} = \frac{\sqrt{2}}{4}$

$\sin(\angle DCF) = \sqrt{1 - \left(\frac{\sqrt{2}}{4}\right)^2} = \frac{\sqrt{14}}{4}$

따라서 삼각형 CEF의 넓이는

$\frac{1}{2} \times \overline{CE} \times \overline{CF} \times \sin(\angle ECF)$

$= \frac{1}{2} \times \overline{CE} \times \overline{CF} \times \sin(\angle DCF)$

$= \frac{1}{2} \times 2\sqrt{2} \times 6 \times \frac{\sqrt{14}}{4} = 3\sqrt{7}$

답 ②

14

함수 $f(x)$는 최고차항의 계수가 1인 삼차함수이므로

$f(x) = x^3 + ax^2 + bx + c$ $(a, b, c$는 상수)라 하면

$f'(x) = 3x^2 + 2ax + b$

함수 $y=f(x)$의 그래프 위의 점 $(t, f(t))$에서의 접선의 방정식은

$y - f(t) = f'(t)(x-t)$, 즉 $y = f'(t)x + f(t) - tf'(t)$

이므로

$g(t) = f(t) - tf'(t)$

$= (t^3 + at^2 + bt + c) - t(3t^2 + 2at + b)$

$= -2t^3 - at^2 + c$

한편, $g(t) - g(0) = -2t^3 - at^2 = -t^2(2t + a)$이므로

$g(t) - g(0) = 0$에서 $t=0$ 또는 $t = -\frac{a}{2}$

조건 (나)에 의하여 함수 $|g(t) - g(0)|$은 $t=1$에서만 미분가능하지 않으므로

$-\frac{a}{2} = 1$, $a = -2$

$g(t) = -2t^3 + 2t^2 + c$에서

$g'(t) = -6t^2 + 4t = -2t(3t - 2)$

$g'(t) = 0$에서 $t=0$ 또는 $t = \frac{2}{3}$

함수 $g(t)$의 증가와 감소를 표로 나타내면 다음과 같다.

t	$\cdots$	0	$\cdots$	$\frac{2}{3}$	$\cdots$
$g'(t)$	$-$	0	$+$	0	$-$
$g(t)$	$\searrow$	극소	$\nearrow$	극대	$\searrow$

함수 $g(t)$는 $t=\dfrac{2}{3}$에서 극댓값 $\dfrac{35}{27}$를 가지므로

$g\left(\dfrac{2}{3}\right)=-2\times\dfrac{8}{27}+2\times\dfrac{4}{9}+c=\dfrac{8}{27}+c=\dfrac{35}{27}$에서 $c=1$

따라서 $g(t)=-2t^3+2t^2+1$이므로

$g(-2)=16+8+1=25$ 　　　　　　　　　답 ③

15

조건 (가)에서 a_1이 자연수이고 조건 (나)에 의하여 수열 $\{a_n\}$의 모든 항은 자연수이다. 　　　…… ㉠

$a_{k+1}-a_k=5$이고 $a_{k+2}-a_{k+1}\neq5$인 자연수 k의 최댓값을 m이라 하자.

$a_{m+1}-a_m=5$, $a_{m+2}-a_{m+1}\neq5$이므로

$a_{m+1}=a_m+5$, $a_{m+2}=\dfrac{24}{a_{m+1}}+2$

㉠에서 a_m은 자연수이므로 $a_{m+1}\geq6$

또 a_{m+1}이 24의 약수이므로 6, 8, 12, 24 중 하나이다.

a_{m+1}의 값이 6, 8, 12, 24인 경우 a_m의 값은 각각 1, 3, 7, 19이다.

이때 $a_{m+1}=a_m+5$, $a_{m+1}=\dfrac{24}{a_m}+2$를 모두 만족시키는 자연수 a_m은 존재하지 않으므로 $a_{m+1}=a_m+5$에서 a_m은 24의 약수가 아니어야 한다.

1, 3은 24의 약수이므로 a_m의 값은 7, 19 중 하나이다.

(i) $a_m=7$인 경우

　$a_m=a_{m-1}+5$이면 $a_{m-1}=2$이므로 조건 (나)에 모순이다.

　$a_m=\dfrac{24}{a_{m-1}}+2$이면 $a_{m-1}=\dfrac{24}{5}$이므로 ㉠에 모순이다.

(ii) $a_m=19$인 경우

　$a_{m+1}=19+5=24$, $a_{m+2}=\dfrac{24}{24}+2=3$, $a_{m+3}=\dfrac{24}{3}+2=10$

　10보다 큰 24의 약수는 12, 24뿐이고

　$10+5n=12$ 또는 $10+5n=24$인 자연수 n은 존재하지 않으므로 $l\geq m+3$인 모든 자연수 l에 대하여 $a_{l+1}=a_l+5$이다.

　즉, $a_{k+1}-a_k=5$이고 $a_{k+2}-a_{k+1}\neq5$인 m보다 큰 자연수 k가 존재하지 않는다.

　한편, $a_m=19$에서

　$a_m=a_{m-1}+5$이면 $a_{m-1}=14$

　$a_m=\dfrac{24}{a_{m-1}}+2$이면 $a_{m-1}=\dfrac{24}{17}$이므로 ㉠에 모순이다.

　$a_{m-1}=14$에서

　$a_{m-1}=a_{m-2}+5$이면 $a_{m-2}=9$

　$a_{m-1}=\dfrac{24}{a_{m-2}}+2$이면 $a_{m-2}=2$

　$a_{m-2}=9$에서

　$a_{m-2}=a_{m-3}+5$이면 $a_{m-3}=4$이므로 조건 (나)에 모순이다.

　$a_{m-2}=\dfrac{24}{a_{m-3}}+2$이면 $a_{m-3}=\dfrac{24}{7}$이므로 ㉠에 모순이다.

　$a_{m-2}=2$에서

　$a_{m-2}=a_{m-3}+5$이면 $a_{m-3}=-3$이므로 ㉠에 모순이다.

　$a_{m-2}=\dfrac{24}{a_{m-3}}+2$이면 a_{m-3}이 존재하지 않는다.

　즉, 조건을 만족시키는 a_{m-3}의 값이 존재하지 않으므로 $m\leq3$

(i), (ii)에서 자연수 k는 $a_1=2$ 또는 $a_1=9$일 때 최댓값 3을 갖는다. 　　　　　　　　　답 ①

16

로그의 진수의 조건에 의하여

$3x+1>0$, $6x+10>0$이므로

$x>-\dfrac{1}{3}$

$\log_{\sqrt{2}}(3x+1)=2\log_2(3x+1)=\log_2(3x+1)^2$이므로

$\log_2(3x+1)^2=\log_2(6x+10)$에서

$(3x+1)^2=6x+10$, $x^2=1$

$x>-\dfrac{1}{3}$이므로 $x=1$ 　　　　　　　　　답 1

17

$f(x)=(x-1)(x^3+3)$에서

$f'(x)=(x^3+3)+(x-1)\times3x^2$이므로

$f'(1)=1^3+3=4$ 　　　　　　　　　답 4

18

등차수열 $\{a_n\}$의 공차를 d라 하면

$S_5-5a_1=\dfrac{5(2a_1+4d)}{2}-5a_1=10d$

이므로 $10d=10$에서 $d=1$

$S_3=a_1+a_2+a_3=a_2+6$에서 $a_1+a_3=6$

$a_1+a_3=2a_2$이므로

$2a_2=6$에서 $a_2=3$

따라서 $a_5=a_2+3d=3+3\times1=6$ 　　　　　　　　　답 6

19

$n^2-5n-2=4$에서

$n^2-5n-6=0$, $(n+1)(n-6)=0$

n이 2 이상의 자연수이므로 $n=6$

$2\leq n\leq5$일 때, $n^2-5n-2<4$이므로 $2^{n^2-5n-2}-16<0$

$n=6$일 때, $n^2-5n-2=4$이므로 $2^{n^2-5n-2}-16=0$

$n\geq7$일 때, $n^2-5n-2>4$이므로 $2^{n^2-5n-2}-16>0$

(i) n이 짝수인 경우

　$2^{n^2-5n-2}-16<0$일 때, $f(n)=0$

　$2^{n^2-5n-2}-16=0$일 때, $f(n)=1$

　$2^{n^2-5n-2}-16>0$일 때, $f(n)=2$

(ii) n이 홀수인 경우

　$2^{n^2-5n-2}-16$의 값에 관계없이 $f(n)=1$

(i), (ii)에서

$f(n)=\begin{cases}0 & (n=2 \text{ 또는 } n=4)\\ 1 & (n=6 \text{ 또는 } n\text{이 3 이상의 홀수인 경우})\\ 2 & (n\text{이 8 이상의 짝수인 경우})\end{cases}$

$f(4)f(5)f(6)=0$이고 $n\geq5$이면 $f(n)f(n+1)f(n+2)>0$이므로

$f(k)f(k+1)f(k+2)=0$인 자연수 k의 최댓값은 $M=4$

$f(8)f(9)f(10)=4$이고 $2\leq n\leq7$이면 $f(n)f(n+1)f(n+2)$의 값은 0 또는 1 또는 2이므로

$f(k)f(k+1)f(k+2)=4$인 자연수 k의 최솟값은 $m=8$

따라서 $M+m=4+8=12$

답 12

20

주어진 함수 $y=g(t)$의 그래프로부터 함수 $g(t)$는 다음과 같다.

$$g(t)=\begin{cases} 0 & (t<0) \\ 4 & (t=0) \\ 8 & (0<t<2) \\ 5 & (t=2) \\ 2 & (t>2) \end{cases}$$

$g(2)=5$에서 함수 $y=|f(x)|$
의 그래프와 직선 $y=2$의 서로
다른 교점의 개수가 5이고,
$t>2$일 때 $g(t)=2$이므로 함
수 $y=|f(x)|$의 그래프의 개
형은 [그림 1]과 같다.

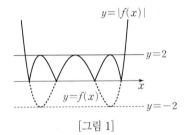

[그림 1]

즉, 함수 $f(x)$의 극댓값은 2,
극솟값은 -2이다.

한편, $\lim\limits_{x\to 0}\dfrac{f(x)-2}{x}=0$에서 $x\to 0$일 때 (분모) $\to 0$이고 극한값이

존재하므로 (분자) $\to 0$이어야 한다.

즉, $\lim\limits_{x\to 0}\{f(x)-2\}=0$이고 함수 $f(x)$는 실수 전체의 집합에서 연속

이므로 $f(0)=2$

$\lim\limits_{x\to 0}\dfrac{f(x)-2}{x}=\lim\limits_{x\to 0}\dfrac{f(x)-f(0)}{x}=f'(0)=0$이므로

함수 $f(x)$는 $x=0$에서 극댓값 2를 갖는다.

따라서 함수 $y=f(x)$의 그래프는
[그림 2]와 같다.

이때 함수 $y=f(x)$의 그래프는 직선
$y=-2$와 서로 다른 두 점에서 접하므
로 두 접점의 x좌표를 각각 α, β라 하면

$f(x)+2=\dfrac{1}{2}(x-\alpha)^2(x-\beta)^2$

(단, $\alpha\neq 0$, $\beta\neq 0$)

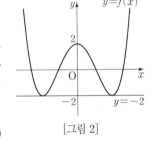

[그림 2]

즉, $f(x)=\dfrac{1}{2}(x-\alpha)^2(x-\beta)^2-2$ …… ㉠

$f'(x)=(x-\alpha)(x-\beta)^2+(x-\alpha)^2(x-\beta)$
$=(x-\alpha)(x-\beta)(2x-\alpha-\beta)$

$f'(x)=0$에서 $x=\alpha$ 또는 $x=\beta$ 또는 $x=\dfrac{\alpha+\beta}{2}$

$\alpha\neq 0$, $\beta\neq 0$이므로 $\dfrac{\alpha+\beta}{2}=0$, $\beta=-\alpha$

$\beta=-\alpha$를 ㉠에 대입하면

$f(x)=\dfrac{1}{2}(x-\alpha)^2(x+\alpha)^2-2=\dfrac{1}{2}(x^2-\alpha^2)^2-2$

$f(0)=\dfrac{1}{2}\alpha^4-2=2$에서 $\alpha^4=8$, $\alpha^2=2\sqrt{2}$

즉, $f(x)=\dfrac{1}{2}(x^2-2\sqrt{2})^2-2$이므로

$f(2)=\dfrac{1}{2}(4-2\sqrt{2})^2-2=10-8\sqrt{2}$

따라서 $p=10$, $q=8$이므로 $p\times q=10\times 8=80$

답 80

21

곡선 $y=a^x$ 위의 점 P는 제2사분면 위의 점이므로 점 P의 x좌표를
$-k$ $(k>0)$이라 하면 $P(-k,\ a^{-k})$이다.

곡선 $y=-b^x$ 위의 점 Q는 제4사분면 위의 점이고 조건 (가)에서
$\overline{OP}:\overline{OQ}=1:4$이므로 $Q(4k,\ -b^{4k})$이다.

두 점 P, Q는 직선 $x+2y=0$, 즉 $y=-\dfrac{1}{2}x$ 위의 점이므로

$a^{-k}=\dfrac{k}{2}$, 즉 $a^k=\dfrac{2}{k}$ …… ㉠

$-b^{4k}=-2k$, 즉 $b^{4k}=2k$ …… ㉡

조건 (가)에서 $\overline{OP}=l$, $\overline{OR}=2l$, $\overline{OQ}=4l$ $(l>0)$이라 하자.

조건 (나)에서 $\angle RPO=\angle QRO$이고 $\angle PQR$은 공통이므로 두 삼각

형 QPR과 QRO는 서로 닮음이다.

이때 $\overline{RP}:\overline{RQ}=\overline{OR}:\overline{OQ}=1:2$이므로

$\overline{RP}=m$, $\overline{RQ}=2m$ $(m>0)$이라 하자.

$\overline{RQ}:\overline{OQ}=\overline{PQ}:\overline{RQ}$에서

$\overline{OQ}\times(\overline{OP}+\overline{OQ})=\overline{RQ}^2$이므로

$4l\times 5l=(2m)^2$, $m^2=5l^2$

$m=\sqrt{5}l$

$\overline{OR}=2l$, $\overline{OQ}=4l$, $\overline{RQ}=2\sqrt{5}l$에서 $\overline{RQ}^2=\overline{OR}^2+\overline{OQ}^2$이므로

삼각형 QRO는 $\angle ROQ=\dfrac{\pi}{2}$인 직각삼각형이다.

즉, 두 직선 OR, OQ는 서로 수직이다.

따라서 직선 OR의 기울기는 2이므로 $R(t,\ 2t)$ $(t>0)$이라 하자.

$\angle PRQ=\angle ROQ=\dfrac{\pi}{2}$, 즉 두 직선 PR, QR은 서로 수직이므로

$\dfrac{2t-\dfrac{k}{2}}{t-(-k)}\times\dfrac{2t-(-2k)}{t-4k}=-1$

$(4t-k)(t+k)=-(t+k)(t-4k)$

$t+k>0$이므로 $4t-k=-t+4k$

$5t=5k$, $t=k$

즉, 점 R의 좌표는 $(k,\ 2k)$이고 점 R은 곡선 $y=a^x$ 위의 점이므로

$2k=a^k$ …… ㉢

㉠, ㉢에서

$\dfrac{2}{k}=2k$, $k^2=1$

$k>0$이므로 $k=1$

$k=1$을 ㉠, ㉡에 각각 대입하면

$a=2$, $b^4=2$

따라서 $a^3\times b^4=2^3\times 2=16$

답 16

22

조건 (가)에서 $f'(x)=3(x-1)(x-k)$이고 $k>1$이므로

$f'(x)=0$에서 $x=1$ 또는 $x=k$

함수 $f(x)$의 증가와 감소를 표로 나타내면 다음과 같다.

x	$\cdots$	1	$\cdots$	k	$\cdots$
$f'(x)$	+	0	−	0	+
$f(x)$	↗	극대	↘	극소	↗

함수 $f(x)$는 $x=1$에서 극대, $x=k$에서 극소이므로 두 함수 $y=f(x)$, $y=g(t)$의 그래프의 개형은 그림과 같다.

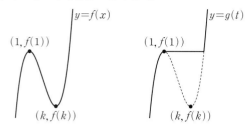

이때 $\lim\limits_{t \to 1+} \dfrac{g(t)-g(1)}{t-1}=0$이므로

$\lim\limits_{t \to 1-} \dfrac{g(t)-g(1)}{t-1} \times \lim\limits_{t \to 1+} \dfrac{g(t)-g(1)}{t-1}=0$

즉, 1은 집합 A의 원소이고 집합 A의 정수인 원소 중 최솟값이다.

조건 (나)에 의하여 집합 A의 원소 중 정수인 것의 개수가 4이기 위해서는 $a=1$, 2, 3, 4일 때 $\lim\limits_{t \to a-} \dfrac{g(t)-g(a)}{t-a} \times \lim\limits_{t \to a+} \dfrac{g(t)-g(a)}{t-a}=0$

이고 $\lim\limits_{t \to 5-} \dfrac{g(t)-g(5)}{t-5} \times \lim\limits_{t \to 5+} \dfrac{g(t)-g(5)}{t-5} \neq 0$이어야 한다.

즉, 정수 중에서 1, 2, 3, 4만 집합 A의 원소이어야 하므로 [그림 1] 또는 [그림 2]와 같이 $f(4) \leq f(1) < f(5)$이어야 한다.

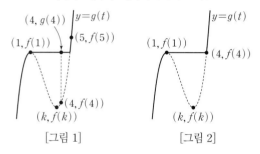

[그림 1]   [그림 2]

한편,

$\begin{aligned} f(x) &= \int 3(x-1)(x-k)dx \\ &= \int \{3x^2 - 3(1+k)x + 3k\}dx \\ &= x^3 - \frac{3}{2}(1+k)x^2 + 3kx + C \text{ (단, } C\text{는 적분상수)} \end{aligned}$

이고 $f(0)=0$이므로 $C=0$

즉, $f(x)=x^3 - \dfrac{3}{2}(1+k)x^2 + 3kx$이므로

$f(1)=1-\dfrac{3}{2}(1+k)+3k=\dfrac{3}{2}k-\dfrac{1}{2}$

$f(4)=64-24(1+k)+12k=-12k+40$

$f(5)=125-\dfrac{75}{2}(1+k)+15k=-\dfrac{45}{2}k+\dfrac{175}{2}$

$f(4) \leq f(1)$에서

$-12k+40 \leq \dfrac{3}{2}k-\dfrac{1}{2}, \dfrac{27}{2}k \geq \dfrac{81}{2}, k \geq 3$ ······ ㉠

$f(1) < f(5)$에서

$\dfrac{3}{2}k-\dfrac{1}{2} < -\dfrac{45}{2}k+\dfrac{175}{2}, 24k < 88, k < \dfrac{11}{3}$ ······ ㉡

㉠, ㉡에서 $3 \leq k < \dfrac{11}{3}$

따라서 $f(6)=216-54(1+k)+18k=-36k+162$이고

$-36 \times \dfrac{11}{3}+162 < -36k+162 \leq -36 \times 3+162$, 즉

$30 < f(6) \leq 54$이므로 $f(6)$의 최댓값은 54이다.   답 54

23

5개의 숫자 중 1의 개수가 2, 2의 개수가 3이므로 5개의 숫자를 모두 일렬로 나열하는 경우의 수는

$\dfrac{5!}{2! \times 3!}=10$ 답 ①

24

두 사건 A, B가 서로 독립이므로 두 사건 A, B^C도 서로 독립이다.

$\begin{aligned} \mathrm{P}(A \cap B^C) &= \mathrm{P}(A)\mathrm{P}(B^C) \\ &= \mathrm{P}(A)\{1-\mathrm{P}(B)\} \\ &= \mathrm{P}(A)\left(1-\dfrac{3}{4}\right) \\ &= \dfrac{1}{4}\mathrm{P}(A) \end{aligned}$

이때 $\mathrm{P}(A \cap B^C)=\dfrac{1}{9}$이므로

$\dfrac{1}{4}\mathrm{P}(A)=\dfrac{1}{9}$

따라서 $\mathrm{P}(A)=4 \times \dfrac{1}{9}=\dfrac{4}{9}$ 답 ④

25

이 고등학교의 3학년 학생 중 과목 X를 선택한 학생 수를 n이라 하면 과목 Y를 선택한 학생 수는 $2n$이고 과목 X와 과목 Y를 모두 선택한 학생 수는 $\dfrac{1}{3}n$이다. (단, n은 3의 배수)

이 고등학교의 3학년 학생 240명 중에서 한 명을 선택하였을 때, 이 학생이 과목 X를 선택한 학생인 사건을 A, 과목 Y를 선택한 학생인 사건을 B라 하면

$\mathrm{P}(A)=\dfrac{n}{240}$

$\mathrm{P}(B)=\dfrac{2n}{240}=\dfrac{n}{120}$

$\mathrm{P}(A \cap B)=\dfrac{\frac{1}{3}n}{240}=\dfrac{n}{720}$

과목 X 또는 과목 Y를 선택한 학생인 사건은 $A \cup B$이므로 확률의 덧셈정리에 의하여

$\begin{aligned} \mathrm{P}(A \cup B) &= \mathrm{P}(A)+\mathrm{P}(B)-\mathrm{P}(A \cap B) \\ &= \dfrac{n}{240}+\dfrac{n}{120}-\dfrac{n}{720} \\ &= \dfrac{n}{90} \end{aligned}$

따라서 $\dfrac{n}{90}=\dfrac{2}{3}$이므로 $n=60$ 답 ⑤

26

이산확률변수 X가 갖는 모든 값에 대한 확률의 합은 1이므로

$a+\dfrac{1}{2}+b=1$

$a+b=\dfrac{1}{2}$ ······ ㉠

$\mathrm{E}(X)=0\times a+1\times\dfrac{1}{2}+2\times b=2b+\dfrac{1}{2}$

$\mathrm{E}(X^2)=0^2\times a+1^2\times\dfrac{1}{2}+2^2\times b=4b+\dfrac{1}{2}$

$\mathrm{V}(X)=\mathrm{E}(X^2)-\{\mathrm{E}(X)\}^2$

$\qquad =4b+\dfrac{1}{2}-\left(2b+\dfrac{1}{2}\right)^2$

$\qquad =-4b^2+2b+\dfrac{1}{4}$

$Y=2X+1$이므로

$\mathrm{V}(Y)=\mathrm{V}(2X+1)=4\mathrm{V}(X)$

$\qquad =-16b^2+8b+1$

$\mathrm{V}(Y)=2$에서

$-16b^2+8b+1=2$

$16b^2-8b+1=0$

$(4b-1)^2=0$

$b=\dfrac{1}{4}$ $\qquad$ …… ㉡

㉡을 ㉠에 대입하면

$a+\dfrac{1}{4}=\dfrac{1}{2}$, $a=\dfrac{1}{2}-\dfrac{1}{4}=\dfrac{1}{4}$

따라서 $3a+2b=3\times\dfrac{1}{4}+2\times\dfrac{1}{4}=\dfrac{5}{4}$ **답 ③**

27

모표준편차가 20, 표본의 크기가 25, 표본평균이 $\overline{x}$이므로 모평균 m에 대한 신뢰도 95 %의 신뢰구간은

$\overline{x}-1.96\times\dfrac{20}{\sqrt{25}}\leq m\leq\overline{x}+1.96\times\dfrac{20}{\sqrt{25}}$

$a=\overline{x}-1.96\times\dfrac{20}{\sqrt{25}}$, $b=\overline{x}+1.96\times\dfrac{20}{\sqrt{25}}$이므로

$b-a=4\overline{x}$에서

$2\times1.96\times\dfrac{20}{\sqrt{25}}=4\overline{x}$

$4\overline{x}=2\times1.96\times4$

따라서 $\overline{x}=3.92$ **답 ④**

다른 풀이

모표준편차가 20, 표본의 크기가 25, 표본평균이 $\overline{x}$이고 모평균 m에 대한 신뢰도 95 %의 신뢰구간이 $a\leq m\leq b$이므로

$a=\overline{x}-1.96\times\dfrac{20}{\sqrt{25}}$, $b=\overline{x}+1.96\times\dfrac{20}{\sqrt{25}}$

$a+b=2\overline{x}$이므로 $a=2\overline{x}-b$ …… ㉠

㉠을 $b-a=4\overline{x}$에 대입하면

$b-(2\overline{x}-b)=4\overline{x}$, $b=3\overline{x}$

즉, $3\overline{x}=\overline{x}+1.96\times\dfrac{20}{\sqrt{25}}$

따라서 $\overline{x}=\dfrac{1}{2}\times1.96\times\dfrac{20}{\sqrt{25}}=3.92$

28

$\{\mathrm{P}(X\geq3)\}^2-\mathrm{P}(X\geq3)=\{\mathrm{P}(Y\geq4)\}^2-\mathrm{P}(Y\geq4)$에서

$\{\mathrm{P}(X\geq3)\}^2-\{\mathrm{P}(Y\geq4)\}^2-\mathrm{P}(X\geq3)+\mathrm{P}(Y\geq4)=0$

$\{\mathrm{P}(X\geq3)-\mathrm{P}(Y\geq4)\}\{\mathrm{P}(X\geq3)+\mathrm{P}(Y\geq4)-1\}=0$

$\mathrm{P}(X\geq3)=\mathrm{P}(Y\geq4)$ 또는 $\mathrm{P}(X\geq3)+\mathrm{P}(Y\geq4)=1$

확률변수 X가 정규분포 $\mathrm{N}(m,\,2^2)$을 따르므로 $Z_1=\dfrac{X-m}{2}$으로 놓으면 확률변수 Z_1은 표준정규분포 $\mathrm{N}(0,\,1)$을 따르고, 확률변수 Y가 정규분포 $\mathrm{N}(m+1,\,\sigma^2)$을 따르므로 $Z_2=\dfrac{Y-m-1}{\sigma}$로 놓으면 확률변수 Z_2도 표준정규분포 $\mathrm{N}(0,\,1)$을 따른다.

(i) $\mathrm{P}(X\geq3)=\mathrm{P}(Y\geq4)$인 경우

$\qquad \mathrm{P}\left(Z_1\geq\dfrac{3-m}{2}\right)=\mathrm{P}\left(Z_2\geq\dfrac{4-m-1}{\sigma}\right)$

두 확률변수 Z_1, Z_2가 모두 표준정규분포를 따르므로

$\qquad \dfrac{3-m}{2}=\dfrac{4-m-1}{\sigma}$

$\qquad \dfrac{3-m}{2}=\dfrac{3-m}{\sigma}$

$m\neq3$이므로 $\sigma=2$

$\mathrm{P}(1\leq Y\leq3)$의 값이 최대가 되기 위해서는 $m+1=2$이어야 한다.

즉, $m=1$이므로 $\mathrm{P}(1\leq Y\leq3)$의 최댓값은

$\qquad \mathrm{P}\left(\dfrac{1-2}{2}\leq Z_2\leq\dfrac{3-2}{2}\right)=\mathrm{P}(-0.5\leq Z_2\leq0.5)$

$\qquad\qquad\qquad\qquad\qquad =2\times\mathrm{P}(0\leq Z_2\leq0.5)$

$\qquad\qquad\qquad\qquad\qquad =2\times0.1915$

$\qquad\qquad\qquad\qquad\qquad =0.3830$

(ii) $\mathrm{P}(X\geq3)+\mathrm{P}(Y\geq4)=1$인 경우

$\qquad \mathrm{P}\left(Z_1\geq\dfrac{3-m}{2}\right)+\mathrm{P}\left(Z_2\geq\dfrac{4-m-1}{\sigma}\right)=1$

두 확률변수 Z_1, Z_2가 모두 표준정규분포를 따르므로

$\qquad \dfrac{3-m}{2}=-\dfrac{4-m-1}{\sigma}$

$\qquad \dfrac{3-m}{2}=\dfrac{m-3}{\sigma}$

$m\neq3$이므로 $\sigma=-2$가 되어 $\sigma>0$을 만족시키지 않는다.

(i), (ii)에서 $\mathrm{P}(1\leq Y\leq3)$의 최댓값은 0.3830이다. **답 ②**

29

조건 (가)에서 $\displaystyle\sum_{n=1}^{4}a_n=a_1+a_2+a_3+a_4$의 값이 짝수이려면 a_1, a_2, a_3, a_4 중 홀수의 개수가 0 또는 2 또는 4이어야 한다. 그러므로 택한 홀수의 개수에 따라 순서쌍 $(a_1,\,a_2,\,a_3,\,a_4)$의 개수는 다음과 같다.

(i) 택한 홀수의 개수가 0인 경우

a_1, a_2, a_3, a_4는 모두 짝수이고, 짝수로 만든 순서쌍은 조건 (나)를 만족시킨다.

따라서 택한 홀수의 개수가 0인 경우 구하는 순서쌍의 개수는 숫자 2, 4 중에서 중복을 허락하여 4개를 택하는 중복순열의 수와 같으므로

$_2\Pi_4=2^4=16$

(ii) 택한 홀수의 개수가 2인 경우

① 1, 3을 택한 경우

나머지 2개의 짝수가 서로 같을 때, 숫자 2, 4 중에서 한 개를 택하는 경우의 수는

$_2\mathrm{C}_1=2$

이고, 이때 조건 (나)를 만족시키려면 1, 3, □, □를 일렬로 나열하는 경우 중 1과 3이 서로 이웃한 경우를 제외해야 하므로 이 경우의 수는

$$\frac{4!}{2!}-\frac{3!}{2!}\times 2!=12-6=6$$

그러므로 1, 3과 서로 같은 2개의 짝수로 만든 순서쌍의 개수는
$$2\times 6=12$$

나머지 2개의 짝수가 서로 다를 때 조건 (나)를 만족시키려면 1, 3, □, ☆을 일렬로 나열하는 경우 중 1과 3이 서로 이웃한 경우를 제외해야 하므로 이 경우의 순서쌍의 개수는
$$4!-3!\times 2!=24-12=12$$

따라서 1, 3을 택한 경우 순서쌍의 개수는
$$12+12=24$$

② 1, 1을 택한 경우

나머지 2개는 짝수이고, 1, 1과 짝수 2개로 만든 순서쌍은 조건 (나)를 만족시킨다.

나머지 2개의 짝수가 서로 같을 때, 숫자 2, 4 중에서 한 개를 택하는 경우의 수는
$$_{2}C_{1}=2$$

이고, 1, 1, □, □를 일렬로 나열하는 경우의 수는
$$\frac{4!}{2!\times 2!}=6$$

그러므로 1, 1과 서로 같은 2개의 짝수로 만든 순서쌍의 개수는
$$2\times 6=12$$

나머지 2개의 짝수가 서로 다를 때 순서쌍의 개수는
1, 1, □, ☆을 일렬로 나열하는 경우의 수와 같으므로
$$\frac{4!}{2!}=12$$

따라서 1, 1을 택한 경우 순서쌍의 개수는
$$12+12=24$$

③ 3, 3을 택한 경우

②와 같은 방법으로 구하면 순서쌍의 개수는 24

①, ②, ③에서 택한 홀수의 개수가 2인 경우 구하는 순서쌍의 개수는
$$24+24+24=72$$

(iii) 택한 홀수의 개수가 4인 경우

조건 (나)를 만족시키려면 1과 3은 서로 이웃하지 않아야 하므로 구하는 순서쌍은 $(1, 1, 1, 1)$, $(3, 3, 3, 3)$이고, 그 개수는 2이다.

(i), (ii), (iii)에서 구하는 모든 순서쌍 (a_1, a_2, a_3, a_4)의 개수는
$$16+72+2=90$$ 답 90

30

두 번째 시행 후 주머니 A에 들어 있는 공의 개수가 2 이상인 사건을 E, 첫 번째 시행 후 주머니 B에 들어 있는 공의 개수가 4인 사건을 F라 하면 구하는 확률은 $\mathrm{P}(F\,|\,E)$이다.

두 번째 시행 후 주머니 A에 들어 있는 공의 개수가 2 이상이려면 두 번의 시행 중 한 번의 시행에서 주머니 A에 들어 있는 4 또는 5가 적혀 있는 한 개의 공을 주머니 B로 옮기거나 두 번의 시행 모두에서 주머니 A에 들어 있는 어느 공도 옮기지 않아야 한다.

두 주머니 A, B에서 꺼낸 공에 적혀 있는 숫자가 각각 a, b인 경우를 두 수 a, b의 순서쌍 (a, b)로 나타내면 두 번째 시행 후 주머니 A에 들어 있는 공의 개수가 2 이상인 경우와 그 확률은 다음과 같다.

(i) 주머니 A에서 4가 적혀 있는 공만 주머니 B로 옮긴 경우

첫 번째 시행에서 주머니 A의 4가 적혀 있는 공을 주머니 B로 옮기고 두 번째 시행에서는 어느 주머니에서도 공을 옮기지 않은 경우는 두 주머니 A, B에서 꺼낸 공에 적혀 있는 숫자가 첫 번째 시행에서 $(4, 1)$, $(4, 2)$, $(4, 3)$, 두 번째 시행에서 $(1, 1)$, $(1, 2)$, $(1, 3)$, $(1, 4)$일 때이므로 이 경우의 확률은
$$\left(\frac{1}{3}\times\frac{3}{3}\right)\times\left(\frac{1}{2}\times\frac{4}{4}\right)=\frac{1}{6} \qquad \cdots\cdots\ \bigcirc$$

첫 번째 시행에서는 어느 주머니에서도 공을 옮기지 않고 두 번째 시행에서 주머니 A의 4가 적혀 있는 공을 주머니 B로 옮기는 경우는 두 주머니 A, B에서 꺼낸 공에 적혀 있는 숫자가 첫 번째 시행에서 $(1, 1)$, $(1, 2)$, $(1, 3)$, 두 번째 시행에서 $(4, 1)$, $(4, 2)$, $(4, 3)$일 때이므로 이 경우의 확률은
$$\left(\frac{1}{3}\times\frac{3}{3}\right)\times\left(\frac{1}{3}\times\frac{3}{3}\right)=\frac{1}{9}$$

그러므로 주머니 A에서 4가 적혀 있는 공만 주머니 B로 옮긴 경우의 확률은
$$\frac{1}{6}+\frac{1}{9}=\frac{5}{18}$$

(ii) 주머니 A에서 5가 적혀 있는 공만 주머니 B로 옮긴 경우

첫 번째 시행에서 주머니 A의 5가 적혀 있는 공을 주머니 B로 옮기고 두 번째 시행에서는 어느 주머니에서도 공을 옮기지 않은 경우는 두 주머니 A, B에서 꺼낸 공에 적혀 있는 숫자가 첫 번째 시행에서 $(5, 1)$, $(5, 2)$, $(5, 3)$, 두 번째 시행에서 $(1, 1)$, $(1, 2)$, $(1, 3)$, $(1, 5)$, $(4, 5)$일 때이므로 이 경우의 확률은
$$\left(\frac{1}{3}\times\frac{3}{3}\right)\times\left(\frac{1}{2}\times\frac{4}{4}+\frac{1}{2}\times\frac{1}{4}\right)=\frac{5}{24} \qquad \cdots\cdots\ \bigcirc\!\!\bigcirc$$

첫 번째 시행에서는 어느 주머니에서도 공을 옮기지 않고 두 번째 시행에서 주머니 A의 5가 적혀 있는 공을 주머니 B로 옮기는 경우는 두 주머니 A, B에서 꺼낸 공에 적혀 있는 숫자가 첫 번째 시행에서 $(1, 1)$, $(1, 2)$, $(1, 3)$, 두 번째 시행에서 $(5, 1)$, $(5, 2)$, $(5, 3)$일 때이므로 이 경우의 확률은
$$\left(\frac{1}{3}\times\frac{3}{3}\right)\times\left(\frac{1}{3}\times\frac{3}{3}\right)=\frac{1}{9}$$

그러므로 주머니 A에서 5가 적혀 있는 공만 주머니 B로 옮긴 경우의 확률은
$$\frac{5}{24}+\frac{1}{9}=\frac{23}{72}$$

(iii) 두 번의 시행 모두에서 주머니 A에 들어 있는 어느 공도 옮기지 않은 경우

두 주머니 A, B에서 꺼낸 공에 적혀 있는 숫자가 첫 번째 시행에서 $(1, 1)$, $(1, 2)$, $(1, 3)$, 두 번째 시행에서 $(1, 1)$, $(1, 2)$, $(1, 3)$일 때이므로 이 경우의 확률은
$$\left(\frac{1}{3}\times\frac{3}{3}\right)\times\left(\frac{1}{3}\times\frac{3}{3}\right)=\frac{1}{9}$$

(i), (ii), (iii)에서
$$\mathrm{P}(E)=\frac{5}{18}+\frac{23}{72}+\frac{1}{9}=\frac{17}{24}$$

한편, 첫 번째 시행 후 주머니 B에 들어 있는 공의 개수가 4이고 두 번

째 시행 후 주머니 A에 들어 있는 공의 개수가 2 이상이려면 첫 번째 시행에서 주머니 A에 들어 있는 4 또는 5가 적혀 있는 한 개의 공을 주머니 B로 옮기고 두 번째 시행에서는 어느 주머니에서도 공을 옮기지 않아야 하므로 ㉠, ㉡에 의하여

$P(E \cap F) = \frac{1}{6} + \frac{5}{24} = \frac{3}{8}$

즉, 구하는 확률은

$P(F|E) = \dfrac{P(E \cap F)}{P(E)} = \dfrac{\frac{3}{8}}{\frac{17}{24}} = \dfrac{9}{17}$

따라서 $p=17$, $q=9$이므로
$p+q=17+9=26$

답 26

실전 모의고사 2회 본문 118~129쪽

01 ④	02 ③	03 ⑤	04 ④	05 ①
06 ①	07 ⑤	08 ②	09 ④	10 ⑤
11 ⑤	12 ①	13 ④	14 ⑤	15 ④
16 3	17 14	18 33	19 36	20 10
21 611	22 19	23 ③	24 ④	25 ②
26 ③	27 ②	28 ②	29 581	30 667

01

$\sqrt[4]{\dfrac{1}{8}} \times \sqrt[8]{\dfrac{1}{4}} = \sqrt[4]{\left(\dfrac{1}{2}\right)^3} \times \sqrt[8]{\left(\dfrac{1}{2}\right)^2} = \sqrt[4]{\left(\dfrac{1}{2}\right)^3} \times \sqrt[4]{\dfrac{1}{2}} = \sqrt[4]{\left(\dfrac{1}{2}\right)^4} = \dfrac{1}{2}$

답 ④

02

$f(x) = x^4 - 5x^2 + 3$에서 $f'(x) = 4x^3 - 10x$
따라서

$\lim\limits_{h \to 0} \dfrac{f(-1+h) - f(-1)}{h} = f'(-1) = -4 + 10 = 6$

답 ③

03

$\sin \theta + 2\cos \theta = 0$에서 $2\cos \theta = -\sin \theta$
즉, $4\cos^2 \theta = \sin^2 \theta$이므로 $\sin^2 \theta + \cos^2 \theta = 1$에서
$4\cos^2 \theta + \cos^2 \theta = 1$, $5\cos^2 \theta = 1$

$\cos^2 \theta = \dfrac{1}{5}$

$\dfrac{\pi}{2} < \theta < \pi$일 때, $\cos \theta < 0$이므로 $\cos \theta = -\dfrac{1}{\sqrt{5}}$

$\sin \theta = -2\cos \theta = \dfrac{2}{\sqrt{5}}$

따라서 $\sin \theta - \cos \theta = \dfrac{2}{\sqrt{5}} - \left(-\dfrac{1}{\sqrt{5}}\right) = \dfrac{3}{\sqrt{5}} = \dfrac{3\sqrt{5}}{5}$

답 ⑤

04

함수 $f(x)$가 실수 전체의 집합에서 연속이려면 $x=a$에서도 연속이어야 한다. 즉, $\lim\limits_{x \to a-} f(x) = \lim\limits_{x \to a+} f(x) = f(a)$이어야 한다.

$\lim\limits_{x \to a-} f(x) = \lim\limits_{x \to a-} (2x-3) = 2a-3$,

$\lim\limits_{x \to a+} f(x) = \lim\limits_{x \to a+} (x^2 - 3x + a) = a^2 - 2a$,

$f(a) = a^2 - 2a$

이므로 $2a-3 = a^2 - 2a$에서

$a^2 - 4a + 3 = 0$, $(a-1)(a-3) = 0$

$a=1$ 또는 $a=3$

따라서 모든 실수 a의 값의 합은 $1+3=4$

답 ④

05

$f(x) = \displaystyle\int (2x+a)dx = x^2 + ax + C$ (단, C는 적분상수)

$f(0)=C$이고

$f'(x)=2x+a$에서 $f'(0)=a$

$f'(0)=f(0)$이므로 $a=C$

$f(x)=x^2+Cx+C$이므로

$f(2)=4+2C+C=4+3C$

$f(2)=-5$이므로 $4+3C=-5$에서 $C=-3$

따라서 $f(x)=x^2-3x-3$이므로

$f(4)=16-12-3=1$ 답 ①

06

등비수열 $\{a_n\}$의 공비를 r $(r \neq 0)$이라 하면 일반항은

$a_n=a_1 \times r^{n-1}$

$\dfrac{S_2}{a_2}-\dfrac{S_4}{a_4}=\dfrac{a_1+a_2}{a_2}-\dfrac{a_1+a_2+a_3+a_4}{a_4}$

$\qquad\qquad =\left(\dfrac{1}{r}+1\right)-\left(\dfrac{1}{r^3}+\dfrac{1}{r^2}+\dfrac{1}{r}+1\right)$

$\qquad\qquad =-\dfrac{1}{r^3}-\dfrac{1}{r^2}$

이므로 $-\dfrac{1}{r^3}-\dfrac{1}{r^2}=4$에서

$4+\dfrac{1}{r^2}+\dfrac{1}{r^3}=0$, $\dfrac{4r^3+r+1}{r^3}=0$

$r \neq 0$이므로

$4r^3+r+1=0$, $(2r+1)(2r^2-r+1)=0$

이때 $2r^2-r+1=2\left(r-\dfrac{1}{4}\right)^2+\dfrac{7}{8}>0$이므로

$2r+1=0$에서 $r=-\dfrac{1}{2}$

$a_5=a_1 \times \left(-\dfrac{1}{2}\right)^4=\dfrac{5}{4}$에서 $a_1=20$

따라서 $a_n=20 \times \left(-\dfrac{1}{2}\right)^{n-1}$이므로

$a_1+a_2=20+20 \times \left(-\dfrac{1}{2}\right)=20+(-10)=10$ 답 ①

07

$f(x)$가 최고차항의 계수가 1인 삼차함수이고 $f'(-1)=0$, $f'(2)=0$

이므로

$f'(x)=3(x+1)(x-2)=3x^2-3x-6$

$f(x)=\displaystyle\int f'(x)dx=\int (3x^2-3x-6)dx$

$\qquad =x^3-\dfrac{3}{2}x^2-6x+C$ (단, C는 적분상수)

$f(2)=8-6-12+C=C-10$이므로

$C-10=4$에서 $C=14$

따라서 $f(x)=x^3-\dfrac{3}{2}x^2-6x+14$이므로

$f(4)=64-24-24+14=30$ 답 ⑤

08

$f(x)=(x+a)|x^2+2x|=(x+a)|x(x+2)|$

함수 $f(x)$가 $x=0$에서만 미분가능하지 않으므로 $x=-2$에서 미분가능해야 한다.

즉, $\displaystyle\lim_{x \to -2-} \dfrac{f(x)-f(-2)}{x+2}=\lim_{x \to -2+} \dfrac{f(x)-f(-2)}{x+2}$이어야 한다.

$\displaystyle\lim_{x \to -2-} \dfrac{f(x)-f(-2)}{x+2}=\lim_{x \to -2-} \dfrac{x(x+2)(x+a)}{x+2}$

$\qquad\qquad\qquad =\displaystyle\lim_{x \to -2-} \{x(x+a)\}$

$\qquad\qquad\qquad =-2(a-2)$,

$\displaystyle\lim_{x \to -2+} \dfrac{f(x)-f(-2)}{x+2}=\lim_{x \to -2+} \dfrac{-x(x+2)(x+a)}{x+2}$

$\qquad\qquad\qquad =\displaystyle\lim_{x \to -2+} \{-x(x+a)\}$

$\qquad\qquad\qquad =2(a-2)$

이므로 $-2(a-2)=2(a-2)$에서

$4(a-2)=0$, $a=2$

그러므로

$f(x)=(x+2)|x(x+2)|$

$\qquad =\begin{cases} x(x+2)^2 & (x \leq -2 \text{ 또는 } x \geq 0) \\ -x(x+2)^2 & (-2<x<0) \end{cases}$

$\qquad =\begin{cases} x^3+4x^2+4x & (x \leq -2 \text{ 또는 } x \geq 0) \\ -x^3-4x^2-4x & (-2<x<0) \end{cases}$

따라서

$\displaystyle\int_{-1}^{1} f(x)dx$

$=\displaystyle\int_{-1}^{0} f(x)dx+\int_{0}^{1} f(x)dx$

$=\displaystyle\int_{-1}^{0} (-x^3-4x^2-4x)dx+\int_{0}^{1} (x^3+4x^2+4x)dx$

$=\left[-\dfrac{1}{4}x^4-\dfrac{4}{3}x^3-2x^2\right]_{-1}^{0}+\left[\dfrac{1}{4}x^4+\dfrac{4}{3}x^3+2x^2\right]_{0}^{1}$

$=\dfrac{11}{12}+\dfrac{43}{12}=\dfrac{9}{2}$ 답 ②

09

조건 (가)에서

$\dfrac{\log a+\log b}{5}=\dfrac{\log a-\log b}{3}=k$ (k는 실수)

라 하면

$\log a+\log b=5k$, $\log a-\log b=3k$이므로

$\log a=4k$, $\log b=k$

조건 (나)에서 $a^{-1+\log b}$과 1000은 모두 양수이므로

$\log a^{-1+\log b}=\log 1000$

$(-1+\log b) \times \log a=3$

$(-1+k) \times 4k=3$

$4k^2-4k-3=0$, $(2k+1)(2k-3)=0$

a, b가 모두 1보다 큰 실수이므로

$k>0$에서 $k=\dfrac{3}{2}$

따라서 $\log a=4k=6$, $\log b=k=\dfrac{3}{2}$이므로

$\log a+2 \log b=6+2 \times \dfrac{3}{2}=9$ 답 ④

10

두 점 P, Q의 시각 t $(t \geq 0)$에서의 위치를 각각 $x_1(t)$, $x_2(t)$라 하면

$$x_1(t) = 0 + \int_0^t (3t^2 + 4at + 10)dt = t^3 + 2at^2 + 10t$$

$$x_2(t) = 0 + \int_0^t (4t + a)dt = 2t^2 + at$$

이므로

$$f(t) = |x_1(t) - x_2(t)| = |t^3 + 2(a-1)t^2 + (10-a)t|$$

$g(t) = t^3 + 2(a-1)t^2 + (10-a)t$라 하면

$$g'(t) = 3t^2 + 4(a-1)t + 10 - a$$
$$= 3\left\{t + \frac{2}{3}(a-1)\right\}^2 - \frac{4}{3}(a-1)^2 + 10 - a$$

$t \geq 0$에서 함수 $f(t)$가 증가하고 $f(0) = 0$이므로

$t > 0$에서 $g'(t) \geq 0$이어야 한다.

(i) $a < 1$일 때

$-\frac{2}{3}(a-1) > 0$이므로 $t > 0$에서 $g'(t) \geq 0$이려면

$g'\left(-\frac{2}{3}(a-1)\right) \geq 0$이어야 한다.

즉, $-\frac{4}{3}(a-1)^2 + 10 - a \geq 0$에서

$$4(a-1)^2 - 3(10-a) \leq 0$$
$$4a^2 - 5a - 26 \leq 0, \ (a+2)(4a-13) \leq 0$$
$$-2 \leq a \leq \frac{13}{4}$$

그러므로 $-2 \leq a < 1$

(ii) $a \geq 1$일 때

$-\frac{2}{3}(a-1) \leq 0$이므로 $t > 0$에서 $g'(t) \geq 0$이려면 $\lim_{t \to 0+} g'(t) \geq 0$

이면 충분하다.

즉, $10 - a \geq 0$에서 $a \leq 10$

그러므로 $1 \leq a \leq 10$

(i), (ii)에서 $-2 \leq a \leq 10$ ······ ㉠

$$f(2) = |8 + 8(a-1) + 2(10-a)| = |6a + 20|$$

이므로 ㉠에 의하여

$$8 \leq f(2) \leq 80$$

따라서 $f(2)$의 최댓값과 최솟값의 합은

$$80 + 8 = 88$$

答 ⑤

11

등차수열 $\{a_n\}$의 첫째항을 a, 공차를 d라 하자.

$a_2 = 2a_1$에서 $a + d = 2a$이므로 $a = d$

$a_n = a + (n-1)d = a + (n-1)a = an$이므로

$$S_n = \sum_{k=1}^n a_k = \sum_{k=1}^n ak = \frac{an(n+1)}{2}$$

$$\sum_{k=1}^5 \frac{1}{S_k} = \sum_{k=1}^5 \frac{2}{ak(k+1)} = \frac{2}{a} \sum_{k=1}^5 \left(\frac{1}{k} - \frac{1}{k+1}\right)$$
$$= \frac{2}{a}\left\{\left(1 - \frac{1}{2}\right) + \left(\frac{1}{2} - \frac{1}{3}\right) + \cdots + \left(\frac{1}{5} - \frac{1}{6}\right)\right\}$$
$$= \frac{2}{a}\left(1 - \frac{1}{6}\right) = \frac{5}{3a}$$

$\frac{5}{3a} = 5$에서 $a = \frac{1}{3}$

따라서 $S_n = \frac{n(n+1)}{6}$이므로

$$\sum_{k=1}^{14} \frac{a_{k+1}}{S_k S_{k+1}} = \sum_{k=1}^{14} \frac{S_{k+1} - S_k}{S_k S_{k+1}} = \sum_{k=1}^{14}\left(\frac{1}{S_k} - \frac{1}{S_{k+1}}\right)$$
$$= \left(\frac{1}{S_1} - \frac{1}{S_2}\right) + \left(\frac{1}{S_2} - \frac{1}{S_3}\right) + \cdots + \left(\frac{1}{S_{14}} - \frac{1}{S_{15}}\right)$$
$$= \frac{1}{S_1} - \frac{1}{S_{15}}$$
$$= \frac{6}{1 \times 2} - \frac{6}{15 \times 16} = 3 - \frac{1}{40} = \frac{119}{40}$$

答 ⑤

12

함수 $f(x)$가 최고차항의 계수가 양수인 삼차함수이므로 조건 (가)에 의하여 함수 $f(x)$의 증가와 감소를 표로 나타내면 다음과 같다.

x	$\cdots$	0	$\cdots$	2	$\cdots$
$f'(x)$	$+$	0	$-$	0	$+$
$f(x)$	↗	극대	↘	극소	↗

방정식 $f(x) = 0$의 서로 다른 실근의 개수를 기준으로 조건을 만족시키는 함수 $f(x)$를 구하면 다음과 같다.

(i) 방정식 $f(x) = 0$이 서로 다른 세 실근을 가질 때

$f(0)f(2) < 0$이고, 방정식 $f(x) = 0$의 세 실근을

α, β, γ $(\alpha < \beta < \gamma)$라 하면

$$\alpha < 0 < \beta < \gamma$$

이므로 두 함수 $y = f(x)$, $y = f'(x)$의 그래프는 그림과 같다.

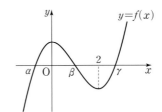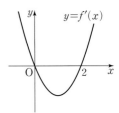

방정식 $f(f'(x)) = 0$에서

$f'(x) = \alpha$ 또는 $f'(x) = \beta$ 또는 $f'(x) = \gamma$

이때 함수 $y = f'(x)$의 그래프와 직선 $y = \beta$, 직선 $y = \gamma$는 각각 서로 다른 두 점에서 만나므로 조건 (나)를 만족시키지 않는다.

(ii) 방정식 $f(x) = 0$이 서로 다른 두 실근만을 가질 때

$f(0)f(2) = 0$에서 $f(0) = 0$, $f(2) \neq 0$ 또는 $f(0) \neq 0$, $f(2) = 0$

① $f(0) = 0$, $f(2) \neq 0$일 때

방정식 $f(x) = 0$의 중근이 아닌 한 실근을 α $(\alpha > 2)$라 하면 두 함수 $y = f(x)$, $y = f'(x)$의 그래프는 그림과 같다.

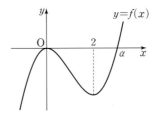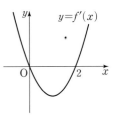

방정식 $f(f'(x)) = 0$에서

$f'(x) = 0$ 또는 $f'(x) = \alpha$

이때 함수 $y = f'(x)$의 그래프와 직선 $y = 0$, 직선 $y = \alpha$는 각각 서로 다른 두 점에서 만나므로 조건 (나)를 만족시키지 않는다.

② $f(0)\neq0$, $f(2)=0$일 때

방정식 $f(x)=0$의 중근이 아닌 한 실근을 α $(\alpha<0)$이라 하면 두 함수 $y=f(x)$, $y=f'(x)$의 그래프는 그림과 같다.

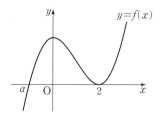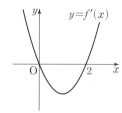

$f(x)=k(x-2)^2(x-\alpha)$ (k는 $k>0$인 상수)로 놓으면

$f'(x)=2k(x-2)(x-\alpha)+k(x-2)^2$

$\qquad=k(x-2)(3x-2\alpha-2)$

$f'(0)=4k(\alpha+1)=0$에서 $\alpha=-1$

즉, $f(x)=k(x+1)(x-2)^2$이고, $f'(x)=3kx(x-2)$

방정식 $f(f'(x))=0$에서

$f'(x)=-1$ 또는 $f'(x)=2$

함수 $y=f'(x)$의 그래프와 직선 $y=2$가 서로 다른 두 점에서 만나므로 조건 (나)를 만족시키기 위해서는 함수 $y=f'(x)$의 그래프와 직선 $y=-1$이 한 점에서 만나야 한다.

함수 $y=f'(x)$의 그래프는 직선 $x=1$에 대하여 대칭이므로 $f'(1)=-1$이어야 한다.

$f'(1)=3k\times(-1)=-1$에서 $k=\dfrac{1}{3}$

따라서 $f(x)=\dfrac{1}{3}(x+1)(x-2)^2$

(iii) 방정식 $f(x)=0$이 한 실근만을 가질 때

방정식 $f(x)=0$의 한 실근을 α라 하면

방정식 $f(f'(x))=0$에서

$f'(x)=\alpha$

이때 함수 $y=f'(x)$의 그래프와 직선 $y=\alpha$가 만나는 서로 다른 점의 개수가 2 이하이므로 조건 (나)를 만족시키지 않는다.

(i), (ii), (iii)에서 $f(x)=\dfrac{1}{3}(x+1)(x-2)^2$이므로

$f(5)=\dfrac{1}{3}\times6\times9=18$　　　　　답 ①

13

$\angle \mathrm{CAD}=\theta\left(0<\theta<\dfrac{\pi}{2}\right)$라 하면

$\tan\theta=\dfrac{3}{4}$에서 $\sin\theta=\dfrac{3}{5}$, $\cos\theta=\dfrac{4}{5}$

삼각형 ADC에서 코사인법칙에 의하여

$\overline{\mathrm{CD}}^2=\overline{\mathrm{AC}}^2+\overline{\mathrm{AD}}^2-2\times\overline{\mathrm{AC}}\times\overline{\mathrm{AD}}\times\cos\theta$

$\qquad=3^2+5^2-2\times3\times5\times\dfrac{4}{5}=10$

이므로 $\overline{\mathrm{CD}}=\sqrt{10}$

삼각형 ADC의 외접원의 반지름의 길이를 R이라 하면 사인법칙에 의하여 $\dfrac{\overline{\mathrm{CD}}}{\sin\theta}=2R$이므로

$R=\dfrac{1}{2}\times\dfrac{\overline{\mathrm{CD}}}{\sin\theta}=\dfrac{1}{2}\times\dfrac{\sqrt{10}}{\dfrac{3}{5}}=\dfrac{5\sqrt{10}}{6}$

직각삼각형 ABD에서

$\overline{\mathrm{BD}}=\sqrt{\overline{\mathrm{AB}}^2-\overline{\mathrm{AD}}^2}=\sqrt{\left(\dfrac{5\sqrt{10}}{3}\right)^2-5^2}=\sqrt{\dfrac{25}{9}}=\dfrac{5}{3}$

삼각형 ABD의 넓이는

$\dfrac{1}{2}\times\overline{\mathrm{AD}}\times\overline{\mathrm{BD}}=\dfrac{1}{2}\times5\times\dfrac{5}{3}=\dfrac{25}{6}$

삼각형 ADC의 넓이는

$\dfrac{1}{2}\times\overline{\mathrm{AC}}\times\overline{\mathrm{AD}}\times\sin\theta=\dfrac{1}{2}\times3\times5\times\dfrac{3}{5}=\dfrac{9}{2}$

따라서 사각형 ABDC의 넓이는

$\dfrac{25}{6}+\dfrac{9}{2}=\dfrac{26}{3}$　　　　　답 ④

14

$g(x)=\displaystyle\int_x^{x+3}f(|t|)dt$의 양변을 x에 대하여 미분하면

$g'(x)=f(|x+3|)-f(|x|)$ 　　……㉠

함수 $g(x)$가 $x=\dfrac{1}{2}$에서 극소이므로 $g'\left(\dfrac{1}{2}\right)=0$에서

$g'\left(\dfrac{1}{2}\right)=f\left(\dfrac{7}{2}\right)-f\left(\dfrac{1}{2}\right)=0$

즉, $f\left(\dfrac{1}{2}\right)=f\left(\dfrac{7}{2}\right)$ 　　……㉡

함수 $f(x)$는 최고차항의 계수가 1인 이차함수이고, ㉡에 의하여 함수 $y=f(x)$의 그래프는 직선 $x=2$에 대하여 대칭이므로

$f(x)=(x-2)^2+k$ (k는 상수)

로 놓을 수 있다.

또 $g(1)=0$이므로

$g(1)=\displaystyle\int_1^4\{(|t|-2)^2+k\}dt=\int_1^4\{(t-2)^2+k\}dt$

$\qquad=\displaystyle\int_1^4(t^2-4t+4+k)dt=\left[\dfrac{1}{3}t^3-2t^2+(4+k)t\right]_1^4$

$\qquad=\left(\dfrac{64}{3}-32+16+4k\right)-\left(\dfrac{1}{3}-2+4+k\right)=3+3k=0$

에서 $k=-1$

그러므로

$f(x)=(x-2)^2-1=x^2-4x+3=(x-1)(x-3)$

이고,

$f(|x|)=\begin{cases}(x+1)(x+3) & (x<0)\\(x-1)(x-3) & (x\geq0)\end{cases}$

$f(|x+3|)=\begin{cases}(x+4)(x+6) & (x<-3)\\x(x+2) & (x\geq-3)\end{cases}$

이때 ㉠에서 $g'(x)=0$, 즉 $f(|x|)=f(|x+3|)$인 x의 값을 구하면 다음과 같다.

(i) $x<-3$일 때

$(x+1)(x+3)=(x+4)(x+6)$에서

$x^2+4x+3=x^2+10x+24$

$6x=-21$, $x=-\dfrac{7}{2}$

(ii) $-3\leq x<0$일 때

$(x+1)(x+3)=x(x+2)$에서

$x^2+4x+3=x^2+2x$

$2x=-3$, $x=-\dfrac{3}{2}$

(iii) $x \geq 0$일 때

$(x-1)(x-3)=x(x+2)$에서

$x^2-4x+3=x^2+2x$

$6x=3$, $x=\dfrac{1}{2}$

(i), (ii), (iii)에서 $f(|x|)=f(|x+3|)$인 x의 값은

$-\dfrac{7}{2}$, $-\dfrac{3}{2}$, $\dfrac{1}{2}$

이고, 두 함수 $y=f(|x|)$, $y=f(|x+3|)$의 그래프는 그림과 같다.

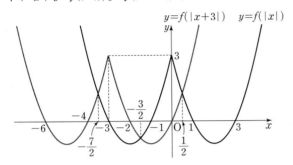

㉠에 의하여 함수 $g(x)$의 증가와 감소를 표로 나타내면 다음과 같다.

x	$\cdots$	$-\dfrac{7}{2}$	$\cdots$	$-\dfrac{3}{2}$	$\cdots$	$\dfrac{1}{2}$	$\cdots$
$g'(x)$	$-$	0	$+$	0	$-$	0	$+$
$g(x)$	$\searrow$	극소	$\nearrow$	극대	$\searrow$	극소	$\nearrow$

따라서 함수 $g(x)$는 $x=-\dfrac{3}{2}$에서 극대이므로 함수 $g(x)$의 극댓값은

$g\left(-\dfrac{3}{2}\right)=\displaystyle\int_{-\frac{3}{2}}^{\frac{3}{2}} f(|t|)dt=2\int_{0}^{\frac{3}{2}} f(|t|)dt=2\int_{0}^{\frac{3}{2}} f(t)dt$

$=2\displaystyle\int_{0}^{\frac{3}{2}} (t^2-4t+3)dt=2\left[\dfrac{1}{3}t^3-2t^2+3t\right]_{0}^{\frac{3}{2}}$

$=2\left(\dfrac{9}{8}-\dfrac{9}{2}+\dfrac{9}{2}\right)=\dfrac{9}{4}$　　　답 ⑤

참고

㉠은 다음과 같이 보일 수 있다.

$g(x)=\displaystyle\int_{x}^{x+3} f(|t|)dt=\int_{0}^{x+3} f(|t|)dt-\int_{0}^{x} f(|t|)dt$

$=\displaystyle\int_{-3}^{x} f(|t+3|)dt-\int_{0}^{x} f(|t|)dt$

이때 $h(t)=f(|t+3|)$으로 놓으면

$g(x)=\displaystyle\int_{-3}^{x} h(t)dt-\int_{0}^{x} f(|t|)dt$

위 등식의 양변을 x에 대하여 미분하면

$g'(x)=h(x)-f(|x|)=f(|x+3|)-f(|x|)$

15

(i) a_5가 3의 배수일 때

$a_6=\dfrac{a_5}{3}$이므로

$a_5+a_6=a_5+\dfrac{a_5}{3}=\dfrac{4}{3}a_5$

$\dfrac{4}{3}a_5=16$에서 $a_5=12$, $a_6=4$

$a_5=12$일 때 a_4의 값은 36 또는 10이다.

같은 방법으로 계속하면 다음 표와 같은 결과를 얻을 수 있다.

a_6	a_5	a_4	a_3	a_2	a_1
4	12	36	108	324	322
				106	104
			34	102	100
				32	30($\times$)
		10	30	90	88
				28	26
			8	24	22
				6($\times$)	

이 경우 조건을 만족시키는 모든 a_1의 값의 합은

$322+104+100+88+26+22=662$

(ii) a_5가 3의 배수가 아닐 때

$a_6=a_5+2$이므로

$a_5+a_6=a_5+a_5+2=2a_5+2$

$2a_5+2=16$에서 $a_5=7$, $a_6=9$

$a_5=7$일 때 a_4의 값은 21 또는 5이다.

같은 방법으로 계속하면 다음 표와 같은 결과를 얻을 수 있다.

a_6	a_5	a_4	a_3	a_2	a_1
9	7	21	63	189	187
				61	59
			19	57	55
				17	15($\times$)
		5	15	45	43
				13	11
			3($\times$)		

이 경우 조건을 만족시키는 모든 a_1의 값의 합은

$187+59+55+43+11=355$

(i), (ii)에서 조건을 만족시키는 모든 a_1의 값의 합은

$662+355=1017$　　　답 ④

16

로그의 진수의 조건에 의하여

$x+4>0$, $1-x>0$

이므로 $-4<x<1$　　　$\cdots\cdots$ ㉠

$\log_3(x+4)<1+\log_3(1-x)$에서

$\log_3(x+4)<\log_3 3(1-x)$

밑이 1보다 크므로

$x+4<3(1-x)$, $4x<-1$

$x<-\dfrac{1}{4}$　　　$\cdots\cdots$ ㉡

㉠, ㉡에서 $-4<x<-\dfrac{1}{4}$

따라서 정수 x의 값은 -3, -2, -1이고, 그 개수는 3이다.　　　답 3

17

$\displaystyle\lim_{x\to 3} \dfrac{g(x)-8}{x-3}=30$에서 $x\to 3$일 때 (분모) $\to 0$이고 극한값이 존재하

므로 (분자) $\to 0$이어야 한다.

즉, $\lim_{x \to 3} \{g(x)-8\}=0$이고 함수 $g(x)$는 실수 전체의 집합에서 연속

이므로 $g(3)=8$

$g(3)=(3+1)f(3)=8$에서 $f(3)=2$

또한 $\lim_{x \to 3} \dfrac{g(x)-8}{x-3}=\lim_{x \to 3} \dfrac{g(x)-g(3)}{x-3}=30$에서 함수 $g(x)$는 $x=3$

에서 미분가능하므로

$g'(3)=30$

$g(x)=(x+1)f(x)$에서

$g'(x)=f(x)+(x+1)f'(x)$이므로

$g'(3)=f(3)+4f'(3)$

$30=2+4f'(3)$이므로 $f'(3)=7$

따라서 $f(3) \times f'(3)=2 \times 7=14$ 目 14

18

$\displaystyle\sum_{k=1}^{n} (a_k+a_{k+1})=\dfrac{1}{n}+\dfrac{1}{n+1}$에서

$n=1$일 때, $a_1+a_2=1+\dfrac{1}{2}$

$n \geq 2$인 자연수 n에 대하여

$a_n+a_{n+1}=\displaystyle\sum_{k=1}^{n} (a_k+a_{k+1})-\displaystyle\sum_{k=1}^{n-1} (a_k+a_{k+1})$

$\qquad\qquad =\left(\dfrac{1}{n}+\dfrac{1}{n+1}\right)-\left(\dfrac{1}{n-1}+\dfrac{1}{n}\right)$

$\qquad\qquad =\dfrac{1}{n+1}-\dfrac{1}{n-1}$

이므로

$a_5=\{a_1+(a_2+a_3)+(a_4+a_5)\}-\{(a_1+a_2)+(a_3+a_4)\}$

$\quad =\left\{a_1+\left(\dfrac{1}{3}-1\right)+\left(\dfrac{1}{5}-\dfrac{1}{3}\right)\right\}-\left\{\left(1+\dfrac{1}{2}\right)+\left(\dfrac{1}{4}-\dfrac{1}{2}\right)\right\}$

$\quad =\left(a_1-\dfrac{4}{5}\right)-\dfrac{5}{4}$

$\quad =a_1-\dfrac{41}{20}$

$a_5=\dfrac{1}{4}$이므로

$a_1=a_5+\dfrac{41}{20}=\dfrac{1}{4}+\dfrac{41}{20}=\dfrac{23}{10}$

따라서 $p=10$, $q=23$이므로 $p+q=10+23=33$ 目 33

19

$f(x+3)=2 \sin \dfrac{\pi(x+3)}{6}=2 \sin\left(\dfrac{\pi x}{6}+\dfrac{\pi}{2}\right)=2 \cos \dfrac{\pi x}{6}$

$f(x-3)=2 \sin \dfrac{\pi(x-3)}{6}=2 \sin\left(\dfrac{\pi x}{6}-\dfrac{\pi}{2}\right)=-2 \cos \dfrac{\pi x}{6}$

$f(x+3)f(x-3)=-4 \cos^2 \dfrac{\pi x}{6}$이므로

$f(x+3)f(x-3) \geq -1$에서

$-4 \cos^2 \dfrac{\pi x}{6} \geq -1$, $\cos^2 \dfrac{\pi x}{6} \leq \dfrac{1}{4}$

$-\dfrac{1}{2} \leq \cos \dfrac{\pi x}{6} \leq \dfrac{1}{2}$ ...... ㉠

$\cos \dfrac{\pi}{3}=\cos \dfrac{5\pi}{3}=\dfrac{1}{2}$, $\cos \dfrac{2\pi}{3}=\cos \dfrac{4\pi}{3}=-\dfrac{1}{2}$

즉, $\cos \dfrac{\pi \times 2}{6}=\cos \dfrac{\pi \times 10}{6}=\dfrac{1}{2}$, $\cos \dfrac{\pi \times 4}{6}=\cos \dfrac{\pi \times 8}{6}=-\dfrac{1}{2}$

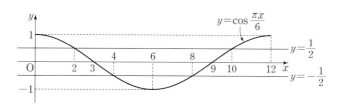

따라서 ㉠을 만족시키는 12 이하의 모든 자연수 x의 값은 2, 3, 4, 8, 9, 10이므로 그 합은

$2+3+4+8+9+10=36$ 目 36

20

$f(x)=a(x^3-4x)=ax(x+2)(x-2)$이므로

$f(x)=0$에서 $x=-2$ 또는 $x=0$ 또는 $x=2$

$f'(x)=a(3x^2-4)$이므로

$f'(x)=0$에서 $x=-\dfrac{2}{\sqrt{3}}$ 또는 $x=\dfrac{2}{\sqrt{3}}$

$a>0$이므로 함수 $f(x)$의 증가와 감소를 표로 나타내면 다음과 같다.

x	$\cdots$	$-\dfrac{2}{\sqrt{3}}$	$\cdots$	$\dfrac{2}{\sqrt{3}}$	$\cdots$
$f'(x)$	$+$	0	$-$	0	$+$
$f(x)$	↗	극대	↘	극소	↗

함수 $y=f(x)$의 그래프는 그림과 같다.

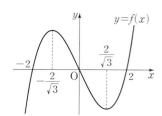

함수 $g(x)$가 실수 전체의 집합에서 연속이므로 $x=k$에서도 연속이다.

즉, $\lim_{x \to k-} g(x)=\lim_{x \to k+} g(x)=g(k)$이어야 한다.

$\lim_{x \to k-} g(x)=\lim_{x \to k-} f(x)=f(k)$,

$\lim_{x \to k+} g(x)=\lim_{x \to k+} \{-f(x)\}=-f(k)$,

$g(k)=f(k)$

이므로 $f(k)=-f(k)$에서 $f(k)=0$

그러므로 $k=-2$ 또는 $k=0$ 또는 $k=2$

한편,

$h(x)=\displaystyle\int_{-2}^{x} g(t)dt-\displaystyle\int_{x}^{2} g(t)dt=\displaystyle\int_{-2}^{x} g(t)dt+\displaystyle\int_{2}^{x} g(t)dt$

에서

$h'(x)=g(x)+g(x)=2g(x)$

(i) $k=-2$일 때

함수 $y=g(x)$의 그래프는 그림과 같다.

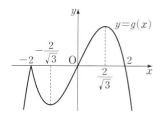

열린구간 $(-2, 2)$에서 함수 $h(x)$의 증가와 감소를 표로 나타내면 다음과 같다.

x	(-2)	$\cdots$	0	$\cdots$	(2)
$h'(x)$		$-$	0	$+$	
$h(x)$		$\searrow$	극소	$\nearrow$	

열린구간 $(-2, 2)$에서 함수 $h(x)$의 최댓값이 존재하지 않으므로 조건을 만족시키지 않는다.

(ii) $k=0$일 때

함수 $y=g(x)$의 그래프는 그림과 같다.

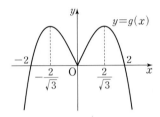

열린구간 $(-2, 2)$에서 함수 $h(x)$의 증가와 감소를 표로 나타내면 다음과 같다.

x	(-2)	$\cdots$	0	$\cdots$	(2)
$h'(x)$		$+$	0	$+$	
$h(x)$		$\nearrow$		$\nearrow$	

열린구간 $(-2, 2)$에서 함수 $h(x)$의 최댓값이 존재하지 않으므로 조건을 만족시키지 않는다.

(iii) $k=2$일 때

함수 $y=g(x)$의 그래프는 그림과 같다.

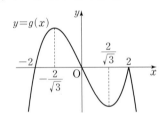

열린구간 $(-2, 2)$에서 함수 $h(x)$의 증가와 감소를 표로 나타내면 다음과 같다.

x	(-2)	$\cdots$	0	$\cdots$	(2)
$h'(x)$		$+$	0	$-$	
$h(x)$		$\nearrow$	극대	$\searrow$	

열린구간 $(-2, 2)$에서 함수 $h(x)$가 $x=0$에서 극대이면서 최대이고, 함수 $h(x)$의 최댓값이 2이므로

$$h(0)=\int_{-2}^{0}g(t)dt-\int_{0}^{2}g(t)dt$$
$$=\int_{-2}^{0}a(t^3-4t)dt-\int_{0}^{2}a(t^3-4t)dt$$
$$=2a\int_{-2}^{0}(t^3-4t)dt$$
$$=2a\left[\frac{1}{4}t^4-2t^2\right]_{-2}^{0}$$
$$=2a\{0-(-4)\}$$
$$=8a=2$$

에서 $a=\dfrac{1}{4}$

(i), (ii), (iii)에서 조건을 만족시키는 k의 값은 2이고,

$$g(x)=\begin{cases} \dfrac{1}{4}x^3-x & (x\le 2) \\ -\dfrac{1}{4}x^3+x & (x>2) \end{cases}$$

따라서

$$\int_{0}^{4}g(x)dx=\int_{0}^{2}\left(\frac{1}{4}x^3-x\right)dx+\int_{2}^{4}\left(-\frac{1}{4}x^3+x\right)dx$$
$$=\left[\frac{1}{16}x^4-\frac{1}{2}x^2\right]_{0}^{2}+\left[-\frac{1}{16}x^4+\frac{1}{2}x^2\right]_{2}^{4}$$
$$=(-1-0)+(-8-1)=-10$$

이므로 $\left|\displaystyle\int_{0}^{4}g(x)dx\right|=10$ 답 10

21

함수 $y=f(x)$의 그래프는 그림과 같다. 이때 함수 $y=f(x)$의 그래프와 직선 $y=\log_2(k+2)$가 만나는 서로 다른 두 점을 A, B라 하자.

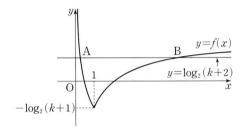

(i) $0<x<1$일 때

$-\log_2(k+1)x=\log_2(k+2)$에서

$\log_2\dfrac{1}{(k+1)x}=\log_2(k+2)$, $\dfrac{1}{(k+1)x}=k+2$

$x=\dfrac{1}{(k+1)(k+2)}$

k가 자연수이므로 $0<\dfrac{1}{(k+1)(k+2)}<1$

그러므로 점 A의 x좌표는 $\dfrac{1}{(k+1)(k+2)}$이다.

(ii) $x\ge 1$일 때

$\log_2\dfrac{x}{k+1}=\log_2(k+2)$에서 $\dfrac{x}{k+1}=k+2$

$x=(k+1)(k+2)=k^2+3k+2$

k가 자연수이므로 $k^2+3k+2>1$

그러므로 점 B의 x좌표는 k^2+3k+2이다.

(i), (ii)에서 두 점 A, B 사이의 거리 $g(k)$는

$g(k)=k^2+3k+2-\dfrac{1}{(k+1)(k+2)}$이므로

$$\sum_{k=1}^{7}g(k)=\sum_{k=1}^{7}\left\{k^2+3k+2-\frac{1}{(k+1)(k+2)}\right\}$$
$$=\sum_{k=1}^{7}k^2+3\sum_{k=1}^{7}k+\sum_{k=1}^{7}2-\sum_{k=1}^{7}\left(\frac{1}{k+1}-\frac{1}{k+2}\right)$$
$$=\frac{7\times 8\times 15}{6}+3\times\frac{7\times 8}{2}+2\times 7$$
$$\qquad -\left\{\left(\frac{1}{2}-\frac{1}{3}\right)+\left(\frac{1}{3}-\frac{1}{4}\right)+\cdots+\left(\frac{1}{8}-\frac{1}{9}\right)\right\}$$
$$=140+84+14-\left(\frac{1}{2}-\frac{1}{9}\right)$$
$$=238-\frac{7}{18}$$

따라서 $\dfrac{18}{7} \times \sum\limits_{k=1}^{7} g(k) = \dfrac{18}{7} \times \left(238 - \dfrac{7}{18}\right) = 612 - 1 = 611$ 답 **611**

22

$\lim\limits_{x \to a+} \dfrac{g(x)-g(a)}{x-a} \times \lim\limits_{x \to (a+4)+} \dfrac{g(x)-g(a+4)}{x-(a+4)} \le 0$ …… ㉠

$-6 \le a \le -2$인 모든 실수 a에 대하여

$\lim\limits_{x \to a+} \dfrac{g(x)-g(a)}{x-a} \le 0$

이므로 ㉠을 만족시키기 위해서는 $-6 \le a \le -2$에서

$\lim\limits_{x \to (a+4)+} \dfrac{g(x)-g(a+4)}{x-(a+4)} \ge 0$

이어야 한다.

즉, $a+4=p$로 놓으면 $-2 \le p \le 2$에서

$\lim\limits_{x \to p+} \dfrac{g(x)-g(p)}{x-p} \ge 0$

이므로 $1 \le p \le 2$에서

$\lim\limits_{x \to p+} \dfrac{g(x)-g(p)}{x-p} \ge 0$ …… ㉡

즉, $\lim\limits_{x \to p+} \dfrac{f(x)-f(p)}{x-p} \ge 0$

$-2 \le a \le 2$인 모든 실수 a에 대하여

$\lim\limits_{x \to a+} \dfrac{g(x)-g(a)}{x-a} \ge 0$

이므로 ㉠을 만족시키기 위해서는 $-2 \le a \le 2$에서

$\lim\limits_{x \to (a+4)+} \dfrac{g(x)-g(a+4)}{x-(a+4)} \le 0$

이어야 한다.

즉, $2 \le p \le 6$에서

$\lim\limits_{x \to p+} \dfrac{g(x)-g(p)}{x-p} \le 0$ …… ㉢

즉, $\lim\limits_{x \to p+} \dfrac{f(x)-f(p)}{x-p} \le 0$

㉡, ㉢에 의하여 함수 $g(x)$는 $x=2$에서 극대이고, $x>1$에서 미분가능 하므로

$g'(2)=0$, 즉 $f'(2)=0$

주어진 조건에 의하여 $a<-6$ 또는 $2<a<5$ 또는 $a>5$인 모든 실수 a에 대하여

$\lim\limits_{x \to a+} \dfrac{g(x)-g(a)}{x-a} \times \lim\limits_{x \to (a+4)+} \dfrac{g(x)-g(a+4)}{x-(a+4)} > 0$ …… ㉣

함수 $g(x)$가 $x \le -2$에서 감소하므로 $a<-6$인 모든 실수 a에 대하여 ㉣을 만족시킨다.

$2<a<5$ 또는 $a>5$인 모든 실수 a에 대하여 ㉣을 만족시키기 위해서는 $g'(a) \ne 0$이고 함수 $g(x)$는 구간 $(2, \infty)$에서 감소해야 한다.

즉, 구간 $(2, \infty)$에서 $g'(x) \le 0$이다.

$a=5$일 때,

$\lim\limits_{x \to 5+} \dfrac{g(x)-g(5)}{x-5} \times \lim\limits_{x \to 9+} \dfrac{g(x)-g(9)}{x-9} \le 0$에서

$\lim\limits_{x \to 9+} \dfrac{g(x)-g(9)}{x-9} < 0$이므로 $\lim\limits_{x \to 5+} \dfrac{g(x)-g(5)}{x-5} \ge 0$

또한 ㉢에 의하여

$\lim\limits_{x \to 5+} \dfrac{g(x)-g(5)}{x-5} \le 0$

이때 함수 $g(x)$가 $x>1$에서 미분가능하므로

$\lim\limits_{x \to 5+} \dfrac{g(x)-g(5)}{x-5} = g'(5) = 0$, 즉 $f'(5)=0$이어야 한다.

함수 $f(x)$가 최고차항의 계수가 $k \, (k<0)$인 사차함수라 하면 함수 $f'(x)$는 최고차항의 계수가 $4k$인 삼차함수이다.

이때 $f'(2)=f'(5)=0$이고

함수 $f(x)$가 구간 $(2, \infty)$에서 감소해야 하므로

$f'(x) = 4k(x-2)(x-5)^2$

$g(5)=0$에서 $f(5)=0$이므로 함수 $y=f'(x)$의 그래프와 함수 $y=f(x)$의 그래프는 그림과 같다.

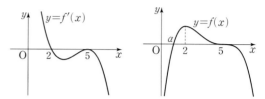

즉, $f(x) = k(x-a)(x-5)^3 \, (a<2)$로 놓을 수 있다.

$f(x) = k(x-a)(x^3-15x^2+75x-125)$에서

$f'(x) = k(x^3-15x^2+75x-125) + k(x-a)(3x^2-30x+75)$
$\qquad = k(x-5)^3 + 3k(x-a)(x-5)^2$

이때 $f'(2)=0$이므로

$f'(2) = -27k + 27k(2-a) = 27k(1-a) = 0$에서

$k \ne 0$이므로 $a=1$

그러므로 $f(x) = k(x-1)(x-5)^3$

$x<1$에서 함수 $y=g(x)$의 그래프가 직선 $y=9$와 한 점에서 만나고, 방정식 $g(x)=9$의 서로 다른 실근의 개수가 2이므로 그림과 같이 $x \ge 1$에서 함수 $y=g(x)$의 그래프가 직선 $y=9$와 한 점에서만 만나야 한다.

즉, $g(2)=9$이므로

$g(2) = f(2) = -27k = 9$

에서 $k = -\dfrac{1}{3}$

$f(x) = -\dfrac{1}{3}(x-1)(x-5)^3$이므로

$g(3) = f(3) = -\dfrac{1}{3} \times 2 \times (-8) = \dfrac{16}{3}$

따라서 $p=3$, $q=16$이므로 $p+q = 3+16 = 19$ 답 **19**

참고

$f'(x) = 4k(x-2)(x-5)^2$에서 함수 $f(x)$를 다음과 같이 구할 수도 있다.

$f'(x) = 4k(x-2)(x^2-10x+25) = k(4x^3-48x^2+180x-200)$

이므로

$f(x) = \displaystyle\int k(4x^3-48x^2+180x-200)\,dx$
$\qquad = k(x^4-16x^3+90x^2-200x) + C$ (단, C는 적분상수)

$g(5)=0$에서 $f(5)=0$이므로

$f(5) = -125k + C = 0$, $C = 125k$

그러므로

$f(x) = k(x^4-16x^3+90x^2-200x+125)$
$\qquad = k(x-1)(x-5)^3$

23

6개의 문자 중 a의 개수가 1, b의 개수가 2, c의 개수가 3이므로 6개의 문자를 모두 일렬로 나열하는 경우의 수는

$$\frac{6!}{2!\times 3!}=60$$

答 ③

24

$\mathrm{P}(A\cup B)=\mathrm{P}(A)+\mathrm{P}(B)-\mathrm{P}(A\cap B)$에서

$$\frac{7}{12}=\frac{2}{3}-\mathrm{P}(A\cap B)$$

$$\mathrm{P}(A\cap B)=\frac{2}{3}-\frac{7}{12}=\frac{1}{12}$$

두 사건 A, B가 서로 독립이므로

$$\mathrm{P}(A\cap B)=\mathrm{P}(A)\mathrm{P}(B)=\frac{1}{12}$$

$\mathrm{P}(A)=a$, $\mathrm{P}(B)=b$라 하면

$$a+b=\frac{2}{3},\ ab=\frac{1}{12}$$

이므로 a, b는 이차방정식 $x^2-\frac{2}{3}x+\frac{1}{12}=0$의 두 근이다.

$12x^2-8x+1=0$에서

$(2x-1)(6x-1)=0$

$x=\frac{1}{2}$ 또는 $x=\frac{1}{6}$

$\mathrm{P}(A)>\mathrm{P}(B)$이므로

$$\mathrm{P}(A)=\frac{1}{2},\ \mathrm{P}(B)=\frac{1}{6}$$

한편, 두 사건 A, B가 서로 독립이므로 두 사건 A^C, B도 서로 독립이다.

따라서 $\mathrm{P}(B\,|\,A^C)=\mathrm{P}(B)=\frac{1}{6}$

答 ④

25

6장의 카드를 원형으로 배열하는 경우의 수는

$(6-1)!=5!$

서로 이웃한 두 카드에 적힌 두 수의 합이 모두 4 이상이 되려면 숫자 0이 적힌 카드의 양 옆에는 항상 숫자 4, 5가 적힌 카드가 놓여야 한다. 이때 숫자 4, 5가 적힌 카드는 서로 자리를 바꿀 수 있으므로 이 경우의 수는

$2!$

이를 만족시키는 경우 중 한 가지는 그림과 같다.

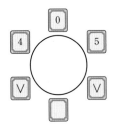

남은 3장의 카드 중 숫자 1, 2가 적힌 카드는 서로 이웃하지 않아야 하므로 그림의 ∨ 표시된 곳에 숫자 1, 2가 적힌 카드를 배열하고, 남은 한 자리에 숫자 3이 적힌 카드를 놓으면 된다.

이와 같이 배열하는 경우의 수는

$2!\times 1$

그러므로 조건을 만족시키도록 카드를 배열하는 경우의 수는

$2!\times(2!\times 1)$

따라서 구하는 확률은

$$\frac{2!\times(2!\times 1)}{5!}=\frac{4}{120}=\frac{1}{30}$$

答 ②

다른 풀이

6장의 카드를 원형으로 배열하는 경우의 수는

$(6-1)!=5!$

서로 이웃한 두 카드에 적힌 두 수의 합이 4 이상이 되려면 숫자 0이 적힌 카드의 양 옆에는 항상 숫자 4, 5가 적힌 카드가 놓여야 하고, 남은 3장의 카드 중에서 숫자 1, 2가 적힌 카드는 서로 이웃하지 않아야 한다. 숫자 4, 0, 5가 적힌 카드를 하나로 묶어 A라 하고 A, 1, 2, 3을 원형으로 배열하는 경우의 수는

$(4-1)!=3!$

이고, 이 중에서 1, 2를 하나로 묶어 B라 하고 A, B, 3을 원형으로 배열하는 경우의 수는

$(3-1)!=2!$

이다. 이때 A 안에서 4와 5가 자리를 바꾸는 경우의 수는 $2!$이고, B 안에서 1과 2가 자리를 바꾸는 경우의 수도 $2!$이다.

그러므로 조건을 만족시키도록 카드를 배열하는 경우의 수는

$3!\times 2!-2!\times 2!\times 2!=12-8=4$

따라서 구하는 확률은

$$\frac{4}{5!}=\frac{4}{120}=\frac{1}{30}$$

26

한 개의 주사위를 던져서 3의 배수의 눈이 나올 확률은

$$\frac{2}{6}=\frac{1}{3}$$

4개의 주사위를 던져서 3의 배수의 눈이 나오는 주사위의 개수가 확률변수 X이므로 X가 갖는 값은 0, 1, 2, 3, 4이다.

$$\mathrm{P}(X=0)={}_4\mathrm{C}_0\left(\frac{1}{3}\right)^0\left(\frac{2}{3}\right)^4=\frac{16}{81}$$

$$\mathrm{P}(X=1)={}_4\mathrm{C}_1\left(\frac{1}{3}\right)^1\left(\frac{2}{3}\right)^3=\frac{32}{81}$$

$$\mathrm{P}(X=2)={}_4\mathrm{C}_2\left(\frac{1}{3}\right)^2\left(\frac{2}{3}\right)^2=\frac{24}{81}=\frac{8}{27}$$

$$\mathrm{P}(X=3)={}_4\mathrm{C}_3\left(\frac{1}{3}\right)^3\left(\frac{2}{3}\right)^1=\frac{8}{81}$$

$$\mathrm{P}(X=4)={}_4\mathrm{C}_4\left(\frac{1}{3}\right)^4\left(\frac{2}{3}\right)^0=\frac{1}{81}$$

이때

$$\mathrm{P}(Y=0)=\mathrm{P}(X=0)+\mathrm{P}(X=3)=\frac{16}{81}+\frac{8}{81}=\frac{8}{27}$$

$$\mathrm{P}(Y=1)=\mathrm{P}(X=1)+\mathrm{P}(X=4)=\frac{32}{81}+\frac{1}{81}=\frac{11}{27}$$

$$\mathrm{P}(Y=2)=\mathrm{P}(X=2)=\frac{8}{27}$$

이산확률변수 Y의 확률분포를 표로 나타내면 다음과 같다.

Y	0	1	2	합계
$\mathrm{P}(Y=y)$	$\frac{8}{27}$	$\frac{11}{27}$	$\frac{8}{27}$	1

따라서 $\mathrm{E}(Y)=0\times\frac{8}{27}+1\times\frac{11}{27}+2\times\frac{8}{27}=1$

答 ③

27

정규분포 $N(m, 5^2)$을 따르는 모집단에서 크기가 n인 표본을 임의추출하여 얻은 표본평균이 $\overline{x}$일 때, 모평균 m에 대한 신뢰도 95 %의 신뢰구간은

$$\overline{x}-1.96\times\frac{5}{\sqrt{n}}\leq m\leq\overline{x}+1.96\times\frac{5}{\sqrt{n}}$$

이때 $b-a=2.8$이므로

$2\times1.96\times\dfrac{5}{\sqrt{n}}=2.8$에서

$\sqrt{n}=7$, $n=49$

이고,

$b=\overline{x}+1.96\times\dfrac{5}{7}=\overline{x}+1.4$

이때 $4n=4\times49=196$이므로 정규분포 $N(m, 5^2)$을 따르는 모집단에서 크기가 196인 표본을 임의추출하여 얻은 표본평균이 $\overline{x}+2$일 때, 모평균 m에 대한 신뢰도 95 %의 신뢰구간은

$$\overline{x}+2-1.96\times\frac{5}{14}\leq m\leq\overline{x}+2+1.96\times\frac{5}{14}$$

이때

$d=\overline{x}+2+1.96\times\dfrac{5}{14}=\overline{x}+2+0.7$

이고, $b+d=192.1$이므로

$(\overline{x}+1.4)+(\overline{x}+2+0.7)=192.1$

$2\overline{x}=188$

$\overline{x}=94$

따라서 $c=\overline{x}+2-0.7=94+2-0.7=95.3$ **답** ②

28

확률변수 X가 평균이 2인 정규분포를 따르므로

$P(X\geq3t-t^2)\leq\dfrac{1}{2}$이 되려면 $3t-t^2\geq2$이어야 한다.

즉, $t^2-3t+2\leq0$에서

$(t-1)(t-2)\leq0$

$1\leq t\leq2$

확률변수 X가 정규분포 $N(2, 4t^2)$을 따르므로 $Z=\dfrac{X-2}{2t}$로 놓으면

확률변수 Z는 표준정규분포 $N(0, 1)$을 따른다. 이때

$P(t^2-2t+2\leq X\leq t^2+2t+2)$

$=P\left(\dfrac{t^2-2t+2-2}{2t}\leq Z\leq\dfrac{t^2+2t+2-2}{2t}\right)$

$=P\left(\dfrac{t}{2}-1\leq Z\leq\dfrac{t}{2}+1\right)$

에서 Z의 범위의 구간의 크기는 2로 고정되어 있다.

표준정규분포를 따르는 확률변수 Z의 확률밀도함수의 그래프의 성질에 의하여 $\dfrac{t}{2}$가 0에 가까울수록 확률은 커지므로 $1\leq t\leq2$에서

$P\left(\dfrac{t}{2}-1\leq Z\leq\dfrac{t}{2}+1\right)$의 최댓값은 $t=1$일 때

$P(-0.5\leq Z\leq1.5)=P(0\leq Z\leq0.5)+P(0\leq Z\leq1.5)$

$=0.1915+0.4332$

$=0.6247$ **답** ②

29

(i) $a_2\times a_4=0$일 때

① $a_2=0$, $a_4\neq0$일 때

a_5의 값으로 가능한 경우의 수는 5

$a_4\neq0$이므로 세 수 a_1, a_3, a_4의 순서쌍 (a_1, a_3, a_4)의 개수는 4개의 숫자 1, 2, 3, 4 중에서 중복을 허락하여 3개를 택하는 중복조합의 수와 같으므로

$_4H_3=_6C_3=20$

그러므로 조건을 만족시키는 N의 개수는

$5\times20=100$

② $a_2\neq0$, $a_4=0$일 때

가능한 두 수 a_2, a_5의 순서쌍 (a_2, a_5)의 개수는

$4\times5=20$

두 수 a_1, a_3의 순서쌍 (a_1, a_3)의 개수는 5개의 숫자 0, 1, 2, 3, 4 중에서 중복을 허락하여 2개를 택하는 중복조합의 수에서 $a_1=a_3=0$인 경우의 수를 뺀 것과 같으므로

$_5H_2-1=_6C_2-1=14$

그러므로 조건을 만족시키는 N의 개수는

$20\times14=280$

③ $a_2=a_4=0$일 때

a_5의 값으로 가능한 경우의 수는 5

두 수 a_1, a_3의 순서쌍 (a_1, a_3)의 개수는 ②의 경우와 같으므로

$_5H_2-1=_6C_2-1=14$

그러므로 조건을 만족시키는 N의 개수는

$5\times14=70$

①, ②, ③에 의하여 $a_2\times a_4=0$일 때 조건을 만족시키는 자연수 N의 개수는

$100+280+70=450$

(ii) $a_2\times a_4\neq0$일 때

$a_5\geq a_2\times a_4$를 만족시키는 $a_2\times a_4$의 값은 1 또는 2 또는 3 또는 4이다.

① $a_2\times a_4=1$일 때

$a_2=a_4=1$이므로 a_5의 값으로 가능한 경우의 수는 4

두 수 a_1, a_3의 순서쌍 (a_1, a_3)의 개수는 4개의 숫자 1, 2, 3, 4 중에서 중복을 허락하여 2개를 택하는 중복조합의 수와 같으므로

$_4H_2=_5C_2=10$

그러므로 조건을 만족시키는 N의 개수는

$4\times10=40$

② $a_2\times a_4=2$일 때

a_5의 값으로 가능한 경우의 수는 3

$a_2=1$, $a_4=2$일 때, 두 수 a_1, a_3의 순서쌍 (a_1, a_3)의 개수는 3개의 숫자 2, 3, 4 중에서 중복을 허락하여 2개를 택하는 중복조합의 수와 같으므로

$_3H_2=_4C_2=6$

$a_2=2$, $a_4=1$일 때, 두 수 a_1, a_3의 순서쌍 (a_1, a_3)의 개수는 4개의 숫자 1, 2, 3, 4 중에서 중복을 허락하여 2개를 택하는 중복조합의 수와 같으므로

$_4H_2=_5C_2=10$

그러므로 조건을 만족시키는 N의 개수는

$3\times(6+10)=3\times16=48$

③ $a_2 \times a_4 = 3$일 때

a_5의 값으로 가능한 경우의 수는 2

$a_2 = 1$, $a_4 = 3$일 때, 두 수 a_1, a_3의 순서쌍 (a_1, a_3)의 개수는 2개의 숫자 3, 4 중에서 중복을 허락하여 2개를 택하는 중복조합의 수와 같으므로

$_2H_2 = {}_3C_2 = 3$

$a_2 = 3$, $a_4 = 1$일 때, 두 수 a_1, a_3의 순서쌍 (a_1, a_3)의 개수는 4개의 숫자 1, 2, 3, 4 중에서 중복을 허락하여 2개를 택하는 중복조합의 수와 같으므로

$_4H_2 = {}_5C_2 = 10$

그러므로 조건을 만족시키는 N의 개수는

$2 \times (3+10) = 2 \times 13 = 26$

④ $a_2 \times a_4 = 4$일 때

a_5의 값으로 가능한 경우의 수는 1

$a_2 = 1$, $a_4 = 4$일 때, $a_1 = a_3 = 4$이므로 두 수 a_1, a_3의 순서쌍 (a_1, a_3)의 개수는 1

$a_2 = 2$, $a_4 = 2$일 때, 두 수 a_1, a_3의 순서쌍 (a_1, a_3)의 개수는 3개의 숫자 2, 3, 4 중에서 중복을 허락하여 2개를 택하는 중복조합의 수와 같으므로

$_3H_2 = {}_4C_2 = 6$

$a_2 = 4$, $a_4 = 1$일 때, 두 수 a_1, a_3의 순서쌍 (a_1, a_3)의 개수는 4개의 숫자 1, 2, 3, 4 중에서 중복을 허락하여 2개를 택하는 중복조합의 수와 같으므로

$_4H_2 = {}_5C_2 = 10$

그러므로 조건을 만족시키는 N의 개수는

$1 \times (1+6+10) = 1 \times 17 = 17$

①~④에 의하여 $a_2 \times a_4 \neq 0$일 때 조건을 만족시키는 자연수 N의 개수는

$40 + 48 + 26 + 17 = 131$

(i), (ii)에 의하여 구하는 자연수 N의 개수는

$450 + 131 = 581$

目 581

30

이 게임을 4번 반복한 후 A가 얻은 점수가 6점인 사건을 E, B가 얻은 점수가 3점인 사건을 F라 하면 구하는 확률은 $P(F|E)$이다.

A, B 두 사람이 가위바위보를 내는 경우의 수는

$3 \times 3 = 9$

이 중에서 A가 가위, B가 보를 내는 경우 A가 이기므로

A가 가위로 이길 확률은 $\dfrac{1}{9}$

A가 바위를 낼 때 B가 가위를 내면 A가 이기고,

A가 보를 낼 때 B가 바위를 내면 A가 이기므로

A가 바위나 보로 이길 확률은 $\dfrac{2}{9}$

A와 B가 비기는 경우는 둘 다 가위를 내거나 바위를 내거나 보를 내는 경우이므로

A와 B가 비길 확률은 $\dfrac{3}{9}$

각 경우에서 A, B가 얻은 점수와 확률을 표로 나타내면 다음과 같다.

경우	A 점수	B 점수	확률
A가 가위로 이김	3	0	$\dfrac{1}{9}$
A가 바위나 보로 이김	2	0	$\dfrac{2}{9}$
비김	1	1	$\dfrac{3}{9}$
B가 가위로 이김	0	3	$\dfrac{1}{9}$
B가 바위나 보로 이김	0	2	$\dfrac{2}{9}$

4번의 게임에서 A가 6점을 얻는 경우와 그 때 B가 얻은 점수와 확률을 표로 나타내면 다음과 같다.

A	B	확률
3, 3, 0, 0	0, 0, 3, 3 0, 0, 3, 2 0, 0, 2, 3 0, 0, 2, 2	$\dfrac{4!}{2! \times 2!} \times \left(\dfrac{1}{9}\right)^2 \times \left(\dfrac{3}{9}\right)^2 = \dfrac{54}{9^4}$
3, 2, 1, 0	0, 0, 1, 3	$4! \times \dfrac{1}{9} \times \dfrac{2}{9} \times \dfrac{3}{9} \times \dfrac{1}{9} = \dfrac{144}{9^4}$
3, 2, 1, 0	0, 0, 1, 2	$4! \times \dfrac{1}{9} \times \dfrac{2}{9} \times \dfrac{3}{9} \times \dfrac{2}{9} = \dfrac{288}{9^4}$
3, 1, 1, 1	0, 1, 1, 1	$\dfrac{4!}{3!} \times \dfrac{1}{9} \times \left(\dfrac{3}{9}\right)^3 = \dfrac{108}{9^4}$
2, 2, 2, 0	0, 0, 0, 3	$\dfrac{4!}{3!} \times \left(\dfrac{2}{9}\right)^3 \times \dfrac{1}{9} = \dfrac{32}{9^4}$
2, 2, 2, 0	0, 0, 0, 2	$\dfrac{4!}{3!} \times \left(\dfrac{2}{9}\right)^3 \times \dfrac{2}{9} = \dfrac{64}{9^4}$
2, 2, 1, 1	0, 0, 1, 1	$\dfrac{4!}{2! \times 2!} \times \left(\dfrac{2}{9}\right)^2 \times \left(\dfrac{3}{9}\right)^2 = \dfrac{216}{9^4}$

위의 표에서 B가 3점을 얻는 경우는 색칠된 부분이므로 구하는 확률은

$P(F|E) = \dfrac{P(E \cap F)}{P(E)}$

$= \dfrac{\dfrac{288 + 108 + 32}{9^4}}{\dfrac{54 + 144 + 288 + 108 + 32 + 64 + 216}{9^4}}$

$= \dfrac{428}{906} = \dfrac{214}{453}$

따라서 $p = 453$, $q = 214$이므로

$p + q = 453 + 214 = 667$

目 667

01 ②	**02** ①	**03** ④	**04** ②	**05** ③
06 ②	**07** ④	**08** ③	**09** ①	**10** ③
11 ③	**12** ②	**13** ②	**14** ③	**15** ③
16 40	**17** 10	**18** 128	**19** 355	**20** 54
21 598	**22** 80	**23** ②	**24** ④	**25** ③
26 ⑤	**27** ③	**28** ④	**29** 139	**30** 127

01

$$\left(\frac{\sqrt[3]{16}}{4}\right)^{\frac{3}{2}}=\left(\frac{\sqrt[3]{2^4}}{2^2}\right)^{\frac{3}{2}}=\left(\frac{2^{\frac{4}{3}}}{2^2}\right)^{\frac{3}{2}}=(2^{\frac{4}{3}-2})^{\frac{3}{2}}=(2^{-\frac{2}{3}})^{\frac{3}{2}}=2^{-1}=\frac{1}{2}$$

답 ②

02

$f(x)=x^2+2x+5$에서 $f'(x)=2x+2$

따라서 $\lim\limits_{h\to 0}\dfrac{f(2+h)-f(2)}{h}=f'(2)=4+2=6$ 답 ①

03

이차방정식 $9x^2-3x-1=0$에서 근과 계수의 관계에 의하여

$\cos\alpha+\cos\beta=\dfrac{3}{9}=\dfrac{1}{3}$, $\cos\alpha\cos\beta=-\dfrac{1}{9}$이므로

$\cos^2\alpha+\cos^2\beta=(\cos\alpha+\cos\beta)^2-2\cos\alpha\cos\beta$

$$=\left(\frac{1}{3}\right)^2-2\times\left(-\frac{1}{9}\right)=\frac{1}{3}$$

따라서

$\sin^2\alpha+\sin^2\beta=(1-\cos^2\alpha)+(1-\cos^2\beta)$

$$=2-(\cos^2\alpha+\cos^2\beta)$$

$$=2-\frac{1}{3}=\frac{5}{3}$$

답 ④

04

주어진 그래프에서

$\lim\limits_{x\to 1-}f(x)=0$, $\lim\limits_{x\to 2+}f(x)=0$, $\lim\limits_{x\to 3-}f(x)=-1$이므로

$\lim\limits_{x\to 1-}f(x)+\lim\limits_{x\to 2+}f(x)+\lim\limits_{x\to 3-}f(x)=0+0+(-1)=-1$ 답 ②

05

등비수열 $\{a_n\}$의 첫째항을 a, 공비를 r이라 하면

$S_{10}=8$, $S_{20}=40$에서 $S_{20}\neq 2S_{10}$이므로 $r\neq 1$

$S_{10}=\dfrac{a(r^{10}-1)}{r-1}=8$

$S_{20}=\dfrac{a(r^{20}-1)}{r-1}=\dfrac{a(r^{10}-1)(r^{10}+1)}{r-1}=8(r^{10}+1)=40$

에서 $r^{10}+1=5$, $r^{10}=4$

따라서

$S_{30}=\dfrac{a(r^{30}-1)}{r-1}=\dfrac{a(r^{10}-1)(r^{20}+r^{10}+1)}{r-1}$

$$=8(r^{20}+r^{10}+1)=8\times(4^2+4+1)=168$$

답 ③

06

$f'(x)=12x^2-8x$이므로 곡선 $y=f(x)$ 위의 점 $(1, f(1))$에서의 접선의 기울기는 $f'(1)=12-8=4$이고, 접선의 방정식은

$y-f(1)=4(x-1)$, 즉 $y=4x-4+f(1)$

이 접선의 y절편이 3이므로

$-4+f(1)=3$에서 $f(1)=7$

$f(x)=\displaystyle\int f'(x)dx=\int (12x^2-8x)dx$

$$=4x^3-4x^2+C \ (단, C는 적분상수)$$

$f(1)=4-4+C=7$이므로 $C=7$

따라서 $f(x)=4x^3-4x^2+7$이므로

$f(-1)=-4-4+7=-1$ 답 ②

07

$\log_c a=2\log_b a$에서

$\dfrac{1}{\log_a c}=\dfrac{2}{\log_a b}$

$\log_a b=2\log_a c$ ……㉠

$\log_a b+\log_a c=2$에서 ㉠에 의하여

$2\log_a c+\log_a c=2$, $3\log_a c=2$

$\log_a c=\dfrac{2}{3}$

㉠에서 $\log_a b=2\times\dfrac{2}{3}=\dfrac{4}{3}$

따라서 $\log_a b-\log_a c=\dfrac{4}{3}-\dfrac{2}{3}=\dfrac{2}{3}$ 답 ④

08

$f(x)=2x^3-3x^2-12x+a$에서

$f'(x)=6x^2-6x-12=6(x^2-x-2)=6(x+1)(x-2)$

$f'(x)=0$에서 $x=-1$ 또는 $x=2$

함수 $f(x)$의 증가와 감소를 표로 나타내면 다음과 같다.

x	$\cdots$	-1	$\cdots$	2	$\cdots$
$f'(x)$	$+$	0	$-$	0	$+$
$f(x)$	↗	극대	↘	극소	↗

함수 $f(x)$는 $x=-1$에서 극댓값 $f(-1)=a+7$, $x=2$에서 극솟값 $f(2)=a-20$을 갖는다.

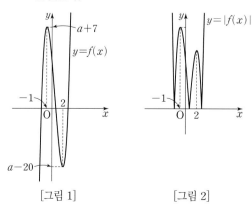

[그림 1]   [그림 2]

이때 함수 $|f(x)|$가 $x=p$, $x=q$ $(p<q)$에서 극댓값을 가지려면 [그림 1]과 같이

$f(-1)=a+7>0$, $f(2)=a-20<0$

을 만족시켜야 한다.

즉, $-7<a<20$ ...... ㉠

또 [그림 1]과 같이 $|f(-1)|>|f(2)|$를 만족시켜야 하므로

$a+7>-a+20$, $2a>13$

$a>\dfrac{13}{2}$ ...... ㉡

㉠, ㉡에서 $\dfrac{13}{2}<a<20$

따라서 구하는 모든 정수 a의 값은 7, 8, 9, ···, 19이고, 그 개수는 13이다. 달 ③

09

$\dfrac{x-\pi}{3}=\theta$라 하면 $x=3\theta+\pi$이므로

$\dfrac{2x+\pi}{6}=\dfrac{2(3\theta+\pi)+\pi}{6}=\theta+\dfrac{\pi}{2}$이고,

$0\leq x<2\pi$에서 $-\dfrac{\pi}{3}\leq\theta<\dfrac{\pi}{3}$ ...... ㉠

x에 대한 부등식 $2\sin^2\dfrac{x-\pi}{3}-3\cos\dfrac{2x+\pi}{6}\leq2$를 θ에 대한 부등식으로 바꾸면

$2\sin^2\theta-3\cos\left(\theta+\dfrac{\pi}{2}\right)\leq2$

$2\sin^2\theta+3\sin\theta-2\leq0$

$(\sin\theta+2)(2\sin\theta-1)\leq0$

$\sin\theta+2>0$이므로 $\sin\theta\leq\dfrac{1}{2}$ ...... ㉡

$\sin\dfrac{\pi}{6}=\dfrac{1}{2}$이므로 부등식 ㉠, ㉡을 모두 만족시키는 θ의 값의 범위는

$-\dfrac{\pi}{3}\leq\theta\leq\dfrac{\pi}{6}$

즉, $-\dfrac{\pi}{3}\leq\dfrac{x-\pi}{3}\leq\dfrac{\pi}{6}$이므로

$-\pi\leq x-\pi\leq\dfrac{\pi}{2}$, $0\leq x\leq\dfrac{3}{2}\pi$

따라서 $\alpha=0$, $\beta=\dfrac{3}{2}\pi$이므로

$\cos\dfrac{\beta-\alpha}{2}=\cos\dfrac{3}{4}\pi=-\dfrac{\sqrt{2}}{2}$ 달 ①

10

최고차항의 계수가 1인 삼차함수 $f(x)$에 대하여

조건 (가)에서 함수 $f'(x)$는 $x=-1$일 때 최솟값을 가지므로

$f'(x)=3(x+1)^2+k$ (k는 상수)

로 놓을 수 있다.

조건 (나)에서 함수 $f(x)$는 열린구간 $(-2, 2)$에서 감소하므로 열린구간 $(-2, 2)$에서 $f'(x)\leq0$이 성립해야 한다.

함수 $y=f'(x)$의 그래프의 대칭축이 직선 $x=-1$이고 이차항의 계수가 양수이므로 열린구간 $(-2, 2)$에 속하는 모든 실수 x에 대하여 $f'(x)<f'(2)$이다.

$f'(2)\leq0$이면 열린구간 $(-2, 2)$에서 항상 $f'(x)<0$이 성립한다.

$f'(2)=27+k\leq0$에서 $k\leq-27$

따라서

$f(1)-f(-1)=\displaystyle\int_{-1}^{1}f'(x)dx=\int_{-1}^{1}(3x^2+6x+3+k)dx$

$=2\displaystyle\int_{0}^{1}(3x^2+3+k)dx=2\Big[x^3+(3+k)x\Big]_{0}^{1}$

$=2(1+3+k)=8+2k\leq-46$

이므로 $f(1)-f(-1)$의 최댓값은 -46이다. 달 ③

11

두 점 P, Q의 시각 t에서의 위치가 각각 $x_1(t)$, $x_2(t)$이고, $x_1(0)=1$, $x_2(0)=5$이므로

$x_1(t)=1+\displaystyle\int_{0}^{t}(4s^2-9s+3)ds=\dfrac{4}{3}t^3-\dfrac{9}{2}t^2+3t+1$

$x_2(t)=5+\displaystyle\int_{0}^{t}(s^2-3s+12)ds=\dfrac{1}{3}t^3-\dfrac{3}{2}t^2+12t+5$

시각 t에서의 두 점 P, Q 사이의 거리는 $|x_1(t)-x_2(t)|$이다.

이때 $h(t)=x_1(t)-x_2(t)$라 하면

$h(t)=\left(\dfrac{4}{3}t^3-\dfrac{9}{2}t^2+3t+1\right)-\left(\dfrac{1}{3}t^3-\dfrac{3}{2}t^2+12t+5\right)$

$=t^3-3t^2-9t-4$

$h'(t)=3t^2-6t-9=3(t+1)(t-3)$

$h'(t)=0$에서 $t=-1$ 또는 $t=3$

$t\geq0$에서 함수 $h(t)$의 증가와 감소를 표로 나타내면 다음과 같다.

t	0	$\cdots$	3	$\cdots$
$h'(t)$		$-$	0	$+$
$h(t)$	-4	$\searrow$	극소	$\nearrow$

$h(3)=27-27-27-4=-31$

이므로 $t\geq0$에서 함수 $y=h(t)$의 그래프는 그림과 같다.

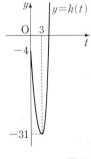

$x_1(t)\leq x_2(t)$, 즉 $h(t)\leq0$일 때, 시각 t에서의 두 점 P, Q 사이의 거리 $|h(t)|$는 시각 $t=3$일 때 최대이고,

$|h(3)|=|-31|=31$

따라서 $a=3$, $M=31$이므로

$a+M=3+31=34$ 달 ③

12

a_n이 홀수이면 a_{n+1}은 짝수이고, a_n이 짝수이면 a_{n+1}은 다음 두 가지 경우로 나눌 수 있다.

(i) $a_n=4k-2$ (k는 자연수)인 경우

$a_{n+1}=\dfrac{4k-2}{2}+5=2k-1+5=2k+4$

에서 a_{n+1}은 짝수이다.

(ii) $a_n=4k$ (k는 자연수)인 경우

$a_{n+1}=\dfrac{4k}{2}+5=2k+5$

에서 a_{n+1}은 홀수이다.

이때 (i)의 $4k-2<2k+4$에서 $2k<6$, 즉 $k<3$이므로

$k=1$ 또는 $k=2$일 때 $a_n<a_{n+1}$,

$k=3$, 즉 $a_n=10$일 때 $a_{n+1}=\dfrac{10}{2}+5=10$,

$k\geq4$일 때 $a_n>a_{n+1}$이다.

그러므로 어떤 자연수 m에 대하여 $a_m=10$이면 $n\geq m$인 모든 자연수 n에 대하여 $a_n=10$이다.

$a_{30}=10$으로 짝수이므로 a_{29}는 홀수이거나 $4k-2$ (k는 자연수) 꼴로 나타낼 수 있다.

① a_{29}가 홀수인 경우

　$a_{29}+3=10$에서 $a_{29}=7$

　7은 홀수이므로 a_{28}은 $4k$ (k는 자연수) 꼴이어야 한다.

　$\dfrac{a_{28}}{2}+5=7$에서 $a_{28}=4$

　ⓐ a_{27}을 홀수라 가정하면 $a_{27}+3=4$에서 $a_{27}=1$

　　1은 홀수이므로 a_{26}은 $4k$ (k는 자연수) 꼴이어야 한다.

　　$\dfrac{a_{26}}{2}+5=1$에서 $a_{26}<0$이므로 모든 항이 자연수인 조건을 만족시키지 않는다.

　ⓑ a_{27}을 $4k-2$ (k는 자연수) 꼴이라 가정하면

　　$\dfrac{a_{27}}{2}+5=4$에서 $a_{27}<0$이므로 모든 항이 자연수인 조건을 만족시키지 않는다.

② a_{29}가 $4k-2$ (k는 자연수) 꼴인 경우

　$\dfrac{a_{29}}{2}+5=10$에서 $a_{29}=10$

　이때 a_{28}이 홀수이면 ①과 같은 방법으로 조건을 만족시키지 않는다.

　즉, a_{28}은 짝수이어야 하고, 이때 $a_{28}=10$이다.

$a_{30}=10$일 때 $a_{29}=10$, $a_{28}=10$인 것을 확인한 방법으로

$a_{30}=a_{29}=a_{28}=\cdots=a_4=10$임을 알 수 있다.

$a_4=10$이므로 $a_3=7$ 또는 $a_3=10$이고,

$a_3=7$인 경우 $a_2=4$이므로 $a_1=1$

$a_3=10$인 경우 $a_2=7$ 또는 $a_2=10$이고,

$a_2=7$인 경우 $a_1=4$

$a_2=10$인 경우 $a_1=7$ 또는 $a_1=10$

따라서 a_1의 값이 될 수 있는 것은 1, 4, 7, 10이므로 그 합은

$1+4+7+10=22$　　　　　　　　　　　　　　　　答 ②

[다른 풀이 1]

자연수 n에 대하여 $a_{n+1}=10$일 때,

a_n이 홀수라 하면 $10=a_n+3$에서 $a_n=7$

a_n이 짝수라 하면 $10=\dfrac{a_n}{2}+5$에서 $a_n=10$

자연수 n에 대하여 $a_{n+1}=7$일 때,

a_n이 홀수라 하면 $7=a_n+3$에서 $a_n=4$이므로 a_n이 홀수라는 가정을 만족시키지 않는다.

a_n이 짝수라 하면 $7=\dfrac{a_n}{2}+5$에서 $a_n=4$

자연수 n에 대하여 $a_{n+1}=4$일 때,

a_n이 홀수라 하면 $4=a_n+3$에서 $a_n=1$

a_n이 짝수라 하면 $4=\dfrac{a_n}{2}+5$에서 $a_n=-2$이므로 모든 항이 자연인 조건을 만족시키지 않는다.

따라서 a_1의 값이 될 수 있는 것은 1, 4, 7, 10이므로 그 합은

$1+4+7+10=22$

[다른 풀이 2]

$a_n\geq11$이면

a_n이 홀수일 때, $a_{n+1}=a_n+3>10$

a_n이 짝수일 때, $a_{n+1}=\dfrac{a_n}{2}+5>10$

이므로 $a_1\leq10$

$a_1=10$이면 $a_2=\dfrac{10}{2}+5=10$이므로 $a_3=a_4=a_5=\cdots=a_{30}=10$

$a_1=9$이면 $a_2=9+3=12\geq11$이므로 $a_{30}\neq10$

$a_1=8$이면 $a_2=\dfrac{8}{2}+5=9$이므로 $a_{30}\neq10$

$a_1=7$이면 $a_2=7+3=10$이므로 $a_{30}=10$

$a_1=6$이면 $a_2=\dfrac{6}{2}+5=8$이므로 $a_{30}\neq10$

$a_1=5$이면 $a_2=5+3=8$이므로 $a_{30}\neq10$

$a_1=4$이면 $a_2=\dfrac{4}{2}+5=7$, $a_3=10$이므로 $a_{30}=10$

$a_1=3$이면 $a_2=3+3=6$이므로 $a_{30}\neq10$

$a_1=2$이면 $a_2=\dfrac{2}{2}+5=6$이므로 $a_{30}\neq10$

$a_1=1$이면 $a_2=1+3=4$이므로 $a_{30}=10$

따라서 a_1의 값이 될 수 있는 것은 1, 4, 7, 10이므로 그 합은

$1+4+7+10=22$

13

$f(x)=x^3+3x^2-6ax+2$에서

$f'(x)=3x^2+6x-6a=3(x^2+2x)-6a=3(x+1)^2-6a-3$

함수 $f'(x)$는 $x=-1$에서 최솟값 $-6a-3$을 갖는다.

(i) $a=-1$인 경우

　함수 $f'(x)$의 최솟값이 $f'(-1)=3$이므로

　모든 실수 x에 대하여 $f'(x)>0$이다.

　즉, 실수 전체의 집합에서 함수 $f(x)$는 증가하므로 닫힌구간 $[-1,\ 1]$에서 함수 $f(x)$의 최솟값은

　$f(-1)=-1+3-6+2=-2$

　따라서 $g(-1)=-2$

(ii) $a=1$인 경우

　$f'(x)=3x^2+6x-6=3(x^2+2x-2)$이므로

　$f'(x)=0$에서 $x=-1\pm\sqrt{3}$

　이때 $-1-\sqrt{3}<-1<-1+\sqrt{3}<1$이고, $a=-1+\sqrt{3}$이라 하면 $f'(\alpha)=0$이다.

　$x=\alpha$의 좌우에서 $f'(x)$의 부호가 음에서 양으로 바뀌므로 닫힌구간 $[-1,\ 1]$에서 함수 $f(x)$는 $x=\alpha$일 때 극소이면서 최소이다. 즉, 함수 $f(x)$의 최솟값은 $f(\alpha)$이다.

　한편,

　$f(x)=x^3+3x^2-6x+2=(x^2+2x-2)(x+1)-6x+4$이고

　$f'(\alpha)=0$에서 $\alpha^2+2\alpha-2=0$이므로

　$f(\alpha)=-6\alpha+4=-6(-1+\sqrt{3})+4=10-6\sqrt{3}$

　따라서 $g(1)=10-6\sqrt{3}$

(i), (ii)에서 $g(-1)+g(1)=-2+(10-6\sqrt{3})=8-6\sqrt{3}$　　答 ②

14

사각형 BEFC는 변 BE와 변 CF가 평행한 사다리꼴이고, 사각형 AEBD는 변 BE와 변 DA가 평행한 사다리꼴이다. 직선 $x=k$가 두 곡선 $y=\log_4 x$, $y=\log_{\frac{1}{2}} x$와 각각 만나는 두 점 사이의 거리는

$$\left|\log_4 k - \log_{\frac{1}{2}} k\right| = \left|\frac{1}{2}\log_2 k + \log_2 k\right| = \frac{3}{2}\left|\log_2 k\right|$$

이고, $a>1$이므로

$$\overline{\mathrm{BE}} = \frac{3}{2}\left|\log_2 a\right| = \frac{3}{2}\log_2 a, \quad \overline{\mathrm{CF}} = \frac{3}{2}\left|\log_2 2a\right| = \frac{3}{2}(1+\log_2 a)$$

$$\overline{\mathrm{DA}} = \frac{3}{2}\left|\log_2 \frac{1}{a}\right| = \frac{3}{2}\log_2 a$$

이때 사다리꼴 BEFC의 넓이가 $3a$이므로

$$\frac{1}{2} \times \left(\frac{3}{2}\log_2 a + \frac{3}{2} + \frac{3}{2}\log_2 a\right) \times (2a-a)$$

$$= \frac{1}{2} \times \left(3\log_2 a + \frac{3}{2}\right) \times a = 3a$$

에서 $3\log_2 a + \frac{3}{2} = 6$, $\log_2 a = \frac{3}{2}$

따라서 사다리꼴 AEBD의 넓이는

$$\frac{1}{2} \times \left(\frac{3}{2}\log_2 a + \frac{3}{2}\log_2 a\right) \times \left(a - \frac{1}{a}\right)$$

$$= \frac{1}{2} \times 3\log_2 a \times \left(a - \frac{1}{a}\right)$$

$$= \frac{1}{2} \times 3 \times \frac{3}{2} \times \left(a - \frac{1}{a}\right)$$

$$= \frac{9}{4} \times \left(a - \frac{1}{a}\right)$$

이므로 $p = \frac{9}{4}$

답 ③

15

$f(x)=g(x)$에서 $f(x)-g(x)=0$

$h(x)=f(x)-g(x)$라 하면

$$h(x) = x^3 - x^2 + 3x - k - \left(\frac{2}{3}x^3 + x^2 - x + 4|x-1|\right)$$

$$= \frac{1}{3}x^3 - 2x^2 + 4x - 4|x-1| - k$$

$$= \begin{cases} \frac{1}{3}x^3 - 2x^2 + 4x + 4(x-1) - k & (x<1) \\ \frac{1}{3}x^3 - 2x^2 + 4x - 4(x-1) - k & (x \geq 1) \end{cases}$$

$$= \begin{cases} \frac{1}{3}x^3 - 2x^2 + 8x - 4 - k & (x<1) \\ \frac{1}{3}x^3 - 2x^2 + 4 - k & (x \geq 1) \end{cases}$$

이고, 함수 $h(x)$는 실수 전체의 집합에서 연속이다.

$$h'(x) = \begin{cases} x^2 - 4x + 8 & (x<1) \\ x^2 - 4x & (x>1) \end{cases}$$

$$= \begin{cases} (x-2)^2 + 4 & (x<1) \\ x(x-4) & (x>1) \end{cases}$$

이므로 $x<1$일 때 $h'(x)>0$이고, $x>1$일 때 $h'(x)=0$에서 $x=4$

함수 $h(x)$의 증가와 감소를 표로 나타내면 다음과 같다.

x	$\cdots$	1	$\cdots$	4	$\cdots$
$h'(x)$	+		$-$	0	+
$h(x)$	↗	극대	↘	극소	↗

$h(1) = \frac{1}{3} - 2 + 4 - k = \frac{7}{3} - k$, $h(4) = \frac{64}{3} - 32 + 4 - k = -\frac{20}{3} - k$

방정식 $f(x)=g(x)$가 서로 다른 세 실근을 가지려면 그림과 같이 함수 $y=h(x)$의 그래프가 x축과 서로 다른 세 점에서 만나야 하므로

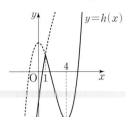

$\left(\frac{7}{3} - k\right)\left(-\frac{20}{3} - k\right) < 0$에서

$-\frac{20}{3} < k < \frac{7}{3}$

따라서 정수 k의 최댓값은 $M=2$, 최솟값은 $m=-6$이므로

$M-m = 2-(-6) = 8$

답 ③

16

로그의 진수의 조건에 의하여

$x+1>0$, $2x+7>0$

이므로 $x>-1$ ······ ㉠

$2\log_3(x+1) = \log_3(2x+7) - 1$에서

$2\log_3(x+1) + 1 = \log_3(2x+7)$

$\log_3(x+1)^2 + \log_3 3 = \log_3(2x+7)$

$\log_3 3(x+1)^2 = \log_3(2x+7)$

$3x^2 + 6x + 3 = 2x + 7$

$3x^2 + 4x - 4 = 0$, $(x+2)(3x-2) = 0$

$x=-2$ 또는 $x = \frac{2}{3}$

㉠에서 $x>-1$이므로 $x = \frac{2}{3}$

따라서 $a = \frac{2}{3}$이므로 $60a = 60 \times \frac{2}{3} = 40$

답 40

17

$$\sum_{k=1}^{10}(a_k+3)(a_k-2) = \sum_{k=1}^{10}(a_k^2 + a_k - 6) = \sum_{k=1}^{10}a_k^2 + \sum_{k=1}^{10}a_k - \sum_{k=1}^{10}6$$

$$= \sum_{k=1}^{10}a_k^2 + \sum_{k=1}^{10}a_k - 60 = 8$$

에서 $\sum_{k=1}^{10}a_k^2 + \sum_{k=1}^{10}a_k = 68$ ······ ㉠

$$\sum_{k=1}^{10}(a_k+1)(a_k-1) = \sum_{k=1}^{10}(a_k^2-1) = \sum_{k=1}^{10}a_k^2 - \sum_{k=1}^{10}1 = \sum_{k=1}^{10}a_k^2 - 10 = 48$$

에서 $\sum_{k=1}^{10}a_k^2 = 58$ ······ ㉡

㉡을 ㉠에 대입하면 $\sum_{k=1}^{10}a_k = 10$

답 10

18

$\lim_{x \to \infty}(a\sqrt{2x^2+x+1} - bx) = 1$에서

$a=0$이면 $\lim_{x \to \infty}(-bx) \neq 1$이므로 $a \neq 0$이다.

$b=0$이면 $\lim_{x \to \infty}a\sqrt{2x^2+x+1} \neq 1$이므로 $b \neq 0$이다.

만약 a와 b의 부호가 서로 다르면

$\lim_{x \to \infty}(a\sqrt{2x^2+x+1} - bx) = \infty$ 또는 $-\infty$이다.

그러므로 a와 b의 부호는 서로 같다.

$$\lim_{x\to\infty}(a\sqrt{2x^2+x+1}-bx)=\lim_{x\to\infty}\frac{(2a^2-b^2)x^2+a^2x+a^2}{a\sqrt{2x^2+x+1}+bx}=1$$에서

$2a^2-b^2=0$, 즉 $b^2=2a^2$이고 a와 b의 부호가 서로 같으므로

$b=\sqrt{2}a$

$$\lim_{x\to\infty}\frac{a^2x+a^2}{a\sqrt{2x^2+x+1}+bx}=\lim_{x\to\infty}\frac{a^2+\dfrac{a^2}{x}}{a\sqrt{2+\dfrac{1}{x}+\dfrac{1}{x^2}}+\sqrt{2}a}=\frac{a^2}{2\sqrt{2}a}=1$$

$a^2=2\sqrt{2}a$에서 $a=2\sqrt{2}$

$b=\sqrt{2}a=\sqrt{2}\times2\sqrt{2}=4$

따라서 $a^2\times b^2=8\times16=128$ 答 128

19

두 곡선 $y=x^3-8x-2$, $y=x^2+4x-2$의 교점의 x좌표는

$x^3-8x-2=x^2+4x-2$에서

$x^3-x^2-12x=0$, $x(x-4)(x+3)=0$

$x=-3$ 또는 $x=0$ 또는 $x=4$

$f(x)=x^3-8x-2$, $g(x)=x^2+4x-2$라 하면

두 곡선 $y=f(x)$, $y=g(x)$로 둘러싸인 두 부분의 넓이는 각각

$\displaystyle\int_{-3}^{0}|f(x)-g(x)|dx$, $\displaystyle\int_{0}^{4}|f(x)-g(x)|dx$이므로

$$|S_1-S_2|=\left|\int_{-3}^{0}|f(x)-g(x)|dx-\int_{0}^{4}|f(x)-g(x)|dx\right|$$

$$=\left|\int_{-3}^{0}\{f(x)-g(x)\}dx+\int_{0}^{4}\{f(x)-g(x)\}dx\right|$$

$$=\left|\int_{-3}^{4}\{f(x)-g(x)\}dx\right|$$

$$=\left|\int_{-3}^{4}\{(x^3-8x-2)-(x^2+4x-2)\}dx\right|$$

$$=\left|\int_{-3}^{4}(x^3-x^2-12x)dx\right|$$

$$=\left|\left[\frac{1}{4}x^4-\frac{1}{3}x^3-6x^2\right]_{-3}^{4}\right|$$

$$=\left|\left(64-\frac{64}{3}-96\right)-\left(\frac{81}{4}+9-54\right)\right|$$

$$=\left|-\frac{343}{12}\right|=\frac{343}{12}$$

따라서 $p=12$, $q=343$이므로 $p+q=12+343=355$ 答 355

20

함수 $f(x)=a\sin2x+b$의 주기는 π이고, 함수 $y=f(x)$의 그래프는 함수 $y=a\sin2x$의 그래프를 y축의 방향으로 b만큼 평행이동한 것이다.

두 자연수 a, b에 대하여 열린구간 $(0, 2\pi)$에서 함수 $y=f(x)$의 그래프의 개형은 그림과 같다.

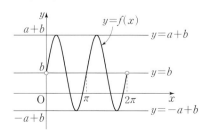

그림에서 자연수 n에 대하여 $g(n)$은 반드시 0, 2, 3, 4 중 하나의 값을 갖는다.

$g(1)+g(2)+g(3)+g(4)+g(5)=17$에서 17은 홀수이므로 $g(1)$, $g(2)$, $g(3)$, $g(4)$, $g(5)$ 중 적어도 하나의 함숫값은 3이다. 또 함수 $y=f(x)$의 그래프의 개형에서 이 중 두 개 이상의 함숫값이 3이 될 수는 없으므로 $g(1)$, $g(2)$, $g(3)$, $g(4)$, $g(5)$ 중 오직 하나의 함숫값만 3이 된다.

이때 함숫값이 3인 것을 제외한 나머지 네 개의 값을 α, β, γ, δ라 하면 $\alpha+\beta+\gamma+\delta=14$이고, 네 값은 모두 0 또는 2 또는 4이므로 세 개의 값은 4이고 한 개의 값은 2이다. 즉,

$g(1)+g(2)+g(3)+g(4)+g(5)=17$

$\qquad\qquad\qquad\qquad\qquad\qquad=3+2+4+4+4$

이므로 $g(1)$, $g(2)$, $g(3)$, $g(4)$, $g(5)$는 각각 2, 3, 4, 4, 4 중 하나이다.

이 값들을 순서쌍 $(g(1), g(2), g(3), g(4), g(5))$로 나타내면

$(3, 4, 4, 4, 2)$, $(4, 3, 4, 4, 2)$, $(2, 4, 4, 3, 4)$, $(2, 4, 4, 4, 3)$

인 경우가 있다.

$b=1$, $a+b=5$인 경우 $a=4$이므로 $a^2+b^2=4^2+1^2=17$

$b=2$, $a+b=5$인 경우 $a=3$이므로 $a^2+b^2=3^2+2^2=13$

$b=4$, $-a+b=1$인 경우 $a=3$이므로 $a^2+b^2=3^2+4^2=25$

$b=5$, $-a+b=1$인 경우 $a=4$이므로 $a^2+b^2=4^2+5^2=41$

따라서 a^2+b^2의 최댓값은 $M=41$, 최솟값은 $m=13$이므로

$M+m=41+13=54$ 答 54

21

$a_{n+1}=\displaystyle\sum_{k=1}^{n+1}a_k-\sum_{k=1}^{n}a_k$이므로

$a_{n+1}=\{a_{n+1}^2+(n+1)a_{n+1}-4\}-(a_n^2+na_n-4)$

$\qquad=a_{n+1}^2-a_n^2+n(a_{n+1}-a_n)+a_{n+1}$

에서

$a_{n+1}^2-a_n^2+n(a_{n+1}-a_n)=0$

$(a_{n+1}-a_n)(a_{n+1}+a_n)+n(a_{n+1}-a_n)=0$

$(a_{n+1}-a_n)(a_{n+1}+a_n+n)=0$

이때 $a_{n+1}\neq a_n$이므로 $a_{n+1}+a_n+n=0$

그러므로 $a_n+a_{n+1}=-n$ ······ ㉠

$\displaystyle\sum_{k=1}^{n}a_k=a_n^2+na_n-4$의 양변에 $n=1$을 대입하면

$a_1=a_1^2+a_1-4$, $a_1^2=4$

$a_1>0$이므로 $a_1=2$

㉠에서 $a_{2k}+a_{2k+1}=-2k$이므로

$$\sum_{k=1}^{49}a_k=a_1+\sum_{k=1}^{24}(a_{2k}+a_{2k+1})=2+\sum_{k=1}^{24}(-2k)=2-2\sum_{k=1}^{24}k$$

$$=2-2\times\frac{24\times25}{2}=2-600=-598$$

따라서 $\displaystyle\sum_{k=1}^{49}(-a_k)=-\sum_{k=1}^{49}a_k=598$ 答 598

참고

예를 들어 $a_n=-\dfrac{n}{2}+\dfrac{1}{4}+(-1)^{n+1}\times\dfrac{9}{4}$라 하면 수열 $\{a_n\}$은 조건 (가), (나)를 만족시킨다.

즉, $a_1=-\dfrac{1}{2}+\dfrac{1}{4}+\dfrac{9}{4}=2>0$이고

$a_{n+1} + a_n$

$= \left\{ -\dfrac{n+1}{2} + \dfrac{1}{4} + (-1)^{n+2} \times \dfrac{9}{4} \right\} + \left\{ -\dfrac{n}{2} + \dfrac{1}{4} + (-1)^{n+1} \times \dfrac{9}{4} \right\}$

$= -n$

이므로 모든 자연수 n에 대하여 $a_{n+1} + a_n + n = 0$을 만족시킨다.

이때 $a_{n+1} = a_n$인 자연수 n이 존재한다고 가정하면

$-\dfrac{n+1}{2} + \dfrac{1}{4} + (-1)^{n+2} \times \dfrac{9}{4} = -\dfrac{n}{2} + \dfrac{1}{4} + (-1)^{n+1} \times \dfrac{9}{4}$

즉, $(-1)^n \times \dfrac{9}{2} = \dfrac{1}{2}$이 되어 모순이다.

따라서 모든 자연수 n에 대하여 $a_{n+1} \neq a_n$이다.

22

조건 (가)에서

$\displaystyle\int_1^x f(t)dt = xg(x) + ax + 2$ ...... ㉠

㉠에 $x=0$을 대입하면

$\displaystyle\int_1^0 f(t)dt = 2$

이므로 $\displaystyle\int_0^1 f(t)dt = -2$

조건 (나)에서

$g(x) = x\displaystyle\int_0^1 f(t)dt + b = -2x + b$

$G(x) = \displaystyle\int g(x)dx = \int (-2x+b)dx$

$\qquad = -x^2 + bx + C_1$ (단, C_1은 적분상수)

㉠의 양변에 $x=1$을 대입하면

$0 = g(1) + a + 2 = (-2+b) + a + 2 = a + b$

즉, $a + b = 0$ ...... ㉡

㉠의 양변을 x에 대하여 미분하면

$f(x) = g(x) + xg'(x) + a = (-2x+b) + x \times (-2) + a$

$\qquad = -4x + a + b = -4x$

$F(x) = \displaystyle\int f(x)dx = \int(-4x)dx$

$\qquad = -2x^2 + C_2$ (단, C_2는 적분상수)

조건 (다)에서 $f(x)G(x) + F(x)g(x) = 8x^3 + 3x^2 + 4$이므로

$-4x(-x^2 + bx + C_1) + (-2x^2 + C_2)(-2x+b) = 8x^3 + 3x^2 + 4$

양변의 x^2의 계수를 서로 비교하면

$-4b - 2b = 3$, 즉 $-6b = 3$에서 $b = -\dfrac{1}{2}$

이므로 $g(x) = -2x - \dfrac{1}{2}$

㉡에서 $a = \dfrac{1}{2}$

$f(x)g(x) = -4x \times \left(-2x - \dfrac{1}{2} \right) = 8x^2 + 2x$이므로

$\displaystyle\int_b^a f(x)g(x)dx = \int_{-\frac{1}{2}}^{\frac{1}{2}} (8x^2 + 2x)dx = 2\int_0^{\frac{1}{2}} 8x^2 dx$

$\qquad = 2\left[\dfrac{8}{3}x^3 \right]_0^{\frac{1}{2}} = 2 \times \left(\dfrac{8}{3} \times \dfrac{1}{8} \right) = \dfrac{2}{3}$

따라서 $120 \times \displaystyle\int_b^a f(x)g(x)dx = 120 \times \dfrac{2}{3} = 80$ 답 80

23

숫자 1을 맨 앞에 나열하고 5개의 문자 a, a, a, b, b와 숫자 2를 일렬로 나열하는 경우의 수는

$\dfrac{6!}{3! \times 2!} = 60$

숫자 2를 맨 앞에 나열하고 5개의 문자 a, a, a, b, b와 숫자 1을 일렬로 나열하는 경우의 수는

$\dfrac{6!}{3! \times 2!} = 60$

따라서 구하는 경우의 수는

$60 + 60 = 120$ 답 ②

24

$P(A \cap B) = k$라 하면 $P(A \cup B) = 3k$, $P(A) = \dfrac{3}{2}k$

확률의 덧셈정리 $P(A \cup B) = P(A) + P(B) - P(A \cap B)$에서

$3k = \dfrac{3}{2}k + P(B) - k$

$P(B) = \dfrac{5}{2}k$

$\dfrac{5}{2}k = \dfrac{3}{4}$에서 $k = \dfrac{3}{10}$

따라서 $P(A) = \dfrac{3}{2}k = \dfrac{3}{2} \times \dfrac{3}{10} = \dfrac{9}{20}$ 답 ④

25

확률변수 X가 정규분포 $N(100, 8^2)$을 따르므로 $Z_1 = \dfrac{X-100}{8}$으로 놓으면 확률변수 Z_1은 표준정규분포 $N(0, 1)$을 따르고, 크기가 n인 표본의 표본평균 $\overline{X}$는 정규분포 $N\left(100, \left(\dfrac{8}{\sqrt{n}} \right)^2 \right)$을 따르므로

$Z_2 = \dfrac{\overline{X} - 100}{\dfrac{8}{\sqrt{n}}}$으로 놓으면 확률변수 Z_2도 표준정규분포 $N(0, 1)$을 따른다.

$P(X \geq 112) + P(\overline{X} \geq 98)$

$= P\left(Z_1 \geq \dfrac{112-100}{8} \right) + P\left(Z_2 \geq \dfrac{98-100}{\dfrac{8}{\sqrt{n}}} \right)$

$= P\left(Z_1 \geq \dfrac{3}{2} \right) + P\left(Z_2 \geq -\dfrac{\sqrt{n}}{4} \right) = 1$

에서 두 확률변수 Z_1, Z_2가 모두 표준정규분포를 따르므로

$\dfrac{\sqrt{n}}{4} = \dfrac{3}{2}$

$\sqrt{n} = 6$

따라서 $n = 36$ 답 ③

26

확률변수 X가 이항분포 $B(8, p)$를 따르므로

$P(X=1)={}_8C_1 p(1-p)^7=8p(1-p)^7$

$P(X=3)={}_8C_3 p^3(1-p)^5=56p^3(1-p)^5$

$\dfrac{P(X=3)}{P(X=1)}=\dfrac{56p^3(1-p)^5}{8p(1-p)^7}$

$\qquad\qquad=\dfrac{7p^2}{(1-p)^2}=\dfrac{7}{4}$

이므로

$4p^2=(1-p)^2$

$3p^2+2p-1=0$

$(3p-1)(p+1)=0$

$0<p<1$이므로 $p=\dfrac{1}{3}$

즉, 확률변수 X는 이항분포 $B\left(8, \dfrac{1}{3}\right)$을 따르므로

$P(X=3)={}_8C_3\left(\dfrac{1}{3}\right)^3\left(\dfrac{2}{3}\right)^5=\dfrac{56\times2^5}{3^8}$

$P(X=6)={}_8C_6\left(\dfrac{1}{3}\right)^6\left(\dfrac{2}{3}\right)^2={}_8C_2\left(\dfrac{1}{3}\right)^6\left(\dfrac{2}{3}\right)^2=\dfrac{28\times2^2}{3^8}$

따라서 $\dfrac{P(X=3)}{P(X=6)}=\dfrac{\frac{56\times2^5}{3^8}}{\frac{28\times2^2}{3^8}}=\dfrac{56\times2^5}{28\times2^2}=16$　　답 ⑤

27

$a\times b=2^7\times3^6\times5^5\times7^4$이므로

0 이상 7 이하인 두 정수 l_1, l_2,

0 이상 6 이하인 두 정수 m_1, m_2,

0 이상 5 이하인 두 정수 n_1, n_2,

0 이상 4 이하인 두 정수 p_1, p_2

에 대하여

$a=2^{l_1}\times3^{m_1}\times5^{n_1}\times7^{p_1}$, $b=2^{l_2}\times3^{m_2}\times5^{n_2}\times7^{p_2}$

라 하면

$l_1+l_2=7$, $m_1+m_2=6$, $n_1+n_2=5$, $p_1+p_2=4$

$b=k\times a$, 즉 $k=\dfrac{b}{a}$를 만족시키는 자연수 k가 존재하려면

$k=\dfrac{2^{l_2}\times3^{m_2}\times5^{n_2}\times7^{p_2}}{2^{l_1}\times3^{m_1}\times5^{n_1}\times7^{p_1}}=2^{l_2-l_1}\times3^{m_2-m_1}\times5^{n_2-n_1}\times7^{p_2-p_1}$

이므로

$l_1\le l_2$, $m_1\le m_2$, $n_1\le n_2$, $p_1\le p_2$

즉, $l_1\le3$, $m_1\le3$, $n_1\le2$, $p_1\le2$이어야 한다.

따라서 주어진 조건을 만족시키는 자연수 a, b의 모든 순서쌍 (a, b)의 개수는

3 이하의 음이 아닌 정수 l_1, m_1과

2 이하의 음이 아닌 정수 n_1, p_1

을 택하는 경우의 수와 같으므로

${}_4\Pi_2\times{}_3\Pi_2=4^2\times3^2=144$　　답 ③

28

집합 X에서 집합 Y로의 일대일함수 f의 개수는

${}_6P_4=6\times5\times4\times3=360$

(i) $f(3)=6$인 경우

$f(4)\le4$이면 되므로 $f(4)$의 값을 정하는 경우의 수는

${}_4C_1=4$

이 각각의 경우에 대하여 $f(1)\ne f(4)$, $f(2)\ne f(4)$이고

$f(1)<f(2)<6$을 만족시키는 $f(1)$, $f(2)$의 값을 정하는 경우의 수는

${}_4C_2=6$

따라서 $f(3)=6$인 경우 주어진 조건을 만족시키는 함수 f의 개수는

$4\times6=24$

(ii) $f(3)=5$인 경우

$f(4)\le4$이면 되므로 $f(4)$의 값을 정하는 경우의 수는

${}_4C_1=4$

이 각각의 경우에 대하여 $f(1)\ne f(4)$, $f(2)\ne f(4)$이고

$f(1)<f(2)<5$를 만족시키는 $f(1)$, $f(2)$의 값을 정하는 경우의 수는

${}_3C_2=3$

따라서 $f(3)=5$인 경우 주어진 조건을 만족시키는 함수 f의 개수는

$4\times3=12$

(iii) $f(3)=4$인 경우

$f(4)\le6$이면 되므로 다음과 같이 나누어 생각할 수 있다.

① $f(4)\ge5$인 경우

$f(4)$의 값을 정하는 경우의 수는

${}_2C_1=2$

이 각각의 경우에 대하여 $f(1)<f(2)<4$를 만족시키는 $f(1)$, $f(2)$의 값을 정하는 경우의 수는

${}_3C_2=3$

② $f(4)\le3$인 경우

$f(4)$의 값을 정하는 경우의 수는

${}_3C_1=3$

이때 $f(4)$의 값이 정해지면 $f(1)<f(2)<4$를 만족시키는 $f(1)$, $f(2)$의 값도 정해진다.

따라서 $f(3)=4$인 경우 주어진 조건을 만족시키는 함수 f의 개수는

$2\times3+3=9$

(iv) $f(3)=3$인 경우

$f(1)=1$, $f(2)=2$이어야 하고 $f(4)\le6$이면 되므로 $f(4)$의 값을 정하는 경우의 수는

${}_3C_1=3$

따라서 $f(3)=3$인 경우 주어진 조건을 만족시키는 함수 f의 개수는

3

(v) $f(3)\le2$인 경우

$f(1)<f(2)<f(3)$을 만족시키는 $f(1)$, $f(2)$의 값이 존재하지 않는다.

(i)~(v)에 의하여 구하는 확률은

$\dfrac{24+12+9+3}{360}=\dfrac{48}{360}=\dfrac{2}{15}$　　답 ④

다른 풀이

집합 X에서 집합 Y로의 일대일함수 f의 개수는

${}_6P_4=6\times5\times4\times3=360$

$f(1)<f(2)<f(3)$을 만족시키는 $f(1)$, $f(2)$, $f(3)$의 값을 정하는

경우의 수는

$_6C_3=20$

이 각각의 경우에 대하여 $f(4)$의 값을 정하는 경우의 수는

$_3C_1=3$

이므로 조건 (가)를 만족시키는 함수 f의 개수는

$20 \times 3 = 60$

이때 $f(3)=5$, $f(4)=6$ 또는 $f(3)=6$, $f(4)=5$인 경우 조건 (나)를 만족시킬 수 없다.

$f(3)=5$, $f(4)=6$이고 $f(1)<f(2)<f(3)$을 만족시키는 함수 f의 개수는

$_4C_2=6$

$f(3)=6$, $f(4)=5$이고 $f(1)<f(2)<f(3)$을 만족시키는 함수 f의 개수는

$_4C_2=6$

즉, 조건 (가)를 만족시키지만 조건 (나)를 만족시키지 않는 함수 f의 개수는

$6+6=12$

이므로 두 조건 (가), (나)를 모두 만족시키는 함수 f의 개수는

$60-12=48$

따라서 구하는 확률은

$\dfrac{48}{360}=\dfrac{2}{15}$

29

음료수 1팩의 무게를 확률변수 X라 하면 X는 정규분포 $N(120, 8^2)$을 따르므로 크기가 4인 표본의 표본평균을 $\overline{X}$라 하면 $\overline{X}$는 정규분포 $N\left(120, \dfrac{8^2}{4}\right)$, 즉 $N(120, 4^2)$을 따르고, $Z=\dfrac{\overline{X}-120}{4}$으로 놓으면 확률변수 Z는 표준정규분포 $N(0, 1)$을 따른다.

이때 4팩의 음료수를 담은 한 상자의 무게가 494.4 g 이상이고 507.2 g 이하일 확률은

$P(494.4 \leq 4\overline{X} \leq 507.2)$

$=P(123.6 \leq \overline{X} \leq 126.8)$

$=P\left(\dfrac{123.6-120}{4} \leq Z \leq \dfrac{126.8-120}{4}\right)$

$=P(0.9 \leq Z \leq 1.7)$

$=P(0 \leq Z \leq 1.7)-P(0 \leq Z \leq 0.9)$

$=0.455-0.316$

$=0.139$

따라서 $k=0.139$이므로

$1000 \times k = 139$

🔒 139

30

9개의 숫자 1, 1, 2, 2, 2, 3, 3, 3, 3을 일렬로 나열할 때, 같은 숫자끼리는 이웃하지 않으므로 먼저 다음과 같이 3을 배열하고

□, 3, □, 3, □, 3, □, 3, □

3의 좌우에 놓인 5개의 □ 위치에 놓을 숫자의 개수를 순서대로 p, x, y, z, q라 하면 다음 세 조건을 만족시켜야 한다.

$\begin{cases} p+x+y+z+q=5 \\ p\geq 0,\ q\geq 0 \\ x\geq 1,\ y\geq 1,\ z\geq 1 \end{cases}$

이때 p, x, y, z, q의 값을 순서쌍 (p, x, y, z, q)로 나타내고, 9개의 숫자를 같은 숫자끼리는 이웃하지 않도록 나열하는 경우의 수는 다음과 같다.

(i) x, y, z 중 1개가 3인 경우

x, y, z 중 남은 2개는 모두 1이고, $p=0$, $q=0$이다.

예를 들어 $(0, 3, 1, 1, 0)$이면 $x=3$에 해당하는 3개의 숫자도 같은 숫자끼리는 이웃하지 않아야 하므로

3, <u>1</u>, 2, <u>1</u>, 3, <u>2</u>, 3, <u>2</u>, 3 또는

3, <u>2</u>, 1, 2, 3, <u>1</u>, 3, <u>2</u>, 3 또는

3, <u>2</u>, 1, 2, 3, <u>2</u>, 3, <u>1</u>, 3

의 3가지 경우가 있다.

그러므로 이때의 경우의 수는

$_3C_1 \times 3 = 3 \times 3 = 9$

(ii) x, y, z 중 2개가 2인 경우

x, y, z 중 남은 1개는 1이고, $p=0$, $q=0$이다.

예를 들어 $(0, 2, 2, 1, 0)$이면 $x=y=2$에 해당하는 2개의 숫자도 같은 숫자끼리는 이웃하지 않아야 한다.

3, <u>1</u>, 2, 3, <u>1</u>, 2, 3, <u>2</u>, 3에서 1, 2의 순서를 바꾸는 경우의 수는 $2! \times 2!$

그러므로 이때의 경우의 수는

$_3C_2 \times (2! \times 2!) = 3 \times 4 = 12$

(iii) x, y, z 중 1개가 2인 경우

x, y, z 중 나머지 2개는 모두 1이고, p, q 중 하나가 1이어야 한다.

예를 들어 $(1, 2, 1, 1, 0)$이면 $x=2$에 해당하는 2개의 숫자도 같은 숫자끼리는 이웃하지 않아야 한다.

○, 3, <u>1</u>, 2, 3, ○, 3, ○, 3에서 1, 2의 순서를 바꾸는 경우의 수는 $2!$이고, 3개의 ○자리에 나머지 숫자 1, 2, 2를 넣는 경우의 수는 $\dfrac{3!}{2!}$이다.

그러므로 이때의 경우의 수는

$_3C_1 \times {}_2C_1 \times 2! \times \dfrac{3!}{2!} = 3 \times 2 \times 2 \times 3 = 36$

(iv) x, y, z가 모두 1인 경우

$p+q=2$, $p\geq 0$, $q\geq 0$이므로

$(2, 1, 1, 1, 0)$, $(0, 1, 1, 1, 2)$, $(1, 1, 1, 1, 1)$인 경우가 있다.

① $(2, 1, 1, 1, 0)$인 경우

$p=2$에 해당하는 2개의 숫자도 같은 숫자끼리는 이웃하지 않아야 한다.

<u>1</u>, 2, 3, ○, 3, ○, 3, ○, 3에서 1, 2의 순서를 바꾸는 경우의 수는 $2!$이고, 3개의 ○자리에 나머지 숫자 1, 2, 2를 넣는 경우의 수는 $\dfrac{3!}{2!}$이므로 이때의 경우의 수는

$2! \times \dfrac{3!}{2!} = 2 \times 3 = 6$

② $(0, 1, 1, 1, 2)$인 경우

위의 ①과 같은 방법으로 구하면 이때의 경우의 수도 6이다.

③ (1, 1, 1, 1, 1)인 경우

　○, 3, ○, 3, ○, 3, ○, 3, ○에서 5개의 ○자리에 숫자 1, 1, 2, 2, 2를 넣는 경우의 수는

$$\frac{5!}{2! \times 3!} = 10$$

①, ②, ③에서 이때의 경우의 수는

$6 + 6 + 10 = 22$

(i)~(iv)에서 같은 숫자끼리는 이웃하지 않도록 나열하는 경우의 수는

$9 + 12 + 36 + 22 = 79$

이고, 이 중 어떤 2개의 3 사이에 나열된 숫자가 2개인 경우가 존재하도록 나열하는 경우의 수는 (ii), (iii)에서

$12 + 36 = 48$

이므로 구하는 확률은

$$\frac{48}{79}$$

따라서 $p = 79$, $q = 48$이므로

$p + q = 79 + 48 = 127$　　　　　　　　　　　　답 127

실전 모의고사 4회　　　　본문 142~153쪽

01 ⑤	02 ③	03 ④	04 ②	05 ①
06 ①	07 ④	08 ②	09 ⑤	10 ⑤
11 ①	12 ③	13 ②	14 ④	15 ③
16 11	17 35	18 8	19 44	20 31
21 29	22 50	23 ①	24 ②	25 ④
26 ⑤	27 ④	28 ②	29 48	30 17

01

$$\sqrt[5]{\left(\frac{\sqrt[3]{3}}{9}\right)^{-6}} = (3^{\frac{1}{3}} \times 3^{-2})^{-\frac{6}{5}} = (3^{-\frac{5}{3}})^{-\frac{6}{5}} = 3^{\left(-\frac{5}{3}\right) \times \left(-\frac{6}{5}\right)} = 3^2 = 9 \qquad 답 ⑤$$

02

$f(x) = 2x^3 - x + 3$에서 $f(1) = 4$이므로

$$\lim_{x \to 1} \frac{2f(x) - 8}{x - 1} = 2 \lim_{x \to 1} \frac{f(x) - f(1)}{x - 1} = 2f'(1)$$

$f'(x) = 6x^2 - 1$이므로

$2f'(1) = 2 \times 5 = 10$　　　　　　　　　　답 ③

03

$\sum\limits_{k=1}^{10} b_k = \sum\limits_{k=1}^{5} b_{2k-1} + \sum\limits_{k=1}^{5} b_{2k} = 5 + 5 = 10$이므로

$$\sum_{k=1}^{10} (a_k + b_k + 2) = \sum_{k=1}^{10} a_k + \sum_{k=1}^{10} b_k + \sum_{k=1}^{10} 2 = \sum_{k=1}^{10} a_k + 10 + 20 = 35$$

에서 $\sum\limits_{k=1}^{10} a_k = 5$　　　　　　　　답 ④

04

주어진 그래프에서 $\lim\limits_{x \to 0+} f(x) = 2$

$x + 2 = t$라 하면 $x \to 0-$일 때 $t \to 2-$이므로

$$\lim_{x \to 0-} f(x+2) = \lim_{t \to 2-} f(t) = 0$$

따라서 $\lim\limits_{x \to 0+} f(x) + \lim\limits_{x \to 0-} f(x+2) = 2 + 0 = 2$　　　답 ②

05

$g(x) = (x^3 - 1)f(x)$에서

$g'(x) = 3x^2 \times f(x) + (x^3 - 1) \times f'(x)$이므로

$g'(2) = 12f(2) + 7f'(2)$

이때 $f(2) = 0$, $f'(2) = 1$이므로

$g'(2) = 12 \times 0 + 7 \times 1 = 7$　　　　답 ①

06

$\tan\left(\theta - \frac{3}{2}\pi\right) = \tan\left(\frac{\pi}{2} - 2\pi + \theta\right) = \tan\left(\frac{\pi}{2} + \theta\right) = -\frac{1}{\tan\theta}$이므로

$-\frac{1}{\tan\theta} = \frac{3}{4}$에서 $\tan\theta = -\frac{4}{3}$

즉, $\dfrac{\sin\theta}{\cos\theta}=-\dfrac{4}{3}$이므로 $\cos\theta=-\dfrac{3}{4}\sin\theta$

$\sin^2\theta+\cos^2\theta=1$이므로

$\sin^2\theta+\dfrac{9}{16}\sin^2\theta=\dfrac{25}{16}\sin^2\theta=1$에서 $\sin^2\theta=\dfrac{16}{25}$

$\dfrac{3}{2}\pi<\theta<2\pi$이므로 $\sin\theta=-\dfrac{4}{5}$　　　답 ①

07

$x^4-\dfrac{20}{3}x^3+12x^2-k=0$에서 $x^4-\dfrac{20}{3}x^3+12x^2=k$

$f(x)=x^4-\dfrac{20}{3}x^3+12x^2$이라 하면

$f'(x)=4x^3-20x^2+24x=4x(x-2)(x-3)$

$f'(x)=0$에서 $x=0$ 또는 $x=2$ 또는 $x=3$

함수 $f(x)$의 증가와 감소를 표로 나타내면 다음과 같다.

x	$\cdots$	0	$\cdots$	2	$\cdots$	3	$\cdots$
$f'(x)$	$-$	0	$+$	0	$-$	0	$+$
$f(x)$	↘	극소	↗	극대	↘	극소	↗

$f(0)=0$,

$f(2)=16-\dfrac{160}{3}+48=\dfrac{32}{3}$,

$f(3)=81-180+108=9$

이므로 함수 $y=f(x)$의 그래프의 개형은 그림과 같다.

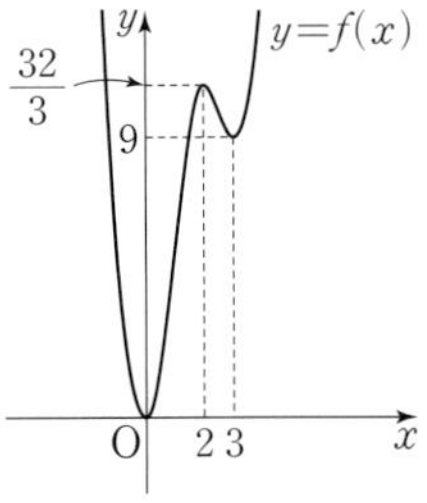

이때 함수 $y=f(x)$의 그래프와 직선 $y=k$가 서로 다른 세 점에서 만나려면

$k=f(2)=\dfrac{32}{3}$ 또는 $k=f(3)=9$

이므로 모든 실수 k의 값의 합은

$\dfrac{32}{3}+9=\dfrac{59}{3}$　　　답 ④

08

함수 $f(x)$가 실수 전체의 집합에서 연속이므로 $x=b-2$와 $x=b+2$에서도 연속이다.

즉, $\displaystyle\lim_{x\to(b-2)-}f(x)=\lim_{x\to(b-2)+}f(x)=f(b-2)$이고

$\displaystyle\lim_{x\to(b+2)-}f(x)=\lim_{x\to(b+2)+}f(x)=f(b+2)$이어야 한다.

이때

$\displaystyle\lim_{x\to(b-2)-}f(x)=\lim_{x\to(b-2)-}x=b-2$,

$\displaystyle\lim_{x\to(b-2)+}f(x)=\lim_{x\to(b-2)+}(x^2-5x+a)=(b-2)^2-5(b-2)+a$,

$f(b-2)=(b-2)^2-5(b-2)+a$

이므로 $(b-2)^2-5(b-2)+a=b-2$에서

$(b-2)^2-6(b-2)=-a$　　　$\cdots\cdots$ ㉠

또한

$\displaystyle\lim_{x\to(b+2)-}f(x)=\lim_{x\to(b+2)-}(x^2-5x+a)=(b+2)^2-5(b+2)+a$,

$\displaystyle\lim_{x\to(b+2)+}f(x)=\lim_{x\to(b+2)+}x=b+2$,

$f(b+2)=(b+2)^2-5(b+2)+a$

이므로 $(b+2)^2-5(b+2)+a=b+2$에서

$(b+2)^2-6(b+2)=-a$　　　$\cdots\cdots$ ㉡

㉠, ㉡에서

$(b-2)^2-6(b-2)=(b+2)^2-6(b+2)$

$-8b=-24$, $b=3$

$b=3$을 ㉠에 대입하면

$1-6=-a$, $a=5$

따라서 $a+b=5+3=8$　　　답 ②

다른 풀이

함수 $f(x)$가 실수 전체의 집합에서 연속이 되려면 직선 $y=x$와 이차함수 $y=x^2-5x+a$의 그래프의 교점의 개수는 2이고, 이 두 교점의 x좌표는 각각 $b-2$, $b+2$이어야 한다.

즉, 이차방정식 $x^2-5x+a=x$, 즉 $x^2-6x+a=0$의 두 실근이 $b-2$, $b+2$이므로 이차방정식의 근과 계수의 관계에 의하여

$(b-2)+(b+2)=6$에서 $b=3$

$(b-2)(b+2)=a$에서 $a=5$

따라서 $a+b=5+3=8$

09

조건 (가)의 $\sin A=\sin C$를 만족시키려면 $A=C$ 또는 $A=\pi-C$이어야 한다.

이때 $A=\pi-C$이면 $A+B+C=\pi$에서 $B=0$

그러므로 $A=C$　　　$\cdots\cdots$ ㉠

조건 (나)의 $\sin A\sin B=\cos C\cos\left(\dfrac{\pi}{2}-B\right)$에서

$\cos\left(\dfrac{\pi}{2}-B\right)=\sin B$이므로

$\sin A\sin B=\cos C\sin B$

이때 $0<B<\pi$이므로 $\sin B\neq0$이다.

그러므로 양변을 $\sin B$로 나누면

$\sin A=\cos C$　　　$\cdots\cdots$ ㉡

㉠, ㉡에서 $\sin A=\cos A$이므로

$A=C=\dfrac{\pi}{4}$이고 $B=\dfrac{\pi}{2}$이다.

즉, 삼각형 ABC는 직각이등변삼각형이고 외심은 변 AC의 중점이다.

이때 외접원의 넓이가 4π이므로

$\overline{AC}=4$, $\overline{AB}=2\sqrt2$, $\overline{BC}=2\sqrt2$

따라서 직각이등변삼각형 ABC의 넓이는

$\dfrac{1}{2}\times2\sqrt2\times2\sqrt2=4$　　　답 ⑤

10

$f(x)=x^2-8x+k=(x-4)^2+k-16$에서

$2^{f(t)}$의 세제곱근 중 실수인 값은 $2^{\frac{(t-4)^2+k-16}{3}}$이고, $1\leq t\leq10$이므로

$A=\left\{x\,\middle|\,2^{\frac{k-16}{3}}\leq x\leq2^{\frac{k+20}{3}}\right\}$이다.

$8\in A$에서 $2^{\frac{k-16}{3}}\leq2^3\leq2^{\frac{k+20}{3}}$이므로

$\dfrac{k-16}{3}\leq3\leq\dfrac{k+20}{3}$

즉, $-11\leq k\leq25$

따라서 모든 자연수 k의 값의 합은

$$\sum_{k=1}^{25} k = \frac{25 \times 26}{2} = 325$$

답 ⑤

11

조건 (가)에서 모든 실수 t에 대하여 $\lim_{x \to t} \dfrac{f(x)-f(-x)}{x-t}$의 값이 존재

하고, $x \to t$일 때 (분모) $\to 0$이므로 (분자) $\to 0$이어야 한다.

즉, $\lim_{x \to t}\{f(x)-f(-x)\}=f(t)-f(-t)=0$이므로

사차함수 $f(x)$는 모든 실수 t에 대하여 $f(t)=f(-t)$를 만족시킨다.

따라서 사차함수 $y=f(x)$의 그래프는 y축에 대하여 대칭이므로

$f(x)=x^4+px^2+q$ (p, q는 상수)로 놓으면 $f'(x)=4x^3+2px$

조건 (나)에서 곡선 $y=f(x)$ 위의 점 $(1, 7)$에서의 접선이 점 $(0, -1)$

을 지나므로 이 접선의 기울기는 $\dfrac{7-(-1)}{1-0}=8$이다.

그러므로 $f(1)=1+p+q=7$에서 $p+q=6$ $\quad$ …… ㉠

$f'(1)=4+2p=8$에서 $p=2$

$p=2$를 ㉠에 대입하면 $q=4$

따라서 $f(x)=x^4+2x^2+4$이므로

$f(2)=16+8+4=28$

답 ①

12

수열 $\{a_n\}$은 $a_1=-9$이고 공차가 d인 등차수열이므로

$$S_n=\frac{n\{-18+(n-1)d\}}{2}=\frac{d}{2}\left(n^2-\frac{18+d}{d}n\right)$$

이때 이차함수 $y=\dfrac{d}{2}\left(x^2-\dfrac{18+d}{d}x\right)$의 그래프의 대칭축은 직선

$x=\dfrac{18+d}{2d}$이므로 $S_p=S_q$가 성립하려면 $\dfrac{p+q}{2}=\dfrac{18+d}{2d}$이어야 한다.

따라서 $S_p=S_q$를 만족시키는 서로 다른 두 자연수 p, q $(p<q)$의 모든 순서쌍 (p, q)의 개수가 4이기 위해서는

$S_1=S_8$, $S_2=S_7$, $S_3=S_6$, $S_4=S_5$

또는

$S_1=S_9$, $S_2=S_8$, $S_3=S_7$, $S_4=S_6$

이어야 한다.

(i) $S_1=S_8$, $S_2=S_7$, $S_3=S_6$, $S_4=S_5$일 때

$S_4=S_5$에서 $S_5-S_4=0$

즉, $a_5=0$이므로

$-9+4d=0$, $d=\dfrac{9}{4}$

(ii) $S_1=S_9$, $S_2=S_8$, $S_3=S_7$, $S_4=S_6$일 때

$S_4=S_6$에서 $S_6-S_4=0$

즉, $a_5+a_6=0$이므로

$(-9+4d)+(-9+5d)=0$, $d=2$

(i), (ii)에서 조건을 만족시키는 모든 실수 d의 값의 합은

$\dfrac{9}{4}+2=\dfrac{17}{4}$

답 ③

다른 풀이

수열 $\{a_n\}$은 $a_1=-9$이고 공차가 d인 등차수열이므로 $S_p=S_q$에서

$$\frac{p\{-18+(p-1)d\}}{2}=\frac{q\{-18+(q-1)d\}}{2}$$

$-18p+dp^2-dp=-18q+dq^2-dq$

$-18(p-q)+d(p-q)(p+q)-d(p-q)=0$

$(p-q)\{-18+(p+q-1)d\}=0$

$p \neq q$이므로 $(p+q-1)d=18$

이를 만족시키는 서로 다른 두 자연수 p, q $(p<q)$의 모든 순서쌍 (p, q)의 개수가 4이기 위해서는

$(1, 8)$, $(2, 7)$, $(3, 6)$, $(4, 5)$인 $p+q=9$ 또는

$(1, 9)$, $(2, 8)$, $(3, 7)$, $(4, 6)$인 $p+q=10$이어야 한다.

(i) $p+q=9$일 때

$\quad 8d=18$에서 $d=\dfrac{9}{4}$

(ii) $p+q=10$일 때

$\quad 9d=18$에서 $d=2$

(i), (ii)에서 조건을 만족시키는 모든 실수 d의 값의 합은

$\dfrac{9}{4}+2=\dfrac{17}{4}$

13

$x \leq 0$일 때, 함수 $y=|3^{x+2}-5|$의 그래프는 함수 $y=3^x$의 그래프를 x축의 방향으로 -2만큼, y축의 방향으로 -5만큼 평행이동한 후 $y<0$인 부분의 그래프를 x축에 대하여 대칭이동한 것이다.

이때 함수 $y=3^{x+2}-5$의 그래프의 점근선은 직선 $y=-5$이므로 함수 $y=|3^{x+2}-5|$의 그래프의 점근선은 직선 $y=5$이고,

$x=0$일 때 $y=|3^2-5|=4$이므로 함수 $y=|3^{x+2}-5|$ $(x \leq 0)$의 그래프는 점 $(0, 4)$를 지난다.

또 $3^{x+2}-5=0$에서 $x+2=\log_3 5$, 즉

$x=\log_3 5-2=\log_3 \dfrac{5}{9}$이므로 함수

$y=|3^{x+2}-5|$ $(x \leq 0)$의 그래프는

점 $\left(\log_3 \dfrac{5}{9}, 0\right)$을 지난다.

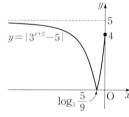

한편, $2^{-x+a}-b=2^{-(x-a)}-b$이므로

$x>0$일 때, 함수 $y=2^{-x+a}-b$의 그래프는 함수 $y=2^{-x}$의 그래프를 x축의 방향으로 a만큼, y축의 방향으로 $-b$만큼 평행이동한 것이다.

이때 함수 $y=2^{-x+a}-b$의 그래프의 점근선은 직선 $y=-b$이고, $x=0$일 때 $y=2^a-b$이므로 함수 $y=2^{-x+a}-b$의 그래프는 점 $(0, 2^a-b)$를 지난다.

$\log_3 \dfrac{5}{9} \leq k \leq 0$일 때, $B=\{0, 1, 2, 3, 4\}$이므로

$n(B)=5$가 되도록 하는 모든 실수

k의 값의 범위가 $\log_3 \dfrac{5}{9} \leq k<1$

이기 위해서는

$2^a-b \leq 5$ $\quad$ …… ㉠

$k=1$일 때 $n(B) \neq 5$이므로

$f(1)=2^{a-1}-b=-1$

즉, $2^a=2b-2$ $\quad$ …… ㉡

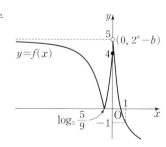

㉡을 ㉠에 대입하면

$(2b-2)-b \leq 5$에서 $b \leq 7$이고,

$2^a \leq 12$이다.

부등식 $2^a \le 12$를 만족시키는 자연수 a의 값은 1, 2, 3이고, ⓒ에서
$a=1$일 때 $b=2$, $a=2$일 때 $b=3$, $a=3$일 때 $b=5$
따라서 $a+b$의 최댓값은 $M=3+5=8$, 최솟값은 $m=1+2=3$이므로
$M \times m = 8 \times 3 = 24$　　　　　　　　　　　　　　　　답 ②

14

$0 \le x < 2$에서 함수 $y=f(x)$의 그래프
는 [그림 1]과 같다.
함수 $f(x)$는 실수 전체의 집합에서 연
속이므로 $x=2$에서도 연속이다.
즉, $\lim\limits_{x \to 2-} f(x) = \lim\limits_{x \to 2+} f(x) = f(2)$이
어야 한다.

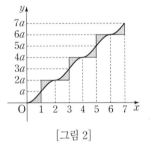

[그림 1]

$\lim\limits_{x \to 2-} f(x) = \lim\limits_{x \to 2-} \{-a(x-2)^2 + 2a\} = 2a$,

$\lim\limits_{x \to 2+} f(x) = \lim\limits_{x \to 0+} f(x+2) = \lim\limits_{x \to 0+} \{f(x)+b\} = \lim\limits_{x \to 0+} (ax^2+b) = b$,

$f(2) = f(0) + b = b$

이므로 $2a = b$　　　…… ㉠

또한 $2 \le x \le 4$에서 함수 $y=f(x)$의
그래프는 $0 \le x \le 2$에서의 함수
$y=f(x)$의 그래프를 x축의 방향으로
2만큼, y축의 방향으로 $2a$만큼 평행
이동한 것이므로 $0 \le x \le 7$에서 함수
$y=f(x)$의 그래프는 [그림 2]와 같다.
한편, 두 곡선 $y=ax^2$,
$y=-a(x-2)^2 + 2a$는 점 $(1, a)$에

[그림 2]

대하여 대칭이므로 $0 \le x \le 1$에서 곡선 $y=ax^2$과 x축 및 직선 $x=1$로
둘러싸인 부분의 넓이와 $1 \le x \le 2$에서 곡선 $y=-a(x-2)^2+2a$와
두 직선 $x=1$, $y=2a$로 둘러싸인 부분의 넓이는 같다. 그러므로 함수
$y=f(x)$의 그래프와 x축 및 직선 $x=2$로 둘러싸인 부분의 넓이는 가
로의 길이가 1, 세로의 길이가 $2a$인 직사각형의 넓이와 같다. 즉,

$\int_0^2 f(x) dx = 1 \times 2a = 2a$

따라서 함수 $y=f(x)$의 그래프와 x축 및 직선 $x=7$로 둘러싸인 부분
의 넓이를 S라 하면

$S = 2a + (2a+4a) + (4a+6a) + \int_6^7 f(x) dx$

$= 2a + 6a + 10a + \left(\int_0^1 ax^2 dx + 6a\right)$

$= \left[\dfrac{a}{3} x^3\right]_0^1 + 24a = \dfrac{a}{3} + 24a = \dfrac{73}{3} a$

따라서 $\dfrac{73}{3} a = 73$에서 $a=3$이고, ㉠에서 $b=6$이므로
$a+b = 3+6 = 9$　　　　　　　　　　　　　　　　답 ④

15

삼차함수 $f(x)$는 최고차항의 계수가 1이고 $f(-1)=0$이며, 조건 (가)
에서 함수 $|f(x)|$는 $x=a$ $(a<-1)$에서만 미분가능하지 않으므로
함수 $y=f(x)$의 그래프의 개형은 그림과 같다.

즉, $f(a)=0$, $f'(-1)=0$이므로
$f(x) = (x-a)(x+1)^2$으로 놓을 수
있다.

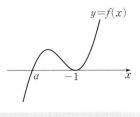

$x<a$인 모든 실수 x에 대하여
$\int_a^x f(t)g(t) dt \ge 0$이 성립하기 위해서
는 어떤 열린구간 (β, a)에 속하는 모든 실수 x에 대하여
$f(x)g(x) \le 0$이어야 한다.

$x \ge a$인 모든 실수 x에 대하여 $\int_a^x f(t)g(t) dt \ge 0$이 성립하기 위해서
는 어떤 열린구간 (a, γ)에 속하는 모든 실수 x에 대하여
$f(x)g(x) \ge 0$이어야 한다.

그런데 $x<a$에서 $f(x)<0$, $x \ge a$에서 $f(x) \ge 0$이므로 모든 실수 x에
대하여 $g(x) \ge 0$이어야 한다.

이차함수 $g(x)$는 최고차항의 계수가 1이고 $g(a)=0$이므로
$g(x) = (x-a)^2$으로 놓을 수 있다.

조건 (다)에서
$(x+1)h(x) = f(x)g(x) = (x-a)^3(x+1)^2$

이고 함수 $h(x)$는 다항함수이므로
$h(x) = (x-a)^3(x+1) = (x^3 - 3ax^2 + 3a^2x - a^3)(x+1)$

$h'(x) = (3x^2 - 6ax + 3a^2)(x+1) + (x^3 - 3ax^2 + 3a^2x - a^3)$

　　　$= 3(x-a)^2(x+1) + (x-a)^3 = (x-a)^2(4x+3-a)$

$h'(x)=0$에서 $x=a$ 또는 $x=\dfrac{a-3}{4}$

이때 $a<-1$이므로 $a<\dfrac{a-3}{4}$

함수 $h(x)$의 증가와 감소를 표로 나타내면 다음과 같다.

x	$\cdots$	a	$\cdots$	$\dfrac{a-3}{4}$	$\cdots$
$h'(x)$	$-$	0	$-$	0	$+$
$h(x)$	↘		↘	극소	↗

함수 $h(x)$는 $x=\dfrac{a-3}{4}$에서 극소이고 조건 (다)에서 함수 $h(x)$의 극
솟값이 -27이므로

$h\left(\dfrac{a-3}{4}\right) = \left(\dfrac{a-3}{4} - a\right)^3 \left(\dfrac{a-3}{4} + 1\right) = \left(-3 \times \dfrac{a+1}{4}\right)^3 \left(\dfrac{a+1}{4}\right)$

　　　　　　　$= -27 \left(\dfrac{a+1}{4}\right)^4 = -27$

에서 $\left(\dfrac{a+1}{4}\right)^4 = 1$

$\dfrac{a+1}{4} = 1$ 또는 $\dfrac{a+1}{4} = -1$이므로

$a=3$ 또는 $a=-5$

$a<-1$이므로 $a=-5$

따라서 방정식 $h'(x)=0$을 만족시키는 서로 다른 모든 실수 x의 값의
합은

$-5 + \dfrac{-5-3}{4} = -5 + (-2) = -7$　　　　　　　　　　답 ③

16

$f(x) = \int f'(x) dx = \int (3x^2 + 2x + 1) dx$

　　　$= x^3 + x^2 + x + C$ (단, C는 적분상수)

따라서 $f(2)-f(1)=(14+C)-(3+C)=11$ 답 11

17

로그의 진수의 조건에 의하여 $x>0$

$x\log_2 x-2\log_2 x-3x+6\leq0$에서

$(x-2)(\log_2 x-3)\leq0$

즉, $x-2\leq0$, $\log_2 x\geq3$ 또는 $x-2\geq0$, $\log_2 x\leq3$

(i) $x-2\leq0$, $\log_2 x\geq3$일 때

   $x\leq2$, $x\geq8$이므로 이를 만족시키는 x의 값은 존재하지 않는다.

(ii) $x-2\geq0$, $\log_2 x\leq3$일 때

   $2\leq x\leq8$이므로 이를 만족시키는 정수 x의 값은

   2, 3, 4, 5, 6, 7, 8이다.

(i), (ii)에서 구하는 모든 정수 x의 값의 합은

$2+3+4+5+6+7+8=35$ 답 35

18

$\sum\limits_{n=1}^{18} a_{n+1}=\sum\limits_{k=2}^{19} a_k$이므로

$a_1+a_{20}=\sum\limits_{k=1}^{20} a_k-\sum\limits_{k=2}^{19} a_k=30-22=8$ 답 8

19

점 P의 시각 t에서의 속도를 v라 하면

$x=t^4+pt^3+qt^2$에서

$v=\dfrac{dx}{dt}=4t^3+3pt^2+2qt=t(4t^2+3pt+2q)$

점 P가 시각 $t=1$과 $t=2$에서 운동 방향을 바꾸므로 이 시각에서의 속도가 0이다.

즉, $t=1$, $t=2$는 이차방정식 $4t^2+3pt+2q=0$의 두 실근이므로 이차방정식의 근과 계수의 관계에 의하여

$-\dfrac{3p}{4}=3$, $\dfrac{2q}{4}=2$

$p=-4$, $q=4$

따라서 $x=t^4-4t^3+4t^2$, $v=4t^3-12t^2+8t$이고

점 P의 시각 t에서의 가속도를 a라 하면

$a=\dfrac{dv}{dt}=12t^2-24t+8$

이므로 시각 $t=3$에서의 점 P의 가속도는

$12\times3^2-24\times3+8=44$ 답 44

20

방정식 $\left(\sin\dfrac{2x}{a}-t\right)\left(\cos\dfrac{2x}{a}-t\right)=0$에서

$\sin\dfrac{2x}{a}=t$ 또는 $\cos\dfrac{2x}{a}=t$ ...... ㉠

즉, 닫힌구간 $[0, 2a\pi]$에서 두 함수 $y=\sin\dfrac{2x}{a}$, $y=\cos\dfrac{2x}{a}$의 그래프와 직선 $y=t$ $(0\leq t\leq1)$의 교점의 x좌표가 방정식 ㉠의 실근이다.

이때 두 함수 $y=\sin\dfrac{2x}{a}$, $y=\cos\dfrac{2x}{a}$의 주기는 모두 $\dfrac{2\pi}{\frac{2}{a}}=a\pi$이다.

(i) $t=1$일 때

   $a_3-a_1=a\pi=d\pi$, $a_4-a_2=a\pi=6\pi-d\pi$

   $d\pi=6\pi-d\pi$에서 $d=3$이므로 조건을 만족시키지 않는다.

(ii) $t=\dfrac{\sqrt2}{2}$일 때

   $a_3-a_1=\dfrac{3a}{4}\pi=d\pi$, $a_4-a_2=\dfrac{3a}{4}\pi=6\pi-d\pi$

   $d\pi=6\pi-d\pi$에서 $d=3$이므로 조건을 만족시키지 않는다.

(iii) $t=0$일 때

   $a_3-a_1=\dfrac{a}{2}\pi=d\pi$, $a_4-a_2=\dfrac{a}{2}\pi=6\pi-d\pi$

   $d\pi=6\pi-d\pi$에서 $d=3$이므로 조건을 만족시키지 않는다.

(iv) $0<t<\dfrac{\sqrt2}{2}$일 때

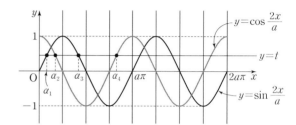

   $a_1+a_2=\dfrac{a}{4}\pi$, $a_3+a_4=\dfrac{5a}{4}\pi$이므로

   $a_3-a_1+a_4-a_2=a\pi=6\pi$에서 $a=6$

   이때 $\dfrac{3}{2}\pi<a_3-a_1<3\pi$, 즉 $\dfrac{3}{2}\pi<d\pi<3\pi$이므로 $d=2$

   $a_1+a_3=\dfrac{a}{2}\pi=3\pi$ ...... ㉡

   $a_3-a_1=d\pi=2\pi$ ...... ㉢

   ㉡$-$㉢을 하면 $2a_1=\pi$, $a_1=\dfrac{\pi}{2}$이므로

   $t=\sin\dfrac{2a_1}{6}=\sin\dfrac{\pi}{6}=\dfrac{1}{2}$

(v) $\dfrac{\sqrt2}{2}<t<1$일 때

   $a_3-a_1=\dfrac{a}{4}\pi=d\pi$, $a_4-a_2=\dfrac{3a}{4}\pi=6\pi-d\pi$

   $3d\pi=6\pi-d\pi$에서 $d=\dfrac{3}{2}$이므로 조건을 만족시키지 않는다.

(i)~(v)에서 $a=6$, $d=2$, $t=\dfrac{1}{2}$이므로

$t\times(10a+d)=\dfrac{1}{2}\times(10\times6+2)=31$ 답 31

21

조건 (가)에서 삼차방정식 $f(x)=0$의 서로 다른 두 실근을 α, β라 하면 $f(x)=k(x-\alpha)^2(x-\beta)$ (k는 0이 아닌 상수)로 놓을 수 있다.

조건 (나)에서 방정식 $x-f(x)=\alpha$ 또는 방정식 $x-f(x)=\beta$를 만족시키는 서로 다른 실근의 개수가 5이어야 한다.

즉, 방정식 $f(x)=x-\alpha$ 또는 방정식 $f(x)=x-\beta$에서 함수 $y=f(x)$의 그래프가 직선 $y=x-\alpha$ 또는 $y=x-\beta$와 만나는 서로 다른 점의 개수가 5이어야 한다.

이때 $k<0$이면 그림과 같이 함수 $y=f(x)$의 그래프가 직선 $y=x-\beta$와 오직 한 점에서 만나므로 교점의 개수의 최댓값은 4이다.

따라서 $k>0$이고, 이때 함수 $y=f(x)$의 그래프의 개형은 그림과 같다.

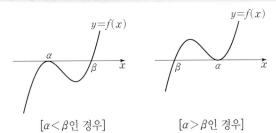

[$\alpha<\beta$인 경우]　　　[$\alpha>\beta$인 경우]

그런데 $f(0)=\dfrac{4}{9}>0$, $f'(0)=0$이므로 $\alpha>\beta$이다.

그러므로 방정식 $f(x-f(x))=0$의 서로 다른 실근의 개수가 5인 함수 $y=f(x)$의 그래프와 두 직선 $y=x-\alpha$, $y=x-\beta$의 개형은 그림과 같다.

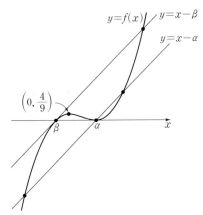

$f(x)=k(x-\alpha)^2(x-\beta)=k(x^2-2\alpha x+\alpha^2)(x-\beta)$ $(k>0)$에서

$f(0)=-k\alpha^2\beta=\dfrac{4}{9}$ ⋯⋯ ㉠

$f'(x)=k(2x-2\alpha)(x-\beta)+k(x^2-2\alpha x+\alpha^2)$이므로

$f'(0)=2k\alpha\beta+k\alpha^2=0$

$k>0$이므로 $\alpha(2\beta+\alpha)=0$

$\alpha=0$이면 ㉠을 만족시키지 않으므로 $\alpha\neq0$이고

$\alpha=-2\beta$ ⋯⋯ ㉡

$f'(\beta)=k(\beta^2-2\alpha\beta+\alpha^2)=1$ ⋯⋯ ㉢

㉡을 ㉠, ㉢에 각각 대입하면

$-4k\beta^3=\dfrac{4}{9}$, $9k\beta^2=1$

$\dfrac{-4k\beta^3}{9k\beta^2}=-\dfrac{4\beta}{9}=\dfrac{4}{9}$에서 $\beta=-1$

$\beta=-1$을 ㉡에 대입하면 $\alpha=2$

$\alpha=2$, $\beta=-1$을 ㉠에 대입하면

$4k=\dfrac{4}{9}$, $k=\dfrac{1}{9}$

즉, $f(x)=\dfrac{1}{9}(x-2)^2(x+1)$이므로

$f(4)=\dfrac{1}{9}\times4\times5=\dfrac{20}{9}$

따라서 $p=9$, $q=20$이므로

$p+q=9+20=29$

답 29

22

모든 자연수 k에 대하여

$a_{3+5k}=a_3\times\left(-\dfrac{1}{3}\right)^k$, 즉 $a_{5k+3}=a_{5k-2}\times\left(-\dfrac{1}{3}\right)$

이고, a_{5k+3}은 a_{5k-2}에서 $+3$ 또는 $\times\left(-\dfrac{1}{3}\right)$을 5회 연산하여 결정된다.

$\times\left(-\dfrac{1}{3}\right)$을 n회 $(1\leq n\leq5)$ 연산하면

$a_{5k+3}=a_{5k-2}\times\left(-\dfrac{1}{3}\right)^n+\alpha$ (α는 상수)

이므로 $\times\left(-\dfrac{1}{3}\right)$을 1회만 연산해야 하고, $+3$을 4회 연산해야 한다.

이때 그 순서는

$a_{5k+3}=-\dfrac{1}{3}\times(a_{5k-2}+3+3+3)+3$

이어야 한다.

즉, $a_8=-\dfrac{1}{3}\times(a_3+3+3+3)+3$이므로

$|a_3|<8$, $|a_4|<8$, $|a_5|<8$, $|a_6|\geq8$, $|a_7|<8$이다.

$|a_5|=|a_3+6|<8$에서 $-14<a_3<2$이고

$|a_6|=|a_3+9|\geq8$에서 $a_3\geq-1$ 또는 $a_3\leq-17$이므로

$-1\leq a_3<2$ ⋯⋯ ㉠

이때 수열 $\{a_n\}$의 각 항의 값이 포함되는 구간은

$8\leq a_6=a_3+9<11$, $-\dfrac{11}{3}<a_7=-\dfrac{a_6}{3}\leq-\dfrac{8}{3}$,

$\dfrac{25}{3}<a_{11}=a_7+12\leq\dfrac{28}{3}$, $-\dfrac{28}{9}\leq a_{12}=-\dfrac{a_{11}}{3}<-\dfrac{25}{9}$,

$\dfrac{80}{9}\leq a_{16}=a_{12}+12<\dfrac{83}{9}$, $-\dfrac{83}{27}<a_{17}=-\dfrac{a_{16}}{3}\leq-\dfrac{80}{27}$, ⋯

즉, 수열 a_7, a_{12}, a_{17}, ⋯의 값이 포함되는 구간은 그 길이가 짧아지고 -3을 포함하므로 a_{11}, a_{16}, a_{21}, ⋯의 값이 포함되는 구간은 $-3+12=9$를 포함한다.

따라서 부등식 $|a_m|\geq8$을 만족시키는 자연수 m은

$m=5l+1$ (단, l은 자연수)

3 이상 100 이하의 자연수 m의 개수는 19이고 100 이하의 자연수 m의 개수가 20 이상이려면

a_1, a_2의 값 중 적어도 하나는 8 이상이다. ⋯⋯ ㉡

(i) $|a_2|\geq8$이면

$a_3=-\dfrac{1}{3}a_2$이므로 ㉠에서 $-1\leq-\dfrac{1}{3}a_2<2$

즉, $-6<a_2\leq3$이므로 조건을 만족시키는 a_2는 존재하지 않는다.

(ii) $|a_2|<8$이면

$a_3=a_2+3$이므로 ㉠에서 $-1\leq a_2+3<2$

즉, $-4\leq a_2<-1$이므로 조건을 만족시키는 a_2의 값의 범위는

$-4\leq a_2<-1$ ⋯⋯ ㉢

(i), (ii), ㉡에 의하여 $|a_2|<8$이므로 $|a_1|\geq8$이다.

이때 $a_2=-\dfrac{1}{3}a_1$이므로 ㉢에서

$-4\leq-\dfrac{1}{3}a_1<-1$

즉, $3<a_1\leq12$이므로 조건을 만족시키는 a_1의 값의 범위는

$8\leq a_1\leq12$

따라서 모든 정수 a_1의 값은 8, 9, 10, 11, 12이므로 그 합은

$8+9+10+11+12=50$

답 50

23

$\left(x-\dfrac{3}{x^2}\right)^5$의 전개식의 일반항은

$_5\mathrm{C}_r\times x^{5-r}\times\left(-\dfrac{3}{x^2}\right)^r=\,_5\mathrm{C}_r\times(-3)^r\times x^{5-3r}\ (r=0,\,1,\,2,\,3,\,4,\,5)$

$5-3r=2$에서 $r=1$이므로 x^2의 계수는

$_5\mathrm{C}_1\times(-3)=-15$　　　　　　　　　　　目 ①

24

주머니에서 3개의 공을 동시에 꺼낼 때, 꺼낸 공 중 흰 공의 개수가 검은 공의 개수보다 작은 경우는 꺼낸 공이 모두 검은 공이거나 꺼낸 공이 흰 공 1개, 검은 공 2개인 경우이다.

주머니에서 꺼낸 공이 모두 검은 공인 사건을 A라 하고, 꺼낸 공이 흰 공 1개, 검은 공 2개인 사건을 B라 하면 구하는 확률은 $\mathrm{P}(A\cup B)$이다.

$\mathrm{P}(A)=\dfrac{_3\mathrm{C}_3}{_8\mathrm{C}_3}=\dfrac{1}{56}$

$\mathrm{P}(B)=\dfrac{_5\mathrm{C}_1\times_3\mathrm{C}_2}{_8\mathrm{C}_3}=\dfrac{15}{56}$

이때 두 사건 A와 B는 서로 배반사건이므로 구하는 확률은

$\mathrm{P}(A\cup B)=\mathrm{P}(A)+\mathrm{P}(B)$

$\qquad\qquad=\dfrac{1}{56}+\dfrac{15}{56}=\dfrac{16}{56}=\dfrac{2}{7}$　　　　　　目 ②

25

두 조건 (가), (나)를 모두 만족시키도록 선택한 3개의 수를 작은 수부터 차례로 나열하여 얻은 순서쌍은 다음과 같다.

(ⅰ) 숫자 1을 선택하지 않는 경우

　숫자 4를 적어도 한 번 선택해야 하므로 가능한 순서쌍은

　$(2,\,2,\,4),\ (2,\,3,\,4),\ (3,\,3,\,4)$,

　$(2,\,4,\,4),\ (3,\,4,\,4),\ (4,\,4,\,4)$

　이다.

(ⅱ) 숫자 1을 2번 이상 선택하는 경우

　숫자 4를 적어도 한 번 선택해야 하므로 가능한 순서쌍은 $(1,\,1,\,4)$ 뿐이다.

(ⅰ), (ⅱ)에서 구한 순서쌍을 이용하여 만들 수 있는 모든 세 자리의 자연수의 개수는

$5\times\dfrac{3!}{2!}+3!+1=15+6+1=22$　　　　　　目 ③

26

주어진 표에서 모든 확률의 합은 1이므로

$\dfrac{1}{3}+\dfrac{1}{a}+\dfrac{1}{b}=1$에서

$\dfrac{1}{a}+\dfrac{1}{b}=\dfrac{2}{3}$　　　……㉠

$\mathrm{E}(2X-1)=2\mathrm{E}(X)-1=1$에서 $\mathrm{E}(X)=1$

주어진 표에서

$\mathrm{E}(X)=-1\times\dfrac{1}{3}+0\times\dfrac{1}{a}+a\times\dfrac{1}{b}=-\dfrac{1}{3}+\dfrac{a}{b}$

이므로 $-\dfrac{1}{3}+\dfrac{a}{b}=1$에서

$\dfrac{1}{b}=\dfrac{4}{3}\times\dfrac{1}{a}$　　　……㉡

㉡을 ㉠에 대입하면

$\dfrac{1}{a}+\dfrac{4}{3}\times\dfrac{1}{a}=\dfrac{2}{3},\ \dfrac{7}{3}\times\dfrac{1}{a}=\dfrac{2}{3}$

$\dfrac{1}{a}=\dfrac{2}{3}\times\dfrac{3}{7}=\dfrac{2}{7}$

이 값을 ㉡에 대입하면

$\dfrac{1}{b}=\dfrac{4}{3}\times\dfrac{2}{7}=\dfrac{8}{21}$

따라서 $a=\dfrac{7}{2},\ b=\dfrac{21}{8}$이므로

$a+b=\dfrac{7}{2}+\dfrac{21}{8}=\dfrac{49}{8}$　　　　　　　目 ⑤

27

이 공장에서 생산하는 제품 A의 길이가 정규분포 $\mathrm{N}(100,\,6^2)$을 따르므로 크기가 n인 표본의 표본평균 $\overline{X}$는 정규분포 $\mathrm{N}\!\left(100,\,\left(\dfrac{6}{\sqrt{n}}\right)^2\right)$을 따른다.

이때 $Z=\dfrac{\overline{X}-100}{\dfrac{6}{\sqrt{n}}}$으로 놓으면 확률변수 Z는 표준정규분포 $\mathrm{N}(0,\,1)$을 따르므로 표본평균 $\overline{X}$와 모평균의 차가 1 이상일 확률은

$\mathrm{P}(|\overline{X}-100|\geq 1)=\mathrm{P}\!\left(\left|\dfrac{\overline{X}-100}{\dfrac{6}{\sqrt{n}}}\right|\geq\dfrac{1}{\dfrac{6}{\sqrt{n}}}\right)$

$\qquad\qquad\qquad\quad=\mathrm{P}\!\left(|Z|\geq\dfrac{\sqrt{n}}{6}\right)$

$\qquad\qquad\qquad\quad=1-\mathrm{P}\!\left(|Z|\leq\dfrac{\sqrt{n}}{6}\right)$

$\qquad\qquad\qquad\quad=1-2\times\mathrm{P}\!\left(0\leq Z\leq\dfrac{\sqrt{n}}{6}\right)$　　……㉠

제품의 생산과정을 멈추고 점검을 하게 될 확률이 10 % 이상이 되려면 ㉠에서

$1-2\times\mathrm{P}\!\left(0\leq Z\leq\dfrac{\sqrt{n}}{6}\right)\geq 0.1$

$\mathrm{P}\!\left(0\leq Z\leq\dfrac{\sqrt{n}}{6}\right)\leq\dfrac{1-0.1}{2}=0.45$

이때 표준정규분포표에서 $\mathrm{P}(0\leq Z\leq 1.65)=0.450$이므로

$\dfrac{\sqrt{n}}{6}\leq 1.65$

$\sqrt{n}\leq 1.65\times 6=9.9$

$n\leq 9.9^2=98.01$

따라서 구하는 자연수 n의 최댓값은 98이다.　　　目 ④

28

이 시행을 7번 반복한 결과 흰 바둑돌이 7번째 시행 후 처음으로 S지점에 도착하는 사건을 X, 두 번째 시행까지 던진 주사위에서 나온 눈의 수가 모두 2 이하인 사건을 Y라 하면 구하는 확률은 $\mathrm{P}(Y\,|\,X)$이다.

주사위를 한 번 던져 나온 눈의 수가 1 또는 2인 사건을 A,
3 또는 4 또는 5인 사건을 B, 6인 사건을 C라 하자.
그림과 같이 S지점의 1칸 위쪽을 T지점, 1칸 오른쪽을 U지점이라 하자.

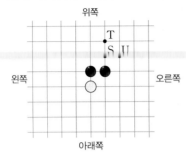

7번째 시행 후 처음으로 S지점에 도착했으므로 6번째 시행 후 흰 바둑
돌의 위치는 T지점 또는 U지점이어야 한다.

(i) 6번째 시행 후 흰 바둑돌의 위치가 T지점인 경우

　　T지점은 흰 바둑돌의 처음 위치에서 위쪽으로 적어도 3칸을 이동
　　해야 하므로 사건 A가 적어도 2번, 사건 C가 적어도 3번 일어나야
　　한다.

　　6번의 시행 중 1번은 이동하지 않는 사건이 일어나야 하고 7번째 시
　　행에서 사건 B가 일어나야 하므로

　　C(미이동), A, A, C, C, C, B 또는

　　A, C(미이동), A, C, C, C, B 또는

　　A, A, C, C, B(미이동), C, B

　　의 순서로 사건이 일어나야 한다.

　　그러므로 이 경우의 확률은

$$2 \times \frac{1^4 \times 2^2 \times 3}{6^7} + \frac{1^3 \times 2^2 \times 3^2}{6^7} = \frac{5}{2^5 \times 3^6}$$

(ii) 6번째 시행 후 흰 바둑돌의 위치가 U지점인 경우

　　U지점은 흰 바둑돌의 처음 위치에서 아래쪽으로 적어도 1칸, 위쪽
　　으로 적어도 3칸을 이동해야 하므로 사건 A가 적어도 1번, 사건 B
　　가 적어도 1번, 사건 C가 적어도 3번 일어나야 한다.

　　6번의 시행 중 1번은 이동하지 않는 사건이 일어나야 하고 7번째 시
　　행에서 사건 A가 일어나야 하므로

　　C(미이동), B, C, C, C, A, A 또는

　　B, C, C, A(미이동), C, A, A

　　의 순서로 사건이 일어나야 한다.

　　그러므로 이 경우의 확률은

$$\frac{1^4 \times 2^2 \times 3}{6^7} + \frac{1^3 \times 2^3 \times 3}{6^7} = \frac{1}{2^5 \times 3^5}$$

(i), (ii)에서

$$P(X) = \frac{5}{2^5 \times 3^6} + \frac{1}{2^5 \times 3^5} = \frac{8}{2^5 \times 3^6} = \frac{1}{2^2 \times 3^6}$$

두 번째 시행까지 던진 주사위에서 나온 눈의 수가 모두 2 이하인 경우
는 (i)에서

A, A, C, C, B(미이동), C, B

의 순서로 사건이 일어나야 하므로

$$P(X \cap Y) = \frac{1^3 \times 2^2 \times 3^2}{6^7} = \frac{1}{2^5 \times 3^5}$$

따라서 구하는 확률은

$$P(Y|X) = \frac{P(X \cap Y)}{P(X)} = \frac{\dfrac{1}{2^5 \times 3^5}}{\dfrac{1}{2^2 \times 3^6}} = \frac{3}{8}$$

답 ②

29

모든 확률의 합은 1이므로

$$P(X \leq a) + P(X \geq a) = 1 \qquad \cdots\cdots \text{㉠}$$

$$P(X \leq a) = \frac{1}{2} \times a \times \frac{3}{10} = \frac{3a}{20} \qquad \cdots\cdots \text{㉡}$$

$$P(X \geq a) = \frac{1}{2} \times (b-a) \times \frac{h}{4} = \frac{h(b-a)}{8} \qquad \cdots\cdots \text{㉢}$$

$\dfrac{P(X \geq a)}{P(X \leq a)} = \dfrac{4}{3}$에서

$$P(X \geq a) = \frac{4}{3}P(X \leq a) \qquad \cdots\cdots \text{㉣}$$

㉣을 ㉠에 대입하면

$$P(X \leq a) + \frac{4}{3}P(X \leq a) = 1$$

즉, $P(X \leq a) = \dfrac{3}{7}$이므로 ㉡에서

$$\frac{3a}{20} = \frac{3}{7}, \ a = \frac{20}{7}$$

㉢, ㉣에서

$$\frac{b(b-a)}{8} = \frac{4}{3} \times \frac{3}{7}, \ b\left(b - \frac{20}{7}\right) = \frac{32}{7}$$

$$7b^2 - 20b - 32 = 0, \ (7b+8)(b-4) = 0$$

$b > 0$이므로 $b = 4$

따라서 $7(a+b) = 7 \times \left(\dfrac{20}{7} + 4\right) = 48$

답 48

30

(i) $a = 1$인 경우

　　조건 (가)에 의하여 $1 \leq b \leq 5$

　　이때 두 점 $A(0, 1)$, $B(b, 0)$에 대하여 직선 AB는 조건 (나)를
　　만족시킨다.

　　따라서 구하는 순서쌍 (a, b, c, d)의 개수는 $b+c+d=7$을 만족
　　시키는 자연수 b, c, d의 순서쌍 (b, c, d)의 개수와 같으므로

　　$_3H_{7-3} = {}_3H_4 = {}_6C_4 = {}_6C_2 = 15$

(ii) $a = 2$인 경우

　　조건 (가)에 의하여 $2 \leq b \leq 4$

　　그림과 같이 두 점 $A(0, 2)$,
　　$B(b, 0)$에 대하여 $b = 3$일
　　때만 직선 AB는 조건 (나)를
　　만족시킨다.

　　따라서 구하는 순서쌍
　　(a, b, c, d)의 개수는
　　$c+d=3$을 만족시키는 자연수 c, d의 순서쌍 (c, d)의 개수와 같
　　으므로

　　$_2H_{3-2} = {}_2H_1 = {}_2C_1 = 2$

(iii) $a = 3$인 경우

　　조건 (가)에 의하여 $b = 3$

　　이때 두 점 $A(0, 3)$, $B(3, 0)$에 대하여 직선 AB가 두 점 $(1, 1)$,
　　$(2, 2)$를 지나므로 조건 (나)를 만족시키지 않는다.

(iv) $a \geq 4$인 경우

　　$b \geq 4$이므로 조건 (가)를 만족시키지 않는다.

(ⅰ)~(ⅳ)에서 구하는 모든 순서쌍 (a, b, c, d)의 개수는

$15+2=17$ **립** 17

다른 풀이

조건 (가)에서 네 자연수 a, b, c, d에 대하여 $a+b+c+d=8$이므로

$1 \le b \le 5$

(ⅰ) $b=1$인 경우

$a \le b$이므로 $a=1$

$a=1$일 때, 두 점 $A(0, 1)$, $B(1, 0)$이 조건 (나)를 만족시킨다.

이때 $c+d=6$을 만족시키는 자연수 c, d의 순서쌍 (c, d)의 개수는

${}_2H_{6-2}={}_2H_4={}_5C_4={}_5C_1=5$

따라서 $b=1$인 경우 순서쌍 (a, b, c, d)의 개수는 5이다.

(ⅱ) $b=2$인 경우

$a \le b$이므로 $a=1$ 또는 $a=2$

$a=1$일 때, 두 점 $A(0, 1)$, $B(2, 0)$이 조건 (나)를 만족시킨다.

이때 $c+d=5$를 만족시키는 자연수 c, d의 순서쌍 (c, d)의 개수는

${}_2H_{5-2}={}_2H_3={}_4C_3={}_4C_1=4$

$a=2$일 때, 두 점 $A(0, 2)$, $B(2, 0)$에 대하여 직선 AB가

점 $(1, 1)$을 지나므로 조건 (나)를 만족시키지 않는다.

따라서 $b=2$인 경우 순서쌍 (a, b, c, d)의 개수는 4이다.

(ⅲ) $b=3$인 경우

$a \le b$이므로 $a=1$ 또는 $a=2$ 또는 $a=3$

$a=1$일 때, 두 점 $A(0, 1)$, $B(3, 0)$이 조건 (나)를 만족시킨다.

이때 $c+d=4$를 만족시키는 자연수 c, d의 순서쌍 (c, d)의 개수는

${}_2H_{4-2}={}_2H_2={}_3C_2={}_3C_1=3$

$a=2$일 때, 두 점 $A(0, 2)$, $B(3, 0)$이 조건 (나)를 만족시킨다.

이때 $c+d=3$을 만족시키는 자연수 c, d의 순서쌍 (c, d)의 개수는

${}_2H_{3-2}={}_2H_1={}_2C_1=2$

$a=3$일 때, 두 점 $A(0, 3)$, $B(3, 0)$에 대하여 직선 AB가 두 점

$(1, 2)$, $(2, 1)$을 지나므로 조건 (나)를 만족시키지 않는다.

따라서 $b=3$인 경우 순서쌍 (a, b, c, d)의 개수는 $3+2=5$이다.

(ⅳ) $b=4$인 경우

$a \le b$이므로 $a=1$ 또는 $a=2$

$a=1$일 때, 두 점 $A(0, 1)$, $B(4, 0)$이 조건 (나)를 만족시킨다.

이때 $c+d=3$을 만족시키는 자연수 c, d의 순서쌍 (c, d)의 개수는

${}_2H_{3-2}={}_2H_1={}_2C_1=2$

$a=2$일 때, 두 점 $A(0, 2)$, $B(4, 0)$에 대하여 직선 AB가

점 $(2, 1)$을 지나므로 조건 (나)를 만족시키지 않는다.

따라서 $b=4$인 경우 순서쌍 (a, b, c, d)의 개수는 2이다.

(ⅴ) $b=5$인 경우

조건 (가)에서 $a=c=d=1$이고,

두 점 $A(0, 1)$, $B(5, 0)$이 조건 (나)를 만족시킨다.

따라서 $b=5$인 경우 순서쌍 (a, b, c, d)의 개수는 1이다.

(ⅰ)~(ⅴ)에서 구하는 모든 순서쌍 (a, b, c, d)의 개수는

$5+4+5+2+1=17$

실전 모의고사 5회   본문 154~165쪽

01 ②	02 ③	03 ④	04 ②	05 ⑤
06 ②	07 ①	08 ①	09 ⑤	10 ④
11 ⑤	12 ①	13 ③	14 ④	15 ②
16 6	17 14	18 4	19 16	20 60
21 27	22 252	23 ⑤	24 ③	25 ②
26 ①	27 ④	28 ④	29 24	30 285

01

$\sqrt[3]{4} \times 8^{-\frac{5}{9}} = (2^2)^{\frac{1}{3}} \times (2^3)^{-\frac{5}{9}} = 2^{\frac{2}{3}} \times 2^{-\frac{5}{3}} = 2^{\frac{2}{3}+(-\frac{5}{3})} = 2^{-1} = \dfrac{1}{2}$ **립** ②

02

$\displaystyle\lim_{x \to 2} \frac{f(x)-6}{x-2} = \lim_{x \to 2} \frac{3x^2-3x-6}{x-2} = \lim_{x \to 2} \frac{3(x-2)(x+1)}{x-2}$

$\qquad\qquad\qquad\qquad = \displaystyle\lim_{x \to 2} 3(x+1) = 9$ **립** ③

다른 풀이

$f(x)=3x^2-3x$에서 $f(2)=6$이므로

$\displaystyle\lim_{x \to 2} \frac{f(x)-6}{x-2} = \lim_{x \to 2} \frac{f(x)-f(2)}{x-2} = f'(2)$

$f'(x)=6x-3$이므로 $f'(2)=12-3=9$

03

등비수열 $\{a_n\}$의 공비를 r $(r>0)$이라 하자.

$\dfrac{a_1 \times a_4}{a_2}=3$에서

$\dfrac{a_1 \times a_4}{a_2} = \dfrac{a_1 \times a_1 r^3}{a_1 r} = a_1 r^2$

$a_1 r^2 = 3$ …… ㉠

$a_3+a_5=15$에서

$a_3+a_5 = a_1 r^2 + a_1 r^4 = a_1 r^2 (1+r^2)$

$a_1 r^2 (1+r^2) = 15$ …… ㉡

㉠을 ㉡에 대입하면

$3(1+r^2)=15$, $r^2=4$

$r>0$이므로 $r=2$

$r=2$를 ㉠에 대입하면

$a_1 \times 4 = 3$, $a_1 = \dfrac{3}{4}$

따라서 $a_6 = a_1 r^5 = \dfrac{3}{4} \times 2^5 = 24$ **립** ④

04

함수 $y=f(x)$의 그래프에서 $\displaystyle\lim_{x \to -2-} f(x) = 0$

$\displaystyle\lim_{x \to 1+} f(x+1)$에서 $x+1=t$로 놓으면 $x \to 1+$일 때 $t \to 2+$이므로

$\displaystyle\lim_{x \to 1+} f(x+1) = \lim_{t \to 2+} f(t) = 2$

따라서 $\displaystyle\lim_{x \to -2-} f(x) + \lim_{x \to 1+} f(x+1) = 0+2=2$ **립** ②

05

$\cos\theta - \dfrac{1}{\cos\theta} = \dfrac{\tan\theta}{3}$에서

$\cos\theta - \dfrac{1}{\cos\theta} = \dfrac{\sin\theta}{3\cos\theta}$, $3(\cos^2\theta - 1) = \sin\theta$

$-3\sin^2\theta = \sin\theta$, $\sin\theta(3\sin\theta + 1) = 0$

$\pi < \theta < \dfrac{3}{2}\pi$에서 $\sin\theta < 0$이므로

$\sin\theta = -\dfrac{1}{3}$

$\pi < \theta < \dfrac{3}{2}\pi$에서 $\cos\theta < 0$이므로

$\cos\theta = -\sqrt{1 - \sin^2\theta} = -\sqrt{1 - \left(-\dfrac{1}{3}\right)^2} = -\dfrac{2\sqrt{2}}{3}$

따라서 $\cos(\pi - \theta) = -\cos\theta = \dfrac{2\sqrt{2}}{3}$ 답 ⑤

06

$f(x) = x^3 + ax^2 + bx + 2$에서 $f'(x) = 3x^2 + 2ax + b$

함수 $f(x)$가 $x=1$, $x=3$에서 각각 극값을 가지므로

$f'(1) = 0$이고 $f'(3) = 0$이다.

방정식 $f'(x) = 0$, 즉 $3x^2 + 2ax + b = 0$의 두 실근이 1, 3이므로 이차

방정식의 근과 계수의 관계에 의하여

$1 + 3 = -\dfrac{2a}{3}$, $1 \times 3 = \dfrac{b}{3}$

즉, $a = -6$, $b = 9$이므로

$f(x) = x^3 - 6x^2 + 9x + 2$, $f'(x) = 3x^2 - 12x + 9$

함수 $f(x)$의 증가와 감소를 표로 나타내면 다음과 같다.

x	$\cdots$	1	$\cdots$	3	$\cdots$
$f'(x)$	+	0	−	0	+
$f(x)$	↗	극대	↘	극소	↗

따라서 함수 $f(x)$는 $x=3$에서 극소이므로 함수 $f(x)$의 극솟값은

$f(3) = 27 - 54 + 27 + 2 = 2$ 답 ②

07

$\displaystyle\int_{-1}^{x} f(t)dt = 2x^3 + ax^2 + bx + 2$ $\cdots\cdots$ ㉠

㉠의 양변에 $x = -1$을 대입하면

$0 = -2 + a - b + 2$

$a - b = 0$ $\cdots\cdots$ ㉡

㉠의 양변을 x에 대하여 미분하면

$f(x) = 6x^2 + 2ax + b$

$f(1) = 0$이므로 $6 + 2a + b = 0$

$2a + b = -6$ $\cdots\cdots$ ㉢

㉡, ㉢을 연립하여 풀면 $a = -2$, $b = -2$

따라서 $a + b = -2 + (-2) = -4$ 답 ①

08

$\log_2 a - \log_4 b = \dfrac{1}{2}$에서

$\log_2 a - \log_4 b = \log_4 a^2 - \log_4 b = \log_4 \dfrac{a^2}{b}$이므로

$\log_4 \dfrac{a^2}{b} = \dfrac{1}{2}$, $\dfrac{a^2}{b} = 4^{\frac{1}{2}} = 2$

$a^2 = 2b$ $\cdots\cdots$ ㉠

$a + b = 6\log_3 2 \times \log_2 9 = 6\log_3 2 \times \dfrac{\log_3 9}{\log_3 2}$

$\qquad = 6\log_3 3^2 = 6 \times 2\log_3 3 = 12$

에서 $b = 12 - a$ $\cdots\cdots$ ㉡

㉡을 ㉠에 대입하면

$a^2 = 2(12 - a)$, $a^2 + 2a - 24 = 0$

$(a + 6)(a - 4) = 0$

$a > 0$이므로 $a = 4$

$a = 4$를 ㉡에 대입하면

$b = 12 - a = 12 - 4 = 8$

따라서 $b - a = 8 - 4 = 4$ 답 ①

09

시각 $t=0$일 때 동시에 원점을 출발한 후, 시각 $t=a$ $(a>0)$에서 두

점 P, Q의 위치가 서로 같으므로

$\displaystyle\int_0^a v_1(t)dt = \int_0^a v_2(t)dt$, 즉 $\displaystyle\int_0^a \{v_1(t) - v_2(t)\}dt = 0$이어야 한다.

$\displaystyle\int_0^a \{v_1(t) - v_2(t)\}dt = \int_0^a \{(3t^2 - 2t) - 2t\}dt = \int_0^a (3t^2 - 4t)dt$

$\qquad\qquad = \Big[t^3 - 2t^2\Big]_0^a = a^3 - 2a^2$

이므로 $a^3 - 2a^2 = 0$에서 $a^2(a - 2) = 0$

$a > 0$이므로 $a = 2$

따라서 점 P가 시각 $t=0$에서 시각 $t=a$까지 움직인 거리는

$\displaystyle\int_0^a |v_1(t)|dt = \int_0^2 |v_1(t)|dt = \int_0^2 |3t^2 - 2t|dt$

$\qquad = \int_0^{\frac{2}{3}} (-3t^2 + 2t)dt + \int_{\frac{2}{3}}^2 (3t^2 - 2t)dt$

$\qquad = \Big[-t^3 + t^2\Big]_0^{\frac{2}{3}} + \Big[t^3 - t^2\Big]_{\frac{2}{3}}^2$

$\qquad = \left(-\dfrac{8}{27} + \dfrac{4}{9}\right) + \left\{(8 - 4) - \left(\dfrac{8}{27} - \dfrac{4}{9}\right)\right\}$

$\qquad = \dfrac{116}{27}$ 답 ⑤

10

삼차함수 $f(x)$는 최고차항의 계수가 1이고 곡선 $y = f(x)$가 점 $(1, 0)$

을 지나므로

$f(x) = (x-1)(x^2 + ax + b)$ $(a, b$는 상수$)$라 하면

$f'(x) = (x^2 + ax + b) + (x-1)(2x + a)$

곡선 $y = f(x)$ 위의 점 $(1, 0)$에서의 접선의 기울기가 1이므로

$f'(1) = 1$

즉, $f'(1) = 1 + a + b = 1$에서 $a + b = 0$ $\cdots\cdots$ ㉠

$g(x) = (x-2)f(x)$라 하면 $g'(x) = f(x) + (x-2)f'(x)$

곡선 $y = g(x)$ 위의 점 $(2, 0)$에서의 접선의 기울기가 4이므로

$g'(2) = 4$

즉, $g'(2)=f(2)+0=4$에서

$f(2)=4+2a+b=4$, $2a+b=0$ ...... ⓛ

㉠, ⓛ을 연립하여 풀면 $a=0$, $b=0$

따라서 $f(x)=x^3-x^2$이므로 $f(-1)=-1-1=-2$ 답 ④

11

$\lim\limits_{x\to 0}\dfrac{f(x)}{x}=2$에서 $x\to 0$일 때 (분모)$\to 0$이고 극한값이 존재하므로

(분자)$\to 0$이어야 한다.

즉, $\lim\limits_{x\to 0}f(x)=f(0)=0$이므로

$\lim\limits_{x\to 0}\dfrac{f(x)}{x}=\lim\limits_{x\to 0}\dfrac{f(x)-f(0)}{x}=f'(0)=2$

그러므로

$f(x)=x^4+ax^3+bx^2+2x$ (a, b는 상수)

로 놓을 수 있다.

$g(x)=\begin{cases}\dfrac{x(x+1)}{f(x)} & (f(x)\neq 0)\\ k & (f(x)=0)\end{cases}$

$\quad\quad=\begin{cases}\dfrac{x+1}{x^3+ax^2+bx+2} & (f(x)\neq 0)\\ k & (f(x)=0)\end{cases}$

함수 $g(x)$가 실수 전체의 집합에서 연속이므로 $x=0$에서도 연속이다.

즉, $\lim\limits_{x\to 0}g(x)=g(0)=k$

이때 $\lim\limits_{x\to 0}g(x)=\lim\limits_{x\to 0}\dfrac{x+1}{x^3+ax^2+bx+2}=\dfrac{1}{2}$이므로 $k=\dfrac{1}{2}$

$h(x)=x^3+ax^2+bx+2$라 하면

$h(0)\neq 0$이고 $h(x)$가 삼차함수이므로 $h(\alpha)=0$인 실수 α $(\alpha\neq 0)$이

존재한다.

이때 $f(x)=xh(x)$이므로 $f(\alpha)=0$이다.

함수 $g(x)$가 $x=\alpha$에서도 연속이므로

$\lim\limits_{x\to\alpha}g(x)=\lim\limits_{x\to\alpha}\dfrac{x+1}{x^3+ax^2+bx+2}=\dfrac{1}{2}$ ...... ㉠

㉠에서 $x\to\alpha$일 때 (분모)$\to 0$이고 극한값이 존재하므로

(분자)$\to 0$이어야 한다.

즉, $\lim\limits_{x\to\alpha}(x+1)=\alpha+1=0$이므로 $\alpha=-1$

이때 $h(\alpha)=h(-1)=-1+a-b+2=0$이므로

$b=a+1$ ...... ⓛ

㉠에서

$\lim\limits_{x\to -1}\dfrac{x+1}{x^3+ax^2+(a+1)x+2}=\lim\limits_{x\to -1}\dfrac{x+1}{(x+1)\{x^2+(a-1)x+2\}}$

$\quad\quad\quad\quad\quad\quad=\lim\limits_{x\to -1}\dfrac{1}{x^2+(a-1)x+2}=\dfrac{1}{4-a}$

이므로 $\dfrac{1}{4-a}=\dfrac{1}{2}$에서 $a=2$

ⓛ에 $a=2$를 대입하면 $b=3$

그러므로 $f(x)=x(x^3+2x^2+3x+2)=x(x+1)(x^2+x+2)$

이때 $x^2+x+2=\left(x+\dfrac{1}{2}\right)^2+\dfrac{7}{4}>0$이므로 $x\neq 0$, $x\neq -1$인 모든 실

수 x에 대하여 $f(x)\neq 0$이다.

즉, 함수 $g(x)$는 실수 전체의 집합에서 연속이다.

따라서 $f(1)=1\times 2\times 4=8$ 답 ⑤

12

(i) $a_6=0$일 때

$a_7=a_6-8=-8$, $a_8=a_7^2=(-8)^2=64$

따라서 $a_6+a_8=0$에 모순이다.

(ii) $a_6<0$일 때

$a_6=k$ $(k<0)$이라 하면 $a_7=a_6^2=k^2>0$

$a_8=a_7-8=k^2-8$

$a_6+a_8=k+(k^2-8)=k^2+k-8$

$a_6+a_8=0$, 즉 $k^2+k-8=0$을 만족시키는 정수 k는 없다.

(iii) $a_6>0$일 때

$a_6=k$ $(k>0)$이라 하면 $a_7=a_6-8=k-8$

ⓐ $k\geq 8$이면 $a_8=a_7-8=(k-8)-8=k-16$

$a_6+a_8=k+(k-16)=2k-16=0$이므로 $k=8$

ⓑ $k<8$이면 $a_8=a_7^2=(k-8)^2$

$a_6+a_8=k+(k-8)^2=k^2-15k+64=\left(k-\dfrac{15}{2}\right)^2+\dfrac{31}{4}>0$

이므로 모순이다.

(i), (ii), (iii)에 의하여 $a_6=8$

(iv) $a_6=8=\begin{cases}a_5-8 & (a_5\geq 0)\\ a_5^2 & (a_5<0)\end{cases}$

$a_5-8=8$에서 $a_5=16$

$a_5^2=8$을 만족시키는 정수 a_5는 없다.

(v) $a_5=16=\begin{cases}a_4-8 & (a_4\geq 0)\\ a_4^2 & (a_4<0)\end{cases}$

$a_4-8=16$에서 $a_4=24$

$a_4^2=16$에서 $a_4<0$이므로 $a_4=-4$

(vi) $a_4=24$ 또는 $a_4=-4$

ⓐ $a_4=24=\begin{cases}a_3-8 & (a_3\geq 0)\\ a_3^2 & (a_3<0)\end{cases}$

$a_3-8=24$에서 $a_3=32$

$a_3^2=24$를 만족시키는 정수 a_3은 없다.

ⓑ $a_4=-4=\begin{cases}a_3-8 & (a_3\geq 0)\\ a_3^2 & (a_3<0)\end{cases}$

$a_3-8=-4$에서 $a_3=4$

$a_3^2=-4$를 만족시키는 정수 a_3은 없다.

(vii) $a_3=32$ 또는 $a_3=4$

ⓐ $a_3=32=\begin{cases}a_2-8 & (a_2\geq 0)\\ a_2^2 & (a_2<0)\end{cases}$

$a_2-8=32$에서 $a_2=40$

$a_2^2=32$를 만족시키는 정수 a_2는 없다.

ⓑ $a_3=4=\begin{cases}a_2-8 & (a_2\geq 0)\\ a_2^2 & (a_2<0)\end{cases}$

$a_2-8=4$에서 $a_2=12$

$a_2^2=4$에서 $a_2<0$이므로 $a_2=-2$

(viii) $a_2=40$ 또는 $a_2=12$ 또는 $a_2=-2$

ⓐ $a_2=40=\begin{cases}a_1-8 & (a_1\geq 0)\\ a_1^2 & (a_1<0)\end{cases}$

$a_1-8=40$에서 $a_1=48$

$a_1^2=40$을 만족시키는 정수 a_1은 없다.

ⓑ $a_2=12=\begin{cases} a_1-8 & (a_1\geq 0) \\ a_1{}^2 & (a_1<0) \end{cases}$

$a_1-8=12$에서 $a_1=20$

$a_1{}^2=12$를 만족시키는 정수 a_1은 없다.

ⓒ $a_2=-2=\begin{cases} a_1-8 & (a_1\geq 0) \\ a_1{}^2 & (a_1<0) \end{cases}$

$a_1-8=-2$에서 $a_1=6$

$a_1{}^2=-2$를 만족시키는 정수 a_1은 없다.

따라서 모든 a_1의 값의 합은 $48+20+6=74$ **답** ①

13

함수 $f(x)=3\sin \pi x+2$의 주기는 $\dfrac{2\pi}{\pi}=2$이고,

최댓값은 $3+2=5$, 최솟값은 $-3+2=-1$이다.

방정식 $\{f(x)-t\}\{2f(x)+t\}=0$에서

$f(x)=t$ 또는 $f(x)=-\dfrac{t}{2}$

방정식 $f(x)=t$의 실근은 함수 $y=f(x)$의 그래프와 직선 $y=t$가 만

나는 점의 x좌표이고, 방정식 $f(x)=-\dfrac{t}{2}$의 실근은 함수 $y=f(x)$의

그래프와 직선 $y=-\dfrac{t}{2}$가 만나는 점의 x좌표이다.

(i) $0<t<2$일 때

0≤x≤3에서 함수 $y=f(x)$의 그래 프와 직선 $y=t$가 만나는 두 점을 각 각 A, B라 하고 함수 $y=f(x)$의 그 래프와 직선 $y=-\dfrac{t}{2}$가 만나는 두 점을 각각 C, D라 하자.

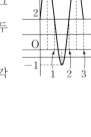

네 점 A, B, C, D의 x좌표를 각각 a, b, c, d $(a<c<d<b)$라 하면

$\dfrac{a+b}{2}=\dfrac{3}{2}$, $\dfrac{c+d}{2}=\dfrac{3}{2}$

이므로 $a+b=3$, $c+d=3$

따라서 $g(t)=4$, $h(t)=3+3=6$이므로

$h(t)-g(t)=6-4=2$

(ii) $t=2$일 때

0≤x≤3에서 함수 $y=f(x)$의 그 래프와 직선 $y=2$가 만나는 네 점 의 좌표는 각각 $(0, 2)$, $(1, 2)$, $(2, 2)$, $(3, 2)$이고 함수 $y=f(x)$의 그래프와 직선 $y=-1$이 만나 는 점의 좌표는 $\left(\dfrac{3}{2}, -1\right)$이다.

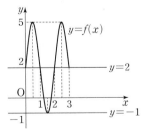

따라서 $g(2)=5$, $h(2)=0+1+2+3+\dfrac{3}{2}=\dfrac{15}{2}$이므로

$h(2)-g(2)=\dfrac{15}{2}-5=\dfrac{5}{2}$

(iii) $2<t<5$일 때

0≤x≤3에서 함수 $y=f(x)$의 그래프와 직선 $y=t$가 만나는 네 점 을 각각 P, Q, R, S라 하자.

네 점 P, Q, R, S의 x좌표를 각 각 p, q, r, s $(p<q<r<s)$라 하면

$\dfrac{p+q}{2}=\dfrac{1}{2}$, $\dfrac{r+s}{2}=\dfrac{5}{2}$

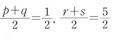
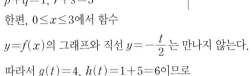

이므로

$p+q=1$, $r+s=5$

한편, 0≤x≤3에서 함수

$y=f(x)$의 그래프와 직선 $y=-\dfrac{t}{2}$는 만나지 않는다.

따라서 $g(t)=4$, $h(t)=1+5=6$이므로

$h(t)-g(t)=6-4=2$

(iv) $t=5$일 때

0≤x≤3에서 함수 $y=f(x)$의 그래프와 직선 $y=5$가 만나는 두 점의 좌표는 $\left(\dfrac{1}{2}, 5\right)$, $\left(\dfrac{5}{2}, 5\right)$이 고 함수 $y=f(x)$의 그래프와 직 선 $y=-\dfrac{5}{2}$는 만나지 않는다.

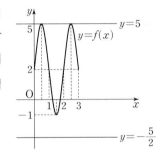

따라서 $g(5)=2$,

$h(5)=\dfrac{1}{2}+\dfrac{5}{2}=3$이므로

$h(5)-g(5)=3-2=1$

(v) $t>5$일 때

0≤x≤3에서 함수 $y=f(x)$의 그래프와 직선 $y=t$가 만나지 않 고, 함수 $y=f(x)$의 그래프와 직 선 $y=-\dfrac{t}{2}$도 만나지 않는다.

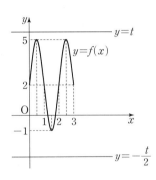

따라서 $g(t)=0$, $h(t)=0$이므로

$h(t)-g(t)=0-0=0$

(i)~(v)에서 $h(t)-g(t)$의 최댓값 은 $\dfrac{5}{2}$이다.

답 ③

14

조건 (가)에서 함수 $|f(x)|$가 $x=-1$에서만 미분가능하지 않으므로

$f(-1)=0$, $f'(-1)\neq 0$

방정식 $|f(x)|=f(-1)$, 즉 $|f(x)|=0$에서 $|f(-1)|=0$이므로

$x=-1$은 방정식 $|f(x)|=0$의 실근이다.

조건 (나)에서 방정식 $|f(x)|=0$은 서로 다른 두 실근을 갖고, 이 두 실근의 합이 1보다 크므로 방정식 $|f(x)|=0$의 두 실근을 -1, a $(a>2)$라 하면 함수 $y=f(x)$의 그래프와 x축은 접하고

$f(x)=(x+1)(x-a)^2$

으로 놓을 수 있다.

조건 (다)에서 방정식 $|f(x)|=f(2)$의 서로 다른 실근 의 개수가 3이고 $a>2$이므로

$f'(2)=0$이어야 한다.

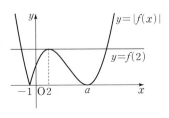

$f(x)=(x+1)(x-a)^2=(x+1)(x^2-2ax+a^2)$에서

$f'(x)=(x^2-2ax+a^2)+(x+1)(2x-2a)=(x-a)(3x-a+2)$

$f'(2)=(2-a)(6-a+2)=0$에서

$a>2$이므로 $a=8$

함수 $y=f(x-m)+n$의 그래프는 함수 $y=f(x)$의 그래프를 x축의 방향으로 m만큼, y축의 방향으로 n만큼 평행이동한 것이다.

이때 $f'(2)=0$, $f'(8)=0$이므로 함수 $f(x)$는 $x=2$에서 극댓값을 갖고 $x=8$에서 극솟값을 갖는다.

$f(x)=(x+1)(x-8)^2$이고, $f(2)=108$, $f(8)=0$

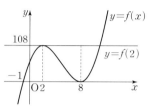

이므로 함수 $g(x)$가 실수 전체의 집합에서 미분가능하려면

$m=-6$, $n=108$

이어야 한다.

따라서 $m+n=-6+108=102$　　　답 ④

15

곡선 $y=\log_2(x+a)$를 직선 $y=x$에 대하여 대칭이동하면

$y=\log_2(x+a)$에서 $x=\log_2(y+a)$

$y+a=2^x$, $y=2^x-a$

$h(x)=2^x-a$

조건 (가)에서 두 곡선 $y=4^x+\dfrac{b}{8}$, $y=2^x-a$가 서로 다른 두 점에서 만나므로 방정식 $4^x+\dfrac{b}{8}=2^x-a$는 서로 다른 두 실근을 갖는다.

$(2^x)^2-2^x+a+\dfrac{b}{8}=0$에서 $2^x=X$ $(X>0)$이라 하면

$X^2-X+a+\dfrac{b}{8}=0$　　　……㉠

이차방정식 ㉠의 판별식을 D라 하면

$D=(-1)^2-4\times1\times\left(a+\dfrac{b}{8}\right)>0$이므로

$a+\dfrac{b}{8}<\dfrac{1}{4}$　　　……㉡

㉠의 두 근이 모두 양수이므로

$a+\dfrac{b}{8}>0$　　　……㉢

㉡, ㉢에서 $0<a+\dfrac{b}{8}<\dfrac{1}{4}$　　　……㉣

자연수 a의 값에 따른 곡선 $y=f(x)$와 x축 및 y축으로 둘러싸인 영역의 내부 또는 그 경계에 포함되고 x좌표와 y좌표가 모두 정수인 점의 개수를 구하면 다음과 같다.

(i) $a=2$이면 곡선 $y=\log_2(x+2)$와 x축 및 y축으로 둘러싸인 영역의 내부 또는 그 경계에 포함되고 x좌표와 y좌표가 모두 정수인 점의 개수는 3이다.

(ii) $a=3$이면 곡선 $y=\log_2(x+3)$과 x축 및 y축으로 둘러싸인 영역의 내부 또는 그 경계에 포함되고 x좌표와 y좌표가 모두 정수인 점의 개수는 5이다.

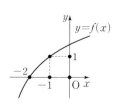

(iii) $a=4$이면 곡선 $y=\log_2(x+4)$와 x축 및 y축으로 둘러싸인 영역의 내부 또는 그 경계에 포함되고 x좌표와 y좌표가 모두 정수인 점의 개수는 8이다.

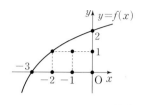

(iv) $a\geq5$이면 곡선 $y=\log_2(x+a)$와 x축 및 y축으로 둘러싸인 영역의 내부 또는 그 경계에 포함되고 x좌표와 y좌표가 모두 정수인 점의 개수는 11 이상이다.

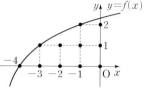

(i)~(iv)에서 $a=4$이고, ㉣에 의하여 $0<4+\dfrac{b}{8}<\dfrac{1}{4}$에서

$-4<\dfrac{b}{8}<-\dfrac{15}{4}$, $-32<b<-30$

이때 b가 정수이므로 $b=-31$

따라서 $a+b=4+(-31)=-27$　　　답 ②

16

로그의 진수의 조건에 의하여

$x-2>0$, $x+10>0$

이므로 $x>2$　　　……㉠

$\log_3(x-2)=\log_9(x+10)$에서

$\log_3(x-2)=\log_{3^2}(x+10)$

$\log_3(x-2)=\dfrac{1}{2}\log_3(x+10)$

$\log_3(x-2)^2=\log_3(x+10)$

$(x-2)^2=x+10$

$x^2-5x-6=0$, $(x+1)(x-6)=0$

$x=-1$ 또는 $x=6$　　　……㉡

㉠, ㉡을 모두 만족시키는 실수 x의 값은 6이다.　　　답 6

17

$\displaystyle\sum_{k=1}^{10}(1+2a_k)=48$에서

$\displaystyle\sum_{k=1}^{10}(1+2a_k)=\sum_{k=1}^{10}1+2\sum_{k=1}^{10}a_k=10+2\sum_{k=1}^{10}a_k$이므로

$10+2\displaystyle\sum_{k=1}^{10}a_k=48$, $\displaystyle\sum_{k=1}^{10}a_k=19$

또 $\displaystyle\sum_{k=1}^{10}(k+b_k)=60$에서

$\displaystyle\sum_{k=1}^{10}(k+b_k)=\sum_{k=1}^{10}k+\sum_{k=1}^{10}b_k=\dfrac{10\times(10+1)}{2}+\sum_{k=1}^{10}b_k=55+\sum_{k=1}^{10}b_k$이므로

$55+\displaystyle\sum_{k=1}^{10}b_k=60$, $\displaystyle\sum_{k=1}^{10}b_k=5$

따라서 $\displaystyle\sum_{k=1}^{10}(a_k-b_k)=\sum_{k=1}^{10}a_k-\sum_{k=1}^{10}b_k=19-5=14$　　　답 14

18

$f(x)=(x^2-1)(x^2+ax+a)$에서

$f'(x)=2x(x^2+ax+a)+(x^2-1)(2x+a)$이므로

$f'(-2)=-4(4-2a+a)+3(-4+a)=7a-28$

$f'(-2)=0$이므로 $7a-28=0$

따라서 $a=4$　　　답 4

19

곡선 $y=x^2-4$와 직선 $y=a^2-4$가 만나는 점의 x좌표를 구하면

$x^2-4=a^2-4$에서 $(x+a)(x-a)=0$

$x=-a$ 또는 $x=a$

곡선 $y=x^2-4$와 x축이 만나는 점의 x좌표를 구하면

$x^2-4=0$에서 $(x+2)(x-2)=0$

$x=-2$ 또는 $x=2$

곡선 $y=x^2-4$와 직선 $y=a^2-4$로 둘러싸인 부분의 넓이가 x축에 의하여 이등분되고, 곡선 $y=x^2-4$와 직선 $y=a^2-4$가 모두 y축에 대하여 대칭이므로

$$\int_0^a \{(a^2-4)-(x^2-4)\}dx=2\int_0^2(-x^2+4)dx$$

이때

$$\int_0^a \{(a^2-4)-(x^2-4)\}dx=\int_0^a(-x^2+a^2)dx=\left[-\frac{1}{3}x^3+a^2x\right]_0^a$$

$$=-\frac{1}{3}a^3+a^3=\frac{2}{3}a^3$$

$$\int_0^2(-x^2+4)dx=\left[-\frac{1}{3}x^3+4x\right]_0^2=-\frac{8}{3}+8=\frac{16}{3}$$

따라서 $\frac{2}{3}a^3=2\times\frac{16}{3}$이므로 $a^3=16$ 　　　目 16

20

삼각형 ABC에서 코사인법칙에 의하여

$$\cos(\angle ABC)=\frac{\overline{AB}^2+\overline{BC}^2-\overline{CA}^2}{2\times\overline{AB}\times\overline{BC}}=\frac{1^2+x^2-(3-x)^2}{2\times1\times x}=\frac{3x-4}{x}$$

이므로 $\frac{3x-4}{x}=\frac{1}{3}$에서 $9x-12=x$, $x=\frac{3}{2}$

$\overline{AD}=a$라 하면 삼각형 ABD에서 코사인법칙에 의하여

$$\overline{AD}^2=\overline{AB}^2+\overline{BD}^2-2\times\overline{AB}\times\overline{BD}\times\cos(\angle ABD)$$

$$a^2=1^2+1^2-2\times1\times1\times\frac{1}{3}=\frac{4}{3}, \ a=\frac{2\sqrt3}{3}$$

삼각형 ABD에서 코사인법칙에 의하여

$$\cos(\angle BAD)=\frac{\overline{AB}^2+\overline{AD}^2-\overline{BD}^2}{2\times\overline{AB}\times\overline{AD}}$$

$$=\frac{1^2+\left(\frac{2\sqrt3}{3}\right)^2-1^2}{2\times1\times\frac{2\sqrt3}{3}}=\frac{1}{\sqrt3}$$

이므로 $\sin^2(\angle BAD)=1-\left(\frac{1}{\sqrt3}\right)^2=\frac{2}{3}$

삼각형 ADC에서 코사인법칙에 의하여

$$\cos(\angle CAD)=\frac{\overline{AD}^2+\overline{CA}^2-\overline{DC}^2}{2\times\overline{AD}\times\overline{CA}}$$

$$=\frac{\left(\frac{2\sqrt3}{3}\right)^2+\left(\frac{3}{2}\right)^2-\left(\frac{1}{2}\right)^2}{2\times\frac{2\sqrt3}{3}\times\frac{3}{2}}=\frac{5}{3\sqrt3}$$

이므로 $\sin^2(\angle CAD)=1-\left(\frac{5}{3\sqrt3}\right)^2=\frac{2}{27}$

즉, $\sin^2(\angle BAD)+\sin^2(\angle CAD)=\frac{2}{3}+\frac{2}{27}=\frac{20}{27}$

따라서 $k=\frac{20}{27}$이므로 $81k=81\times\frac{20}{27}=60$ 　　目 60

참고

풀이에서 $\overline{AD}=\frac{2\sqrt3}{3}$이므로 $\sin(\angle BAD)$, $\sin(\angle CAD)$의 값은 사인법칙을 이용하여 다음과 같이 구할 수도 있다.

그림과 같이 점 B에서 선분 AD에 내린 수선의 발을 H라 하면

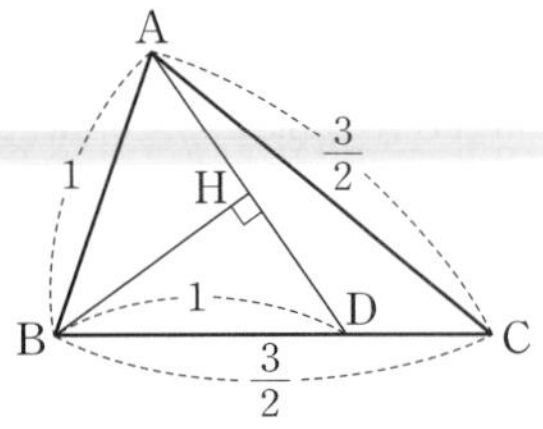

삼각형 ABD가 $\overline{AB}=\overline{BD}$인 이등변삼각형이므로

$$\overline{AH}=\frac{1}{2}\overline{AD}=\frac{1}{2}\times\frac{2\sqrt3}{3}=\frac{\sqrt3}{3}$$

$$\overline{BH}=\sqrt{\overline{AB}^2-\overline{AH}^2}=\sqrt{1^2-\left(\frac{\sqrt3}{3}\right)^2}=\frac{\sqrt6}{3}$$

그러므로 $\sin(\angle BAD)=\sin(\angle BAH)=\frac{\overline{BH}}{\overline{AB}}=\frac{\frac{\sqrt6}{3}}{1}=\frac{\sqrt6}{3}$

이등변삼각형 ABD에서 $\angle BAD=\angle ADB$이므로

$$\sin(\angle ADB)=\frac{\sqrt6}{3}$$

삼각형 ADC에서 사인법칙에 의하여

$$\frac{\overline{DC}}{\sin(\angle CAD)}=\frac{\overline{CA}}{\sin(\pi-\angle ADB)}$$

즉, $\frac{\overline{DC}}{\sin(\angle CAD)}=\frac{\overline{CA}}{\sin(\angle ADB)}$이므로

$$\sin(\angle CAD)=\frac{\overline{DC}}{\overline{CA}}\times\sin(\angle ADB)=\frac{\frac{1}{2}}{\frac{3}{2}}\times\frac{\sqrt6}{3}=\frac{\sqrt6}{9}$$

21

조건 (가)에 $n=6$을 대입하면 $a_6a_8<a_6a_7$ 　　……㉠

조건 (가)에 $n=7$을 대입하면 $a_6a_8<a_7a_8$ 　　……㉡

㉠에서 $a_6\neq0$이다.

$a_6>0$일 때, ㉠에서 $a_8<a_7$이므로 등차수열 $\{a_n\}$의 공차는 음수이고, $a_6>a_7$이다.

또한 ㉡에서 $a_8\neq0$이므로 $a_8<0$이다. 즉, $a_8<0<a_6$

$a_6<0$일 때, 마찬가지 방법으로 $a_8>0$이므로 $a_6<0<a_8$

(i) $a_6<0<a_8$일 때

　등차수열 $\{a_n\}$의 공차를 d (d는 정수)라 하면 $d>0$이다.

　$a_8=a_1+7d>0$에서 $a_1>-7d$이고

　$a_6=a_1+5d<0$에서 $a_1<-5d$이므로

　$-7d<a_1<-5d$ 　　……㉢

　① $a_7>0$일 때

　　조건 (나)에서 $\sum_{k=1}^{10}(|a_k|+a_k)=2(a_7+a_8+a_9+a_{10})=30$이므로

　　$a_7+a_8+a_9+a_{10}=15$, $4a_1+30d=15$ 　　……㉣

　　이때 a_1과 d가 모두 정수이므로 ㉣을 만족시키는 a_1과 d의 값은 존재하지 않는다.

　② $a_7\leq0$일 때

　　조건 (나)에서 $\sum_{k=1}^{10}(|a_k|+a_k)=2(a_8+a_9+a_{10})=30$이므로

　　$a_8+a_9+a_{10}=15$, $3a_9=15$, $a_9=5$

　　즉, $a_9=a_1+8d=5$이므로 $a_1=5-8d$ 　　……㉤

　　㉤을 ㉢에 대입하면

$-7d < 5-8d < -5d$, $\dfrac{5}{3} < d < 5$

한편, $a_7 = a_1 + 6d = (5-8d) + 6d = 5-2d \leq 0$에서 $d \geq \dfrac{5}{2}$

이때 d는 양의 정수이므로 $d=3$ 또는 $d=4$이고, ㉤에서

$d=3$일 때 $a_1 = -19$, $d=4$일 때 $a_1 = -27$

(ii) $a_8 < 0 < a_6$일 때

등차수열 $\{a_n\}$의 공차를 d (d는 정수)라 하면 $d < 0$이다.

$a_8 = a_1 + 7d < 0$에서 $a_1 < -7d$이고

$a_6 = a_1 + 5d > 0$에서 $a_1 > -5d$이므로

$-5d < a_1 < -7d$ ...... ㉥

① $a_7 > 0$일 때

조건 (나)에서

$\displaystyle\sum_{k=1}^{10} (|a_k| + a_k) = 2(a_1 + a_2 + a_3 + \cdots + a_7) = 30$이므로

$a_1 + a_2 + a_3 + \cdots + a_7 = 15$, $7a_4 = 15$, $a_4 = \dfrac{15}{7}$

이때 a_4가 정수가 아니므로 모든 항이 정수라는 조건을 만족시키지 않는다.

② $a_7 \leq 0$일 때

조건 (나)에서

$\displaystyle\sum_{k=1}^{10} (|a_k| + a_k) = 2(a_1 + a_2 + a_3 + \cdots + a_6) = 30$이므로

$a_1 + a_2 + a_3 + \cdots + a_6 = 15$, $6a_1 + 15d = 15$

$a_1 = \dfrac{5-5d}{2}$ ...... ㉦

㉦을 ㉥에 대입하면

$-5d < \dfrac{5-5d}{2} < -7d$, $-10d < 5-5d < -14d$

$-1 < d < -\dfrac{5}{9}$

이때 정수 d의 값은 존재하지 않는다.

(i), (ii)에서 $a_1 = -19$ 또는 $a_1 = -27$

따라서 $|a_1|$의 최댓값은 27이다. 🔲 27

22

함수 $g(x)$를 n차함수 (n은 자연수)라 하면 조건 (나)에 의하여 함수 $f(x)$는 $(n+1)$차함수이다.

조건 (가)의 $\{f(x)g(x)\}' = f'(x)g(x) + f(x)g'(x)$는 $2n$차함수이고, $18\{G(x) + 2f'(x) + 22\}$는 $(n+1)$차함수이므로

$2n = n+1$에서 $n=1$이다.

따라서 함수 $f(x)$는 이차함수이고, 함수 $g(x)$는 일차함수이다.

$g(x) = ax + b$ (a, b는 상수, $a \neq 0$)라 하면

$g'(x) = a$, $G(x) = \displaystyle\int g(x)dx = \dfrac{1}{2}ax^2 + bx + C$ (C는 적분상수)이다.

조건 (다)에서 $G(0) = 1$이므로 $C = 1$

즉, $G(x) = \dfrac{1}{2}ax^2 + bx + 1$

조건 (나)에서

$f(x) = \displaystyle\int_1^x g(t)dt + 6(3x-2) = \int_1^x (at+b)dt + 6(3x-2)$

$= \left[\dfrac{1}{2}at^2 + bt\right]_1^x + 6(3x-2)$

$= \left(\dfrac{1}{2}ax^2 + bx - \dfrac{1}{2}a - b\right) + 18x - 12$

$= \dfrac{1}{2}ax^2 + (b+18)x - \left(\dfrac{1}{2}a + b + 12\right)$ ...... ㉠

$f'(x) = ax + b + 18$

조건 (가)에서 $\{f(x)g(x)\}' = f'(x)g(x) + f(x)g'(x)$이므로

$f'(x)g(x) + f(x)g'(x)$

$= (ax+b+18)(ax+b) + \left\{\dfrac{1}{2}ax^2 + (b+18)x - \left(\dfrac{1}{2}a + b + 12\right)\right\} \times a$

$= \{a^2x^2 + a(2b+18)x + b^2 + 18b\}$
$\qquad + \left\{\dfrac{1}{2}a^2x^2 + a(b+18)x - \left(\dfrac{1}{2}a^2 + ab + 12a\right)\right\}$

$= \dfrac{3}{2}a^2x^2 + a(3b+36)x + \left(-\dfrac{1}{2}a^2 - ab - 12a + b^2 + 18b\right)$ ...... ㉡

$18\{G(x) + 2f'(x) + 22\}$

$= 18\left\{\dfrac{1}{2}ax^2 + bx + 1 + 2(ax+b+18) + 22\right\}$

$= 9ax^2 + 18(2a+b)x + 18(2b+59)$ ...... ㉢

조건 (가)에 의하여 ㉡=㉢이므로

$\dfrac{3}{2}a^2 = 9a$에서 $a \neq 0$이므로 $a=6$

$-\dfrac{1}{2}a^2 - ab - 12a + b^2 + 18b = 18(2b+59)$에서

$-\dfrac{1}{2} \times 6^2 - 6b - 72 + b^2 + 18b = 36b + 18 \times 59$

$b^2 - 24b - 18 \times 64 = 0$, $(b+24)(b-48) = 0$

$b = -24$ 또는 $b = 48$

즉, $g(x) = 6x - 24$ 또는 $g(x) = 6x + 48$

조건 (다)에서 $g(1) < 0$이므로 $g(x) = 6x - 24$

따라서 $a=6$, $b=-24$이므로 ㉠에서

$f(x) = 3x^2 - 6x + 9 = 3(x-1)^2 + 6$

$h(x) = \begin{cases} -3(x-1)^2 + 6 & (0 \leq x < 1) \\ 3(x-1)^2 + 6 & (1 \leq x \leq 2) \end{cases}$ 이고, 모든 실수 x에 대하여

$h(x) = h(x-2) + 6$이므로 함수 $y = h(x)$의 그래프는 그림과 같다.

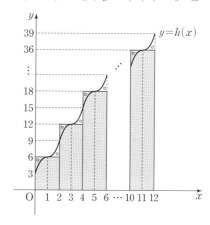

◦를 표시한 부분의 넓이가 서로 같고, $g(4) = 0$, $g(6) = 12$이므로

$\displaystyle\int_{g(4)}^{g(6)} h(x)dx$

$= \displaystyle\int_0^{12} h(x)dx$

$= 2 \times [f(1) + \{f(1) + 6\} + \{f(1) + 12\} + \cdots + \{f(1) + 30\}]$

$= 2 \times 6 \times \{f(1) + (1+2+3+4+5)\}$

$= 2 \times 6 \times \left(6 + \dfrac{5 \times 6}{2}\right) = 252$ 🔲 252

23

$P(A^c)=\dfrac{3}{4}$이므로

$P(A)=1-P(A^c)=1-\dfrac{3}{4}=\dfrac{1}{4}$

두 사건 A, B가 서로 독립이므로

$P(A\cap B)=P(A)P(B)$

이때 $P(A\cap B)=\dfrac{1}{6}$이므로

$P(A)P(B)=\dfrac{1}{6}$

$\dfrac{1}{4}P(B)=\dfrac{1}{6}$

따라서 $P(B)=4\times\dfrac{1}{6}=\dfrac{2}{3}$ **답** ⑤

24

A지점에서 출발하여 P지점까지 최단거리로 가는 경우의 수는

$\dfrac{3!}{2!}=3$

P지점에서 출발하여 B지점까지 최단거리로 가는 경우의 수는

$\dfrac{4!}{2!\times 2!}=6$

따라서 A지점에서 출발하여 P지점을 거쳐 B지점까지 최단거리로 가는 경우의 수는 곱의 법칙에 의하여

$3\times 6=18$ **답** ③

25

확률밀도함수 $y=f(x)$의 그래프와 x축, y축으로 둘러싸인 부분의 넓이가 1이므로

$\dfrac{1}{2}\times a+\dfrac{1}{2}\times\dfrac{3}{2}\times a=1$

$\dfrac{5}{4}a=1$

$a=\dfrac{4}{5}$

따라서

$P\left(\dfrac{1}{4}\leq X\leq\dfrac{3}{2}\right)$

$=P\left(\dfrac{1}{4}\leq X\leq\dfrac{1}{2}\right)+P\left(\dfrac{1}{2}\leq X\leq\dfrac{3}{2}\right)$

$=\dfrac{1}{4}\times\dfrac{4}{5}+\dfrac{1}{2}\times\left(\dfrac{4}{5}+\dfrac{4}{15}\right)\times 1$

$=\dfrac{1}{5}+\dfrac{8}{15}$

$=\dfrac{11}{15}$ **답** ②

26

이 제과점에서 생산하는 단팥빵 중에서 임의로 선택한 단팥빵 1개의 무게를 확률변수 X라 하면 X는 정규분포 $N(200, 16^2)$을 따르므로

$Z=\dfrac{X-200}{16}$으로 놓으면 확률변수 Z는 표준정규분포 $N(0, 1)$을 따른다.

따라서 구하는 확률은

$P(168\leq X\leq 208)=P\left(\dfrac{168-200}{16}\leq Z\leq\dfrac{208-200}{16}\right)$

$=P(-2\leq Z\leq 0.5)$

$=P(-2\leq Z\leq 0)+P(0\leq Z\leq 0.5)$

$=P(0\leq Z\leq 2)+P(0\leq Z\leq 0.5)$

$=0.4772+0.1915$

$=0.6687$ **답** ①

27

3번째 시행 후 4장의 카드에서 보이는 면에 적혀 있는 모든 수의 곱이 홀수이려면 3번의 시행 중 4개의 동전을 동시에 한 번 던져 나오는 앞면의 개수가 2인 경우와 4인 경우가 각각 한 번씩 나오고, 앞면의 개수가 0 또는 1 또는 3인 경우가 한 번 나와야 한다.

4개의 동전을 동시에 한 번 던져 나오는 앞면의 개수가 2일 확률은

${}_4C_2\left(\dfrac{1}{2}\right)^2\left(\dfrac{1}{2}\right)^2=\dfrac{6}{2^4}$

4개의 동전을 동시에 한 번 던져 나오는 앞면의 개수가 4일 확률은

${}_4C_4\left(\dfrac{1}{2}\right)^4\left(\dfrac{1}{2}\right)^0=\dfrac{1}{2^4}$

즉, 4개의 동전을 동시에 한 번 던져 나오는 앞면의 개수가 2 또는 4일 확률은

${}_4C_2\left(\dfrac{1}{2}\right)^2\left(\dfrac{1}{2}\right)^2+{}_4C_4\left(\dfrac{1}{2}\right)^4\left(\dfrac{1}{2}\right)^0=\dfrac{7}{2^4}$

이므로 4개의 동전을 동시에 한 번 던져 나오는 앞면의 개수가 0 또는 1 또는 3일 확률은

$1-\dfrac{7}{2^4}=\dfrac{9}{2^4}$

따라서 구하는 확률은

$3!\times\dfrac{6}{2^4}\times\dfrac{1}{2^4}\times\dfrac{9}{2^4}=\dfrac{81}{2^{10}}$ **답** ④

참고

4개의 동전을 동시에 한 번 던져 나오는 앞면의 개수가 0 또는 1 또는 3일 확률은

${}_4C_0\left(\dfrac{1}{2}\right)^0\left(\dfrac{1}{2}\right)^4+{}_4C_1\left(\dfrac{1}{2}\right)^1\left(\dfrac{1}{2}\right)^3+{}_4C_3\left(\dfrac{1}{2}\right)^3\left(\dfrac{1}{2}\right)^1=\dfrac{9}{2^4}$

28

주사위를 한 번 던져 나온 눈의 수를 3으로 나눈 나머지가

0인 경우는 나온 눈의 수가 3, 6이고,

1인 경우는 나온 눈의 수가 1, 4이고,

2인 경우는 나온 눈의 수가 2, 5이므로

3으로 나눈 나머지가 0, 1, 2일 확률은 각각 $\dfrac{1}{3}$, $\dfrac{1}{3}$, $\dfrac{1}{3}$이다.

주사위의 눈의 수가 3 또는 6이 나오면 1이 적혀 있는 공 1개와 3이 적혀 있는 공 1개를 꺼내므로 꺼낸 2개의 공에 적혀 있는 두 수의 합은 $1+3=4$이다.

주사위의 눈의 수가 1 또는 4가 나오면 1이 적혀 있는 공 1개와 5가 적혀 있는 공 1개를 꺼내므로 꺼낸 2개의 공에 적혀 있는 두 수의 합은 $1+5=6$이다.

주사위의 눈의 수가 2 또는 5가 나오면 3이 적혀 있는 공 1개와 5가 적혀 있는 공 1개를 꺼내므로 꺼낸 2개의 공에 적혀 있는 두 수의 합은 $3+5=8$이다.

주사위의 눈의 수	꺼낸 공의 개수			꺼낸 공에 적혀 있는 두 수의 합
	1이 적혀 있는 공	3이 적혀 있는 공	5가 적혀 있는 공	
3, 6	1	1	0	$1+3=4$
1, 4	1	0	1	$1+5=6$
2, 5	0	1	1	$3+5=8$

이 시행을 두 번 반복하였을 때, 첫 번째 꺼낸 2개의 공에 적혀 있는 두 수의 합을 X_1, 두 번째 꺼낸 2개의 공에 적혀 있는 두 수의 합을 X_2라 하자.

표본평균 $\overline{X}=\dfrac{X_1+X_2}{2}$이므로 $\overline{X}$를 표로 나타내면 다음과 같다.

X_2＼X_1	4	6	8
4	4	5	6
6	5	6	7
8	6	7	8

확률변수 $\overline{X}$의 확률분포를 표로 나타내면 다음과 같다.

$\overline{X}$	4	5	6	7	8	합계
$\mathrm{P}(\overline{X}=\bar{x})$	$\dfrac{1}{9}$	$\dfrac{2}{9}$	$\dfrac{1}{3}$	$\dfrac{2}{9}$	$\dfrac{1}{9}$	1

$\mathrm{E}(\overline{X})=4\times\dfrac{1}{9}+5\times\dfrac{2}{9}+6\times\dfrac{1}{3}+7\times\dfrac{2}{9}+8\times\dfrac{1}{9}=6$

$\mathrm{V}(\overline{X})=4^2\times\dfrac{1}{9}+5^2\times\dfrac{2}{9}+6^2\times\dfrac{1}{3}+7^2\times\dfrac{2}{9}+8^2\times\dfrac{1}{9}-6^2$

$\qquad\quad=\dfrac{1}{9}\times(16+50+108+98+64)-36=\dfrac{4}{3}$

따라서 $a=6$, $b=\dfrac{4}{3}$이므로

$\mathrm{P}(3b\leq\overline{X}\leq a)=\mathrm{P}(4\leq\overline{X}\leq6)=\dfrac{1}{9}+\dfrac{2}{9}+\dfrac{1}{3}=\dfrac{2}{3}$ 　　　답 ④

29

집합 X에서 X로의 모든 함수 f 중에서 임의로 선택한 함수 f가 두 조건 (가), (나)를 모두 만족시키는 사건을 A, $f(3)=f(4)$인 사건을 B라 하면 구하는 확률은 $\mathrm{P}(B|A)$이다.

집합 X에서 X로의 모든 함수 f의 개수는 5^5

두 조건 (가), (나)에 의하여 $f(3)$과 $f(4)$의 값은 모두 4의 약수이고 $f(3)\leq f(4)$이므로

$f(3)=2$, $f(4)=2$ 또는 $f(3)=2$, $f(4)=4$ 또는 $f(3)=4$, $f(4)=4$이다.

(i) $f(3)=2$, $f(4)=2$일 때

$f(2)=2$

$f(5)$, $f(6)$의 값을 정하는 경우의 수는 2, 3, 4, 5, 6 중에서 중복을 허락하여 2개를 택하는 중복조합의 수와 같으므로

$_5\mathrm{H}_2=_6\mathrm{C}_2=15$

따라서 $f(3)=2$, $f(4)=2$일 때 두 조건 (가), (나)를 모두 만족시키는 함수 f의 개수는

$1\times15=15$

(ii) $f(3)=2$, $f(4)=4$일 때

$f(2)=2$

$f(5)$, $f(6)$의 값을 정하는 경우의 수는 4, 5, 6 중에서 중복을 허락하여 2개를 택하는 중복조합의 수와 같으므로

$_3\mathrm{H}_2=_4\mathrm{C}_2=6$

따라서 $f(3)=2$, $f(4)=4$일 때 두 조건 (가), (나)를 모두 만족시키는 함수 f의 개수는

$1\times6=6$

(iii) $f(3)=4$, $f(4)=4$일 때

$f(2)$의 값을 정하는 경우의 수는 2, 3, 4 중에서 1개를 택하면 되므로 3이다.

$f(5)$, $f(6)$의 값을 정하는 경우의 수는 4, 5, 6 중에서 중복을 허락하여 2개를 택하는 중복조합의 수와 같으므로

$_3\mathrm{H}_2=_4\mathrm{C}_2=6$

따라서 $f(3)=4$, $f(4)=4$일 때 두 조건 (가), (나)를 모두 만족시키는 함수 f의 개수는

$3\times6=18$

(i), (ii), (iii)에서

$\mathrm{P}(A)=\dfrac{15+6+18}{5^5}=\dfrac{39}{5^5}$,

$\mathrm{P}(A\cap B)=\dfrac{15+18}{5^5}=\dfrac{33}{5^5}$

이므로 $\mathrm{P}(B|A)=\dfrac{\mathrm{P}(A\cap B)}{\mathrm{P}(A)}=\dfrac{\dfrac{33}{5^5}}{\dfrac{39}{5^5}}=\dfrac{11}{13}$

따라서 $p=13$, $q=11$이므로

$p+q=13+11=24$ 　　　답 24

30

$c\times d$가 홀수이면 두 자연수 c, d는 모두 홀수이므로

$a+b+c+d=20$에서 $a+b$는 짝수이다.

즉, a, b는 모두 홀수이거나 모두 짝수이다.

(i) a, b, c, d가 모두 홀수인 자연수일 때

$a=2a'+1$, $b=2b'+1$, $c=2c'+1$, $d=2d'+1$ (a', b', c', d'은 음이 아닌 정수)라 하면

$a+b+c+d=20$에서

$(2a'+1)+(2b'+1)+(2c'+1)+(2d'+1)=20$

$a'+b'+c'+d'=8$ 　　　…… ㉠

따라서 ㉠을 만족시키는 음이 아닌 정수 a', b', c', d'의 모든 순서쌍 (a', b', c', d')의 개수는

$_4\mathrm{H}_8=_{11}\mathrm{C}_8=_{11}\mathrm{C}_3=\dfrac{11\times10\times9}{3\times2\times1}=165$

(ii) a, b가 모두 짝수인 자연수이고, c, d가 모두 홀수인 자연수일 때

$a=2a'+2$, $b=2b'+2$, $c=2c'+1$, $d=2d'+1$ (a', b', c'은 음이 아닌 정수)라 하면

$a+b+c+d=20$에서

$(2a'+2)+(2b'+2)+(2c'+1)+(2d'+1)=20$

$a'+b'+c'+d'=7$ ...... ㉡

따라서 ㉡을 만족시키는 음이 아닌 정수 a', b', c', d'의 모든 순서쌍 (a', b', c', d')의 개수는

$_4\mathrm{H}_7 = {}_{10}\mathrm{C}_7 = {}_{10}\mathrm{C}_3 = \dfrac{10 \times 9 \times 8}{3 \times 2 \times 1} = 120$

(i), (ii)에 의하여 구하는 모든 순서쌍 (a, b, c, d)의 개수는

$165 + 120 = 285$ 답 285

[다른 풀이]

$c \times d$가 홀수이면 두 자연수 c, d는 모두 홀수이므로

$a+b+c+d=20$에서 $a+b$는 짝수이다.

두 자연수 a, b에 대하여 $a+b=2m$ $(m=1, 2, 3, \cdots, 9)$이므로

$a=a'+1$, $b=b'+1$ (a', b'은 음이 아닌 정수)라 하면

$(a'+1)+(b'+1)=2m$

즉, $a'+b'=2m-2$이므로 이를 만족시키는 음이 아닌 정수 a', b'의 모든 순서쌍 (a', b')의 개수는

$_2\mathrm{H}_{2m-2} = {}_{2+(2m-2)-1}\mathrm{C}_{2m-2} = {}_{2m-1}\mathrm{C}_{2m-2} = {}_{2m-1}\mathrm{C}_1 = 2m-1$

홀수인 두 자연수 c, d에 대하여 $c+d=20-2m$이므로

$c=2c'+1$, $d=2d'+1$ (c', d'은 음이 아닌 정수)라 하면

$(2c'+1)+(2d'+1)=20-2m$

즉, $c'+d'=9-m$이므로 이를 만족시키는 음이 아닌 정수 c', d'의 모든 순서쌍 (c', d')의 개수는

$_2\mathrm{H}_{9-m} = {}_{2+(9-m)-1}\mathrm{C}_{9-m} = {}_{10-m}\mathrm{C}_{9-m} = {}_{10-m}\mathrm{C}_1 = 10-m$

따라서 자연수 a, b, c, d의 모든 순서쌍 (a, b, c, d)의 개수는

$\displaystyle\sum_{m=1}^{9} (2m-1)(10-m)$

$= \displaystyle\sum_{m=1}^{9} (-2m^2+21m-10)$

$= -2 \times \dfrac{9 \times 10 \times 19}{6} + 21 \times \dfrac{9 \times 10}{2} - 10 \times 9$

$= -570 + 945 - 90$

$= 285$